U0185564

河南珍稀濒危植物志

赵天榜　宋良红　杨志恒　陈志秀　主编

黄河水利出版社

·郑州·

《河南珍稀濒危植物志》编委会

主　编　赵天榜　　宋良红　杨志恒　陈志秀
副主编　任志锋　　王　华　赵东武　林　博
　　　　张　娟　　王　霞　郭欢欢　李小康
　　　　杜书芳

编著者

1. 河南农业大学　　赵天榜　　陈志秀
2. 郑州植物园　　　宋良红　　杨志恒　任志锋
　　　　　　　　　王　华　　林　博　张　娟
　　　　　　　　　王　霞　　郭欢欢　李小康
　　　　　　　　　杜书芳
3. 河南农大风景园林规划设计院　　赵东武
英　　语　　范永明
拉丁语　　赵天榜
绘图者　　陈志秀　　赵天榜
图片排序者　　赵天榜　　王　华
摄影者　　赵天榜　　陈志秀　王　华
　　　　　赵东武　　赵东欣
总校对者　　赵天榜

前　言

　　本书收录了河南珍稀濒危植物种。其中,第一编河南省国家级珍稀濒危植物资源,有28 科、39 属、46 种。第二编国家重点保护植物名录,有 27 科、2 亚科、78 属、139 种、81 变种。第三编河南省重点保护植物名录,有 37 科、61 属、87 种、8 变种。第四编河南省珍稀濒危植物资源,有 52 科、2 亚科、1 族、80 属、3 亚属、5 组、2 杂种组、5 系、77 种、4 无性杂种、34 亚种、347 变种、31 新变种、1 新组合变种,其中有 2 新属、1 新组、1 新亚组、8 新种、1 新组合变种。四编中的各分类单位均有名称、学名及形态特征记述,其中,新分类群均有拉丁文记述,绝大多数物种、变种还附有图片。新种、新亚种、新变种均注明该植物产地、模式标本采集者及存放地点。其中,作者发表河南珍稀濒危植物有:1 新科、1 新亚科、1 新属、67 新种、18 新亚种、252 新变种,如冬花杜鹃、腋花玉兰、异叶桑、莓蕊玉兰、异型叶构树、河南特异草等。这些新分类群的发现,为进一步深入开展河南珍稀濒危种子植物研究指出了研究方向、方法和动力。

　　本书内容非常丰富,资料翔实,是从事植物学、教学、科研的重要参考书和工具书。

作　者
2021 年 4 月

目 录

第二编　河南省国家重点保护植物名录

第三编　河南省重点保护植物名录

第四编　河南省珍稀濒危植物资源

第一编 河南省国家级珍稀濒危植物资源

一、苏铁科 Cycadaceae

（一）苏铁属 Cycas Linn.

1. 台湾苏铁 图 1

Cycadas taiwanensis Carr. in Journ. Bot. 31：2. t. 331. 1893；宋朝枢等编. 中国珍稀濒危保护植物：25～26. 图 14. 1989；傅立国主编. 中国珍稀濒危植物：25～26. 图 18. 1989。

形态特征：常绿木本植物。树干圆柱状，通直，高 1.0～5.0 m，直径 20.0～35.0 cm，覆盖着宿存的叶柄基部。叶羽状全裂，长 1.8 m，宽 20～40.0 cm，羽状裂片 90～140 对，条形，亮深绿色，薄革质，中部羽状裂片长 18.0～25.0 cm，宽 7～12 mm，无毛，边缘不反卷，基部两侧收缩常不对称、下延，中脉在两面隆起或微隆起，通常表面隆起显著；叶柄长 15.0～10.0 cm，两侧有短刺。雌雄异株！雄球花圆柱状或长椭圆体状，长约 50.0 cm，径 9.0～10.0 cm。小孢子叶球顶生，长椭圆-圆柱状，长约 50.0 cm，直径 9.0～10.0 cm；小孢子叶多数，近楔状，长 2.5～4.0 cm；大孢子叶多数，簇生茎端，长 17.0～25.0 cm；密被黄褐色茸毛，后常脱落，上部顶片斜方-圆形或宽卵圆形，宽 7.0～8.0 cm，边缘篦齿状分裂，裂片钻状，先端刺尖，顶生裂片稍大，具锯齿或再分裂，下部柄状，长 10.0～15.0 cm。胚珠 4～6 枚，着生于大孢子叶柄中上部两侧，无毛。种子红褐色，椭圆体状、长圆体状，稍扁，长 3.0～4.5 cm，径 1.5～3.0 cm。

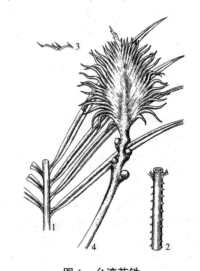

图 1 台湾苏铁

1. 羽状叶的一段；2. 叶柄上的一段；
3. 羽状列片；4. 大孢子叶及胚珠。

产地：中国台湾。模式标本，采自台湾台东县。河南郑州植物园有栽培。

用途：株形独特优美的姿态，为庭院观赏树种一珍品。种子含油脂和淀粉，有微毒，治痢疾、止咳、止血。四季长青，列入国家三级保护植物名录。

2. 篦齿苏铁 图 2

Cycas pectinata Criff. Notul. Pl. Asiat. 4：10. 1854；宋朝枢等编. 中国珍稀濒危保护植物：26～27. 1989；傅立国主编. 中国珍稀濒危植物：23～25. 图 17. 1989。

形态特征：常绿木本植物。树干圆柱状，通直，常不分枝，高达 3.0 m，覆被着宿存的叶柄。羽状叶 80～120 对，条形或条-披针形，厚革质，坚硬，中部羽状裂片长 15.0～20.0

cm,宽6~8 mm,先端渐尖,基部楔形,边缘稍反曲,基部两侧不对称、下延,叶脉两面显著隆起,表面叶脉中央有一条凹槽;叶柄长15.0~30.0 cm,两侧有长约2 mm的疏刺。雌雄异株! 雄球花单生茎顶,圆锥-圆柱状,有多数螺旋状排列的小孢子叶,直径10.0~15.0 cm。小孢子叶楔形,长3.5~4.5 cm,密被褐黄色茸毛,下面有多数3~5个聚生的小孢子囊。大孢子叶多数,簇生茎顶,密被褐黄色茸毛,上部顶片斜方-宽圆形或宽圆形,宽6.0~8.0 cm,边缘有30多枚钻状裂片,顶生裂片较大,长3.0~3.5 cm,先端尾尖刺尖;大孢子叶下部成窄、粗的柄状,长3.0~7.0 cm;胚珠2~4 枚,裸露,生于大孢子叶柄的两侧,无毛。种子红褐色,卵球状或椭圆-卵球状,长4.5~5.0 cm,径4.0~4.7 cm。

产地:主产于我国云南。模式标本,采自喜马拉雅山区南部。河南郑州植物园等有栽培。

用途:株形独特,姿态优美,为庭院优美观赏树种。叶可治出血、胃炎,有抗癌作用。种子含油脂和淀粉,有微毒,治高血压。根治肺结核等病。四季长青,列入国家三级保护植物名录。

3. 攀枝花苏铁　图3

Cycas panzhihuanensis L. Zhou et S. Y. Yang, 植物分类学报,19(3):335. pl. 10:1-6. pl. 11:1-10. 1981;宋朝枢等编. 中国珍稀濒危保护植物:24~25. 图13. 1989。

形态特征:常绿木本植物。树干圆柱状,通直,上端略粗,高1.0~2.5~4.0 m,覆被着宿存的叶柄基部。羽状叶螺旋状排列,簇生于茎干顶端,羽状全裂,长70.0~120.0 cm,叶柄上部两侧有扁平的短刺;羽状裂片80~105 对,条形,直或微弯,厚革质,长12.0~23.0 cm,宽6~7 mm,先端渐尖,基部楔形、偏斜,边缘平或微反卷,表面中脉微凸,背面光滑,无毛,中脉显著隆起。雌雄异株! 小孢子叶球单生茎端,常偏斜或直立,纺缍-圆柱状或长椭圆-圆柱状,通常微弯;梗弯曲,长4.0~6.0 cm,被锈褐色茸毛,径6.0~10.0 cm。小孢子叶楔形,长3.0~6.0 cm,先端宽三角形,中央有突起的尖刺,表面无毛,黄色或淡黄褐色,具光泽,背面有多数2~5 枚小孢子囊聚生的小孢子囊群,最上部密被黄褐色茸毛。大孢子叶多数,簇生茎顶,球状或半

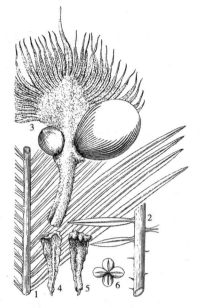

图2　篦齿苏铁

1. 株形;2. 羽状叶的一段;
3. 叶柄上部及羽状叶下部一段,大孢子叶及种子;4、5. 小孢子叶的背面与腹面;6. 聚生的花药。

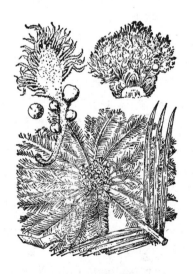

图3　攀枝花苏铁

球状,长 10.0~18.0 cm,密被黄褐色茸毛或锈褐色茸毛,上部扁平,宽菱形或菱-卵圆形,长 8.0~10.0 cm,宽 4.5~6.0 cm,羽状半裂,裂片 30~40 片,钻状,长 1.0~4.0 cm;下部柄状,长 8.0~14.0 cm,中、上部通常着生胚珠 1~5 枚,通常 3~4 枚。胚珠四方-圆形,微扁,光滑,无毛,金黄色,顶端红褐色,中央有小凸尖。种子橘红色,近球状或微扁,径约 2.5 cm,假种皮橘红色,具薄纸质、分离易碎的外层。种皮骨质,平滑。

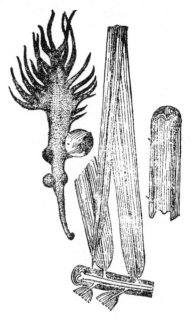

图4　云南苏铁

产地:我国四川攀枝花市。模式标本,采自四川攀枝花市。河南郑州市有栽培。

用途:为庭院优美观赏树种。因资源稀少,列入国家二级保护植物名录。

4.云南苏铁　图4

Cycas siamensis Miq. in Bot. Zeitung 21:334. 1863;宋朝枢等编. 中国珍稀濒危保护植物:23~24. 图 12. 1989。

形态特征:常绿木本植物。树干矮小,基部膨大如盘茎,高 30.0~180.0 cm,径 10.0~60.0 cm。羽状叶长 120.0~150.0 cm 或更长,羽状裂片 40~120 对或更多,条形,直或微弯,薄革质,长 6.0~22.0 cm,宽 4~7 mm,先端渐尖,表面中脉微凸,背面光滑、无毛,中脉显著隆起,基部圆,两侧对称;叶柄较长。雄球花在茎端偏斜或直立,长圆柱状或长椭圆-圆柱状,通常微弯,两端渐窄,长 25.0~45.0 cm,径 6.0~10.0 cm。大孢子叶密被黄褐色或锈褐色茸毛,后无毛,上部卵圆-菱形,宽 3.0~5.0 cm;有 20~25 枚钻形裂片,下部柄状,长 5.0~7.0 cm,中、上部通常着生胚珠 4 枚。胚珠生于柄的中部,四方-圆形,微扁,光滑,无毛,金黄色,顶端红褐色。种子橘红色,近球状,长 2.0~3.0 cm,径 1.8~2.5 cm,成熟时黄褐色或浅褐色,外种皮具薄纸质、分离易碎的外层。

产地:我国云南及泰国、越南、缅甸。模式标本,采自泰国。河南郑州市有栽培。

用途:为庭院优美观赏树种。因资源稀少,列入国家三级保护植物名录。

二、银杏科　Ginkgoaceae

(一)银杏属　Ginkgo Liin.

1.银杏　图5

Ginkgo biloba Linn. ,中国珍稀濒危植物:25~26. 图版 4-2. 1989;宋朝枢等编. 中国珍稀濒危保护植物:27~28. 图 15. 1989;傅立国主编. 中国珍稀濒危植物:25~27. 彩图 2. 1989。

形态特征:落叶大乔木,树高达 30.0 m 以上,胸径达 4.0 m 以上。树姿雄伟。幼树树皮近平滑,浅灰色;大树皮灰褐色,有不规则纵裂。枝有长枝、短枝和叶丛枝 3 种。叶在长枝上辐射状互生;在短枝上 3~5 片成簇生,扇形,两面淡绿色,先端中间浅裂,不裂,叶脉放射状,基部楔形,具长柄。雌雄异株,稀同株!球花单生于短枝的叶腋;雄球花为荑蓂花序;雄蕊多数,各有2枚花药;雌球花具长梗,梗端常分二叉(稀3~5叉),叉端生1枚有盘状珠托的胚珠,先端具1、2个珠座,仅1枚胚珠发育成种子。种子核果状,有长梗,下垂,椭圆形、长圆-倒卵球状、卵圆-球状或近球状,被白粉,成熟时淡黄色或橙黄色。种皮骨质,白色,常有2条(稀有3)纵棱,长2.5~3.5 cm,直径1.5~2.0 cm,外种皮肉质,中种皮骨质,内种皮膜质,淡红褐色。胚乳丰富。子叶2枚。

产地:特产中国。河南有几千年生古树。

用途:银杏树姿雄伟,为庭院优美观赏树种。其材质、种子优良,为特用经济树种,列入国家二级保护植物名录。

保护价值:银杏是银杏科唯一生存的种类,又是珍贵的用材和干果树种。它在研究裸子植物系统发

图5 银杏
(引自《中国珍稀濒危保护植物》)

育、古植物区系、古地理和第四纪冰川气候等方面有重要价值。它的叶形奇特而古雅,可供庭园观赏;对烟尘和二氧化硫有特殊的抵抗能力,是优良的抗污染树种。种子作干果。叶、种子还可药用。

三、柏科　Cupressaceae

(一)翠柏属　Calocedrus Kurz

1.翠柏　图6

Calocedrus macrolepis Kurz. ,宋朝枢等编. 中国珍稀濒危保护植物:71~72. 图58. 1989;傅立国主编. 中国珍稀濒危植物:15~20. 图12. 1989。

形态特征:常绿乔木,高15~30 m,胸径达1.0 m;树皮灰褐色、褐灰色,薄片呈不规则纵裂。1年生枝互生,直展,幼时绿色,扁平,排成平面,两面异形。鳞叶2型,交互对生,4片成一节,长3~4 mm,中央一对紧贴,先端急尖,侧面的一对折贴着中央叶的侧边和下部,先端微急尖(幼树叶呈尾状渐尖)。小枝上面的叶深绿色,下面的叶有气孔点,被白粉或淡绿色。雌雄同株!球花单生枝顶;生雌雄花的小枝圆柱状或四棱状,长3~17 mm,弯曲或直。球果当年成熟,长圆球状或椭圆-圆柱状,长1.0~2.0 cm,直径约5 mm,成熟时红褐色,有3~4对交互对生的种鳞;

图6 翠柏
1.球果与鳞叶枝;2.鳞叶枝;3.球果;
4.种子(引自《中国珍稀濒危植物》)。

种鳞木质,扁平,先端有凸尖,下面1对小、微反曲,上面1对结合而生。球果长圆柱状、卵

圆-柱状,长8.0~14.0 cm,径5.0~6.6 cm,通常两端渐窄,间或近基部微宽。球果长圆球状、长卵球-圆柱状,成熟时红褐色,长1.0~2.0 cm;种鳞3对,木质,扁平。种子卵球状、椭圆体状,长约6 mm,暗褐色。

产地:云南、贵州、广西、海南。河南有栽培。列入国家三级保护植物名录。

保护价值:翠柏属只有两个古老残遗种,间断分布于北美和中国,台湾还有其变种——台湾翠柏 var. formosana。它在研究植物区系方面有重要价值。本种材质优良,生长快,枝叶茂密而浓绿,可作为分布区内荒山造林树种和城镇绿化、庭园观赏树种。

(二)扁柏属 Chamaecyparis Spach

1. 红桧 图7

Chamaecyparis formosensis Matsum. ,宋朝枢等编. 中国珍稀濒危保护植物:71~72. 图58. 1989;傅立国主编. 中国珍稀濒危植物:16~18. 图1. 1989。

形态特征:常绿大乔木,树高57.0 m,地径6.5 m;树皮淡红褐色,条片状纵裂。鳞叶小枝扁平,排成一平面,下面有白粉。鳞叶交互对生,长1~2 mm,先端锐尖,中央一对紧贴,外露部分近菱形,有1个腺点,先端尖锐;侧面的一对船形,折覆着中央叶的侧边和下部,背面有纵脊。小枝上面叶绿色,下面叶白色。雌雄同株! 雄球花卵球状或长圆球状,交互对生,每枚雄蕊上着生花药3~5枚;雌球花有5~7对种鳞。球果当年成熟,长圆球状或长圆-卵球状,长10~12 mm,直径6~9 mm;种鳞交互对生,木质,盾形,顶部有少沟纹,中央稍凹,有小尖头。种子扁,长约2 mm,成熟后红褐色,微有光泽,两侧有窄翅。

产地:台湾,河南有栽培。列入国家二级保护植物名录。

图7 红桧
1. 枝、叶与球果;2. 鳞叶枝;3. 球果;
4. 种鳞;5. 种子;6. 雄球花枝;7. 雄蕊
(引自《中国珍稀濒危植物》)。

(三)福建柏属 Fokienia Henry et Thomas

1. 福建柏 图8

Fokienia hodginsii(Dunn)Henry et Thomas,宋朝枢等编. 中国珍稀濒危保护植物:7~78. 图63. 1989;傅立国主编. 中国珍稀濒危植物:20~21. 图15. 1989。

常绿乔木,高达30.0 m以上,胸径1.0 m;树皮紫褐色,浅纵裂或不规则长条开裂。鳞叶小枝扁平,三出羽状分裂,排成一平面。叶鳞形,二型,交互对生,4片排成1节,长2~9 mm,中央1对紧贴,先端三角形,侧面1对折贴中央叶的边缘,先端尖、钝尖,稍内曲或直。小枝上面的叶微拱凸,深绿色,叶下面有凹陷的白色气孔带。幼树、长萌枝鳞叶长达10 mm,

图8 福建柏
1. 枝、叶与球果;2. 鳞叶枝;
3. 幼树鳞叶枝;4. 种子。
(引自《中国珍稀濒危植物》)

先端尖、钝锐尖。雌雄同株！球花单生小枝顶端;雌球花有 6~8 对交互对生球鳞。球果球状,翌年成熟;种鳞 6~8 对,交互对生,木质,盾状,顶部多角形,中央凹陷有 1 个凸起的短尖,能育种鳞各有 2 粒种子,成熟时开张。种子卵球状,上部有 2 个大小不等的膜质翅。

产地:中国浙江、福建、广东等。越南也产。河南有栽培。列入国家二级保护植物名录。

四、松科 Pinaceae

(一)云杉属 Picea Dietr.

1. 大果青扦 图 9

Picea neoveitchii Mast. ,宋朝枢等编. 中国珍稀濒危保护植物:49~50. 图 38. 1989;傅立国主编. 中国珍稀濒危植物:42~45. 图 31. 1989。

形态特征:常绿乔木,高 15~25 m,胸径 50.0 cm;树皮灰色,鳞片状脱落。1 年生枝淡黄色、淡黄褐色或微带褐色,无毛,有凸起的叶枕,基部有紧贴而宿存的芽鳞。小枝上面的叶向上伸展,下面的叶辐射伸展或小枝下面和两侧的叶向上弯伸,钻形,长 1.5~2.5 cm,宽约 2 mm,深绿色,先端急尖,横切面近菱形,通常长大于宽,每边有 4~7 条气孔线。二、三年生枝淡黄灰色或灰色,老枝暗灰色。冬芽卵球状或圆锥-卵球状,微有树脂,芽鳞淡紫褐色。叶 4 棱-条形,两侧扁,长大于宽或等宽,常弯曲,长 1.5~2.5 cm,宽约 2 mm,先端锐尖,四面有气孔线,上两面各有 5~7 条气孔线,下面各有 4 条气孔线。球果长圆柱状、卵圆-柱状,长 8.0~14.0 cm,径 5.0~6.6 cm,通常两端渐窄,间或近基部微宽。球果成熟时淡褐色或褐色,间有黄绿色;种鳞宽倒卵圆-三角形、斜方-卵圆形、倒三角-宽卵圆形,长 2.0~2.7 cm,宽 2.0~3.0 cm,先端宽圆或微钝三角形,边缘薄,具细齿或近全缘;苞鳞短小,长约 5 mm。种子倒卵球状,长 5~6 mm;种翅宽大,倒卵圆形,连翅长 1.5~2.2 cm,宽约 1.0 cm。

产地:湖北、陕西、甘肃和河南内乡县等。

用途:高山造林树种,列入国家二级保护植物名录。

2. 麦吊云杉 图 10

Picea brachytyla(Franch)Pritz. ,宋朝枢等编. 中国珍稀濒危保护植物:51~52. 图 41. 1989;傅立国主编. 中国珍稀濒危植物:52~53. 图版 9-2.

图 9 大果青扦
1. 枝、叶与球果;2、3. 种鳞背腹面;
4. 种子;5. 叶;6.叶的横切面
(引自《中国珍稀濒危植物》)。

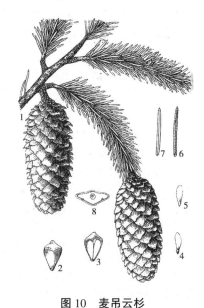

图 10 麦吊云杉
1. 枝、叶与球果枝;2. 种鳞背面及苞鳞;
3. 种鳞腹面;4、5. 种子;
6. 叶的上面,示气孔线;7. 叶的下面;
8. 叶的横切面(吴彰桦绘)。

1989。

形态特征:常绿乔木,高 30.0 m,胸径 1.0 m 以上;树皮幼时淡灰褐色,光滑,老则变为暗灰色,深裂成长方状块片。大枝平展,小枝细、下垂。1 年生枝细,淡黄色、淡褐黄色,有毛或无毛;基部有紧贴而宿存的芽鳞。冬芽卵球状或卵球-圆锥状。叶在小枝上面密集,重叠而向前伸,在下面梳状排列,线形,扁平,长 1.0~2.2 cm,宽 1~1.5 mm,先端钝或尖,表面有 2 条白色气孔带,背面亮深绿色。叶条形,扁平,直或微弯,长 1.0~2.2 cm,宽 1~1.5 mm,先端尖、微尖,上面有 2 条白粉带,各有气孔线 5~7 条,下面无气孔线,绿色。雌雄同株!雄球花单生叶腋;雌球花单生侧枝顶端,珠鳞螺旋状排列,腹面基部生有 2 枚胚珠,背面托有小的苞鳞。球果长圆柱状、圆柱状,下垂,长 6.0~12.0 cm,径 2.5~3.5 cm。球果成熟时淡黄褐色,间有紫色;中部种鳞宽倒卵圆形、斜方-倒卵圆形,上部圆,排裂紧密或上部三角形排列,疏松。种子连翅长 8~16 mm。

产地:湖北、陕西、甘肃、四川和河南西峡县等。

用途:高山造林树种,列入国家三级保护植物名录。

(二)金钱松属　Pseudolarix Gord.

1. 金钱松　图 11

Pseudolarix kaempferi(Lindl.)Gord.,宋朝枢等编. 中国珍稀濒危保护植物:55~56. 图 44. 1989;傅立国主编. 中国珍稀濒危植物:52~53. 图版 9-2. 1989。

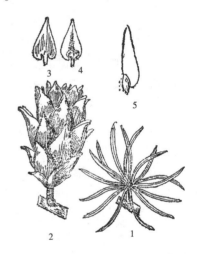

形态特征:落叶乔木,植株高达 40 m,胸径可达 1.5 m;树干通直,树皮灰色或灰褐色,裂成窄鳞状块片。枝平展,呈不规则轮生。有长枝和短枝。叶在长枝上螺旋状散生,在短枝上 20~30 枚簇生,伞状平展,线形或倒披针-线形,柔软,长 3.0~7.0 cm,宽 1.5~4 mm,淡绿色,表面中脉不隆起或微隆起,背面沿中脉两侧有两条灰色气孔带,秋季叶呈金黄色。雌雄同株!球花生于短枝顶端,具梗;雄球花 20~25 朵簇生;雌球花单生,苞鳞大于珠鳞,珠鳞的腹面基部有 2 枚胚珠。球果当年成熟,直立,有短梗,卵球状,

图 11　金钱松
1.枝叶;2.果实;
3、4 果鳞;5.带翅种子
(引自《中国珍稀濒危保护植物》)。

长 6.0~7.5 cm,直径 4.0~5.0 cm,成熟时淡红褐色;种鳞木质,卵圆-披针形,先端有凹缺,基部两侧耳状,长 2.5~3.5 cm,成熟时脱落;苞鳞短小,长约种鳞的 1/4~1/3。种子卵球状,有与种鳞近等长的种翅;种翅膜质,较厚,三角-披针形,淡黄色,有光泽。

产地:江苏、浙江、福建、河南、江西、湖北、四川。列入国家二级保护植物名录。

(三)松属　Pinus Linn.

1. 大别山五针松　图 12

Pinus dabeshanensis Cheng et Law,宋朝枢等编. 中国珍稀濒危保护植物:56~57. 图 45. 1989;傅立国主编. 中国珍稀濒危植物:44~45. 图 33. 1989。

形态特征:常绿大乔木,高达 30.0 m,胸径 50.0 cm。树冠塔状;侧枝开展;树皮灰绿色至灰褐色,浅裂成不规则方形小鳞片脱落。1 年生枝淡黄色或微带褐色,无毛,具光泽;2 年生枝灰红褐色。冬芽卵球状,淡黄褐色,无树脂。针叶 5 针一束,长 5.0~12.0 cm,径约 1 mm,微弯,边缘有细锯齿;腹面 2 侧有 3~4 条白色气孔线,横切面三角形,背面有 2 枚边生树脂道;叶鞘早落;鳞叶不下延。球果圆柱-椭圆体状,长 11.0~14.0 cm,径 4.0~5.5 cm。成熟时种鳞开张,种鳞盾长方-倒卵圆形,长 3.0~4.0 cm,宽 2.0~2.5 cm,淡黄色,鳞盾斜方形,上部宽三角-圆形,具光泽,先端及边缘显著向外反卷,鳞脐顶生,不显著。种子倒卵圆-椭圆体状,长 1.3~1.6 cm,径约 8 mm,淡褐色,上端具短的木质翅,种皮较薄。

产地:安徽大别山区。河南商城县金岗台林场有分布。列入国家二级保护植物名录。

(四)冷杉属　Abies Mill.

1. 秦岭冷杉　图 13

Abies chensiensis Van Tiegh,宋朝枢等编. 中国珍稀濒危保护植物:37~58. 图 26. 1989;傅立国主编. 中国珍稀濒危植物:28~29. 图 20. 1989。

常绿乔木,植株高达 40 m。1 年生枝淡黄色或淡褐黄色;2、3 年生枝淡黄灰色至暗灰色。芽圆锥-卵球状,稍有树脂。叶在小枝下面排成 2 列,在上面呈不规则 V 形排列,线形,长 1.5~4.0 cm,宽 3~4 mm,表面深绿色,背面有 2 条粉白色或灰绿色气孔带。果枝上的叶先端尖或圆钝。叶树脂道中生或近中生。幼树与营养枝的叶先端 2 裂或凹缺。球果圆柱状或卵球-圆柱状,直立,近无梗,长 7.0~11.0 cm,直径 3.0~4.0 cm,熟时淡红褐色;种鳞近肾状,长约 1.5 cm,宽约 2.5 cm,背面露出部分密生短毛。苞鳞长约为种鳞的 3/4,不外露,先端圆,有突起的刺状尖头。种子倒三角-椭圆体状,长约 8 mm;种翅倒三角形,长约 1.3 cm,上部宽 1.0 cm。

产地:河南西南部内乡县,湖北、陕西、甘肃。列入国家三级保护植物名录。

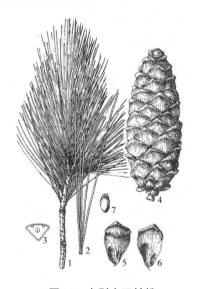

图 12　大别山五针松

1. 枝、叶;2. 一束针叶;3. 针叶的横切面;
4. 球果;5、6. 种鳞的背腹面;7. 种子
(冯晋庸绘)。

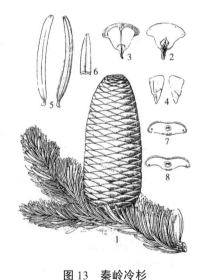

图 13　秦岭冷杉

1. 枝、叶与球果枝;2. 种鳞背面及苞鳞;
3. 种鳞腹面;4. 种子;5. 叶的上下面;
6. 幼树叶的先端;7、8. 果枝及营养
枝(或幼树)之叶的横切面
(蔡淑琴绘)。

五、杉科　Taxodiaceae

（一）水松属　Glyptostrobus Endl.

1. 水松　图 14

Glyptostrobus pensilis（Staunt）Koch,宋朝枢等编.中国珍稀濒危保护植物:68~69.图 56.1989;傅立国主编.中国珍稀濒危植物:69~71.图 53.1989。

形态特征:落叶大乔木,高 25.0 m,胸径 60.0~120.0 cm。树皮褐色或灰褐色,不规则条裂,内皮淡红褐色。枝稀疏,平展,上部斜展。叶鳞形、线–钻形、线形,常二者生于同一枝上,在宿存枝上的叶甚小,鳞形,长 2~3 mm,螺旋状排列,紧贴或先端稍分离。在脱落性枝上叶线–钻形或线形,叶片 9~10~30 mm,开展或斜展为 2 列或 3 列,有棱或两侧扁平。雌雄同株！球花单生枝顶;雄球花有 15~20 枚螺旋状排列的雄蕊;雄蕊通常具 5~7 枚花药;雌花球卵球状,有 20 片具 2 枚胚珠和珠鳞,托以较大的苞鳞。球果直立,倒卵球状,长 2.0~2.5 cm,径 1.3~1.5 cm。种鳞木质,与苞鳞近结合,扁平,倒卵圆形,背面接近上部边缘有 6~9 枚微反曲的三角–尖齿。种子下部有膜质长翅。

产地:水松特产我国广东、广西、福建。河南鸡公山等地有栽培。列入国家一级保护植物名录。

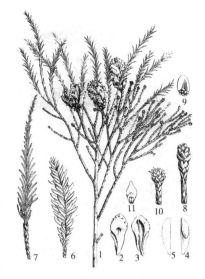

图 14　水松

1. 枝叶与球果枝;2. 种鳞背面及苞鳞先端;
3. 种鳞腹面;4、5. 种子;6、7. 枝叶;
8. 雄球花枝;9. 雄蕊;10. 雌球花枝;
11. 珠鳞腹面及胚珠（引自《中国植物志》）。

（二）水杉属　Metaseguoia Miki ex Hu et Cheng

1. 水杉　图 15

Metaseguoia glyptostroboides Hu et Cheng,宋朝枢等编.中国珍稀濒危保护植物:69~70.图 57.1989;傅立国主编.中国珍稀濒危植物:71~72.图版 11-1.1989。

形态特征:落叶乔木,高达 35~41.5 m,胸径 1.6~2.4 m;树皮灰褐色或深灰色,裂成条片状脱落。侧枝不规则轮生、斜展。树干通直,中央主干明显,基部膨大。小枝对生或近对生,下垂。叶条形,交互对生,基部扭转,在绿色脱落的侧生小枝上排成羽状 2

图 15　水杉

（引自《中国珍稀濒危保护植物》）。

列,线形,柔软,几无柄,通常长 1.3~2.0 cm,宽 1.5~2 mm,表面中脉凹下,背面沿中脉两侧有 4~8 条气孔线。冬季叶与无冬芽侧生短枝一同脱落。雌雄同株！雄球花单生叶腋或苞腋;苞鳞卵圆形,交互对生,排成总状或圆锥花序状;雄蕊交互对生,约 20 枚,花药 3 枚,花丝短,药隔显著;雌球花单生侧枝顶端,由 22~28 枚交互对生的苞鳞和珠鳞所组成,各有 5~9 枚胚珠。球果下垂,当年成熟,近球状或长圆-球状形,微有 4 棱,长 1.8~2.5 cm;种鳞极薄,透明;苞鳞木质,盾形,背面横菱形,有一横槽,熟时深褐色。种子倒卵球状,扁平,周围有窄翅,先端有凹缺。

产地:湖北、四川、湖南、河南鸡公山、郑州等地有栽培。列入国家一级保护植物名录。

六、胡桃科　Juglandaceae

(一)胡桃属　Juglans Linn.

1. 核桃　胡桃　图 16

Juglans regia Linn. ,宋朝枢等编. 中国珍稀濒危保护植物:102. 图 83. 1989;傅立国主编. 中国珍稀濒危植物:167~168. 图 138. 1989。

图 16　核桃
1. 叶与果枝;2. 果核;3. 沿果缝的纵剖面;
4. 沿果背的纵剖面;5. 果实横切面
(张荣生绘)。

形态特征:落叶乔木,树高 15.0~20.0 m。树皮灰白色,浅纵裂。幼枝先端被细柔毛,后无毛。奇数羽状复叶,长 25.0~30.0~50.0 cm,小叶 5~11 枚,稀 13 枚,椭圆-卵圆形至长椭圆形,顶生小叶较大,长 6.0~15.0 cm, 宽 3.0~6.0 cm,表面深绿色,无毛,背面脉腋被短柔毛、星状毛,先端渐尖,基部圆形或浅心形,边缘具细锯齿;小叶柄极短。雌雄同株! 雄柔荑花序下垂,长 9.0~20.0 cm;雄花具雄蕊 12 枚。雌株花序穗状,直立,有花 4~10 朵,稀多花,花柱短,柱头 2 裂,子房密被腺毛,老时光滑;外果皮肉质,内果皮骨质,表面凹凸或皱褶,有两条纵棱,先端有短尖头。果实球状、椭圆体状,长 3.5~7.0 cm, 径 3.0~5.0 cm,果核表面具 8 条纵棱,各棱间具皱折及凹槽。

产地:河南、东北南部、华北、西北和云南、四川等地都有栽培。列入国家三级保护植物名录。

2. 核桃楸　胡桃楸　图 17

Juglans mandshurica Maxim. ,宋朝枢等编. 中国珍稀濒危保护植物:102~103. 图 84. 1989;傅立国主编. 中国珍稀濒危植物:165~167. 图 138. 1989。

形态特征:落叶乔木,树高 25.0 m,胸径 70.0 cm。树皮灰色或灰褐色,浅纵裂。小枝粗壮,幼枝被短茸毛。羽状复叶长 80.0 cm;小叶 9~19 枚,稀 13 枚,卵圆-椭圆形至椭圆形,长 6.0~18.0 cm,宽 3.0~4.0 cm,表面深绿色,无毛,背面仅脉腋有微毛,皮孔隆起,叶痕三角形,髓部薄片状。芽被黄褐色茸毛。叶互生,奇数羽状复叶,长 40.0~50 .0 (~80.0) cm;叶柄长 5.0~9.0(~14.0) cm,基部膨大,叶柄和叶轴被短柔毛或星芒状毛;小叶 9~17 枚,椭圆形至长椭圆形或卵圆-椭圆形至椭圆-披针形,

图 17　核桃楸
1. 叶、雌花枝;2. 雄花序;3. 果序;4、5. 果核;
6. 叶背一部分(张士琦绘)。

边缘有细锯齿,先端渐尖,基部偏斜,截形至近心形,表面初被稀疏短柔毛,后除中脉外其余无毛,背面被贴伏的短柔毛和星芒状毛,无柄。叶先端急尖、渐尖、短尖,基部圆形、楔形或心形,边缘全缘、不明显钝齿;小叶柄极短或无。雄蕊葇花序长 5.0~10.0 cm;雄花具雄蕊 6~30 枚;萼 3 裂。雌株花 1~3 朵聚生;花柱短,2 裂。坚果球状,表面具不规则槽纹。

产地:河南各县均有栽培。本种木材坚硬,为特用经济树种。列入国家二级保护植物名录、河南省重点保护植物名录(2005)。

(二)喙核桃属　**Annamocarya** Cheval.

1.喙核桃楸　图 18

Annamocarya sinensis (Dode) Leroy,宋朝枢等编. 中国珍稀濒危保护植物:100~101. 图 82. 1989;傅立国主编. 中国珍稀濒危植物:164~165. 图 136. 1989。

形态特征:落叶乔木,树高 20.0 m。小枝无毛;幼枝被细毛和橙黄色皮孔,后无毛。芽裸露,常叠生。奇数羽状复叶,长 30.0~40.0 cm;叶柄及叶轴幼时有短柔毛和橙黄色腺体;小叶 7~9 枚,近革质,边缘全缘,上端小叶较大,长椭圆形至长椭圆-披针形,长 12.0~15.0 cm,宽 4.0~5.0 cm,下端小叶较小,通常卵圆形;小叶柄长 3~5 mm。雄蕊葇花序长 13.0~15.0 cm,下垂,通席 3~5~9 个花序成一束,生于花序总梗上,自新枝叶腋生出。雌性穗状花序顶生、直立;雌花 3~5 朵。坚果核果状,近环状或卵球-椭圆体状,长 6.0~8.0 cm,径 5.0~6.0 cm,顶端有渐尖头;外果皮厚,干后木质,4~9 瓣裂,裂瓣中央有 1~2 条纵肋,顶端有鸟喙状渐尖。果核球状或卵球状,顶端有鸟喙状渐尖,并有 6~8 条细棱,连喙长 6.0~8.0 cm,基部常有一条线痕;内果皮骨质。

产地:河南各县均有栽培。本种木材坚硬,为特用经济树种。列入国家二级保护植物名录。

七、榆科　**Ulmaceae**

(一)青檀属　**Pteroceltis** Mxim.

1.青檀　图 19

Pteroceltis tatarinowii Maxim. ,宋朝枢等编. 中国珍稀濒危保护植物:117~118. 图 97. 1989;傅立国主编. 中国珍稀濒危植物:350~351. 图 289. 1989。

形态特征:落叶乔木,高达 20.0 cm。树皮淡灰

图 18　喙桃楸
1. 枝;2. 雄花序束;3. 雄花序;4、5. 雄蕊;
6. 果实;7、8. 果核;9. 果核的基部观
(引自《中国高等植物图鉴》)。

图 19　青檀
1. 叶、果枝;2. 雌花;3. 雄花;
4. 雄蕊;5. 枝皮(冯晋庸绘)。

色,幼时光滑,老时不规则片状剥落,剥落后露出灰绿色的内皮,树干常凹凸不平。小枝栗褐色或灰褐色,细弱,无毛或被柔毛。小枝细,栗褐色或灰褐色,无毛。冬芽卵球状,红褐色,被毛。叶互生、椭圆-卵圆形,长 3.0~13.0 cm,宽 2.0~4.0 cm,先端渐尖至尾渐尖,基部圆形、宽楔形或截形,稍歪斜,边缘具不整齐尖锯齿,近基部全缘,3 出脉,侧生的 1 对近直伸达叶的上部,侧脉在近叶缘处弧曲,表面幼时被短硬毛,后脱落常残留小圆点,光滑或稍粗糙;背面脉腋上有稀疏或较密的短柔毛,脉腋有簇毛或全部无毛;叶柄长 5~15 mm,无毛。花单性,雌雄同株! 生于当年生叶腋;雄花簇生下部;花被片 5 片,雄蕊与花被片同数对生,花药顶端有毛;雌花单生上部叶腋,花被片 4 枚,披针形,子房侧向压扁,花柱 2 枚。雄花萼 5 裂;雄蕊 5 枚。翅果近圆形、近方形,宽 1.0~1.7 cm,两端内凹;果柄纤细,长 1.0~1.5 cm,被短柔毛。

产地:河南太行山区济源、辉县等。列入国家三级保护植物名录、河南省重点保护植物名录(2005)。

八、昆栏树科　Trochodenraceae

(一)领春木属　Euptelea Sieb. et Zucc.

1. 领春木　图 20

Euptelea pleiospermum Hook. f. et Thoms. ,宋朝枢等编. 中国珍稀濒危保护植物:137~138. 图 112. 1989;傅立国主编. 中国珍稀濒危植物:350~351. 图 289. 1989。

形态特征:落叶乔木,高达 5.0~10.0~16.0 m,胸径 28.0 cm。树皮灰褐色、灰棕色,皮孔明显。小枝亮紫黑色,无毛。芽卵球状,褐色。叶互生,卵圆形、椭圆形,长 5.0~14.0 cm,宽 3.0~9.0 cm,先端渐尖,基部楔形,疏锯齿,近基部边缘全缘,两面无毛,背面有乳头状突起或无,侧脉 6~11 对;叶柄长 3.0~6.0 cm。花先叶开放,两性,6~12 枚簇生,无花被;雄蕊 6~14 枚,花药红色,较花丝长,药隔顶端延长成附属物;心皮 6~12 枚,离生,排成 1 轮;子房歪斜,具长柄。翅果扁平,不规则倒卵圆形,棕色,长 6~12 mm,先端圆,一侧凹缺,成熟时棕色;果柄长 7~10 mm。种子 1~3~4 枚,卵球状,紫黑色。

图 20　领春木
1. 叶、果枝;2. 雄花(李志民绘)。

产地:河南太行山和伏牛山区有分布。列入国家三级保护植物名录、河南省重点保护植物名录(2005)。

九、连香树科　Cercidiphyllaceae

(一)连香树属　Cercidiphyllum Sieb. et Zucc.

1. 连香树　图 21

Cercidiphyllum japonicum Sieb. et Zucc. ,宋朝枢等编. 中国珍稀濒危保护植物:

140~141. 图 114. 1989;傅立国主编. 中国珍稀濒危植物:98~99. 图 289. 1989。

形态特征:落叶乔木,高 10~20~40 m,胸径 1.0 m。树皮灰色、棕灰色,纵裂,呈薄片剥落。小枝无毛,有长枝和短枝。短枝在长枝上对生,无顶芽,侧芽卵球状,芽鳞 2 枚。叶在长枝上对生,短枝上单生。叶近圆形或宽卵圆形,纸质,长 4.0~7.0 cm,宽 3.5~6.0 cm,先端圆或锐尖,基部心形、圆形或宽楔形,边缘具圆钝锯齿,齿端有腺体,掌状 5~7 出脉,表面深绿色,背面粉绿色,叶柄长 1.0~2.5 cm。雌雄异株! 花比叶先开放或与叶同时开放,腋生;每花有苞片 1 枚,花萼 4 裂,膜质,无花瓣;脉上有毛。雄花 4 枚簇生,近无梗,雄蕊 13~20 枚,花丝纤细,花药 2 室,红色,纵裂;雌花 2~6 枚,分离,胚珠多数,排成 2 列。菁葖果 2~6 枚,长 8~18 mm,径 2~3 mm,成熟后紫褐色,微弯,上部喙状,花柱宿存。种子卵球状,褐色,顶端具长圆透明翅。

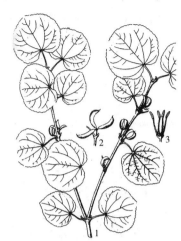

图 21　连香树
1. 叶、果枝;2. 果实;3. 雄花(张士琦绘)。

产地:河南太行山和伏牛山区有分布。列入国家二级保护植物名录。

十、木兰科　Magnoliaceae

(一)鹅掌楸属　**Liriodendron** Linn.

1. 鹅掌楸　图 22

Liriodendron chinense(Hemsl.)Sarg. ,宋朝枢等编. 中国珍稀濒危保护植物:179~180. 图 148. 1989;傅立国主编. 中国珍稀濒危植物:98~99. 图版 18-1. 1989。

形态特征:落叶大乔木,植株高达 40.0 m,胸径 1.0 m 以上,树干端直,树冠广阔;树皮灰色,纵裂。冬芽由 2 枚芽鳞状托叶包被。单叶互生。叶片马褂状,长 6.0~12.0 cm,先端平截或微凹,两侧各有 1 枚裂片,下面密被乳头状突起的白粉点;叶柄长 4.5~8.0 cm。花两性,单生枝顶,直径 5.0~7.0 cm;花被片 9 枚,排成 3 轮,外轮较小,萼片状,绿色,内 2 轮花

图 22　鹅掌楸
(引自《中国珍稀濒危保护植物》)。

瓣状,黄绿色;雄蕊多数,花丝长约 5 mm,花药长 10~16 mm,药隔延伸成短附属体;雌蕊多数,雌蕊群超。聚合果纺锤状,长 6.0~8.0 cm,直径 1.5~2.0 cm。小坚果有翅,连翅长 2.5~3.5 cm,种皮附着于内果皮。

产地:河南各地有栽培。列入国家二级保护植物名录。

I　木兰亚科　**Subfam. Magnolioideae**

(一)木兰属　**Magnolia** Linn.

1. 天女花　小花木兰　图 23

图 23　天女花

Magnolia siebodii K. Koch,宋朝枢等编. 中国珍稀濒危保护植物:162. 图 134. 1989;傅立国主编. 中国珍稀濒危植物:211~212. 图版 172. 1989。

形态特征:落叶乔木。单叶,互生,膜质,宽倒卵圆形或倒卵圆-长圆形。花单生枝顶,与叶对生,俯倾或下垂;花被片 9 枚,外轮花被片 3 枚,淡红色,椭圆形;内轮花被片 6 枚,白色,卵圆形;雄蕊紫红色。

产地:该种分布丁古林、辽宁、江西、浙江等省。河南有引种栽培。列入国家三级保护植物名录。

2. 厚朴　图 24

图 24　厚朴

(引自《中国珍稀濒危保护植物》)

Magnolia officinalis Rehd. & Wils. ,宋朝枢等编. 中国珍稀濒危保护植物:160 ~ 161. 图 132. 1989;傅立国主编. 中国珍稀濒危植物:209~210. 图 170:1~6. 1989。

形态特征:落叶乔木,高 15 m,胸径达 35.0 cm;树皮厚,紫褐色,有辛辣味。幼枝淡黄色,有细毛,后变无毛。顶芽大,窄卵球-圆锥状,长 4.0~5.0 cm,密被淡黄褐色绢状毛。单叶。短枝叶集生枝基,革质,倒卵圆形或倒卵圆-椭圆形,长 20.0~45.0 cm,宽 12.0~25.0 cm,表面绿色,无毛,背面有白霜,幼时密被灰色毛,侧脉 20~30 对。长枝上春季萌发叶集生枝基,夏季叶互生,叶形小。花大,单生枝顶。花叶同时开放。单花具花被片 9~12 枚,稀 17 枚,肉质,白色,直径 15.0~20.0 cm,外轮花被片 3 枚,长卵圆-匙形,长 8.0~10.0 cm,盛花后反曲,内 2 轮花被片 6~9 枚,白色,近直立,匙-宽卵圆形,稍内曲;雄蕊多数,花丝红色;心皮多数。聚合果长椭圆-卵球状或圆柱状,长 10.0~12.0(~16.0)cm,直径 5.5~6.0 cm。蓇葖果木质,顶端有向外弯的喙。种子倒卵球状,有鲜红色外种皮。

产地:甘肃、陕西、湖北、湖南、四川、浙江等省。河南内乡县有大面积栽培纯林。列入国家三级保护植物名录。

亚种:

2.1　厚朴　亚种

Magnolia officinalis Rehd. & Wils. **subsp**. officinalis

2.2 凹叶厚朴　亚种　图25

Magnolia officinalis Rehd. & Wils. subsp. **biloba** Cheng et Law,宋朝枢等编. 中国珍稀濒危植物: 210. 1989;傅立国主编. 中国珍稀濒危植物:209~210. 图170:8~10. 1989。

该亚种叶通常先端凹缺成2纯圆浅裂或V形深缺裂。通常叶较小,侧脉较少,聚合果顶端较狭尖。

产地:浙江、安徽、江西、福建等省。河南内乡县有大面积栽培纯林。列入国家三级保护植物名录。

Ⅱ. 玉兰亚科　**Subfam. Yulanialioideae** D. L. Fu et T. B. Zhao

（一）玉兰属　**Yulania** Spach

1. 黄山玉兰　黄山木兰　图26

Yulania cylindrica(Wils.)D. l. Fu,傅大立. 玉兰属的研究. 武汉植物学研究,19(3):198. 2001; *Magnolia cylindrica* Wils. in Journ. Arn. Arb. 8:109. 1927;宋朝枢等编. 中国珍稀濒危保护植物:158. 图130. 1989;傅立国主编. 中国珍稀濒危植物:209~210. 图170:8~10. 1989。

形态特征:落叶乔木,植株高8~10 m,胸径达30.0 cm;树皮灰白色,光滑。小枝幼时被绢状毛。芽卵球状,先端尖,密被灰黄色绵毛。单叶,互生,薄纸质,倒卵圆-长圆形或倒披针-长圆形,长6.0~14.0 cm,宽3.0~6.0 cm,先端钝或渐尖,基部楔形,表面浓绿色,背面苍白色,沿中脉和脉腋有平伏黄褐色毛。花单生枝顶,直立,先叶开放,直径10.0~12.0 cm;花被片9枚,外轮3枚,膜质,萼片状,长1.2~1.5 cm,内2轮白色,基部稍带红色,椭圆-匙形,长6.5~10.0 cm,宽2.5~4.0 cm;雄蕊多数,长8~12 mm;花被片9枚,外轮花被片3枚,膜质,萼状;内2轮花被片6枚,椭圆-匙形,先端钝圆,外面甚部稍带红色。聚合果圆柱状,长7.5~15.0 cm,直径2.5~4.0 cm。蓇葖果木质,排列紧密,表面有小瘤状突起,内含种子2粒。种子三角-倒卵球状,外种皮鲜红色,肉质,富含油分,内种皮黑色,坚硬。

产地:该种特产我国,主要分布于安徽黄山等。河南大别山区商城县有自然分布。为名贵观赏树种。因种群极为稀少,列入国家三级保护植物名录、河南省重点保护植物名录(2005)。

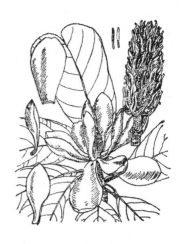

图25　凹叶厚朴
（引自《中国珍稀濒危保护植物》）。

图26　黄山玉兰
叶与果枝(何冬泉绘)。

2. 天目玉兰　天目木兰　图27

Yulania cylindrica(Wils.)D. l. Fu,傅大立. 玉兰属的研究. 武汉植物学研究,19(3):198. 2001；*Magnolia cylindrica* Wils. in Journ. Arn. Arb. 8:109. 1927；*Magnolia amoena* Cheng,宋朝枢等编. 中国珍稀濒危保护植物:157~158. 图129. 1989；傅立国主编. 中国珍稀濒危植物:205~206. 图167. 1989。

图27　天目玉兰
1. 叶、果枝；2. 花；3. 雄蕊
（引自《中国树木志》）。

形态特征:落叶乔木,植株高8~15 m;树皮灰色至灰白色,光滑。小枝带紫色。冬芽被浅黄色长柔毛。叶互生,厚纸质,宽倒披-长圆形或长圆形,长10.0~16.5 cm,宽4.0~8.0 cm,先端长渐尖或短尾尖,基部宽楔形或近圆形,边缘全缘;叶柄长0.8~1.2 cm,上面有沟。花比叶先开放,单生枝顶呈杯状,有芳香,直径约6.0 cm;花被片9枚,倒披针形或近匙形,长5.0~5.6 cm,淡粉红色至粉红色;雄蕊多数,长9~10 mm,花丝紫红色;离生心皮多数。聚合果圆柱状,7.5~12.0 cm。蓇葖果常少数,木质,先端圆或纯,表面密布瘤状点。种子黑色,光滑,扁平,腹面有纵沟,顶端有短尖头。

产地:浙江、江苏、安徽。

3. 宝华玉兰　图28

Yulania zenii(Cheng)D. L. Fu,傅大立. 玉兰属的研究. 武汉植物学研究,19(3):198. 2001；*Magnolia zenii* Cheng,中国科学院生物研究所丛刊,8:291. Fig. 20. 1933；宋朝枢等编. 中国珍稀濒危保护植物:159. 图131. 1989；傅立国主编. 中国珍稀濒危植物:213~214. 图173. 1989。

图28　宝华玉兰
1. 叶、果枝；2. 花；3. 芽鳞；
4. 雌、雄蕊群；5. 雄蕊(陈荣道绘)。

形态特征:落叶乔木,高约11 m,胸径达30.0 cm,树干灰色或淡灰色,平滑。枝斜上伸展。当年生小枝细长,绿黄色,无毛,有皮孔;2年生枝紫色。叶膜质,倒卵圆-长圆形,长7.0~16.0 cm,宽3.0~7.0 cm,上部宽,先端急尖或尾状渐尖,基部宽楔形或圆形,表面无毛,暗绿色,背面沿叶脉有弯曲长毛,侧脉每边8~12条;叶柄长6~18 mm。花芽卵球状,被淡黄色长毛。花比叶先开,芳香。单花花被片9片,近匙形,长5.0~6.0 cm,先端圆钝或急尖。不同单株花色有变异,花被片外面自近中部往下紫红色,中部淡紫红色,上部白色,长7.0~8.0 cm;雄蕊多数,花丝紫色,药隔凸出呈短尖;雌蕊群圆柱状,长约2.0 cm;心皮长约4 mm。聚合果圆柱状,长6.0~14.0 cm,直径2.0~3.0 cm,木质、蓇葖果近球状,有疣点状凸起。种子每心皮1枚或2枚,不规则宽倒卵球状,微扁,长、宽约1.0 cm;外种皮红色,内种皮黑色。

产地:江苏等。河南有栽培。列入国家三级保护植物名录。

十一、小檗科 **Berberidaceae**

（一）八角莲属 **Dysosma** R. E. Woodson

1.八角莲 图29

Dysosma versipellis（Hance）M. Cheng，宋朝枢等编.中国珍稀濒危保护植物:153.图126.1989；傅立国主编.中国珍稀濒危植物:213~214.图173.1989。

形态特征:多年生草本,植株高30.0~50.0 cm,稀达90.0 cm。根状茎横生,粗壮,节结状；茎直立,不分枝。茎生叶1或2枚,如为2枚,则1枚生近茎顶处,柄较短,另1枚生茎的近中部,柄较长。叶片盾状、近圆形,直径达30.0 cm,4~9浅裂,裂片先端不裂,边缘有细齿,表面无毛,背面无毛或被疏毛。花深红色或紫红色,5~10朵,有时更多,簇生于近叶柄顶端与叶片相近处,下垂；花梗细长,下弯；萼片6枚,绿色；花瓣6枚,匙-倒卵圆形,长2.0~2.5 cm；雄蕊6枚；子房上位,1室,柱头盾状。浆果椭圆体状。种子多数。

产地:河南南部商城、新县；陕西、四川、云南、广西、湖北、湖南、江西、福建、安徽、浙江。列入国家三级保护植物名录。

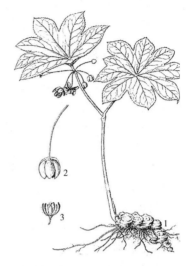

图29 八角莲
1.植株与花;2.花;
3.去花瓣,示雄蕊与雌蕊(蒋祖德绘)。

十二、杜仲科 **Eucommiaceae**

（一）杜仲属 **Eucommia** Oliv.

1.杜仲 图30

Eucommia uImoides Oliv.,宋朝枢等编.中国珍稀濒危保护植物:214~215.图176.1989；傅立国主编.中国珍稀濒危植物:134.136.图111.1989。

形态特征:落叶乔木,植株高达15~20 m,胸径约50.0 cm；树皮灰褐色,粗糙,连同枝、叶、根都含橡胶,折断拉开有多数白色细丝。叶互生,椭圆形或椭圆-卵圆形,长6.0~15.0 cm,宽3.5~6.5 cm,先端渐尖,基部圆形或宽楔形,边缘有细锯齿,表面暗绿色,初时有褐色柔毛,后变无毛,老叶略有皱纹,背面仅脉上有柔毛,侧脉6~9对,与网脉在上面凹下,在下面隆起；叶柄长1.2~2.0 cm。花单性,雌雄异株！生于当年生枝基部,无花被,与叶同时或比叶先开放；雄花簇生；花梗长约3 mm；苞片倒卵圆-匙形,早落；花

图30 杜仲
1.叶、果枝;2.雄蕊及苞片;3.雌蕊及苞片;
4.种子;5.树皮(蒋祖德绘)。

丝短,花药4室,线形;雌花单生,花梗长约8 mm;苞片倒卵圆形;心皮2枚;子房上位,1室,无毛,扁而长,柱头2枚。翅果长椭圆形,扁平,长3.0~4.0 cm,宽6~12 mm,先端2裂,基部楔形,周围有薄翅。种子1粒,扁平,线形,长约1.5 cm,宽约3 mm。

产地:河南西部、陕西南部、甘肃东部、四川、贵州、湖北西部和湖南西北部。列入国家二级保护植物名录、河南省重点保护植物名录(2005)。

十三、蓝果树科　Nyssaceae

(一)珙桐属　Davidia Baill.

1. 珙桐　图31

Davidia involucrate Baill,宋朝枢等编. 中国珍稀濒危保护植物:334~335. 图272. 1989;傅立国主编. 中国珍稀濒危植物:236~237. 图版22-2. 1989。

形态特征:落叶乔木,植株高20余m,胸径达1.0 m左右;树皮深灰色,常呈薄片脱落。叶纸质,互生,无托叶,常密集于幼枝顶端,宽卵圆形或近圆形,长9.0~15.0 cm,宽7.0~12.0 cm,先端急尖或短急尖,基部心形,边缘有粗锯齿,表面初被疏长柔毛,背面密被淡黄色或淡白色丝状粗毛,侧脉8~9对;叶柄长4.0~5.0(~7.0) cm。花杂性,由多数雄花与1朵雌花或1朵两性花组成近球形的头状花序,直径约2.0 cm,着生于幼枝顶端;雌花或两性花生于花序的顶端,雄花环绕于周围;花序基部有2~3枚花瓣状苞片;大苞片膜质,长圆-卵圆形或长圆-倒卵圆形,长7.0~15.0(~20.0) cm,宽3.0~5.0(~10.0) cm,初呈淡绿色,后变为乳白色,干后为棕黄色。雄花无花瓣,有雄蕊1~7枚;雌花和两性花有退化花瓣6~10枚;子房下位,6~10室,与花托合生;子房顶端有退化的花被和短小的雄蕊;花柱粗壮,分成6~10枚,柱头向外平展,每室有1枚胚珠。核果长卵球状,仅3~5室发育,长3.0~4.0 cm,直径1.5~2.0 cm,紫绿色,有黄色斑点;外果皮很薄,中果皮肉质,内果皮骨质有沟纹;果梗粗壮,长5.0~7.0 cm。

产地:陕西、湖北、湖南、贵州、四川、河南。列入国家一级保护植物名录。

变种:

1.1　珙桐　变种

Davidia involucrata Baill var. **involucrata**

1.2　光叶珙桐　变种　图32

Davidia involucrata Baill var. **vilmoriniana**(Dode) Wanger,宋朝枢等编. 中国珍稀濒危保护植物:336~

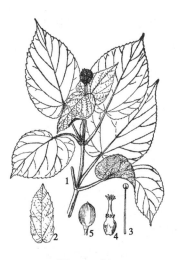

图31　珙桐
1.枝、叶、花;2.苞片;3.雄蕊;

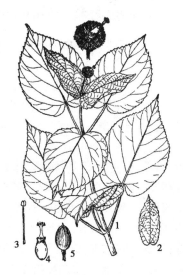

图32　光叶珙桐
1.枝、叶、花;2.苞片;3.雄蕊;
4.雌蕊;5.果实。

337. 图 273. 1989;傅立国主编. 中国珍稀濒危植物:237. 1989。

本变种与珙桐的区别:叶下面无毛或仅嫩时脉上被稀疏短柔毛和粗毛,有时下面被白霜。

产地:陕西、湖北、湖南、贵州、四川、河南。列入国家一级保护植物。

十四、桦木科　Betulaceae

(一)榛子属　Corylus Linn.

1. 华榛　图 33

Corylus chinensis Franch. ,宋朝枢等,宋朝枢等编. 中国珍稀濒危保护植物:105 ~ 106. 图 87. 1989;傅立国主编. 中国珍稀濒危植物:88 ~ 89. 图 70. 1989。

形态特征:落叶乔木,高可达 20 m;树冠呈宽卵球状或球状;树皮灰褐色,纵裂。小枝被长柔毛和刺状腺体,很少无毛、无腺体,基部通常密被淡黄色长柔毛。叶宽卵圆形、椭圆形或宽椭圆形,长 8.0~18.0 cm,宽 6.0~12. 0 cm,先端骤尖或短尾状,基部心形,两侧不对称,边缘有不规则的钝锯齿,表面无毛,背面沿脉疏被淡黄色长柔毛,有时有刺状腺体,侧脉 7~11 对;叶柄长 1.0~2.5 cm,密被淡黄色长柔毛和

图 33　华榛
1. 叶、果枝;2. 雄花序枝;
3. 果实(蒋祖德绘)。

刺状腺体。雄花序 2~8 个,排成总状,长 2.0~5.0 cm。果实 2~6 枚簇生,长 2.0~6.0 cm,直径 1.0~2.5 cm,果苞管状,在果上部缢缩,比果长 2 倍,外面疏被短柔毛或无毛,有多数明显的纵肋,密生刺状腺体,上部深裂,裂片 3~5 片,披针形,裂片通常又分叉成小裂片。坚果近球状,灰褐色,直径 1.0~2.0 cm,无毛。

产地:河南西部嵩山、卢氏、栾川、西峡、内乡、南召、鲁山县;陕西、湖北、湖南、四川、云南。列入国家三级保护植物名录、河南省重点保护植物名录(2005)。

十五、芍药科　Paeoniaceae

(一)牡丹属 Mudan (Lynch) Y. M. Fan,T. B. Zhao et Z. X. Chen

1. 牡丹

Mudan delavayi Y. M. Fan,T. B. Zhao et Z. X. Chen

变种:

1.1　牡丹

Mudan delavayi Y. M. Fan,T. B. Zhao et Z. X. Chen var. **delavayi**

1.2　黄牡丹　变种　图 34

Mudan delavayi Y. M. Fan,T. B. Zhao et Z. X. Chen var. **lutea** (Franch.) Y. M. Fan,T. B. Zhao et Z. X. Chen,var. comb. nov. ; *Paeonia delavayi* Franch. var. *lutea*

（Franch.）Finet. et Gagnep.，宋朝枢等编.中国珍稀
濒危保护植物:144. 1989;傅立国主编. 中国珍稀濒
危植物:263～264. 图 215. 1989。

　　形态特征:落叶小灌木或亚灌木,高 1.0～1.5 m,
全体无毛。茎木质,圆柱状,灰色;嫩枝绿色,基部有
宿存倒卵圆形鳞片。叶是二回三出复叶,互生,纸
质,长 20.0～35.0 cm;叶片羽状分裂,裂片披针形,纸
质,长 5.0～10.0 cm,宽 1.0～3.0 cm,先端锐尖至钝
尖,基部下延,边缘全缘或有齿,背面微带白粉;叶柄
长 7.0～15.0 cm,圆柱状。花 2～5 朵生于枝顶或叶
腋,直径 5.0～6.0 cm;苞片 3～4（～6）枚,披针形;萼
片 3～4 枚,宽卵圆形。花瓣 9～12 枚,黄色,倒卵圆
形,有时边缘红色或基部有紫色斑块,长 2.5～3.5

图 34　黄牡丹
1.叶、花枝;2.雄蕊;3.果实(李锡畴绘)。

cm,宽 2.0～2.5 cm;雄蕊多数;花盘肉质,包住心皮
基部,顶端裂片三角形或钝圆;心皮 2～3 枚,钻形,长 1.2 cm。菁葖果革质,长 3.0 cm,直
径 1.5 cm,顶端长渐尖,向下弯。种子数粒,黑色。

　　产地:云南、西藏、河南、四川。列入国家三级保护植物名录。

1.3　紫斑牡丹　变种　图 35

Mudan delavayi Y. M. Fan,T. B. Zhao et Z.
X. Chen var. **papaveracea**（Andr.）Y. M. Fan,T.
B. Zhao et Z. X. Chen var. comb. nov. ;*Paeonia suf-
fruticosa* Andr. var. *papaveracea*（Andr.）Kerner,宋朝
枢等编. 中国珍稀濒危保护植物:143～144. 图 117.
1989;傅立国主编. 中国珍稀濒危植物:263～264. 图
70. 1989。

　　形态特征:落叶灌木,高 50.0～150 cm。小枝圆
柱状,微有条棱,基部有鳞片状鞘。叶通常是二回三
出复叶,长约 30.0 cm;顶生小叶宽卵圆形,长 8.0～
9.0 cm,宽 5.0～6.0 cm,通常不裂,稀 3 裂至中部,裂
片不再浅裂,背面灰绿色,疏被长柔毛。小叶柄长

图 35　紫斑牡丹
1.叶、花枝;2.雄蕊;3.果实(冯晋庸绘)。

2.5～3.5 cm;侧生小叶长卵圆形或卵圆形,长 5.0～8.0 cm,宽 2.0～3.7 cm,不裂或 2～3
浅裂。花大,单生枝顶,直径 8.0～10.0 cm;苞片 5 枚,长椭圆形;萼片 4～5 枚,淡黄绿色,
近圆形,长约 3.0 cm,宽 3.0～3.8 cm。花瓣 10～12 枚,白色,倒卵圆形,长 6.0～10.0 cm,
宽 4.0～8.2 cm,内面基部有深紫色斑块;雄蕊多数,黄色,长 1.8～2.5 cm;花盘杯状,革
质,包围心皮;心皮 5～7 枚,密被黄色短硬毛。菁葖果长 2.0～4.0 cm ,直径 1.5 cm,密被
黄色短柔毛,顶端具喙。种子倒圆锥状,长约 8 mm,黑色,有光泽。

　　产地:云南、西藏、河南、四川、陕西。列入国家三级保护植物名录、河南省重点保护植
物名录(2005)。

2. 四川牡丹　图 36

Mudan szechuanica（Fang）Y. M. Fan,T. B. Zhao et Z. X. Chen,sp. comb. nov.；傅立国主编. 中国珍稀濒危植物:265~266. 图 217. 1989;宋朝枢等编. 中国珍稀濒危保护植物:141~143. 图 115. 1989。

图 36　四川牡丹
1. 叶、花枝;2. 雄蕊(冯晋庸绘)。

形态特征:落叶灌木,高 45.0~160.0 cm。各部无毛。树皮灰黑色,片状剥落。当年生枝紫红色,基部有残存芽鳞。叶通常是三回,稀四回复叶,第一、二回是三出,第三回羽状复叶;叶柄长 3.5~8.0 cm;叶片长 10.0~20.0 cm,表面深绿色,背面淡绿色:生小叶长卵形或倒卵圆形,长 2.5~4.5 cm,宽 1.5~2.5 cm,有 3 个裂片或近基部 3 全裂,裂片再 3 浅裂;侧生小叶卵圆形或菱-卵圆形,3 裂或不裂而有粗齿;小叶柄长 1.0~1.5 cm。花单生枝顶,直径 10.0~15.0 cm;苞片 2~3~5 枚,大小不等,线-披针形;萼片 3~5 枚,绿色,宽倒卵圆形,长约 2.5 cm,宽 1.5~2.0 cm。花瓣 10~12 枚,玫瑰色,倒卵圆形,先端通带浅 2 裂并有不规则波状齿,长 4.0~7.0 cm,宽 3.0~5.0 cm;花盘白色,纸质,包围心皮达 1/2~2/3,顶端三角齿裂;心皮 4~6 枚,花柱短,柱头扁,反卷。幼果无毛,褐带绿色。

产地:云南、西藏、河南、四川、陕西等省。列入国家二级保护植物名录。

3. 矮牡丹

Mudan suffruticosa（Andr.）Y. M. Fan, T. B. Zhao et Z. X. Chen, sp. comb. nov.；*Paeonia suffruticosa* Andr. var. *spontanea* Rehd. ,宋朝枢等编. 中国珍稀濒危保护植物:143. 图 116. 1989;傅立国主编. 中国珍稀濒危植物:263~264. 图 70. 1989;傅立国主编. 中国珍稀濒危植物:265. 1989。

变种:

3.1　矮牡丹

Mudan suffruticosa（Andr.）Y. M. Fan,T. B. Zhao et Z. X. Chen var. **suffruticosa**

3.2　野生矮牡丹　矮牡丹　变种

Mudan suffruticosa（Andr.）Y. M. Fan,T. B. Zhao et Z. X. Chen var. **spontanea**（Rehd.）Y. M. Fan,T. B. Zhao et Z. X. Chen,var. comb. nov.；*Paeonia szechuanica* Fang ,宋朝枢等编. 中国珍稀濒危保植物:143~144. 图 116. 1989;傅立国主编. 中国珍稀濒危植物:265. 1989。

本变种与紫斑牡丹的区别:灌木,高 0.5~1.0 m。叶为二回三出复叶;叶纸质,背面和叶轴被短柔毛,中央小叶宽椭圆形或近圆形,长 4.0~5.0 cm,3 深裂,裂片再疏浅裂;叶柄长 4.0~5.5 cm;长 1.0~1.5 cm。花单生枝顶,径约 11.0 cm,花瓣数枚或较多,白色,或淡红色,宽倒卵圆形,长、宽均 4.5~5.5 cm;雄蕊多数,花丝狭条形;花盘杯状,革质,高约 1.3 cm,包住心皮;心皮约 4 枚;子房密被柔毛。蓇葖果卵球状,长约 2.0 cm。

产地:陕西、河南有栽培。列入国家三级保护植物名录、河南省重点保护植物名录（2005）。

十六、毛茛科　Ranunculaceae

（一）金莲花属　Trollius Linn.

1.金莲花　图37

Trollium chinensis Bunge,中国科学院植物研究所主编. 中国高等植物图鉴　第一册:658. 图1316. 1983。

图37　金莲花
1.根茎;2. 果枝;3. 花;4. 雄蕊;5.蓇葖果
（引自《中国高等植物图鉴　（第一册)》）。

形态特征:多年生草本,各部无毛。茎高30.0~70.0 cm,不分枝。基生叶1~4枚,具长柄。叶五角形,长3.8~6.8 cm,宽6.8~12.5 cm,3全裂,中央裂片菱形,3裂近中部,二回裂片有少数小裂片和锐牙齿,基部叶似基生叶,向上渐小。花夏季开放,单生或2~3朵组成聚伞花序;萼片8~15~19枚,黄色,椭圆-倒卵圆形或倒卵圆形,长1.5~2.8 cm、宽0.7~1.6 cm。花瓣与萼片近等长,狭条形,长1.8~2.2 cm,宽1.2~1.5 mm,先端渐狭;雄蕊多数,长0.5~1.1 cm;心皮20~30枚。蓇葖果长1.0~1.2 cm。

产地:山西、河北、河南有分布。列入国家三级保护植物名录、河南省重点保护植物名录(2005)。

（二）铁筷子属　Helleborus Linn.

1.铁筷子　图38

Helleborus thibetanus Franch. ,中国科学院植物研究所主编. 中国高等植物图鉴　第一册:660. 图1319. 1983;丁宝章等主编. 河南植物志　第一册:442. 图561. 1981。

图38　铁筷子
1.根茎;2. 果枝;3. 花;4. 雄蕊
（引自《河南植物志(第一册)》）。

形态特征:草本,各部无毛。根状茎直径约6 mm。茎高30.0~50.0 cm,上部分枝。基生2~3枚鞘状叶。下部茎生叶1~2枚,具长柄。叶肾形,长7.5~16.0 cm,宽14.0~24.0 cm,鸡脚状3全裂,中央裂片披针形,边缘有锯齿,侧裂片不等地3全裂。花单生或2朵组成单歧聚伞花序;萼片5枚,粉红色,椭圆形或狭椭圆形,长1.6~2.3 cm,宽1.0~1.6 cm,果期宿存,梢增大;花瓣8~10枚,圆筒-漏斗状,长5~6 mm;雄蕊多数,长0.7~1.0 cm;心皮2~3枚。蓇葖果扁,长1.6~3.6 cm。

产地:四川、甘肃、陕西、河南有分布。列入国家三级保护护植物名录、河南省重点保护植物名录(2005)。

十七、槭树科 **Aceraceae**

(一)金钱槭属 **Dipteronia** Oliv.

1. 金钱槭 图39

Dipteronia sinensis Oliv.,宋朝枢等编. 中国珍稀濒危保护植物:267~268. 图219. 1989;傅立国主编. 中国珍稀濒危植物:75~76 图58. 1989。

形态特征:落叶小乔木,高5~15 m。冬芽裸露,细小,微被短柔毛。叶对生,奇数羽状复叶,长20.0~30.0 cm;小叶纸质,通常7~13枚,卵圆-长圆形或长圆-披针形,长5.0~11.0 cm,宽2.0~4.5 cm,先端渐尖,基部圆形,边缘有疏钝锯齿,表面绿色,无毛,稀有沿中脉疏被短柔毛,背面淡绿色,仅脉腋有白色簇毛,侧脉10~12对;叶柄长5.0~10.0 cm,通常无毛。圆锥花序顶生或腋生,长15.0~30.0 cm,无毛:花梗长3~5 mm。花白色,杂性;雄花与两性花同株,萼片5枚,花瓣5枚,长约1 mm;雄蕊5枚,比花瓣长,但在两性花中则较短;子房扁平,被长硬毛,2室。翅果

图39 金钱槭
1.叶、果枝;2.雄花(李志民绘)。

通常2个生于一个果梗上,圆形或近长圆形,周围有圆形或卵圆形的翅,长2.0~3.0 cm,宽1.7~2.5 cm,被长硬毛,成熟时淡黄色,无毛。种子近圆形,直径5~7 mm。

产地:河南嵩县、鲁山、西峡、内乡县,陕西、甘肃、湖北、湖南、四川。列入国家二级保护植物名录、河南省重点保护植物名录(2005)。

十八、金缕梅科 **Hamamelidaceae**

(一)山柏树属 **Sinowilsonia** Hensl.

1. 山柏树 图40

Sinowilsonia henryi Hemsl,宋朝枢等编. 中国珍稀濒危保护植物:213~214. 图175. 1989;傅立国主编. 中国珍稀濒危植物:160~161 图133. 1989。

形态特征:落叶小乔木或灌木,高达10 m。嫩枝被灰黄色星状茸毛。叶互生,纸质或膜质,倒卵圆形,稀有椭圆形,长10.0~18.0 cm,宽5.0~11.0 cm,先端锐尖,基部圆形或浅心形,稍偏斜,边缘密生小突齿,表面绿色,脉上有稀疏星状茸毛,背面黄绿色,密被星状茸毛,侧脉7~9对;叶柄长5~18 mm。花单性,稀两性,雌雄同株!雄花排列成总状花序,长4.0~6.0 cm,下垂,萼筒极短,萼齿匙形,雄蕊5枚,花丝极短,花药2室;雌花排成穗状花序,长6.0~8.0

图40 山柏树
1.叶、果枝;2.雌花;3.雄花;
4.种子(李志民绘)。

cm,花序梗长 3.0 cm,与花序轴都被星状茸毛;萼筒壶状,有萼齿,都被星状毛;退化雄蕊 5
枚;子房上位,有星状毛,2 室,每室有 1 枚垂生胚珠。果序长 10.0~20.0 cm;蒴果无柄,
木质,卵球状,先端尖,长约 1.0 cm,被灰黄色长丝毛;宿存萼筒长 4~5 mm,被褐色星状茸
毛。种子长椭圆体状,长约 8 mm,黑色,有光泽,种脐灰白色。

产地:河南辉县、济源、嵩县、商城、卢氏县,陕西、甘肃、湖北、四川。列入国家二级保
护植物名录、河南省重点保护植物名录(2005)。

十九、蔷薇科　Rosaceae

(一)蔷薇属　Rosa Linn.

1. 玫瑰　图 41

Rosa rugosa Thunb. ,宋朝枢等编. 中国珍稀濒
危保护植物:220. 1989;傅立国主编. 中国珍稀濒危
植物:278~279 图 229. 1989。

形态特征:常绿或半常绿攀缘灌木。茎直立,植
株高 1~2 m。小枝密被黄色茸毛。奇数羽状复叶,
有 5~9 枚小叶,连叶柄长 5.0~15.0 cm;小叶宽椭圆
形或倒卵圆-宽椭圆形,长 2.0~4.0(~5.0)cm,宽
1.0~2.5(~3.0)cm,先端急尖或圆钝,基部圆形或
宽楔形,边缘有微钝的单锯齿,表面无毛,有明显皱
纹,背面灰绿色,密被柔毛和腺体;叶柄长 2.0~4.0
cm,与叶轴都密被短茸毛和稀疏小刺;托叶较宽大,
长约 2.0 cm,大部分与叶柄合生。花单生或 3~6 朵
簇生,紫红色,直径 6.0~8.0 cm;花梗长 1.0~2.5
cm,密被茸毛、腺毛和刺毛;萼裂片披针形,长 2.0~
4.0 cm,外面被茸毛和腺毛;花瓣宽倒卵圆形;花柱密
被茸毛,稍伸出。蔷薇果扁球状,直径约 2.0 cm,红
色、无毛,有宿存开展的萼片。

产地:辽宁、吉林、河南等。列入国家三级保护
植物名录。

2. 香水月季　图 42

Rosa odorata Sweet,宋朝枢等编. 中国珍稀濒危
保护植物:219~220. 图 180. 1989;傅立国主编. 中
国珍稀濒危植物:276~278 图 228. 1989。

形态特征:常绿或半常绿攀缘灌木。枝粗状,无
毛,有散生而粗短钩状皮刺。叶是羽状复叶;小叶
5~9 枚,椭圆形、卵圆形或长圆-卵圆形,微革质,长
2.0~7.0 cm,先端急尖或渐尖,基部楔形或近圆形,

图 41　玫瑰
1. 叶、花枝;2. 果实(冯金环绘)。

图 42　香水月季
1. 叶、花枝;2. 果实;3. 花果梗一部分;
4. 花萼内面(李锡畴绘)。

边缘有紧贴的锐锯齿,两面无毛;托叶大部贴生于叶柄,无毛,边缘或仅在基部有腺点;总叶轴和小叶柄有稀疏小皮刺和腺毛。花单生或2~3朵,直径5.0~8.0 cm;花梗长2.0~3.0 cm,无毛或有腺毛;萼片边缘全缘,稀有少数羽状裂片,披针形,内面密被长柔毛;花瓣倒卵圆形,芳香,白色、淡黄色或带粉红色;心皮被毛,花柱离生,伸出花托口之外,与雄蕊近等长或稍短。蔷薇果呈扁球状,稀梨实状,外面无毛。

产地:云南、河南等。列入国家三级保护植物名录。

(二)太行花属 Taihangla Yü et Li

1. 太行花 图43:1~4

Taihangla rupestris Yü et Li,丁宝章等主编. 河南植物志 第二册:340~341. 图1046. 1988;宋朝枢等编. 中国珍稀濒危保护植物:224~225. 图184. 1989;傅立国主编. 中国珍稀濒危植物:280~281. 图231. 1989。

形态特征:多年生草本。根系发达,主根长达50.0 cm。基生叶是单叶,卵圆形或椭圆形,长2.0~10.0 cm,宽2.0~8.0 cm,先端圆钝,基部常截形或圆形,稀有宽楔形,边缘有粗大钝齿或波状圆钝齿,背面几无毛或在叶脉基部有疏柔毛;叶柄几无毛或有疏柔毛,有时在中部以上有1~2枚小裂片。花葶高4.0~15.0 cm,有1~5枚对生或互生的苞片。花两性

图43 太行花
1. 植株;2. 雄花;3. 雌花;4. 花瓣;
5. 缘毛太行花叶(冯晋庸绘)。

或单性异株,单生于花葶顶端,稀有2~3朵;花直径2.5~4.0 cm;花萼无毛,萼筒陀螺状,萼片5枚,卵圆-椭圆形或卵圆-披针形,浅绿带紫色,急尖至渐尖;花瓣5枚,倒卵圆-椭圆形,白色;雄蕊多数,着生于萼筒边缘;花盘环状;雌蕊多数,有疏柔毛,螺旋状着生于花托上;在雄花中,雌蕊数目较少而败育,花柱长14~16 mm,被柔毛,仅先端无毛。瘦果长3~4 mm,被疏柔毛。

产地:太行山区南部的中山地段。河南西北部修武县一斗水和林县西郊黄华墁崭山及潭桃金登山一带有分布。列入国家二级保护植物名录。

变种:

1.1 太行花 变种

Taihangla rupestris Yüet Li var. **rupestris**

1.2 缘毛太行花 变种 图43:5

Taihangla rupestris Yü et Li var. **ciliate** Yü et Li,傅立国主编. 中国珍稀濒危植物:281~282. 1989。

本变种叶心-卵圆形至三角-卵圆形,基部常呈微心形,边缘锯齿较多,通常较深,稀较浅,有显著的缘毛;叶柄有明显的疏柔毛。

产地:太行山区有分布。

二十、木樨科　Oleaceae

（一）白蜡树属　Fraxinus Linn.

1. 水曲柳

Fraxinus mandshurica Rupr. ，宋朝枢等编. 中国珍稀濒危保护植物：369～370. 图302. 1989；傅立国主编. 中国珍稀濒危植物：241～242. 图193. 1989。

形态特征：落叶大乔木，高达 30 m，胸径可达 1 m 以上；树皮灰色，幼树皮光滑，成龄后有粗细相间的纵裂。小枝略呈 4 棱状，无毛，有皮孔。奇数羽状复叶，对生，长 25.0～30.0 cm，叶轴有沟槽，有极窄的翼；小叶 7～11 （～13）枚，无柄或几无柄，卵圆-长圆形或椭圆-披针形，长（5.0～）8.0～14.0（～16.0）cm，宽 2.0～5.0 cm，先端长渐尖，基部楔形，不对称，边缘有锐锯齿，表面无毛或疏生硬毛，背面沿叶脉疏生黄褐色硬毛，小叶与叶轴联结处密生黄褐色茸毛。雌雄异株！圆锥花序生于去年枝上部的叶腋，花序轴有极窄的翼；花萼钟状，果期脱落，无花冠；雄花有 2 枚雄蕊；雌花子房 1 室，柱头 2 裂，有 2 枚不发育雄蕊。翅果稍扭曲，长圆-披针形，长 2.0～3.5 cm，宽 5～7 mm，先端钝圆或微凹。

产地：我国东北大兴安岭东部、小兴安岭、长白山区，河南。列入国家三级保护植物名录。

二十一、樟科　Lauraceae

（一）木姜子属　Litsea Lam.

1. 天目木姜子　图44

Litsea auriculata Chien et Cheng ，宋朝枢等编. 中国珍稀濒危保护植物：193～194. 图158. 1989；傅立国主编. 中国珍稀濒危植物：173. 图143. 1989。

形态特征：落叶乔木，高达 25 m，胸径约 75.0 cm，树干通直；树皮灰白色，鳞片状剥落后呈鹿斑状。1 年生小枝栗褐色。叶互生，纸质，常聚生新枝顶端，倒卵圆-椭圆形，长 8.0～20.0 cm，宽 6.0～14.0 cm，先端钝尖或钝圆，基部耳形或宽楔形，边缘全缘，表面暗绿色，背面苍白绿色，被淡褐色柔毛；叶柄长 3.0～11.0 cm。花两性，雌雄异株！5～8 朵排成伞形花序；雄花比叶先开放，雌花与叶同时出现；花被片 6 枚，黄色；花药 4 室，内向纵裂。果熟时紫黑色，椭圆体状，长 1.3 cm，直径 1.0～1.2 cm，无毛，果托杯状，直径约 1.1 cm；果梗粗壮，长约 1.4 cm，被褐色柔毛。

图44　天目木姜子
1. 叶、果枝；2.花枝(何冬泉绘)。

产地：浙江、安徽，河南鸡公山、南召、舞阳县等地。列入国家三级保护植物名录、河南省重点保护植物名录（2005）。

二十二、忍冬科 Caprifoliaceae

(一) 蝟实属 Kolkwitxia Graebn.

1. 蝟实　图 45

Kolkwitxia amabilis Graebn.,宋朝枢等编. 中国珍稀濒危保护植物:386. 图 316. 1989;傅立国主编. 中国珍稀濒危植物:173. 图 92～93. 图 73. 1989。

形态特征:落叶灌木,植株高 1.5～3.0 m。幼枝被柔毛,老枝皮剥落。叶互生,有短柄,椭圆形至卵圆-长圆形,长 3.0～8.0 cm,宽 1.5～3.0 (～5.5) cm,近全缘或有疏浅齿,先端渐尖,基部近圆形,表面疏生短柔毛,背面脉上有柔毛。伞房状的圆锥聚伞花序生于侧枝顶端;每一聚伞花序有 2 朵花,2 朵花的萼筒下部合生;萼筒被开展的长柔毛,子房以上处缢缩似颈,裂片 5 枚,钻-披针形,长 3～4 mm,有短柔毛;花冠钟状,粉红色至紫色,喉部黄色,外有微毛,裂片 5 枚,略不等长;雄蕊 4 枚,2 长 2 短,内藏;子房下位,3 室,常仅 1 室发育。瘦果 2 个合生,通常只有 1 个发育,连同果梗密被刺状刚毛,顶端有宿存花萼。

产地:山西,河南济源、嵩县、灵宝、卢氏、栾川县,陕西、甘肃、湖北、安徽。列入国家三级保护植物名录、河南省重点保护植物名录(2005)。

图 45　蝟实
1. 花、叶枝;2. 果实(钱存源绘)。

二十三、豆科 Leguminosae

(一) 大豆属 Glycine Willd.

1. 野大豆　图 46

Glycine soja Sieb. et Zucc.,宋朝枢等编. 中国珍稀濒危保护植物:240～241. 图 199. 1989;傅立国主编. 中国珍稀濒危植物:192～193. 图 157. 1989。

形态特征:1 年生草本。茎缠绕、细弱,疏生黄褐色长硬毛。羽状复叶,有 3 片小叶;小叶卵圆形、卵圆-椭圆形或卵圆-披针形,长 3.5～5.0 (～6.0) cm,宽 1.5～2.5 cm,先端锐尖至钝圆,基部近圆形,两面被毛。总状花序腋生;花蝶形,长约 5 mm,淡紫红色;苞片披针形,萼钟状,密生黄色长硬毛,5 齿裂,裂片三角-披针形,先端锐尖;旗瓣近圆形,先端微凹,基部有短爪,翼瓣歪倒卵圆形,有耳,龙骨瓣较旗瓣和翼瓣短;雄蕊 10 枚,成两体;花柱短而向一侧弯曲。荚果狭长圆形或镰刀形,两侧稍扁,长 7～23 mm,宽 4～

图 46　野大豆
1. 植株一部分;2. 花;3. 翼瓣;4. 龙骨瓣;
5. 旗瓣;6. 雄蕊;7. 雌蕊(冯金环绘)。

5 mm,密被黄色长硬毛;种子间缢缩,含 3 粒种子。种子长圆体状、椭圆体状或近球状或稍扁,长 2.5~4 mm,直径 1.8~2.5 mm,褐色、黑褐色、黄色、绿色或呈黄黑双色。

产地:在我国分布很广,河南也有分布。列入国家三级保护植物名录。

二十四、蜡梅科　Calycanthaceae

(一)夏蜡梅属　Sinocalycanthus Cheng et S. Y. Chang

1. 夏蜡梅　图 47

Sinocalycanthus chinensis (Cheng et S. Y. Chang)Cheng et S. Y. Chang ,宋朝枢等编. 中国珍稀濒危保护植物:183~184. 图 151. 1989;傅立国主编. 中国珍稀濒危植物:191~192. 图版 13-2.1989。

形态特征:落叶灌木,植株高 1.0~3.0 m。大枝二歧状。小枝对生,嫩枝黄绿色,2 年生枝灰褐色。冬芽为叶柄基部所包被。叶对生,膜质,宽椭圆形或宽卵圆-椭圆形,长 13.0~29.0 cm,宽 8.0~16.0 cm,先端短尖,基部圆形或近耳形,边缘有不整齐微锯齿或近全缘;叶柄长 1. 2~1.8 cm。花单生嫩枝顶端,直径 4.5~7.0 cm,无香气;花被片螺旋状着生,二型,外轮花被片常为 14 枚,倒卵圆-短圆形或倒卵圆-匙形,长 1.4~3.6 cm,宽 1.2~2.6 cm,不等长,白色,边缘淡紫红色;内轮花被片 9~12 枚,椭圆形,长 1.1~1.7 cm,宽 0.9~1.3 cm,肉质,半透明,中部较厚,向内卷曲,上部淡黄色,下部带白色,腹面基部有淡紫红色细斑点;雄蕊 18~19 枚,花丝极短;心皮 11~12 枚,花柱丝状,子房生于凹陷的花托内。聚合果托钟状或近顶端微收缩,长 3.0~4.5 cm,直径 1.5~3.0 cm。瘦果扁平或有棱,椭圆体状,长 1.2~1.5 cm,直径 0.7 cm,褐色。

产地:浙江、河南有栽培。列入国家二级保护植物名录。

二十五、茜草科　Rubiaceae

(一)香果树属　Emmenopterys Oliv.

1. 香果树　图 48

Emmenopterys henryi Oliv. ,宋朝枢等编. 中国珍稀濒危保护植物:381~382. 图 312. 1989;傅立国主编. 中国珍稀濒危植物:283~284. 图版 24-2 1989。

图 47　夏蜡梅
1. 叶、枝、花;2. 雄蕊;3. 果实。

图 48　香果树
1. 叶、枝、花;2. 雄蕊;3. 果实
(引自《中国珍稀濒危保护植物》)。

形态特征:落叶大乔木,植株高可达 30 m;树皮呈小片状剥落。小枝有皮孔和托叶环。叶对生,厚纸质,宽椭圆形至宽卵圆形,长 15.0~20.0 cm,宽 8.0~14.0 cm,先端急尖或短渐尖,基部楔形,边缘全缘,表面无毛,背面中脉、侧脉和脉腋内有淡黄色柔毛或几无毛,或有时全有毛;叶柄长,初时红色;托叶大,三角-卵圆形,早落。聚伞花序排成顶生、疏散的大型圆锥花序状。花较大,淡黄色,有短梗;花萼近陀螺形,萼檐 5 裂,裂片顶端截平,花后脱落,但有些花的萼裂片中有 1 片扩大成叶状,色白而宿存于果实上;花冠漏斗状,长约 2.0 cm,被柔毛;子房下位,2 室。蒴果近纺锤状,长 3.0~5.0 cm,有纵棱,成熟时红色,室间开裂为 2 个果瓣。种子多数,小而有阔翅。

产地:江苏、安徽、浙江、福建、江西、湖南、湖北、广西、云南、陕西,河南南部商城、新县、桐柏、内乡县等。列入国家二级保护植物名录。

二十六、百合科　Liliaceae

(一)延龄草属　Trillium Linn.

1.延龄草　图 49

Gastrodia elata Bl. ,宋朝枢等编. 中国珍稀濒危保植物:413~414. 图 339. 1989;丁宝章等主编. 河南植物志　第四册:426~426. 图 2805. 1998。

形态特征:多年生草本,株高 15.0~50.0 cm。茎丛生于粗短的根状茎上。叶菱-圆形或菱形,长 6.0~15.0 cm,宽 5.0~15.0 cm,近无柄。花梗长 1.0~4.0 cm;外轮花被片卵圆-披针形,绿色,长 1.5~2.0 cm,宽 5~9 mm;内轮花被片卵圆-披针形,白色,稀淡紫色,长 1.5~2.0 cm,宽 4~10 mm;花药长 3~4 mm,短于花丝或与其近等长,顶端有梢突起的药隔;子房圆锥-卵球状,长 7~9 mm,径 5~7 mm,花柱长 4~5 mm。浆果卵球状,长 1.5~1.8 cm,直径 1.5~1.8 cm,黑紫色,有多粒种子。花期 4~6 月,果熟期 7~8 月。

产地:河南伏牛山、大别山和桐柏山区有分布。江西、四川、贵州、云南、广西、西藏和台湾等省区。列入国家三级保护植物名录、河南省重点保护植物名录(2005)。

二十七、兰科　Orchidaceae

(一)天麻属　Gastrodia R. Br.

1.天麻　图 50

Gastrodia elata Bl. ,宋朝枢等编. 中国珍稀濒危保植物:422~423. 图 346. 1989;傅立国主编. 中

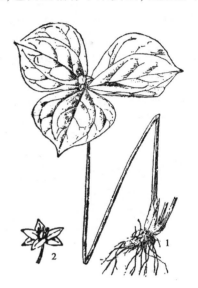

图 49　延龄草
1.植株;2.花
(引自《中国珍稀濒危植物》)。

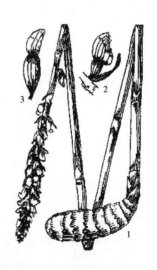

图 50　天麻
1.植株下部及根状茎;2.花序;
3.果实(张桂芝绘)。

国珍稀濒危植物:247~248. 图 198. 1989。

形态特征:腐生多年生草本;无绿叶,地下块茎肥厚,长椭圆状、卵圆-椭圆体状或哑铃状,长 10.0（~20.0）cm,粗 3.0~5.0（~7.0）cm,肉质,常平卧,节较密,节上轮生多数三角-宽卵圆形的膜质鳞片。茎直立,高 1.0~1.5(~2.0)m,下部疏生数枚膜质鞘。总状花序顶生,花期显著伸长,长 30.0~50.0 cm,有花 30~50（~100）朵;苞片长圆-披针形,长 1.0~1.5 cm,与子房(连花梗)近等长;花橙红色、淡黄色、蓝绿色或黄白色,近直立,花梗长 3~5 mm;萼片与花瓣合生成花被筒,筒长约 1.0 cm,直径 5~7 mm,顶端 5 裂,萼裂片大于花冠裂片;唇瓣藏于筒内,无距,长圆-卵圆形,长约 7 mm,上部边缘流苏状;蕊柱长 5~7 mm,子房倒卵球状。蒴果直立,倒卵球-椭圆体状,长 1.5（~2.0）cm,直径 8~9 mm。种子细小,多数。

产地:吉林、辽宁、河北、山东、河南、山西、陕西、甘肃、湖北、湖南、安徽、江西、四川、贵州、云南、广西、西藏和台湾等省区。列入国家三级保护植物名录、河南省重点保护植物名录(2005)。

第二编 河南省国家重点保护植物名录

一、麻黄科 Ephedraceae

(一)麻黄属 Ephedra Tourn et Linn.

1. 草麻黄 图51

Ephedra sinica Stapf,丁宝章等主编. 河南植物志 第一册:157. 图188. 1981。

形态特征:灌木草本状,高 20.0~40.0 cm。木质茎极短或匍匐状。小枝直伸或微曲,节间长 2.5~5.5 cm,径约 2 mm,纵槽常不明显。叶对生,膜质鞘状,基部 1/3~2/3 合生,上部三角形。雄花序为复穗状,常具总梗;苞片常 4 对,雄花具雄蕊 7~8 枚,花丝合生,有时先端微分离;雌花序卵球状,长 6~8 mm;苞片 4 对,绿色,下部 3 对 1/4~1/3 合生,最上 1 对 1/2 合生,具 2 朵雌花,各有胚珠 1 个,珠被管直立或先端微弯。种子 2 枚,包于肉质苞片中,不外露与肉质苞片等长,长卵球状,褐色,长 5~6 mm,径 2.5~3.5 mm,表面具细皱纹;种脐半圆形,明显。花期 4~5 月,种子成熟期 7 月。

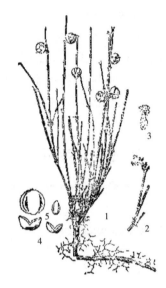

图51 草麻黄
1. 植株;2. 雄花序;3. 雌花序;
4. 雌荷苞片;5. 种子
(引自《河南植物志(第一册)》)。

产地:河南伏牛山和太行山区有分布。列入国家重点保护野生植物名录(第二批)二级。

2. 木贼麻黄

Ephedra equisetina Bunge,丁宝章等主编. 河南植物志 第一册:157~158. 1981。

形态特征:直立小灌木,高 1.0 m。木质茎直立,间或部分匍匐。小枝细,径约 1 mm,节间短,长 1.0~2.5 cm,纵槽不明显,蓝绿色或灰绿色,常被白粉。叶对生,大部合生,仅先端分离,宽三角形。雄花序单生或 3~4 个集生于节上;雌花序常 2 个对生,发育成熟时肉质、红色,长卵球状或卵球状,长 8~10 mm,径 4~5 mm。种子 1 枚,窄长卵球状,长约 7 mm,径 2.5~3 mm。花期 6~7 月,种子成熟期 8~9 月。

产地:河南有栽培。列入国家重点保护野生植物名录(第二批)二级。

二、蓼科 Polygonaceae

(一)荞麦属 Fagopyrum Gaertn.

1. 金荞麦

Fagopyrum dibotrys(D. Don) Hara (*Polygonum dibotrys* D. Don),李家美主编.

河南省国家重点保护农业野生植物图鉴:212~213. 彩图 3 张. 2016。

形态特征:多年生草本。根状茎木质化。茎黑褐色、直,高 50.0~100.0 cm,分枝,具纵棱,无毛,稀一侧沿脉被柔毛。叶三角形,长 4.0~12.0 cm,宽 3.0~11.0 cm,先端渐尖,基部近戟形,边缘全缘,两面有乳头状突起或被柔毛;叶柄长达 10.0 cm;托叶鞘筒状,膜质,褐色,长 5~10 mm,偏斜,先端截形,边缘无缘毛。花序伞房状,顶生或腋生;苞片卵圆-披针形,先端尖,边缘膜质,长约 3 mm,每苞片内具 2~4 花;花梗中部具关节,与苞片近等长;花被片 5 深裂,白色,花被片长椭圆形,长约 2.5 mm;雄蕊 8 枚,比花被片短;花柱 3 枚,柱头头状。瘦果宽卵球状,具 3 条锐棱,长 6~8 mm,黑褐色,无光泽,超出宿存花被片 2~3 倍。花期 7~9 月,种子成熟期 8~10 月。

产地:河南伏牛山、桐柏山和大别山区有分布。列入国家重点保护野生植物名录(第一批)二级 。

三、睡莲科 Nymphaeaceae

(一)莲属 Nelumbo Adans.

1. 莲

Nelumbo nucifera Gaertn. ,李家美主编. 河南省国家重点保护农业野生植物图鉴:230~231. 彩图 3 张. 2016。

形态特征:多年生水生草本。根状茎横生,肥厚,节间膨大,内有多数纵行通气孔道,节部缢缩,上有黑色鳞片,下有须状不定根。叶圆形,盾状,径 25.0~90.0 cm,边缘为波状全缘,表面光滑,具白粉,背面叶脉从中央射出,有 1~2 次叉状分枝;叶柄粗壮,圆柱状,长 1~2 m,中空,外面有散生小刺;花梗和叶等长或稍长,有小刺;花径 10.0~20.0 cm,芳香;萼片 4~5 枚;花瓣多数,红色、粉红色或白色,矩圆-椭圆形至倒卵圆形,长 5.0~10.0 cm,宽 3.0~5.0 cm,由外向内渐小,有时变为雄蕊,先端钝圆或微尖;外向药条形,花丝细长,着生在花托之下;花柱极短,柱头顶生;花托及莲房径 5.0~10.0 cm;子房上位,心皮钳生在花托的穴内,每心皮有 1~2 枚胚珠。坚果椭圆体状或卵球状,长 1.5~2.5 cm,果皮革质,坚硬,熟时黑褐色。莲子卵球状或椭圆体状,长 1.2~1.7 cm,有内外胚珠种皮红色或白色。花期 6~8 月,果成熟期 9~10 月。

产地:河南各地区有栽培。列入国家重点保护野生植物名录(第一批)二级 。

(二)芡属 Euryale Salisb. ex DC.

1. 芡实 图 52

Euryale ferox Selisb. ,丁宝章等主编. 河南植物志 第一册:413~414. 图 524. 1981。

形态特征:多刺 1 年生水生草本。叶有沉水叶和

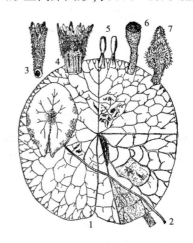

图 52 芡实
1. 叶;2. 幼叶;3. 花;4. 花开展;
5. 雄蕊;6. 柱头;7. 果实
(引自《河南植物志(第一册)》)。

浮水叶。初生叶沉水,小形,膜质,箭头状;后生叶浮水面,大形,革质,盾状圆形,表面深绿色,多皱折,叶脉分权处有刺,背面紫色;叶柄有密刺。花单生;花柄与萼片有刺;萼片 4枚,披针形,宿存,外面绿色,内面紫色;花瓣多数,红紫色,矩圆-披针形,较萼片短,内轮渐变为雄蕊;雄蕊多数;心皮 8 枚,柱头扁平,圆盘状。浆果球状,径 3.0~5.0 cm,海绵质,污紫红色,被密刺。种子球状,黑色。花期 7~8 月,果成熟期 8~9 月。

产地:河南信阳市有分布。列入农业野生保护植物名录。

(三)莼属　Brasenia Schreb.

1.莼菜

Brasenia schreberi J. F. Gmel. ,李家美主编. 河南省国家重点保护农业野生植物图鉴:190~191. 彩图 3 张. 2016。

形态特征:多年生水生草本。根状茎具叶及匍匐枝,后者在节部生根,并生具叶枝及匍匐枝。叶椭圆-矩圆形,长 3.0~6.0 cm,宽 5.0~10.0 cm,背面蓝绿色,两面无毛,从叶脉处皱缩;叶柄长 25.0~40.0 cm,被柔毛,无刺。花两性,径 1.0~2.0 cm,暗紫色;花瓣条形,4 枚,长 1.0~1.5 cm,先端圆钝;雄蕊 12~18 枚,具侧向花药;花药条形,约长 4 mm;心皮不生在花托穴内,条形,具微柔毛,每心皮具 2~3 枚胚珠;花梗长 6.0~10.0 cm,被柔毛,无刺。坚果矩圆-卵球状,有 3 个或更多成熟心皮。种子 1~2 枚,卵球状。花期 6 月,果熟期 10~11 月。

产地:河南偶有栽培。列入国家重点保护野生植物名录(第一批)。

(四)萍蓬草属　Nuphar J. E. Smth

1.萍蓬草

Nuphar pumilum. (Timm.) DC. (*Nymphaea lutea* 、var. *pumila* Timm.) ,李家美主编. 河南省国家重点保护农业野生植物图鉴:232~233. 彩图 3 张. 2016。

形态特征:多年生水生草本。根状茎粗,横卧。叶纸质,漂浮,卵圆形或宽卵圆形,长6.0~17.0 cm,宽 6.0~12.0 cm,基部深心形,具弯缺成 2 远离的圆钝裂片,表面光亮,背面密被柔毛,侧脉羽状,数回二歧分叉;叶柄有柔毛。花单生于花梗顶端,浮于水面,径3.0~4.0 cm;萼片 5 枚,革质,黄色,花瓣状;花瓣多数,狭楔形;雄蕊多数。子房上位,柱头盘状,通常 10 浅裂。浆果卵球状,长 3.0 cm,不规则开裂。萼片、柱头宿存。

产地:河南偶有栽培。列入国家重点保护野生植物名录(第一批)二级 。

四. 芍药科　Paeoniaceae

(一)芍药属　Paeonia Linn.

1.草芍药

Paeonia olvata Maxim. ,李家美主编. 河南省国家重点保护农业野生植物图鉴:238~239. 彩图 2 张. 2016。

形态特征:1 年生草本。根粗壮,长圆柱状。茎高 30.0~70.0 cm,无毛,基部生数枚鞘状鳞片。茎下部叶为二回三出复叶,叶长 14.0~28.0 cm;顶生小叶倒卵圆形,长 9.5~14.0 cm,宽 4.0~10.0 cm,先端短尖,基部楔形,边缘全缘,表面深绿色,背面淡绿色,无毛或沿脉疏生短柔毛;小叶柄长 1.0~2.0 cm,侧生小叶比顶生小叶小,同形,长 5.0~10.0 cm,宽 4.5~7.0 cm,具短柄或近无柄;茎上部叶为三出复叶或单叶;叶柄长 5.0~12.0 cm。花单生枝顶,直径 11.0~12.0 cm;萼片 3~5 枚,宽卵圆形,长 1.2~1.5 cm,淡绿色;花瓣 6 枚,白色、红色、紫红色,倒卵圆形,长 3.0~5.5 cm,宽 1.8~2.8 cm;雄蕊长 1.0~1.2 cm;花丝淡红色,花药长圆体状;花盘浅杯状,包住心皮基部;心皮 2~3 枚,无毛。蓇葖果卵球状,长 2.0~3.0 cm,成熟时果皮反卷,具密毛。花期 5~6 月中旬,果成熟期 9 月。

产地:河南各山区县有栽培。列入国家重点保护野生植物名录(第二批)二级。

（二）牡丹属　Mudan（Lynch）Y. M. Fan,T. B. Zhao et Z. X. Chen

1. 牡丹

Mudan suffruticosa Y. M. Fan,T. B. Zhao et Z. X. Chen. sp. comb. nov. ;*Paeonia suffruticosa* Andrews,李家美主编. 河南省国家重点保护农业野生植物图鉴:246~247. 彩图 2 张. 2016。

形态特征:落叶灌木,高达 2 m。分枝短而粗。叶通常是二回三出复叶,稀近枝顶为 3 小叶;顶生小叶宽卵圆形,长 7.0~8.0 cm,宽 5.5~7.0 cm,3 裂至中部,裂片不裂或 2~3 浅裂,表面绿色,无毛,背面淡绿色,有时被白粉,沿脉疏生短柔毛或近无毛;小叶柄长 1.2~3.0 cm,侧生小叶狭卵圆形或长圆-卵圆形,长 4.5~6.5 cm,宽 2.5~4.0 cm,不等 2 裂至 3 浅裂或不裂,近无柄;叶柄长 5.0~11.0 cm,无毛;叶轴均无毛。花单生枝顶,直径 10.0~17.0 cm;花梗长 4.0~6.0 cm;苞片 5 枚,长椭圆形,大小不等;萼片 5 枚,绿色,宽卵圆形,大小不等。花瓣 5 枚或重瓣,玫瑰色、红紫色、粉红色至白色,变异很大,倒卵圆形,长 5.0~8.0 cm,宽 4.2~6.0 cm,先端为不规则波状,内部基面无紫斑;雄蕊长 1.0~1.7 cm;花丝紫红色、粉红色,上部白色,长约 1.3 cm;花药长圆体状,长 4 mm;花盘革质,杯状,紫红色,顶端有数个锐齿或裂片,完全包住心皮,在心皮成熟时开裂;心皮 5 枚,稀更多,密被柔毛。蓇葖果长圆体状,密被黄褐色硬毛。花期 5 月,果成熟期 6 月。

产地:河南西峡、栾川、卢氏等。列入国家重点保护野生植物名录(第二批)二级。

2. 凤丹

Mudan suffruticosa Y. M. Fan,T. B. Zhao et Z. X. Chen,sp. comb. nov. ;*Paeonia ostii* T. Hong et J. X. Zhang, 李家美主编. 河南省国家重点保护农业野生植物图鉴:240~241. 彩图 3 张. 2016。

形态特征:落叶灌木,高达 1.5 m。茎棕灰色。叶二回羽状复叶。小叶 11~15 枚,披针形或卵圆-披针形,大多完整,顶生小叶常 2~3 裂,极少侧面有两片小叶 2 裂;小叶两面光滑,基部圆形,先端急尖。花单生枝顶,纯白色,有时淡粉色。花瓣基部无色斑,宽 12.0~14.0 cm;苞片 1~4 枚,叶形;花萼 3~4 枚,黄绿色,椭圆形或卵圆形;花瓣 11 枚,倒卵圆形,白色;花丝紫红色,花药黄色;花盘革质,紫红色,包围子房,顶端有数个锐齿或裂片;心皮 5 枚,密被茸毛,柱头紫红色。蓇葖果长椭圆体状,密被棕黄褐色茸毛。

产地:河南内乡、嵩县、济源等有分布。列入国家重点保护野生植物名录(第二批)二级。

五、木兰科

(一)五味子属　Schisandra Michx.

1.华中五味子　图53

Schisandra sphenanthera Rehd. et Wils. ,丁宝章等主编. 河南植物志　第二册:521. 图673. 1997。

形态特征:落叶藤本。枝细长,红褐色,有皮孔。叶椭圆形、倒卵圆形或卵圆-披针形,长 4.0~11.0 cm,宽 2.0~6.0 cm,先端渐尖或短尖,基部圆楔形或圆形,边缘有疏锯齿;叶柄长 1.0~3.0 cm。花单生或 2 朵腋生,橙黄色;花被片 5~9 枚,2~3 轮;雄蕊 10~15 枚;雌花心皮 30~50 枚,花托伸长;花梗细,长 2.0~4.0 cm。穗状聚合果长 6.0~9.0 cm。浆果长 6~9 mm,红色。花期 5 月,果成熟期 8~9 月。

产地:河南山区各县有分布。列入国家重点保护野生植物名录(第二批)二级。

图53　华中五味子
1.果枝;2. 花
(引自《河南植物志(第二册)》)。

(二)南五味子属　Kadsura Kaempf. ex Juss.

1.南五味子　图54

Kadsura longipedunculata Finet et Gagnep. (*Kadsura peltigera* Rehd. et Wils.),丁宝章等主编. 河南植物志　第二册:521~522. 图674. 1997。

形态特征:落叶藤本。小枝褐色或紫褐色,有时剥裂。叶革质或近纸质,具光泽,椭圆形或椭圆-披针形,长 5.0~10.0 cm,宽 2.0~5.0 cm,先端渐尖,基部圆楔形,边缘有疏锯齿;叶柄长 1.5~3.0 cm。花单生叶腋,黄色;花梗细长,下垂,花被片 8~17 枚;雄花雄蕊 30~70 枚;雌花心皮 40~60 枚。浆果深红色至暗蓝色,卵球状。聚合果近球状,径 2.5~3.5 cm。花期 5~6 月,果成熟期 9~10 月。

图54　南五味子
1.果枝;2. 雄花;3. 雄蕊;4. 果实;
5. 种子(引自《河南植物志(第二册)》)。

产地:河南伏牛山区南部、大别山和桐柏山区各县有分布。列入国家重点保护野生植物名录(第一批)二级。

六、毛茛科　Ranunculaceae

(一)黄连属　Coptis Salisb.

1.峨眉黄连

Coptis omeiensis(Chen) C. Y. Cheng,李家美主编. 河南省国家重点保护农业野生植物图鉴:262~263. 彩图2 张. 2016。

形态特征:根状茎黄色,圆柱状,极少分歧,节间短。叶具长柄。单叶稍革质,近披针形或窄卵圆形,长 6.0~16.0 cm,宽 4.5~6.3 cm,全 3 裂,中央全裂片菱-披针形,长 5.5~15.0 cm,宽 2.2~5.5 cm,先端渐尖至长渐尖,基部有长 0.5~2.0 cm 的细柄,7~10 对羽状深裂,侧裂片长为中央裂片和 1/3~1/4,斜卵圆形,不等二深裂或近二全裂,两面叶脉均隆起,除表面沿脉被微柔毛外,其他部分无毛;叶柄长 5.0~14.0 cm,无毛。花葶单一,直立,高 15.0~27.0 cm;花序为多歧聚伞花序,最下面 2 条花梗常成对着生;苞片披针形,边缘具栉齿状细齿;花梗长 2.2 cm;萼片黄绿色,狭披针形,长 7.5~10 mm,宽 0.7~1.2 mm,先端渐尖;花瓣 9~12 枚,线-披针形,长约为萼片的 1/2,中央有密槽;雄蕊 16~32 枚,花丝长约 4 mm;花药黄色;心皮 9~14 枚。蓇葖果与心皮近等长,长 5~6 mm,宽约 3 mm。种子 3~4 粒,黄褐色,长椭圆体状,长约 1.8 mm,宽约 0.6 mm,光滑。花期 2~3 月,果成熟期 4~7 月。

产地:河南信阳、南阳有栽培。列入国家重点保护野生植物名录(第二批)二级。

七、豆科　Leguminosae

(一)甘草属　Glycyrrhiza Linn.

1.甘草　图 55

Glycyrrhiza uralensis Fisch. ,丁宝章等主编. 河南植物志　第二册:373~374. 图 1247. 1981。

形态特征:多年生草本。根和根状茎粗壮,皮红棕色。茎直立,被白色短毛及刺状腺体。叶 7~17 枚,卵圆形或宽卵圆形,长 2.0~5.0 cm,宽 1.0~3.0 cm,先端急尖或钝,基部圆形,两面有短毛和腺体;托叶宽披针形。总花序腋生,长 4.0~10.0 cm;花密集;萼钟状,外面有短毛和刺状腺体;花冠蓝紫色,长 1.4~2.5 cm。荚果线形,密生刺毛状腺体。种子 6~8 枚,肾状、镰刀状或环状弯曲,宽卵球状,具 3 条锐棱,长 6~8 mm,黑褐色,无光泽,超出宿存花被 2~3 倍。花期 7 月,果成熟期 8~9 月。

产地:河南原阳、封丘县有栽培。列入国家重点保护野生植物名录二级。

图 55　甘草
1. 果枝;2. 根的一段;3. 花;4. 旗瓣;
5. 翼瓣;6.龙骨瓣;7.雄蕊;8.雌蕊
(引自《河南植物志(第二册)》)。

(二)黄芪属　Astragalus Linn.

1.黄芪

Astragalus membranaceus(Fisch.) Bunge ,李家美主编. 河南省国家重点保护农业野生植物图鉴:228~229. 彩图 4 张. 2016。

形态特征:多年生草本。茎高 60.0~150.0 cm,有长毛。羽状复叶;小叶 21~31 枚,卵圆-披针形或椭圆形,长 7~30 mm,宽 4~10 mm,两面有白色长柔毛,叶轴有长柔毛;托叶狭披针形,长约 6 mm,有白色长柔毛。总状花序腋生;花下有条形苞片;花萼筒状,长约 5 mm,萼齿短,有白色长柔毛;花冠白色,旗瓣无爪,较翼瓣和龙骨瓣长,翼瓣和龙骨瓣有爪;子房有毛及子房柄;柱头无笔状毛。荚果膜质,膨胀,卵球-矩圆休状,具柄,有黑色短柔毛。

产地:河南有栽培。列入国家重点保护野生植物名录(第二批)二级 。

八、菱科　Hydrocaryaceae

(一)菱属　Trapa Linn.

1. 野菱

Trapa incise Sieblod et Zucc. ,李家美主编. 河南省国家重点保护农业野生植物图鉴:260~261. 彩图 3 张. 2016。

形态特征:一年生浮水水生草本。根二型:着泥根细铁丝状,着生水底泥中;同化根羽状细裂,裂片丝状,淡绿褐色或深绿褐色。叶二型:沉水叶互生,聚生在主茎和分枝茎顶,在水面形成莲座状菱盘,叶片较小,斜方形或三角-菱形,表面深绿色,背面绿色,被少量短毛或无毛,有棕色马蹄形斑块,边缘中上部有缺刻状锐锯齿,边缘中下部全缘,基部宽楔形;叶柄中上部稍膨大,绿色,无毛;沉水叶小,早落。花小,单生于叶腋;花梗细,无毛;萼筒 4 裂,绿色,无毛;花瓣 4 枚,白色或带微紫红色;雄蕊 4 枚,花丝丝状,花药丁字形着生,背着药,内向;子房半下位,2 室,每室胚珠 1 枚,花柱细长,柱头头状,上位花盘,有 8 个瘤状物围着子房。果实三角状,长 1.5 cm,表面凹凸不平,4 刺角细长,2 肩角刺斜上举,2 腰角斜下伸,细锥状。果喙细圆锥壮成尖头帽状。花期 5~10 月,果成熟期 7~11 月。

产地:河南信阳和桐柏山区有分布。列入国家重点保护野生植物名录(第一批)二级。

九、天南星科　Araceae

(一)天南星属　Arisaema Matt.

1. 天南星

Arisaema heterophyllum Blume, 李家美主编. 河南省国家重点保护农业野生植物图鉴:212~213. 彩图 3 张. 2016。

形态特征:块茎扁球状,长 2.0~4.0 cm,顶部扁平,周围生根,常有若干侧生芽眼。鳞芽 4~5 个。单叶,叶柄粉绿色,长 30.0~50.0 cm,下部 3/4 为鞘筒状,鞘端斜截形;叶鸟足状分裂,裂片 13~19 枚,有时少或多,倒-披针形、长圆形、线-长圆形,基部楔形,先端骤狭渐尖,边缘全缘,暗绿色;背面淡绿色,中裂无柄或具长 15 mm 的短柄,并下部叶柄,长 3.0~15.0 cm,宽 0.7~5.8 cm,比侧裂片几短 1/2;侧裂片长 7.7~24.2~31.0 cm,宽 0.7~2.0~6.5 cm,向外渐小,排成蜈尾状,间距 0.5~1.5 cm。花序柄长 30.0~55.0 cm,从叶柄鞘筒内抽出。佛焰包管部圆柱状,长 3.2~8.0 cm,粗 1.0~2.5 cm,粉绿色,内面绿白色,喉部截形,外缘稍外卷;檐部卵圆形或卵圆-披针形,长 4.0~9.0 cm,宽 2.5~8.0 cm,下弯成盔状,背面深绿色、淡绿色至淡黄色,先端骤狭渐尖;肉穗花序两性,雄花序单性。两性花序:下部雌花序长 1.0~2.2 cm,上部雄花序长 1.5~3.2 cm,此中雄花疏,大部分不育,有的退化为中性花,稀为中性花的雌花序。单性雄花序长 3.0~5.0 cm,粗 3~5

mm。各种花序附属器基部粗 5~11 mm，苍白色，向上细狭，长 10.0~20.0 cm，至佛焰包喉部以外之字上升，稀下弯。雌花球状，花明显，柱头小，胚珠 3~4 枚，直立于胎座上。雄花具柄，花药 2~4 枚，白色，顶孔横裂。浆果黄红色、红色，圆柱状，长约 5 mm，内有棒头状种子 1 枚，不育胚珠 2~3 枚。种子黄色，具红色斑点。花期 4~5 月，果熟期 7~9 月。

产地：河南大别山、桐柏山、伏牛山和太行山区有分布。列入农业野生保护植物名录。

十、猕猴桃科　Actinidiaceae

（一）猕猴桃属　Actinidia Lindl.

1. 黑蕊猕猴桃

Actinidia melananra Franch. ，丁宝章等主编. 河南植物志　第三册：23. 图 1586：6~7. 1998。

形态特征：中型落叶藤本。小枝无毛，髓褐色或淡褐色，片层状。叶纸质，椭圆形、长方椭圆形、狭椭圆形，长 5.0~11.0 cm，宽 2.5~5.0 cm，先端急尖至短渐尖，基部圆形或阔圆形，锯齿显著至不显著，不内弯至内弯，表面无毛，背面灰白色、粉绿色至苍绿色，脉上有髯毛或无，叶脉不显著，侧脉 6~7 对；叶柄无毛，长 1.5~5.5 cm。聚伞花序被不均的薄茸毛，1~2 回分枝，具花 1~7 朵；花绿白色；萼片 5 枚；花瓣 5 枚，稀 4、6 枚；花药黑色，长方箭头状，长约 2 mm；子房瓶状，无毛，长约 7 mm。果瓶-卵球状，长约 3.0 cm，无斑点，顶端具喙，基部萼片早落。种子小，长约 2 mm。花期 5 月至 6 月上旬。

产地：河南伏牛山、大别山有分布。列入国家二级保护植物名录。

2. 软枣猕猴桃

Actinidia arguta （Sieb. et Zucc. ）Planch. ex Miq. ，丁宝章等主编. 河南植物志　第三册：23. 图 1586：1~5. 1998。

形态特征：大型落叶藤本。小枝基部无毛，幼时被星散薄毛；髓白色或淡褐色，片层状。叶膜质或纸质，卵圆形、长圆形、宽卵形至近圆形，长 6.0~12.0 cm，宽 5.0~12.0 cm，先端急短尖，基部圆形至浅心形，锯齿具紧密的锐锯齿，表面无毛，背面绿色，脉腋有簇毛，中脉或侧脉有弯曲毛；叶柄长 3.0~10.0 cm。花序腋生或腋外生，为 1~2 回分枝，具花 1~7 朵；花绿白色或黄绿色，芳香，径 1.2~2.0 cm；萼片 4~6 枚；花瓣 4~6 枚；花药黑色或暗紫色；子房瓶状，长 6~7 mm。果球状至柱-长椭圆体状，长 2.0~3.0 cm，具喙或喙不显著，无毛，无斑点，无宿存萼片，成熟时绿色或紫红色。种子小，长约 2.5 mm。

产地：河南伏牛山、大别山、桐柏山和太行山区有分布。列入国家二级保护植物名录。

3. 狗枣猕猴桃

Actinidia kolomikta Maxim. ，丁宝章等主编. 河南植物志　第三册：23~24. 图 1587：1. 1998。

形态特征：大型落叶藤本。小枝紫褐色；髓褐色，片层状。叶膜质或薄纸质，宽卵圆形、长-卵圆形或长方-倒卵圆形，长 6.0~15.0 cm，宽 5.0~10.0 cm，先端急尖至短渐尖，基部心形，稀圆形至截形，边缘有单锯齿或重锯齿，两面近同色，侧脉 6~8 对；叶柄长 2.5~5.0 cm。聚伞花序，雄花序有花 3 朵；雌花常 1 朵单生；花白色或粉红色，芳香，径

1.5~2.0 cm;萼片5枚,卵圆形,长4.0~6.0 cm;花瓣5枚,长方-倒卵圆形,长6.0~10.0 cm;花药黄色;子房圆柱状,无毛。果圆柱-长椭圆体状、卵球状或球状,有时为扁-长圆体状,长2.5 cm,无毛,无斑点,成熟时淡橘红色,并有深色的纵纹,果熟时花萼脱落。花期5月下旬至7月初,果熟期9~10月。

产地:河南伏牛山、太行山区有分布。列入国家二级保护植物名录。

4. 四萼猕猴桃

Actinidia tetramera Maxim. ,丁宝章等主编. 河南植物志 第三册:24.图1587:2~3. 1998。

形态特征:落叶藤本。小枝红褐色;髓褐色,片层状。叶薄纸质,长方-卵圆形、长方-椭圆形或椭圆-披针形,长4.0~8.0 cm,宽2.0~4.0 cm,先端长渐尖,基部楔-狭圆形,圆形至截形,两侧不对称,边缘有细锯齿,两面近同色,有时上部变为白色,背面脉腋有极显著的白色髯毛,中脉或表面脉和侧脉有较多的刺毛,侧脉6~7对;叶柄长1.2~2.5 cm。花白色或粉红色,单1枚单生,稀2~3朵成聚伞花序;萼片4枚,稀5枚;花瓣4枚,稀5枚,瓢-倒卵圆形,长7~10 mm;花药黄色;子房卵球状,无毛。果熟时橘黄色,卵球状,长1.5~2.0 cm,无毛,无斑点,有反折的宿存萼片。花期5月中旬至6月中旬,果熟期9月中旬。

产地:河南伏牛山区有分布。列入国家二级保护植物名录。

5. 葛枣猕猴桃

Actinidia kolomikta Maxim. ,丁宝章等主编. 河南植物志 第三册:24~25.图1588:1~3. 1998。

形态特征:落叶藤本。小枝细长,常无毛;髓白色,实心。叶膜质至薄纸质,卵圆形或椭圆-卵圆形,长7.0~14.0 cm,宽4.5~8.0 cm,先端急尖至渐尖,基部圆形或宽楔形,边缘有细锯齿,表面散生少数小刺毛,背面沿中脉和侧脉多少有卷曲的微柔毛,叶脉比较发达,侧脉约7对;叶柄近无毛,长1.5~3.5 cm。花白色,芳香,径2.0~2.5 cm;萼片5枚,卵圆形至长方-卵圆形;花瓣5枚,倒卵圆形至长方-倒卵圆形,长8~13 mm;花药黄色;子房瓶状,长4~6 mm。果熟时淡橘色,卵球状,或柱-卵球状,长2.5~3.0 cm,无毛,无斑点,先端具喙,基部有宿存萼片。花期6月中旬至7月上旬,果熟期9~10月。

产地:河南伏牛山和太行山区有分布。列入国家二级保护植物名录。

6. 中华猕猴桃 图56

Actinidia chinensis Planch. ,丁宝章等主编. 河南植物志 第三册:26.图1590.1998。

形态特征:大型落叶藤本。幼枝密被灰棕紫褐色柔毛;髓大,白色至淡褐色,片层状。叶纸质,倒宽卵圆形至卵圆形或宽卵圆形至近圆形,长6.0~

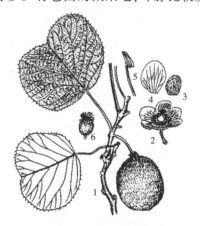

图56 中华猕猴桃
1. 果枝;2. 花;3. 萼片;
4. 花瓣;5. 雄蕊;6. 雌蕊
(引自《河南植物志(第三册)》)。

17.0 cm,宽 7.0~15.0 cm,先端急尖、微凹或平截,基部钝圆形至平截形或心形,边缘有刺毛状齿,表面仅叶脉有疏毛,背面密被灰棕色星状茸毛;叶柄长 3.0~6.0 cm,密被灰白色茸毛或黄褐色硬毛、铁锈色硬毛状刺毛。聚伞花序花 1~3 朵;花白色,后变黄色;花瓣 5枚,萼片及花柄有淡棕色茸毛;雄蕊多数;花药黄色;花柱丝状,多数。果近球状、圆柱状、倒卵球状或椭圆体状,长 4.0~6.0 cm,被茸毛、长硬毛或刺-长硬毛,具小而多的褐色斑点;宿存萼片反折。花期 5~6 月,果熟期 8~10 月。

产地:河南伏牛山、大别山、桐柏山和太行山区有分布。列入国家重点保护野生植物名录。

7.擦咯洒猕猴桃　新拟

Actinidia callosa Lindl.

变种:

7.1　擦咯洒猕猴桃　变种

Actinidia callosa Lindl. var. **callosa**

7.2　京梨猕猴桃　变种

Actinidia callosa Lindl. var. **henryi** Maxim.,丁宝章等主编. 河南植物志　第三册:26.图 1590. 1998。

形态特征:大型落叶藤本。幼枝被茸毛;髓小,淡褐色,实心或不规刚片层状。叶卵圆形或卵圆-椭圆形至倒卵圆形,长 8.0~10.0 cm,宽 4.0~5.5 cm,先端突尖或短渐尖,基部楔形至近阐形,边缘锯齿细小,背面脉腋被髯毛;叶柄无毛。花单生,白色或淡黄色,径约2.0 cm;花瓣 5 枚,花萼及花柄无毛,幼时被柔毛;花药黄色;花柱丝状,多数。果乳头状至矩-圆柱状,长达 5.0 cm,幼时被茸毛,成熟时无毛,有斑点。

产地:河南伏牛山、大别山区有分布。列入国家二级保护植物名录。

7.3　紫果猕猴桃　变种

Actinidia callosa Lindl. var. **purpurea**(Rehd.)C. F. Liang(*Actinidia purpurea* Rehd.),李家美主编. 河南省国家重点保护农业野生植物图鉴:168~169. 彩图 3 张. 2016。

形态特征:落叶藤本。叶纸质,卵圆形或长方-椭圆形,长 8.0~12.0 cm,宽 4.5~8.0cm,先端急尖,基部圆形,宽圆形、截形至微心形,两侧不对称;边缘锯齿、浅圆,齿尖短而内弯;除背面脉腋有少量髯毛外,均无毛;萼片干后多呈黑绿色。花淡绿色;花药黑色。果熟时紫红色,圆柱状、卵球状,长 2.0~3.5 cm,具喙;萼片早落,熟时淡橘红色,并有深色的纵纹,果熟时花萼脱落。花期 5 月下旬至 7 月初,果熟期 9~10 月。

产地:河南伏牛山区西峡、洛宁县有分布。列入国家二级保护植物名录。

7.4　陕西猕猴桃　变种

Actinidia callosa Lindl. var. **giraldii**(Diels)Vorosh.(*Actinidia giraldii* Diels?),李家美主编. 河南省国家重点保护农业野生植物图鉴:170~171. 彩图 3 张. 2016。

形态特征:落叶藤本。小枝髓片层状,白色。叶纸质,宽椭圆形、宽卵圆形或近圆形,长 8.0~12.0 cm,宽 5.0~9.0 cm,先端急尖,基部常偏斜,两侧不对称,圆形或微心形,两端常后仰,边缘锯齿不内弯,腹面无毛,背面被卷曲柔毛,中心部分较多,有或没有白斑。花淡绿色,花药黑色。果实卵球状,长约 2.5 cm,先端喙较长;萼片早落,光滑无毛。

产地:河南伏牛山区西峡县有分布。列入国家二级保护植物名录。

8.硬毛猕猴桃

Actinidia chinensis Planch.

变种:

8.1　硬毛猕猴桃　变种

Actinidia chinensis Planch. var. **hispida** (A. Chev.) A. Chev. (*Actinidia chinensis* Planch. var. *deliciosa* A. Chev.) ,李家美主编. 河南省国家重点保护农业野生植物图鉴: 174~176. 彩图 4 张. 2016。

形态特征:大型落叶藤本。小枝被褐色长硬毛,脱落有痕迹;髓白色至淡褐色,片层状。叶宽倒卵圆形至倒卵圆形,长 9.0~11.0 cm,宽 8.0~10.0 cm,先端平截或具突尖,基部钝圆,边缘具脉出的芒尖小齿,腹面深绿色,无毛,背面苍绿色,密被灰白色星状茸毛;侧脉 5~8 对;叶柄长 3.0~6.0 cm,被褐色长硬毛。花序具花 1~3 朵,被黄褐色茸毛;花白色,后变淡黄色;萼片 3~7 枚,通常 5 枚,两面密被黄褐色茸毛;花瓣 5 枚;子房球状,密被金黄色毛刷状糙毛。果近矩圆-圆柱状、倒卵球状,长 5.0~6.0 cm,常分为 2~3 根束状的刺-长硬毛,果熟毛不脱落,毛被下面有密布的淡褐色斑点;宿存萼片反折。花期 4 月中旬至 5 月中、下旬,果熟期 10~11 月。

产地:河南伏牛山区有分布。列入国家重点保护野生植物名录。

9.海棠猕猴桃

Actinidia maloides Li,李家美主编. 河南省国家重点保护农业野生植物图鉴:178~179. 彩图 3 张. 2016。

形态特征:中型落叶藤本。小枝被褐色长硬毛,脱落有痕迹;髓白色至淡褐色,片层状。叶宽倒卵圆形至倒卵圆形,长 9.0~11.0 cm,宽 8.0~10.0 cm,先端平截或具突尖,基部钝圆,边缘具脉出的芒尖小齿,腹面深绿色,无毛,背面苍绿色,密被灰白色星状茸毛;侧脉 5~8 对;叶柄长 3.0~6.0 cm,被褐色长硬毛。花序具花 1~3 朵,被黄褐色茸毛;花白色,后变淡黄色;萼片 3~7 枚,通常 5 枚,两面密被黄褐色茸毛;花瓣 5 枚;子房球状,密被金黄色毛刷状糙毛。果近矩圆-圆柱状、倒卵球状,长 5.0~6.0 cm,常分为 2~3 根束状的刺毛-长硬毛,果熟毛不脱落,毛被下面有密布的淡褐色斑点;宿存萼片反折。花期 4 月中旬至 5 月中、下旬,果熟期 10~11 月。

产地:河南伏牛山区有分布。列入国家二级保护植物名录。

十一、五加科　Araliaceae

(一)五加属　Acanthopanax Miq.

1.刺五加　图 57

Acanthopanax senticosus (Rupr. et Maxim.) Harms,丁宝章等主编. 河南植物志

第三册:116. 图 1661:4~7. 1998;宋朝枢等编. 中国珍稀濒危保护植物:350. 图 285. 1989。

形态特征:灌木。2 年生小枝密被刺,刺直而细长,针状,向下,基部不膨大。小叶 5 枚,纸质,椭圆-倒卵圆形或长圆形,长 7.0~13.0 cm,先端渐尖,基部宽楔形,表面脉上有粗毛,边缘具锐利重锯齿,网脉不明显;叶柄长 3.0~10.0 cm,常疏生细刺。伞形花序单个顶生或 2~6 朵组成稀疏圆锥花序,总花梗长 5.0~7.0 cm,无毛;花紫黄色;子房 5 室;花柱合为柱状。果实球状、卵球状,具 5 棱,黑色,径 7~8 mm。花期 6~7 月,果熟期 8~10 月。

产地:河南伏牛山、太行山区有分布。列入国家二级保护植物名录。

图 57 刺五加
1. 枝、叶;2. 花
(引自《中国珍稀濒危保护植物》)。

十二、马兜铃科 Aristolochiaceae

(一)马兜铃属 Aristolochia Linn.

1. 木通马兜铃

Aristolochia manshuriensis Kom. , 李家美主编. 河南省国家重点保护农业野生植物图鉴:188~189. 彩图 5 张. 2016。

形态特征:木质藤本,长 15.0 m。幼枝深紫色,密被白色长柔毛,老时无毛。茎灰色,老茎有散生淡褐色皮孔,具纵皱纹或长条形,纵裂木栓层。叶革质,心形、卵圆-心形,长 15.0~29.0 cm,宽 13.0~28.0 cm,先端钝圆或短尖,基部心形、深心形,弯曲深 1.0~4.5 cm,边缘全缘;幼叶表面疏被白色长柔毛,后渐脱落,背面密被白色长柔毛,后渐脱落而稀疏,基出脉 5~7 条,侧脉每边 2~3 条,第 3 级小脉近横出,且平行;叶柄略扁,长 6.0~8.0 cm。花单个顶生,稀 2 朵簇生叶腋;花梗长 1.5~3.0 cm,常下弯垂,初被白色长柔毛,后无毛;中部具小苞片;小苞片卵圆-心形或心形,长约 1.0 cm,绿色,近无柄;花被管中部马蹄形弯曲,下部管状,长 5.0~7.0 cm,径 1.5~2.5 cm,弯曲处至檐部与下部近相等,外面粉红色,具绿色纵脉纹;檐部圆盘状,径 4.0~6.0 cm 或更大,内面暗紫色而有稀乳头状小点,外面绿色,有紫色条纹,边缘 3 浅裂,裂片平展,宽三角形,先端钝而稍尖;喉部圆形并果领状环;花药长圆体状,成对贴生于合蕊基部,与其裂片对生;子房圆柱状,长 1.0~2.0 cm,具 6 棱,被白色长柔毛;合蕊柱顶端 3 裂;裂片先端尖,边缘向下延伸并上卷,皱波状。蒴果圆柱状,暗褐色,有 6 棱,长 9.0~11.0 cm,径 3.0~4.0 cm,成熟时 6 瓣开裂。种子三角-心状,长、宽均 6~7 mm,干时灰褐色,背面平凸状,具小疣点。花期 6~7 月,果熟期 8~9 月。

产地:河南伏牛山、桐柏山区有分布。列入国家二级保护植物名录。

2. 马蹄香

Saruma henryi Oliv. , 李家美主编. 河南省国家重点保护农业野生植物图鉴:190~

191. 彩图 3 张. 2016。

形态特征:多年生草本。茎高 50.0~100.0 cm,被柔毛,地上部分有香气。叶膜质,先端短渐尖,基部两侧耳片圆形,边缘全缘和两面被柔毛,后渐脱落,背面密被白色长柔毛,后渐脱落而稀疏,基出脉 5~7 条,侧脉每边 2~3 条,第 3 级小脉近横出,且平行;下部叶柄长 4.0~12.0 cm。花单生,辐射对称,具花梗;花被片 6 裂,2 轮;花萼 3 枚,卵圆形,不与子房合生,外面被柔毛;果大宿存并增大;花瓣 3 枚,稍比花萼大,与花萼互生,肾状,黄色,长约 8 mm,宽 6~8 mm;雄蕊 12 枚,心皮 6 枚,下部贴生于花萼,上部分离。蒴果菁葖状,熟时革质,沿腹缝线开裂。种子卵球状,先端尖,长约 3 mm,具明显横皱纹。

产地:河南伏牛山区各县有分布。列入国家二级保护植物名录。

十三、伞形科 Umbelliferae

(一)珊瑚菜属 Glehnia F. Schmid

1. 珊瑚菜

Glehnia littoralis F. Schmidt ex Miq. ,李家美主编. 河南省国家重点保护农业野生植物图鉴:194~195. 彩图 4 张. 2016。

形态特征:多年生草本,全株被白色柔毛。根细长,圆柱状或纺锤体状,长 20.0~70.0 cm,径 0.5~1.5 cm。茎较短,具分枝,地下部分伸长。叶多数基生,厚质,具长柄;叶柄长 5.0~15.0 cm。叶圆卵圆形至长圆-卵圆形,三出式分裂至三出或二回羽状分裂,末回裂片倒卵圆形至卵圆形,长 1.0~6.0 cm,宽 0.8~3.5 cm,先端圆形至锐尖,基部楔形至截形,边缘有缺刻状锯齿,齿边缘为白色软骨质;叶柄和叶脉有细微硬毛。茎生叶与基生叶相似;叶柄基部逐渐膨大成鞘状,有时茎生叶退化成鞘状。复伞形花序顶生,密被长柔毛,径 3.0~6.0 cm,花序梗有时有分枝,长 2.0~6.0 cm;宽幅 8.0~16.0 cm,不等长,长 1.0~3.0 cm;无总苞片,小苞片数片,线-披针形,边缘及背部密被柔毛;小伞形花序有 15~20 枚,花白色;萼齿 5 枚,卵圆-披针形,长 0.5~1 mm,被柔毛;花瓣白色或带堇色;花柱基短圆锥状。果实近球状或倒卵球状,长 6~13 mm,宽 6~10 mm,密被长柔毛及茸毛,果棱为木栓质翅,油管多数;分生果胚乳腹面凹陷,横剖面呈五角星形,背面稍扁压。花期 6~8月。

产地:河南新县有栽培。列入国家二级保护植物名录。

十四、山茶科 Theaceae

(一)山茶属 Camellia Linn.

1. 凹脉金花茶

Camellia impressinervis H. T. Chang & S. Y. Liang ,李家美主编. 河南省国家重点保护农业野生植物图鉴:196~197. 彩图 3 张. 2016。

形态特征:常绿灌木,高 3.0 m。幼枝被短粗毛,后无毛。叶革质,宽椭圆形,长 12.0~22.0 cm,宽约 8.5 cm,先急尖,基部宽楔形或窄而圆,表面深绿色,干后橄榄绿色,具光泽,背面黄褐眚,被柔毛,至少中脉和侧脉有毛,有黑腺点,侧脉有 2~4 对,中脉表面凹下,背面突起,边缘有细锯齿;叶柄长 1.0 cm,表面有沟,无毛,背面有毛。花 1~2 朵腋生,花梗粗,长 6~7 mm,无毛;苞片 5 枚,新月形,散生,无毛;萼片 5 枚,半圆形至圆形,长 4~8 mm,无毛,宿存;花瓣 12 枚,无毛。雄蕊近离生,花丝无毛,基部合成短管;子房无毛,3 室,花柱 2~3 条,无毛。蒴果扁球状,2~3 室,室间凹入成 2~3 条沟。每室有种子 1~2 籽,球状。果皮有宿存苞片和萼片。花期 1 月。

产地:河南有栽培。列入国家重点保护野生植物名录(第二批)二级。

2. 小花金花茶

Camellia micrantha S. Y. Liang & S. C. Zhong,李家美主编. 河南省国家重点保护农业野生植物图鉴:198~199. 彩图 3 张. 2016。

形态特征:常绿灌木。幼枝淡红色,无毛。叶薄革质,幼时淡红紫色,后椭圆形或长椭圆形,长 10.0~15.0 cm,宽 4.0~7.0 cm,先端锐尖,基部钝或略圆,表面干后黄绿色,背面无毛,侧脉有 6~9 对,边缘有锯齿;叶柄长 6~10 mm。花 1~3 朵腋生或顶生,径 1.5~2.5 cm,淡黄色或略带粉红色;苞片 5~7 枚,半圆形,长 2~3 mm,宿存;萼片近圆形,长 3~4 mm;花瓣 6~8 枚,长 7~20 mm;雄蕊多数,外轮花丝基部合生;子房 3 室,被白色短柔毛;花柱 3 条,离生,长 1.0~1.5 cm。蒴果扁球状,径 3.0~3.5 cm,具宿存苞片及萼片。果实通常 3 室。每室有种子 1~2 粒,褐色,无毛。花期 10~12 月。

产地:河南有栽培。列入国家重点保护野生植物名录(第二批)二级。

3. 毛瓣金花茶

Camellia pubipetala Y. Wan & S. Z. Huang,李家美主编. 河南省国家重点保护农业野生植物图鉴:200~201. 彩图 2 张. 2016。

形态特征:常绿乔木或乔木,高 2~7 m。幼枝、叶背面、叶柄、苞片和萼片外面、花瓣外面、花丝、子房、花柱均密被柔毛。叶革质,长圆形至椭圆形,长达 20.0 cm,宽 3.5~6.0~8.0 cm,先端渐尖,基部圆形或宽楔形,表面无毛,背面被茸毛,侧脉 8~10 对,边缘有细锯齿;叶柄长 5~10 mm。花单生,稀 2 朵聚生,径 5.0~6.5 cm,金黄色,顶生或腋生,无柄或近无柄;苞片 5~7 枚,半圆形,长 3 mm,边缘具缘毛;萼片 5~6 枚,最长 2.0 cm,被柔毛;花瓣 9~13 枚,倒卵圆形,长 3.0~4.5 cm,宽 1.5~2.5 cm,基部略连生,外面被柔毛;雄蕊多数,花丝有毛,长 1.4 cm;子房 3~4 室,被柔毛;花柱 2.5~3.0 cm,有毛,中部以上 3 裂。蒴果三棱-扁球状或四棱-扁球状,径 4.5~6.5 cm,成熟时黄绿色或带淡紫色,室背开裂,果皮厚 8~9 mm。每室有种子 1~3 粒;种子球状,具角棱,长 1.5~2.5 cm,径 1.2~2.2 cm,淡黑褐色。

产地:河南有栽培。列入国家重点保护野生植物名录(第二批)二级。

十五、薯蓣科 Dioscoreaceae

(一)薯蓣属 Dioscorea Linn.

1. 穿龙薯蓣

Dioscorea nipp0nica Makino,李家美主编. 河南省国家重点保护农业野生植物图鉴:

206~207. 彩图 3 张. 2016。

　　形态特征:缠绕膜质草木,根状茎横生,栓皮层显著易剥离。茎左旋,近无毛。单叶互生,掌-心形,边缘有不等的三角形浅裂、中裂或深裂,顶端叶片近全缘。雌雄异株! 雄花无梗,基部花 2~4 朵簇生,顶端常单生,花被碟形,先端 6 裂;雄蕊 6 枚;雌花序穗状,单生。蒴果翅长 1.5~2.0 cm,宽 6~10 mm。每室有种子 2 粒,生于每室基部,四周有不等宽膜翅,上方呈长方形,长约 2 倍于宽。

　　产地:河南各山区有分布。列入国家重点保护野生植物名录(第二批)二级 。

　　2. 盾叶薯蓣

Dioscorea zingiberensis C. H. Wright,李家美主编. 河南省国家重点保护农业野生植物图鉴:208~209. 彩图 2 张. 2016。

　　形态特征:缠绕藤质草木,根状茎横生,近圆柱状、指状,不规则分枝,幼时皮棕褐色,断面黄色。茎左旋,光滑,无毛。有时在分枝或叶柄基部两侧有微突起或刺。单叶互生,厚纸质,三角-卵圆形、心形,通常 3 浅裂至 3 深裂,中裂片三角-卵圆形或披针形,两侧裂片圆耳状或长圆形,两面光滑、无毛,表面绿色,有不规则斑块,干后灰褐色;叶柄盾状着生。花单性,雌雄异株或同株。雄花无梗。花 2~3 朵簇生,成穗状,花序单一或分枝,1 枚或 2~3 枚簇生叶腋,仅 1~2 朵发育,基部常有膜质苞片 3~4 枚;花被片 6 枚,长 1.2~1.5 mm,宽 0.9~1 mm,开放时平展,紫红色,干后黑色;雄蕊 6 枚,着生于花托边缘,花丝极短,与花药几等长。雌花序与雄花序极相似;雌蕊有花丝状退化雄蕊。蒴果三棱状,具棱翅状,长 1.2~2.0 cm,宽 1.0~1.5 cm,干后蓝黑色,表面有白粉。每室有种子 2 粒,生于中轴中部,四周有薄膜翅。花期 5~8 月,果熟期 9~10 月。

　　产地:河南伏牛山区淅川、西峡县有分布。列入国家重点保护野生植物名录(第二批)二级 。

十六、小檗科　Berberidaceae

(一)山荷叶属　Diphylleia Michx.

　　1. 南方山荷叶

Diphylleia sinensis H. L. Li,李家美主编. 河南省国家重点保护农业野生植物图鉴:208~209. 彩图 2 张. 2016。

　　形态特征:多年生草木,高 40.0~80.0 cm。下部叶柄长 7.0~20.0 cm,上部叶柄长 2.5~6.0~13.0 cm。叶盾状着生,肾形或肾-圆形至横长圆形,下部叶长 19.0~40.0 cm,宽 20.0~46.0cm,上部叶长 6.5~31.0 cm,宽 19.0~42.0 cm,呈半裂片,每半裂具 3~6 浅裂或波形,边缘具不规则锯齿,齿端具尖头,表面被柔毛或近无毛,背面被柔毛。聚伞花序顶生,具花 10~20 朵,分枝或不分枝,花序轴和花梗被短柔毛;花梗长 0.4~3.7 cm;外轮萼片披针形至线-披针形,长 2.3~3.5 mm,宽 0.7~1.2 mm;内轮萼片宽椭圆形至近圆形,长 5.5~8 mm,宽 2.5~3.5 mm;雄蕊长约 4 mm;花丝扁平,长 1.7~2 mm,花药长约 2 mm;子房椭圆体状,长 3~4 mm;胚珠 5~11 枚,花柱极短,柱头盘状。浆果球状或宽椭圆体状,长 1.0~1.5 cm,宽 6~10 mm,熟后蓝黑色,表面微被白粉,果梗淡红色。种子 4 枚,三角状或肾状,红褐色。花期 5~6 月,果熟期 7~8 月。

产地:河南伏牛山区灵宝、卢氏、栾川、嵩县、南召有分布。列入国家重点保护野生植物名录(第二批)二级 。

(二)八角莲属　Dysosma R. E. Woodson

1. 八角莲　图 58

Dysosma versipellis(Hance)M. Cheng ex Ying ,李家美主编. 河南省国家重点保护农业野生植物图鉴:212~213. 彩图 3 张. 2016;宋朝枢等编. 中国珍稀濒危保护植物:153. 图 126. 1989。

形态特征:多年生草本,高 40.0~150.0 cm。根状茎粗壮,横生,多须根。茎直立,不分枝,淡绿色。茎生叶 2 枚,薄纸质,互生,盾状,近圆形,径达 30.0 cm,4~9 掌状浅裂,裂片宽三角形、卵圆形或卵圆-长圆形,长 2.5~4.0 cm,基部宽 5.0~7.0 cm,先端锐尖,不分裂,表面无毛,背面被柔毛,叶脉明显隆起,边缘具细锯齿;下部叶柄长 12.0~25.0 cm,上部叶柄长 1.0~3.0 cm。花梗纤细,下弯,被柔毛;花深红色,5~8 朵,簇生于叶基不远处,下垂;萼片 6 枚,长圆-椭圆形,长 0.6~1.8 cm,宽 6~8 mm;先端急尖,外面被短柔毛,内面无毛;花瓣 6 枚,勺-倒卵形,长约

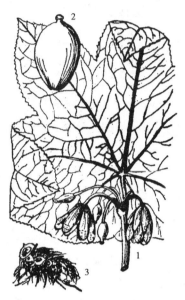

图 58　八角莲
1. 花枝;2. 果实;3. 根段
(引自《中国珍稀濒危保护植物》)

2.5 cm,宽约 8 mm,无毛;雄蕊 6 枚,长约 1.8 cm;花丝短于花药,药隔先端急尖,无毛;子房椭圆体状,无毛,花柱短,柱头盾状。浆果椭圆体状,长约 4.0 cm,径约 3.5 cm。种子多枚。花期 3~6 月,果熟期 5~9 月。

产地:河南大别山、桐柏山区商城、新县、罗山、光山、信阳和桐柏县有分布。列入国家重点保护野生植物名录(第二批)二级 。

十七、菊科　Compositae

(一)太行菊属　Opisthopapus Shih

1. 太行菊

Opisthopapus taihangensis(Y. Ling)C. Shih (*Chrysanthemum taihangense* Y. Ling),丁宝章等主编. 河南植物志　第三册:632. 1997。

形态特征:多年生草本,高 10.0~15.0 cm。茎淡紫色或紫褐色,密被或疏被贴生短柔毛。基生叶卵圆形、宽卵圆形或椭圆形,长 2.5~3.5 cm,规则二回羽状分裂,1~2 回全部全裂,一回侧裂片 2~3 对;茎生叶与基生叶同形并等叶分裂,但上部叶常羽裂,全部末回裂片披针形、长圆形或斜三角形,宽 1~2 mm,全部叶两面被稀疏短柔毛;茎生叶柄长

1.0~3.0 cm。头状花序单生枝端或枝生 2 个头状花序;总苞浅盘状,径约 1.5 cm;总苞片约 4 层,中、外层线形或披针形,长 4~5.5 mm,外面被稍密短柔毛,内层长椭圆形,长 6~7 mm,无毛或几无毛;舌状花粉红色或白色;舌片线形,长约 2.0 cm,顶端 3 齿裂;筒状花黄色,花冠长约 2.8 mm,顶端 5 齿裂。果实长 1.2 mm,有 3~5 条翅状加厚纵裂;冠毛片状,4~6 个,分离或基部稍连合,不等大、不等长,最长 1 mm,最短长 0.1 mm,全部芒集中在瘦果背面顶端。花期 6~9 月。

产地:河南太行山区有分布。列入国家重点保护野生植物名录(第二批)二级。

(二)蒿属　Artemisia Linn.

1. 大头青蒿

Artemisia carvifolia Buch. -Ham. ex Roxb. (*Artemisia apiacea* Hance.),李家美主编. 河南省国家重点保护农业野生植物图鉴:236~237. 彩图 2 张. 2016。

形态特征:1 年生草本。茎单生,高 30.0~150.0 cm,上部多分枝,幼时绿色,有纵纹,下部稍木质化,纤细,无毛。叶青绿色或淡绿色,无毛。基生叶与茎下部叶三回栉齿状羽状分裂;叶柄长,花期凋落;中部叶长圆形、长圆-卵圆形或椭圆形,长 5.0~15.0 cm,宽 2.0~5.5 cm,二回栉齿状羽状分裂,第一回全裂,每侧有 4~6 枚,裂片长圆形,基部楔形,每裂片具多枚三角形栉齿或无裂片,中轴与裂片羽轴常有小锯齿;叶柄长 0.5~1.0 cm,基部有小形半抱茎的假托叶;上部叶与苞叶 1~2 回栉齿状羽状分裂,无柄。头状花序半球状或近半球状,径 3.5~4 mm,具短柄,下垂,基部有线形小苞片,在分枝上排成穗状花序式的总状花序,并在茎上组成中等开展的圆锥花序;头状花序较大,径 4.5~7 mm,在分枝上排成总状花序状;总苞片开花后呈放射状开展,花易于脱落;总苞片 3~4 层,外层总苞片狭小,长卵圆形或卵圆-披针形,背面绿色,无毛,有细小白点,边缘宽膜质,先端圆;花淡黄色;雌花 10~20 朵,花冠狭管状,檐部有 2 裂齿;花柱伸出花冠管外,先端 2 叉,叉端尖;两性花 30~40 朵,孕育或中间若干朵不育;花冠管状;花药线形,上端附属物长三角形,基部圆钝;花柱与花冠等长或略长于花冠,顶端 2 叉,叉端截形,有缘毛。瘦果长圆体状至椭圆体状。花期 6~9 月。

产地:河南各地有分布。列入农业野生保护植物名录(第二批)二级。

十八、景天科　Crssulaceae

(一)景天属　Sedum Linn.

1. 小丛红景天

Bhodiola dumulosa (Franch.) S. H. Fu (*Sedum dumulosum* Franch.),李家美主编. 河南省国家重点保护农业野生植物图鉴:248~249. 彩图 2 张. 2016。

形态特征:多年生草本。根粗壮,分枝,地上部常被有残留老根。花茎聚生主轴顶端,长 50~28.0 cm,直立或弯曲,不分枝。叶互生,线形至宽线形,长 7~10 mm,宽 1~2 mm,先端稍急尖,基部无柄,边缘全缘。花序聚伞状,花 4~7 朵;萼片 5 枚,线-披针形,长 4 mm,宽 0.7~0.9 mm,先端渐尖,基部宽;花瓣 5 枚,白色、红色,披针-长圆形,直立,长 8~11 mm,宽 2.3~2.8 mm,先端渐尖,有较长的短尖,边缘平直或多或少呈流苏状;雄蕊

10 枚,较花瓣短,对萼片长 7 mm,对花瓣长 3 mm,着生花瓣基部 3 mm 处;鳞片 5 枚,横长方形,长 0.4 mm,宽 0.8~1 mm,先端微缺;心皮 5 枚,卵圆-长圆形,直立,长 6~9 mm,基部 1~1.5 mm 合生。种子长圆体状,长 1.2 mm,有微乳状突起,有狭翅无。花期 6~7 月,果成熟期 8 月。

产地:河南太行山、伏牛山区各县有分布。列入国家重点保护野生植物名录(第二批)二级。

2. 菱叶红景天

Bhodiola yunnanensis（Franch.）S. H. Fu,李家美主编. 河南省国家重点保护农业野生植物图鉴:250~251. 彩图 2 张. 2016。

形态特征:多年生草本。根粗壮,长,径达 2.0 cm,不分枝或少分枝,先端被卵圆-三角形鳞片。花茎单生或多数着生,高达 100.0 cm,直立。叶 3 枚轮生,稀对生,卵圆-披针形、椭圆形、卵圆-长圆形至宽卵圆形,长 4.0~9.0 cm,宽 2.0~6.0 cm,先端钝,基部圆楔形,边缘有疏锯齿,稀全缘,背面苍白绿色,无柄。花序聚伞状,长 5.0~15.0 cm,宽 2.5~8.0 cm,多次 3 叉分枝;雌雄异株,稀两性花;雄花小,多;萼片 4 枚,披针形,长 0.5 mm;花瓣 4 枚,黄绿色,匙形,长 1.5 mm;雄蕊 8 枚,较花瓣短;鳞片 4 枚,楔-四方形,长 0.3 mm;心皮 4 枚,小;雌花萼片 4 枚;花瓣 4 枚,绿色或紫色,线形,长 1.2 mm;鳞片 4 枚,近半圆形,长 0.5 mm;心皮 4 枚,卵圆形,叉开,长 1.5 mm,基部合生。蓇葖果星芒状排列,长 3~3.2 mm,基部 1 mm 合生,喙长 1 m。花期 5~7 月,果成熟期 7~8 月。

产地:河南伏牛山区各县有分布。列入国家重点保护野生植物名录(第二批)二级。

十九、虎耳草科　Saxifragaceae

(一)蘸子属　**Ribes** Linn.

1. 山麻子　图 59

图 59　山麻子
(引自《河南植物志(第二册)》)。

Ribes mandshuricum（Maxim.）Komar.,丁宝章等主编. 河南植物志　第二册:120. 图 880. 1997。

形态特征:落叶灌木,高 1.0~2.0 m。小枝褐色,枝皮剥落,老枝灰色。叶大,通常 3~5 裂,长、宽各 4.0~11.0 cm,先端钝,基部心形,中间裂片较长,边缘有尖锯齿,表面散生细毛,背面密被白色短柔毛;叶柄长 2.0~8.0 cm,密被柔毛。总状花序长 2.5~15.0 cm,下垂,总花梗密被茸毛;花绿黄色,花梗长 1~2 mm,有时近无梗;花萼浅碟状,裂片倒卵圆形,长 2~2.5 mm,向外反曲;花瓣特小,略为三角形;雄蕊花丝长而外露;花盘具 5 枚明显的乳头状腺体;柱头 2 裂。浆果球状,径 7~9 mm,红色,后变黑色。花期 4~5 月,果熟期 7~8 月。

产地:河南太行山、伏牛山区各县有分布。列入国家重点保护野生植物名录(第二批)二级 。

(二)金腰属　Chrysosplenium Linn.

1.伏牛金腰　图60

Chrysosplenium funiushanensis S. Y. Wang,丁
宝章等主编.河南植物志　第二册:88~89.图834.
1997。

形态特征:多年生草本,高 11.0 cm。不育枝纤
细,由茎生叶腋抽出,匍匐生根。茎直立,上部分枝
疏被硬毛或几无毛。茎生叶在花期常枯萎,有长柄。
茎生叶互生,近圆形,长 1.0~2.0 cm,宽 1.2~3.0
cm,基部心形,边缘有 6~11 枚圆钝齿,齿端微凹,两
面无毛,先端茎生叶较小;叶柄较短,基部宽楔形、截
形或浅心形。聚伞花序有叶状苞片;花绿黄色,萼片
4 枚,卵圆形,先端钝,无毛;雄蕊 8 枚,较萼片短。蒴
果较萼片稍短,开裂如菱角状。种子细小,淡褐色。
花期 7~8 月,果熟期 8~9 月。

产地:河南伏牛山区卢氏县有分布。列入国家
重点保护野生植物名录(第二批)二级 。

图60　伏牛金腰
1.植株全形;2. 花
(引自《河南植物志(第二册)》)。

二十、葫芦科　Cueurbitaceae

(一)绞股蓝属　Gynostemma Bl.

1.绞股蓝　图61

Gynostemma pentaphyllum(Thunb.)Makino,
丁宝章等主编.河南植物志　第三册:533~534.图
2090. 1997。

形态特征:多年生草质藤本。茎柔弱,具分枝,
有棱。卷须 2 分叉,稀不分叉。叶鸟足状,具 5~7 片
小叶。小叶卵圆-长圆形或长圆-披针形,长 4.0~
14.0 cm,宽 1.5~3.0 cm,顶生小叶较大,侧生小叶较
小,先端急尖或短渐尖,基部楔形,边缘具浅波状锯
齿,两面疏被短硬毛,或无毛;叶柄长 2.0~6.0 cm,有
柔毛。雌雄异株。花序圆锥状,总花梗细,长 10.0~
20.0 cm。花小,花梗短;苞片钻形;花萼 5 枚,裂片三
角形,长 0.5 mm;花冠淡绿色或白色,5 深裂,裂片披
针形,长 2~3 mm;雄蕊 5 枚,花丝极短,联合成柱状;

图61　绞股蓝
1.果枝;2. 雌花及花萼;3. 雄花;
4. 雄蕊;5. 柱头;6.果实;7. 种子
(引自《河南植物志(第三册)》)。

花药卵球状;雌花序较雄花序短小;花萼和花冠与雄花相同;子房球状,2~3 室;花柱 3 个,
柱头 2 裂;有 5 枚退化雄蕊。果实浆果,肉质,球状,无毛,径 5~8 mm,成熟时黑色,光滑,

内含倒垂种子2枚。种子宽卵球–心状,两面有疣状突起。花期6~9月,果成熟期9~10月。

产地:河南大别山、桐柏山和伏牛山区有分布。列入农业野生保护植物名录。

二十一、列当科 Orobanchaceae

(一)草苁蓉属 Boschniakia C. A. Mey

1. 草苁蓉

Boschniakia rossica(Cham. et Schlecht.)Fedtsch.,李家美主编. 河南省国家重点保护农业野生植物图鉴:268~269. 彩图2张. 2016。

形态特征:多年生寄生植物,高15.0~35.0 cm,全株近无毛。根状茎横生,圆柱状,通常具2~3条直立茎。茎不分枝,粗壮,中部径1.5~2.0 cm,基部增粗。叶密生于茎基部,向上渐稀疏,三角形或宽卵圆–三角形,长、宽6~10 mm。花序穗状,圆柱状,长7.0~22.0 cm,径1.5~2.5 cm。苞片1枚,宽卵圆形或近圆形,长5~8 mm,宽5~10 mm,外面无毛,边缘被短缘毛;小苞片无毛;花梗长1~2 mm或几无梗,果期梗长5~8 mm。花萼杯状,长5~7 mm,先端具不整齐3~5齿;裂片狭三角形或披针形,不等长,后面2枚较小或近无,前面3枚长2.5~3.5 mm,边缘有短缘毛;花冠宽钟状,暗紫色或暗紫红色,筒膨大成囊状,上唇直立,近盔状,长5~7 mm,边缘有短缘毛,下唇极短,3裂,裂片三角形或三角–披针形,长2~2.5 mm,常向外折。雄蕊4枚,花丝着生于距筒基部2.5~3.5 mm处,稍伸出花冠之外,长5.5~6.5 mm,基部疏被柔毛,向上渐无毛;花药卵球状,长约1.2 mm,无毛,药隔较宽。雌蕊由2枚合生心皮组成;子房球状,径3~4 mm,胎座2,横切面T形;花柱长5~7 mm,无毛,柱头2裂。蒴果近球状,被腺毛,长8~10 mm,径6~8 mm,2瓣开裂,顶端常具宿存的花柱基部,斜喙状。种子椭圆–球状,长0.4~0.5 mm,径0.2 mm,种皮具网状纹饰,网眼多边形,不呈漏斗状,网眼内具规则的细网状纹饰。花期5~7月,果成熟期7~9月。

产地:河南有栽培。列入国家重点保护野生植物名录(第二批)二级。

二十二、虎耳草科 Saxifragaceae

(一)独根草属 Oresitrophe Bunge

1. 独根草 图62

Oresitrophe rupifraga Bunge,李家美主编. 河南省国家重点保护农业野生植物图鉴:270~271. 彩图3张. 2016。

形态特征:多年生草本植物,高12.0~28.0 cm。根状茎粗壮,具芽,芽鳞棕褐色。叶均基生,2~3枚。叶心形至卵圆形,长3.8~9.7~25.5 cm,宽3.4~9.0~22.0 cm,先端短渐尖,边缘具不规则齿牙,基部心形,腹面近无毛,背面被毛和边缘具缘毛;叶柄长11.5~13.5 cm,被腺毛,花葶不分枝,密被腺毛。多歧聚花序长5.0~16.0 m,多花,无苞片;

图62 独根草
1.植株;2.果实;3.花;4.雄蕊。

花梗长 3~10 mm,与花序梗均被腺毛,有时毛极少;萼片 5~7 枚,不等大,卵圆形至狭卵圆形,长 2~4.2 mm,宽 0.5~2 mm,先端急尖或短渐尖,边缘全缘,无毛;雄蕊 10~13 枚;心皮 2 枚,长约 4 mm,基部合生;子房上位。花、果成熟期 5~9 月。

产地:河南太行山区有分布。列入国家重点保护野生植物名录(第二批)二级。

二十三、禾本科　Gramineae

(一)结缕草属　Zoysia Willd.

1. 中华结缕草　图 63

Zoysia sinica Hance,丁宝章等主编. 河南植物志　第四册:190~191. 图 2499. 1998。

形态特征:多年生草本植物,高 10.0~30.0 cm。根状茎横走。秆直立,基部具宿存枯萎叶鞘。叶鞘无毛,长于或上部短于节间,鞘口具须毛;叶舌短而不明显;叶长达 6.0 cm,宽 3 mm,质硬,无毛,边缘常内曲。总状花序长 2.0~4.0 cm,宽约 5 mm,幼时包藏于叶鞘内,成熟后伸出鞘外;小穗披针状,紫褐色,长 4~6 mm,宽11.5 mm,具长约 2 mm 的短柄;颖光亮,脉不明显;外稃膜质,长约 3 mm,具 1 明显中脉;雄蕊 3 枚;花药长 2 mm。花期 5~6 月,果熟期 7~8 月。

产地:河南伏牛山、大别山、桐柏山区有分布。列入国家二级保护植物名录。

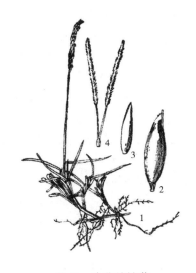

图 63　中华结缕草
1. 植株;2. 小穗;3. 小花;4. 雌蕊
(引自《河南植物志(第四册)》)。

二十四、百合科　Liliaceae

(一)百合属　Lilium Linn.

1. 野百合

Lilium brownie F. E. Brown ex Miellez,丁宝章等主编. 河南植物志　第四册:376. 1998。

形态特征:多年生草本植物,高 7.0~200.0 cm。鳞茎球状,径 2.0~4.0 cm,鳞片披针形,长 1.8~4.0 cm,宽 18~14 mm,无节,白色。叶散生,通常自下而上渐小,披针形、窄披针形至线形,长 7.0~15.0 cm,宽 0.6~2.0 cm,先端渐尖,基部渐狭,具5~7 条脉,边缘全缘,两面无毛。花单生或几朵排成近伞状;花梗长 3.0~10.0 cm,稍弯;苞片披针形,长 3.0~9.0 cm,宽 0.6~18.0 cm;花瓣喇叭形,有香气,乳白色,外面稍带紫色,无斑点,向外张开或先端外弯而不卷,长 13.0 ~18.0 cm,外轮花被片宽 2.0~4.3 cm,先端渐尖;内轮花被片宽 3.4~5.0 cm,密腺两边具小乳头状突起;雄蕊向上弯,花丝长 10.0~13.0 cm,中部以下密被柔毛,少有具稀疏的毛或无毛;花药长椭圆体状,长 1.1~1.6 cm;子房圆柱状,3.2~3.6 cm,花柱长 8.5~11.0 cm,柱头 3 裂。蒴果矩圆球体,长 4.6~6.0 cm,宽约 3.5 cm,有棱,具多数种子。花期 5~6 月,果熟期 7~10 月。

产地:河南大别山、桐柏山和伏牛山区南坡各县有分布。列入农业部农业野生保护植物名录。

2. 渥丹　图 64

Lilium concolor Salisb.，丁宝章等主编. 河南植物志　第四册:376~377. 图 2744.1998。

形态特征:多年生草本植物,高 50.0~70.0 cm。鳞茎卵球状,长 2.0~3.5 cm,鳞片宽披针形,长 2.0~2.5 cm,宽 1.0~1.5 cm,白色,茎近基部带紫色,有小乳头状突起。叶散生,线形,长 5.0~7.0 cm,宽 2~7 mm,叶脉 3~7 条,边缘有小乳头状突起,两面无毛。花 15 朵,排成近伞形花序或总状花序;花梗长 1.2~4.5 cm;花直立,星状开展,深红色,无斑纹,具光泽;花被片矩圆-披针形,长 2.2~4.0 cm,宽 4~7 mm,密腺两边具乳头状突起;雄蕊向四面靠拢;花丝长 1.8~2.0 cm,无毛,花药长矩圆球状,长约 7 mm;子房圆柱状,长 1.0~1.2 cm,径 2.5~3 mm,花柱稍短于子房,柱头稍膨大。蒴果矩圆-球状,长 3.0~3.5 cm,径 2.0~2.2 cm。花期 6~7 月,果熟期 8~9 月。

图 64　渥丹
1. 鳞茎;2. 植株上部;3. 花被片
(引自《河南植物志(第四册)》)。

产地:河南太行山和伏牛山区各县有分布。列入国家二级保护植物名录。

3. 莱氏卷丹　新拟

Lilium leichtlinii Hook. f.

变种:

3.1　莱氏卷丹　变种

Lilium leichtlinii Hook. f. var. leichtlinii

3.2　大花卷丹　变种

Lilium leichtlinii Hook. f. **var. maximowiczii**（Regel）Baker.，丁宝章等主编. 河南植物志　第四册:379　1998。

形态特征:多年生草本植物,高 50.0~200.0 cm。鳞茎球状,径 4.0 cm,白色,茎有紫色斑点,有小乳头状突起。叶散生,窄披针形,长 3.0~10.0 cm,宽 6~12 mm,边缘有小乳头状突起,上面叶腋无珠芽。花 2~8 朵排成总状花序,稀单花;花梗长 3.5~13.0 cm;花苞片叶形,披针形,长 5.0~7.5 cm,宽 8 mm;花下垂,花被片反卷,红色,具紫色斑点,长 4.5~6.5 cm,宽 9~15 mm,密腺两边具乳头状突起及流苏状突起;雄蕊向四面开展;花丝长 3.5~4.0 cm,无毛,花药长 1.1 cm,橙红色;子房圆柱状,长 1.2~1.3 cm,花柱长 3.0 cm。花期 7~8 月。

产地:河南太行山济源、林州、辉县有分布。列入国家二级保护植物名录。

4. 卷丹　图 65

Lilium lancifolium Thunb.，丁宝章等主编. 河南植物志　第四册:382. 图 2752. 1998。

形态特征:多年生草本植物,高 80.0~150.0 cm。鳞茎近宽球状,径 4.0~8.0 cm,鳞

片宽卵圆形,白色,长 2.5~3.0 cm,宽 1.4~2.5 cm,
茎有紫色条纹,被白色棉毛。叶散生,矩圆-披针形
或披针形,长 6.5~9.0 cm,宽 1.0~1.8 cm,两面近无
毛,先端有白毛,边缘有小乳头状突起,有 5~7 条脉,
上面叶腋有珠芽。花 3~6 朵或更多;花苞片叶形,卵
圆-披针形,长 1.5~2.0 cm,宽 2~5 mm,先端钝,有
白色绵毛;花梗长 6.5~9.0 cm,紫色,有白色绵毛;花
下垂,花被片披针形,反卷,橙红色,有紫黑色斑点;
外花被片长 6.0~10.0 cm,宽 1.0~1.2.0 cm;内面花
被片稍宽,密腺两边具乳头状突起及流苏状突起;雄
蕊向四面开展;花丝长 5.0~7.0 cm,淡红色,无毛,花
药矩圆形,长约 2.0 cm,橙红色;子房圆柱状,长
1.5~2.0 cm,径 2~3 mm,花柱长 4.5~6.5 cm,柱头
稍膨大,3 裂。蒴果狭长卵球状,长 3.0~4.0 cm。花
期 7~8 月,果熟期 9~10 月。

产地:河南太行山济源、林州、辉县有分布。列
入国家二级保护植物名录。

5. 条叶百合　图 66

Lilium callosum Sieb. et Zucc.,丁宝章等主编.
河南植物志　第四册:381. 图 2750.1998。

形态特征:多年生草本植物,高 50.0~90.0 cm。
鳞茎小,扁球状,径 1.5~2.5 cm,鳞片卵圆形或卵圆-
披针形,长 1.5~2.5 cm,宽 6~12 mm,茎无毛。叶散
生,线形,长 6.0~10.0 cm,宽 3~5 mm,有 3 条脉,无
毛,边缘有小乳头状突起。花单生或有少数朵排成总
状花序;花苞片 1~2 枚,长 1.0~1.2 cm,先端加厚;花
梗长 2.0~3.0 cm,弯曲;花下垂,花被片倒披针-匙形,
长 3.0~4.0 cm,宽 4~6 mm,中部以上反卷,红色或淡
红色,几无斑点;密腺两边具稀疏的小乳头状突起;花
丝长 2.0~2.5 cm,无毛,花药长约 7 mm;子房圆柱状,
长 1.0~2.0 cm,径 6~7 mm,花柱短于子房,柱头膨大,
3 裂。蒴果狭矩圆-球状,长约 2.5 cm,径 6~7 mm。花期 7~8 月,果熟期 9~10 月。

产地:河南太行山等各山区有分布。列入国家二级保护植物名录。

6. 山丹　图 67

Lilium pumilum DC.,丁宝章等主编. 河南植物志　第四册:379~380. 图 2748.
1998。

形态特征:多年生草本植物,高 15.0~60.0 cm。鳞茎小,扁卵球状或圆锥状,径 2.0~
3.0 cm,鳞片矩圆形或长卵圆形,长 2.0~3.5 cm,宽 1.0~1.5 cm,白色。茎有紫色斑点,

图 65　卷丹
1. 鳞茎;2. 植株上部;3. 外花被片;
4. 内花被片;5. 雄蕊;6. 叶腋珠芽
(引自《河南植物志　第四册》)。

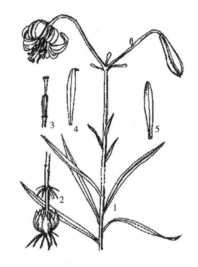

图 66　条叶百合
1. 植株上部;2. 鳞茎;3. 雌蕊;
4. 外花被片;5. 内花被片
(引自《河南植物志(第四册)》)。

具小乳头状突起。叶散生,窄披针形,长 3.0~10.0
cm,宽6~12 mm,边缘有小乳头状突起,上部叶腋无
珠芽。花2~8朵排成总状花序,稀花单生;花苞片叶
形、披针形,长 5.0~7.5 cm,宽 8 mm;花梗长 3.5~
13.0 cm;花下垂,花被片反卷,红色,具紫色斑点,长
4.5~6.5 cm,宽9~15 mm,密腺两边具乳头状突起,
尚有流苏状突起;雄蕊四面开展,花丝长 3.5~4.0
cm,无毛,花药长约 1.1 cm,橙黄色;子房圆柱状,长
1.2~1.3 cm,花柱长 1.1 cm。花期7~8月。

产地:河南太行山济源、林州、辉县有分布。列
入国家二级保护植物名录。

(二)重楼属　Paris Linn.

1. 北重楼　图68

Paris verticillata M. Bieb. ,丁宝章等主编. 河南
植物志　第四册:423~424. 图 2803. 1998。

形态特征:多年生草本植物,高 25.0~60.0 cm。
根状茎细长,径 3~5 mm。茎绿白色,有时带紫色。
叶5~8枚轮生,披针形、狭矩圆形,倒披针形或倒卵
圆-披针形,长 4.0~15.0 cm,宽 1.5~3.5 cm,先端渐
尖,基部楔形,具短柄或无柄。花梗长 4.5~12.0 cm;
外轮花被片绿色,极少带紫色,叶形,通常 4~5 枚,纸
质,平展,倒卵圆-披针形、矩圆-披针形或倒披针形,
长 2.0~3.5 cm,宽0.6~3.0 cm,先端渐尖,基部圆形
或宽楔形,内轮花被片黄绿色,线形,长 1.0~2.0 cm;
花丝基部稍扁平,长 5~7 mm,药隔突出部分长 6~10
mm;子房近球状,紫褐色,顶端无盘状花柱基,花柱具
4~5 个分枝,分枝细长,并向外反卷,为不分枝部分
的 2~3 倍。蒴果浆果状,不开裂,径约 1.0 cm,具数
粒种子。花期5~6月,果熟期7~9月。

产地:河南太行山济源、林州、辉县有分布。列
入国家二级保护植物名录。

2. 重楼

Paris polyphylla Sm.

变种:

2.1　重楼　变种

Paris polyphylla Sm. var. **polyphylla**

2.2　狭叶重楼　变种

Paris polyphylla Sm. var. **stenophylla** Franch.

图67　山丹

1.植株上部;2.鳞茎;3.雌蕊;
4.外花被片;5.内花被片
(引自《河南植物志(第四册)》)。

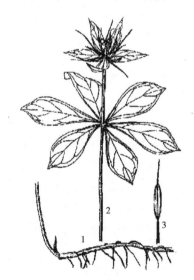

图68　北重楼

1.植株下部;2.植株上部;3.雄蕊
(引自《河南植物志(第四册)》)。

（*Paris polyphylla* Sm. var. *brachystemon* Franch.；*P. arisanensis* Hay.；*P. lancifolia* Hay.），丁宝章等主编. 河南植物志　第四册：424～425.1998。

形态特征：多年生草本植物,叶 8～22 枚轮生,披针形、倒披针形或线-披针形,有时略弯呈镰刀状,长 5.5～19.0 cm,宽 1.5～2.5 cm,稀 3～8 mm,先端渐尖,基部楔形,具短柄;外轮花被片叶形,5～7 枚,狭披针形或卵圆-披针形,长 3.0～8.0 cm,宽 0.5～1.5 cm,先端渐尖,基部狭成短柄,内轮花被片狭条形,比外轮花被片长;雄蕊 7～14 枚;花药长 5～8 mm,与花丝近等长,药隔突出部分极短,长 0.5～1 mm;子房近球状,暗紫褐色,花柱明显,长 3～5 mm,顶端具 4～5 个分枝。花期 6～8 月,果熟期 9～10 月。

产地：河南太行山济源、伏牛山区、桐柏山和大别山区有分布。列入国家二级保护植物名录。

二十五、兰科　Orchidaceae

（一）杓兰属　Cypripedium Linn.

1. 毛杓兰　图 69

Cypripedium franchetii Wilson,丁宝章等主编. 河南植物志　第四册：489. 图 2863. 1998。

形态特征：植株高 20.0～35.0 cm。茎直立,密被长柔毛,上部尤密。叶互生,3～4 枚,卵圆形至椭圆形,长 8.0～14.0 cm,宽 3.5～8.0 cm,先端急尖,基部抱茎,两面疏被微柔毛或几无毛,边缘具细缘毛。苞片椭圆形或椭圆-披针形。花单生,紫褐色;背苞片宽卵圆形,或卵圆-椭圆形,长 4.0～5.0 cm,先端渐尖,背面主脉上被疏柔毛;萼片圆形或卵圆形,较背萼片小,先端具 2 齿;花瓣披针形,几与背萼片等长或稍长;唇瓣囊状,长约 3.0 cm;退化雄蕊箭形或近卵圆形,长 1.0～1.5 cm,宽约 6 mm,基部具耳,具短柄;子房密被短柔毛,弧曲,长 2.0～3.0 cm。花期 3～6 月。

产地：河南太行山、伏牛山区,山西、陕西、甘肃、湖北、四川等省有分布。列入国家一级保护植物名录、河南省重点保护植物名录(2005)。

2. 大花杓兰　图 70

Cypripedium macranthum Sw.,丁宝章等主编. 河南植物志　第四册：489～490. 图 2864. 1998。

形态特征：植株高 25.0～50.0 cm。茎直立,被短柔毛或几无毛。叶互生,3～4 枚,卵圆-椭圆形或椭圆形,长达 15.0 cm,宽达 8.0 cm,边缘具细缘毛。花苞片椭圆形,边缘具细缘毛。花单生,稀 2 朵,紫红色,极少为白色;中裂片宽卵圆形,长 4.0～5.0 cm,合

图 69　毛杓兰
1. 植株下部与上部;2. 合蕊柱正面;
3. 合蕊柱侧面
（引自《河南植物志(第四册)》）。

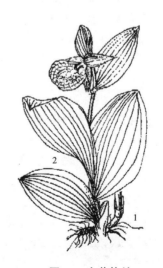

图 70　大花杓兰
植株下部;2. 植株上部
（引自《河南植物志(第四册)》）。

萼片卵圆形,较中萼片短而狭,急尖具2齿;花瓣披针形,较中萼片长或稍长,内面基部具长柔毛;唇瓣几乎与花瓣等长,紫红色,囊内底部与基部具长柔毛,口部的前面内弯,边缘宽2~3 mm;退化雄蕊近卵圆-箭形,色浅;子房无毛。花期6月。

产地:河南太行山林州、济源县有分布。列入国家一级保护植物名录、河南省重点保护植物名录(2005)。

3. 绿花杓兰　图71

Cypripedium franchetii Wilson,丁宝章等主编.河南植物志　第四册:489. 图2863. 1998。

形态特征:植株高20.0~35.0 cm。茎直立,密被长柔毛,上部尤密。叶互生,3~4枚,卵圆形至椭圆形,长8.0~14.0 cm,宽3.5~8.0 cm,先端急尖,基部抱茎,两面疏被微柔毛或几无毛,边缘具细缘毛。苞片椭圆形或椭圆-披针形。花单生,紫褐色;背苞片宽卵圆形或卵圆-椭圆形,长4.0~5.0 cm,先端渐尖,背面主脉上被疏柔毛;萼片圆形或卵圆形,较背萼片小,先端具2齿;花瓣披针形,几与背萼片等长,或稍长;唇瓣囊状,长约3.0 cm;退化雄蕊箭形或近卵圆形,长1.0~1.5 cm,宽约6 mm,基部具耳,具短柄;子房密被短柔毛,弧曲,长2.0~3.0 cm。花期3~6月。

产地:河南太行山、伏牛山区,山西、陕西、甘肃、湖北、四川等省有分布。列入国家一级保护植物名录。

图71　绿花杓兰
1. 植株下部;2. 植株上部;
3. 合蕊柱正面观;4. 合蕊柱侧面观
(引自《河南植物志(第四册)》)。

(二)舌唇兰属　Platanthera Rich.

1. 二叶舌唇兰　图72

Platanthera chlorantha Cust. ex Rchb. ,丁宝章等主编. 河南植物志　第四册:496~496. 图2873. 1998。

形态特征:植株高35.0~50.0 cm,具2个卵球状块根。茎直立,无毛,中部通常具数枚鳞片形,向上逐渐过渡为苞片,基部具2枚基生叶,外被膜质鞘。叶椭圆形、狭椭圆形或倒披针-椭圆形,长10.0~20.0 cm,宽达8.0 cm,边缘具细缘毛。花苞片椭圆形,边缘具细缘毛。花单生,稀1朵,紫红色,极少为白色;中裂片宽卵圆形,长4.0~5.0 cm,合萼片卵圆形,较中萼片短而狭,急尖具2齿;花瓣披针形,较中萼片长或稍长,内面基部具长柔毛;唇瓣几乎与花瓣等长,紫红色,囊内底部与基部具长柔毛,口部的前面内弯,边缘宽2~3 mm;退化雄蕊近卵圆-箭形,色浅;子房无毛。花期6月。蒴葵果不详。

图72　二叶舌唇兰
1. 植株下部及花序;2. 背萼片;
3. 侧萼片;4. 花瓣;
5. 花去萼片及花瓣后示蕊柱
(引自《河南植物志(第四册)》)。

产地:河南太行山林州、济源县有分布。列入国家二级保护植物名录。

2. 小舌唇兰　图 73

Platanthera minor (Miq.) Rchb. f. ，丁宝章等主编. 河南植物志　第四册:497. 图 2876. 1998。

形态特征:植株高 20.0~60.0 cm,具几条指状肉质的粗根。茎直立,稍粗。叶互生,散生于茎的下部,最下面的 1 枚或 2 枚最大,椭圆形、矩椭圆形或矩圆-披针形,长 6.0~15.0 cm,宽 1.5~3.0 cm,往上侧叶渐小,披针形至线-披针形,渐尖。总状花序长 10.0~18.0 cm,疏生多花。花绿色;苞片卵圆-披针形;中萼片宽卵圆形,顶端钝或急尖,3 条脉;侧萼片开或反折,偏斜矩圆形,顶端钝,3 条脉;花瓣直立,偏斜卵圆形,渐狭,先端钝,基部一侧扩大,具 2 条脉及 1 条侧生支脉;唇瓣舌形,先端钝,肉质;距悬垂,细圆筒状,稍向前弧曲,和子房等长或稍较长;药睫中部少凹缺;子房圆柱状,向上渐狭,长 10~15 mm。花期 6~7 月。

产地:河南伏牛山、桐柏山及大别山区。列入国家二级保护植物名录。

图 73　小舌唇兰
1. 植株;2. 背萼片;3. 侧萼片;
4. 花瓣;5. 唇瓣
(引自《河南植物志(第四册)》)。

3. 密花舌唇兰　图 74

Platanthera hologlottis Maxim. ，丁宝章等主编. 河南植物志　第四册:496~497. 图 2874. 1998。

形态特征:植株高 35.0~85.0 cm。茎纤细,具叶 5~6 枚。叶线-披针形,长 8.0~18.0 cm,宽 0.8~2.0 cm。总状花序的花密集,长 8.0~15.0 cm,具很多朵花。苞片披针形,和花等长或较长;花白色,中萼片直立、内弯,卵圆形,顶端钝,长 4~5 mm,宽 3~3.5 mm;侧萼片反折,斜矩圆形,顶端钝,稍较长;花瓣直立,较小,卵圆形,顶端钝;唇瓣向前伸,微向下弯曲,舌形或舌-披针形,稍肉质,长 7 mm,中部宽 3 mm,基部稍扩大并边缘直立,先端钝圆;距渐狭,细圆筒状,悬垂,顶端向上弯,长 1.0~2.0 cm,距口突起显著;子房圆柱状,扭曲,长 10~13 mm。花期 6 月。

产地:河南大别山区商城、新县。列入国家二级保护植物名录。

图 74　密花舌唇兰
1. 植株下部;2. 植株上部;3. 花
(引自《河南植物志(第四册)》)。

(三)凹唇兰属 **Coeloglossum** Hartm.

1. 舌兰

Coeloglossum viride （Linn.）Hartm.

变种:

1.1　舌兰　变种
Coeloglossum viride(Linn.) Hartm. var. **viride**

1.2　凹舌兰　变种　图75
Coeloglossum viride （Linn. ） Hartm. var. **bracteatum**
（Willd. ）Richt. ,丁宝章等主编. 河南植物志　第四册:498~499. 图2878. 1998。

形态特征:植株高 25.0~45.0 cm。块根肥厚,近于掌状。茎直立,无毛,基部具 2~3 枚叶鞘,中部至上部具 2~3 枚叶。叶椭圆形、卵圆-披针形至椭圆-倒卵圆形,长 6.0~10.0 cm,宽 2.0~4.0 cm,先端钝或急尖,基部收狭为鞘而抱茎,无毛。总状花序长 5.0~8.0 cm;苞片线形或狭披针形,长 2.0~4.0 cm,明显较花为长;花绿色或绿黄色;萼片基部合生,卵圆-椭圆形,长 7~10 mm,先端钝,具 3~5 脉;花瓣线-披针形,长 7~9 mm,宽 1 mm,具 1 条脉;唇瓣肉质,倒披针形,基部囊状,并在中央具 1 枚短的纵褶片,先端 3 裂,侧裂片长 1.5~2 mm,中裂片小,半圆形,长 0.5 mm,距圆形,长 4 mm。蒴果椭圆体状,直立。花期 7~8 月。

图 75　凹舌兰
1. 植株;2. 萼片;3. 花瓣;
4. 花去萼片,花瓣示唇瓣;5. 花粉块
(引自《河南植物志(第四册)》)。

产地:河南太行山、伏牛山区栾川、西峡、灵宝、卢氏、鲁山、内乡、南召县有分布。列入国家二级保护植物名录。

（四）蜻蜓兰属　Perularia Lindl.

1. 蜻蜓兰　图76
Perularia fuscescens （Linn. ） Lindl. ,丁宝章等主编. 河南植物志　第四册:499~500. 图2879. 1998。

形态特征:植株高 35.0~50.0 cm。块根肥厚或多或少指状。茎直立,无毛,基部具 2~3 枚叶鞘,上部具 2~3 枚鳞片形叶。叶卵圆形至椭圆形,长 6.0~13.0 cm,宽 3.0~6.0 cm,先端钝,上部叶披针-椭圆形,逐渐过渡为苞片。总状花序狭长,具多花;苞片狭披针形,通常较子房长;花小,淡绿色;背萼片卵圆形,先端急尖,长 3~4 mm,宽约 2.5 mm,侧萼片卵圆-椭圆形,偏斜,边缘外卷而成舟状,较背萼片长而狭;花瓣斜卵圆-披针形,长约 2 mm;唇瓣卵圆-披针形,长 3~3.5 mm,中部宽几达 2 mm,基部两侧各具 1 枚三角形小裂片,小裂片长约 1 mm,距弧曲呈镰刀状,长 6~10 mm,向顶端增粗,几与子房等长;蕊柱宽,两侧具 2 枚钻状退化雄蕊;药室几并行;黏盘横狭长圆形,外露后呈马鞭状卷曲。蒴果几直立,具短柄。花期 6~8 月,果熟期 9 月。

图 76　蜻蜓兰
1. 植株基部及根;2. 茎一部分及叶;
3. 花序(引自《河南植物志(第四册)》)。

产地:河南太行山、伏牛山区各县有分布。列入国家二级保护植物名录。

2. 小花蜻蜓兰　图77

Perularia ussuriensis（Maxim.）Schltr. ，丁宝章
等主编.河南植物志　第四册:500. 图2880. 1998。

　　形态特征:植株高 30.0～55.0 cm。块根粗厚。
茎直立,通常较纤细,无毛,在基部具 2～3 枚叶,中
部、上部具鳞形小叶。叶狭椭圆形或狭卵圆形,长
6.0～10.0 cm,宽 1.5～2.5 cm。总状花序长 6.0～
14.0 cm,具 20 余朵多花;苞片披针形,稍较子房长;
花小,淡绿黄色;背萼片宽卵圆形,先端钝,长 3 mm,
宽约 1 mm,具 3 条脉;花瓣几与背萼片等长,近长圆
形,上部稍粗,先端几圆形,具不明显 3 条脉;唇瓣线
形,肉质长约 4 mm,先端钝,基部两侧各具 1 枚半圆
形小裂片;距纤细,向顶端略宽;蕊柱宽,具 2 枚钻状
退化雄蕊;花粉块长不及 1 mm,具椭圆形小黏盘。花
期 7 月。

图77　小花蜻蜓兰
1. 茎之一部及叶;2. 花序;3. 花;4. 果实
（引自《河南植物志(第四册)》）。

　　产地:河南大别山、伏牛山区等山区各县。列入国家二级保护植物名录。

　　(五) 角盘兰属　Herminium（Linn.）R. Br.

　　1. 叉唇角盘兰　图78

Herminium lanceum（Thunb.）Vuijk ,丁宝章等
主编.河南植物志　第四册:502. 图2883. 1998。
李家美主编,河南省国家重点保护农业野生植物图
鉴:044～045. 彩图 3 张. 2016。

　　形态特征:植株高 10.0～75.0 cm。块根近球状,
肉质。茎纤细,直立,中部具 3～4 枚叶。叶线－披针
形,长 10.0 cm,宽 0.6～1.2 cm,先端急尖或渐尖。
总状花序狭圆柱状,长 5.0～20.0 cm,花密集,具 10～
40 余朵花;苞片小,披针形,短于子房;花小,绿色;萼
片卵圆－矩圆形,先端急尖或稍钝,长 2.5～4 mm,具 1
条脉;唇瓣近矩圆形,基部凹陷,无距,两侧或多或少
扩大,上面或多或少具乳突,具 3 条脉,在其中部 3
裂,中裂片长达 1 mm,侧裂片稍叉开,长 3～8 mm,末
端或多或少卷曲;退化雄蕊 2 枚,侧生,顶端膨大,2
深裂,似具柄;子房棒状,长 5～6 mm,稍被毛。花期
6～7 月。

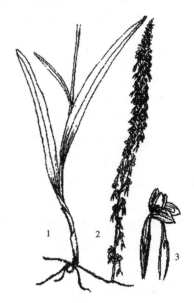

图78　叉唇角盘兰
1. 植株下部;2. 花序;3. 花
（引自《河南植物志(第四册)》）。

　　产地:河南大别山、伏牛山区等山区各县。列入国家二级保护植物名录。

　　2. 角盘兰　图79

Herminium monorchis（Linn.）R. Br. ,丁宝章等主编.河南植物志　第四册:501.
图2881. 1998。

形态特征:植株高 12.0~35.0 cm。块根粗约 8 mm。茎直立,无毛,下部具 2~3 枚叶,上部具 1~2 枚苞片状小叶。叶狭椭圆–披针形或狭椭圆形,长 4.0~10.0 cm,宽 1.0~2.0 cm,先端近于急尖,基部渐狭,并略抱茎,无毛。总状花序圆柱状,长约 10.0 cm,径约 8 mm;苞片线–披针形,先端尾状。花很小,绿色;萼片卵圆–椭圆形,先端钝,长约 2.5 mm,宽约 1 mm,具 1 脉;花瓣非肉质,近菱形,向顶部渐尖,先端钝,稍较萼片长;唇瓣与花瓣等长,基部凹陷,先端 3 裂,中裂片线形,长达 1.5 mm,侧裂片三角形,甚短;退化雄蕊显著;柱头 2 裂,叉开。花期 6~7 月。

产地:河南太行山、伏牛山区等山区各县。列入国家二级保护植物名录。

图 79　角盘兰

1. 植株;2. 花;3. 果实
(引自《河南植物志(第四册)》)。

(六)无柱兰属　Amitostigma Schltr.

1. 无柱兰

Amitostigma gracile(Blume)　Schltr.,李家美主编.河南省国家重点保护农业野生植物图鉴:048~049.彩图 4 张.2016。

形态特征:块根肉质,卵球状,或长圆–椭圆球状。茎纤细,直立或近直立,光滑,基部具 1~2 枚筒状鞘,近基部具 1 枚大叶,在叶之上具 1~2 枚苞片状小叶。叶狭长圆形、长圆形或卵圆–披针形,先端钝或急尖,基部收狭成抱茎的鞘,长 5.0~20.0 cm。总状花序具 5~20 余朵花,偏向一侧;花苞片小,直立伸展,较子房短很多;子房圆柱状,稍扭转,无毛。花小,粉红色或紫红色;中萼片直立,卵圆–凹陷舟状,先端急尖,具 1 脉;唇瓣大于宽,较萼片和花瓣大,轮廓为倒卵圆形,具 5~7~9 枚不隆起的细脉,基部楔形,具距,中部之上 3 裂,中裂片较侧裂片大,倒卵圆–楔形;距纤细,圆筒状,几乎直的,下垂,较子房短;蕊柱极短,直立;花药稍向后倾,先端稍凹陷,药室并行;花粉团球状,具花粉团柄和黏盘;黏盘小;柱头 2 枚,近棒状,从蕊喙下伸出;退化雄蕊 2 枚。花期 6~7 月,果实成熟期 9~10 月。

产地:河南太行山、伏牛山、桐柏山、大别山区各县。列入国家二级保护植物名录。

2. 大花无柱兰　图 80

Amitostigma monanthum(Finet)　Schlecht.,丁宝章等主编.河南植物志　第四册:504.图 2886.1998。

形态特征:植株高 8.5~16.0 cm。块根卵球状,长约 1.0 cm。茎短,近基部生 1 枚叶。叶条–披针形、舌状矩圆形、狭椭圆形或卵圆形,长 3.0~8.0 cm,

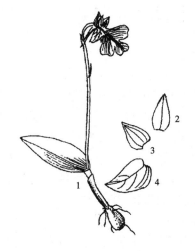

图 80　大花无柱兰

1. 植株;2. 背萼片;3. 侧萼片;4. 花瓣
(引自《河南植物志(第四册)》)。

宽 0.8~1.2 cm 先端稍尖。花葶纤细,直立,顶生 1~2 朵花;苞片条-披针形,较子房短很多;花大,背萼片卵圆形,长 6~7 mm,宽约 4 mm,先端急尖;花瓣斜卵圆形,较背萼片短而略宽,钝尖;唇瓣扇形,长、宽均约 1.5 cm,具爪,3 裂,侧裂片卵圆-楔形,伸展,中裂片较侧裂片小,边缘全缘或具浅凹缺;距长约 1.5 mm,圆锥状;蕊柱短;子房无毛。花期 6~7 月。

产地:河南伏牛山区西峡、内乡、淅川县。列入国家二级保护植物名录。

(七)玉凤花属　Habenaria Willd.

1. 毛葶玉凤花　图 81

Habenaria ciliolaris Kraäzl.,丁宝章等主编. 河南植物志　第四册:509. 图 2893. 1998。

形态特征:植株高 202~50.0 cm。块根矩圆状或圆柱状,肉质。叶 4~6 枚,密生于茎中部之下,椭圆形,长 8.0~15.0 cm,宽 2.5~4.0 cm。总状花序长 5.0~20.0 cm,疏生 6~10 朵花。花中部大,淡绿色,径约 1.0 cm;花葶具棱,棱上被长柔毛,顶端具星状毛;苞片卵圆形,先端渐尖,边缘具缘毛;背萼片卵圆形,兜状,长 7 mm,宽 6 mm;侧萼片卵圆形,稍偏斜,反折;花瓣不裂,三角形,长 6 mm,宽 1 mm,先端尾尖;唇瓣 3 裂,裂片条-丝形,中裂片较侧裂片短,下弯;距悬垂,棒状,向前弯曲,和子房等长,长约 2.0 cm;柱头 2 裂,突起物直而平行;子房具喙,先端明显弯曲,被单生星状毛。花期 7 月。

产地:河南大别山区商城县。列入国家二级保护植物名录。

2. 裂瓣玉凤花　图 82

Habenaria petelotii Gagnep.,丁宝章等主编. 河南植物志　第四册:510. 图 2894. 1998。

形态特征:植株高 35.0~60.0 cm。块根近矩圆状,肉质。叶 5~6 枚,密生于茎中部,椭圆形或披针形,长 3.0~15.0 cm,宽 2.0~4.0 cm,顶端渐尖。总状花序的花极疏散,具 6~12 朵花。花中部大,淡绿色;苞片披针形;背萼片卵圆-舟形,长 10 mm,宽 6 mm,先端渐尖;侧萼片披针形,较长,先端渐尖;花瓣从基部 2 裂,裂片条形,近等宽,极长,呈大于 90°角伸展,边缘具缘毛,其后裂片长 15 mm,基部宽 1.5 mm,前裂片长 2.0 cm;唇瓣 3 深裂,裂片条形和花瓣裂片相似,中裂片较侧裂片稍短,边缘无缘毛;距长 1.5~2.5 cm,弧曲,到顶端突然膨大呈棒状,顶端渐尖;柱头 2 裂,突起物伸长,长 2 mm;子房中部弧曲,纺锤状,具短柄。花期 7~8 月。

图 81　毛葶玉凤花
1. 植株下部;2. 植株上部;3. 花
(引自《河南植物志(第四册)》)。

图 82　裂瓣玉凤花
1. 植株下部;2. 植株中部;3. 花序;4. 花
(引自《河南植物志(第四册)》)。

产地:河南伏牛山区淅川县。列入国家二级保护植物名录。

3. 宽药隔玉凤花　图83

Habenaria limprichtii Schltr.，丁宝章等主编．河南植物志　第四册:510~511. 图2896.1998。

形态特征:植株高18.0~60.0 cm,干后黑色。块根卵球状。叶3~7枚,直立伸展,卵圆形或矩圆-披针形,顶端稍钝式渐尖,基部抱茎。总状花序具3~12朵花,长5.0~15.0 cm。花较大,绿白色;苞片卵圆-披针形;背萼片披针-卵圆形,长18 mm,和花瓣靠合成兜;侧萼片张开,半卵圆形,长1.9 cm;花瓣直立,镰-舌形,基部渐尖,前侧边缘具乳头状缘毛,和背萼片等长,唇瓣具爪,3深裂,侧裂片外侧边缘多深裂成裂状,裂条刚毛状,中裂片不裂,条-舌形,顶端钝,几和侧裂等长;距悬垂,较短,和子房等长,或较短;药隔宽8~10 mm;柱头2裂,突起物前伸,平行,长8 mm。花期7~8月。

产地:河南伏牛山区淅川县。列入国家二级保护植物名录。

图83　宽药隔玉凤花
1. 植株下部;2. 植株中部;3. 花序;4. 花
（引自《河南植物志(第四册)》）。

4. 鹅毛玉凤花　图84

Habenaria dentata（Sw.）Schltr.，丁宝章等主编．河南植物志　第四册:511. 图2897.1998。

形态特征:植株高35.0~60.0 cm。块根卵球状或矩球状,肉质。叶3~5枚,散生,近矩圆形,顶端渐尖。总状花序具3~12朵花,长5.0~12.0 cm;苞片披针形,长渐尖,长于或短于子房;花白色,萼片近卵圆形,先端急尖,长10~13 mm,宽5~5.5 mm,边缘具缘毛;背萼片直立和花瓣靠合成兜,侧裂片卵圆形,反折;花瓣不裂,较小,狭披针形,边缘具缘毛;唇瓣长,几为萼片2倍,3裂,侧裂片宽,外侧边缘之前有细裂齿,中裂片条形,边缘全缘,近等长;距口有胼胝体,距长达4.0 cm,上半部白色,下半部绿色,弯曲,向顶端逐渐膨大,先端钝,较子房大;柱头2裂,突起物并行,具沟;子房具喙。花期7~8月。

产地:河南大别山、桐柏山、伏牛山区各县。列入国家二级保护植物名录。

图84　鹅毛玉凤花
1. 植株下部;2. 植株上部
（引自《河南植物志(第四册)》）。

5. 十字花　图85

Habenaria sagittifera Rchb. f. ，丁宝章等主编 . 河南植物志　第四册：510～511. 图2895. 1998。

形态特征：株高25.0～70.0 cm。块茎椭圆体状，长1.0～3.5 cm，肉质。茎纤细，直立、叶散生，条-披针形、禾叶形，长5.0～23.0 cm，宽3～9 mm，先端渐尖。总状花序疏生花8～30朵；花苞片卵圆形，先端骤渐尖，长于或等短于子房；花粉白色或绿白色；背萼片长5～7 mm，宽卵圆形，直立；侧萼稍大，斜半卵圆形，和侧裂片等长，侧裂片先端撕裂状，较中裂片宽；距长1.5～3.0 cm，外弯，先端膨大，较子房长；柱头的突起物前伸，前端2深裂，平行；子房长1.6 cm。花期7～8月。

产地：河南各山区有分布。列入国家二级保护植物名录。

图85　十字兰
1. 植株下部；2. 植株上部；3. 花
（引自《河南植物志(第四册)》）。

(八) 斑叶兰属　Goodyera R. Br.

1. 小斑叶兰　图86

Goodyera repens（Linn.）R. Br. ，丁宝章等主编 . 河南植物志　第四册：525. 图2915. 1998。

形态特征：植株高15.0～25.0 cm。茎直立，被白色腺毛。具3～5枚鞘状鳞片及数个基生叶。叶卵圆-椭圆形，先端渐尖，基部收狭多少具翅，背面灰绿色，表面有白色条纹和褐色斑点。总状花序呈穗状，花序轴具腺毛；苞片披针形，稍短于花，先端长渐尖；花小，淡绿色或苍白色；背萼片外面被腺毛，长约3 mm，与花瓣靠合成盔或有时顶端分离；侧裂片椭圆形或卵圆-椭圆形，略较盔为长，先端钝，具1条脉，外面多少被腺毛；唇瓣长约3.5 mm，舟状，基部凹陷呈囊状，内面有毛，先端钝，多少内弯；蕊喙直立，2裂，裂片长1.5 mm；子房扭转，几无柄，疏被腺毛。蒴果倒卵球状。花期7～8月。

产地：河南太行山、伏牛山区各县。列入国家二级保护植物名录。

图86　小斑叶兰
1. 植株；2. 花；3. 花瓣与背萼片合成盔状
（引自《河南植物志(第四册)》）。

2. 大斑叶兰　图87

Goodyera schlechtendaliana Rchb. f. ，丁宝章等主编 . 河南植物志　第四册：525～526. 图2916. 1998。

形态特征：植株高5.0～25.0 cm。茎上部直立，具长柔毛，下部匍匐伸长成根状，基部具4～6枚叶。叶互生，卵圆-披针形，长3.0～8.0 cm，宽0.8～2.5 cm，先端急尖，基部楔

形,表面绿色,有黄白色斑纹,背面淡绿色;叶柄长
4~10 mm,基都扩展呈鞘状抱茎。总状花序长 8.0~
20.0 cm,疏生花数朵至 20 余朵,花序轴被毛;苞片披
针形,长约 1.2 cm,宽 4 mm,外面被短柔毛,较子房
和花梗稍长或近等长;花白色或带红色,偏向同一
侧;萼片外面被毛,具 1 条脉,背萼片长圆沙,先端凹
陷,与花瓣合成盔状,长 8~10 mm,侧萼片卵圆-披针
形,与背萼片等长;花瓣倒披针形,长约 10 mm,具 1
条脉;唇瓣长约 7 mm,基部呈囊状,囊内面有刚毛,基
部围抱蕊柱,蕊柱极短;蕊喙 2 裂呈叉状,裂片长约 3
mm;花药卵球状,药隔先端渐尖;子房长 8~10 mm,
扭曲,被长柔毛。花期 8~9 月。

产地:河南太别山、桐柏山、伏牛山南坡山区各
县。列入国家二级保护植物名录。

3. 大花斑叶兰　图 88

Goodyera biflora(Lindl.)Hook. f. ,丁宝章等
主编. 河南植物志　第四册:524~525. 图 2914.
1998。

形态特征:植株高 5.0~15.0 cm。茎上部直立,
下部匍匐伸长成根状茎,基部具 4~6 枚叶。叶互生,
卵圆形,长 2.0~4.0 cm,宽 1.5~3.0 cm,表面暗蓝绿
色,有白色细斑纹,背面带红色,先端渐尖或急尖,基
部近圆形,具叶柄,叶柄基都扩展成鞘状抱茎。总状
花序具花 2~8 朵,花序轴被毛;苞片披针-卵圆形,长
1.2~2.0 cm,长于子房和花梗;花大,黄色或淡红色,
偏向同一侧;萼片披针形,具 3 条脉,背萼片长 2.3~
2.5 cm,先端外弯,侧萼片较背萼片稍短;花瓣线-披
针形、镰形,和背萼片等长,具 3 条脉,与背萼片靠合
休盔状;唇瓣长 1.6~1.8 cm,基部呈囊状,囊内面有
刚毛,前部外弯,边缘膜质,波状;蕊柱内弯;蕊喙线
形,2 裂呈叉状,裂片长 6~9 mm;花药长而细,药隔伸
长,长约 7 mm;子房细圆柱状,长 1.0~1.3 cm,扭曲,被柔毛。蒴果倒卵球状。花期 6~7
月;果熟期 10 月。

产地:河南太别山、桐柏山、伏牛山区南坡各县。列入国家二级保护植物名录。

(九)石斛属　Dendrobium Sw.

1. 霍山石斛

Dendrobium huoshanense C. Z. Tang et S. J. Cheng,丁宝章等主编. 河南植物志
第四册:533. 1998。

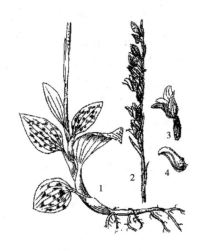

图 87　大斑叶兰
1. 植株下部;2. 植株上部;
3. 花;4. 背萼片
(引自《河南植物志(第四册)》)。

图 88　大花斑叶兰
1. 植株;2. 背萼片
(引自《河南植物志(第四册)》)。

本种主要形态特征与细茎石斛(Linn.)Sw. 主要区别:茎节短粗,向上渐细。花被片蜡黄色,唇瓣不明显 3 裂。

产地:河南南召县马市坪有分布。列为河南省重点保护植物名录(2005)二级。

2. 铁皮石斛　黑节草　图 89

Dendrobium candicum Wall. ex Lindl. ,丁宝章等主编. 河南植物志　第四册:534~535. 图 2928. 1998。

图 89　铁皮石斛
1. 植株;2. 花;3. 唇瓣
(引自《河南植物志(第四册)》)。

形态特征:植株高达 35.0 cm。茎丛生,圆柱状,粗 2~4 mm,上部节上有时生根,长出新植株,干后青灰色。叶纸质,长圆-披针形,长 4.0~7.0 cm,宽 1.0~1.5 cm,顶端略钩转,边缘和中脉淡紫色;叶鞘具紫斑,鞘中开张,常与节下留 1 个环状间隙。总状花序常生于无叶的茎上端,长 2.0~4.0 cm,回折状弯曲,常具花 3 朵;总花梗长约 1.0 cm;苞片干膜质,淡白色,长 5~7 mm;花被片黄绿色,长约 1.8 cm,背萼片与花瓣相似,矩圆-披针形,宽 4 mm,先端锐尖,侧萼片镰-三角形,基部宽 1.0 cm,顶端急尖,萼囊明显;唇瓣卵圆-披针形,反折,比萼片略短,不裂或不明显 3 裂,基部内卷并具 1 个胼胝体,先端急尖,边缘波状;唇瓣被乳突状毛,具紫色斑点。

产地:河南大别山商城县和鸡公山。列入国家二级保护植物名录。

3. 细茎石斛　图 90

Dendrobium moniliforme(Linn.)　Sw. ,丁宝章等主编. 河南植物志　第四册:532. 图 2924. 1998。

图 90　细茎石斛
1. 植株;2. 花;3. 唇瓣
(引自《河南植物志(第四册)》)。

形态特征:植株高达 40.0 cm。茎丛生,直立,圆柱状,长 4.0~40.0 cm,径 1.5~5 mm,由下向上渐细,节上具膜质筒状鞘,开花的茎无叶,干后呈古铜色或青灰色。叶长圆-披针形,长 3.0~6.0 cm,宽 0.5~1.5 cm,先端钝或急尖,有时有偏斜的 2 个圆裂,基部圆形,具关节。总状花序侧冬生于落叶的茎节上,很短,长约 2 mm,具花 1~4 朵;苞片卵圆-三角形,长 3~5 mm;干膜质,白色带淡红色斑纹;花黄绿色或白色带淡玫瑰红色,径 2.0~3.0 cm,萼片近相似,近长圆形或长圆-披针形,长 1.5~2.0 cm,先端急尖或饨,侧萼片偏斜镰,基部与蕊柱足合生成近球状和萼囊,萼囊径 5~8 mm;花瓣与背萼片相似,基部收狭成楔形;唇瓣卵圆-披针形,较萼片短,但显著较宽,先端急尖,基部常具长圆状胼胝体,3 裂,中裂片卵圆-三角形,侧裂片半卵圆形,边缘具细齿;蕊柱很短,长约 2 mm。蒴果倒卵球状,长约 2.0 cm。花期 4~5

月,果熟期 7~8 月。

产地:河南大别山商城、新县及伏牛山区的西峡、南召、内乡、淅川县。列入国家二级保护植物名录、河南省重点保护植物名录(2005)。

4. 细叶石斛　图91

Dendrobium hancockii Rolfe,丁宝章等主编. 河南植物志　第四册:532~533. 图 2925. 1998。

形态特征:植株高 30.0~80.0 cm。茎丛生,直立,圆柱状,径 2~10 mm,表面具深槽,上部多分枝。叶 3~6 枚生于主茎和分枝顶端;叶条形,长 3.0~10.0 cm,宽 3~6 mm,先端 2 个圆裂。总状花序具花 1~2 朵;总花梗长 5~10 mm;苞片膜质,卵圆形,长约 3 mm,先端急尖;花黄色;萼片矩圆形,长 1.0~2.4 cm,宽 3.5~8 mm,先端钝;萼囊长约 4 mm;花瓣矩圆形,与萼片等长而略较宽,顶端钝;唇瓣 3 裂,比萼片短,宽 7~18 mm,中裂片比侧裂片小,近肾形,上表面密被柔毛,侧裂片半圆形。

产地:河南伏牛山区各县。列入国家二级保护植物名录。

图91　细叶石斛
1. 植株一部分;2. 唇瓣
(引自《河南植物志(第四册)》)。

(十)杓兰属　Cypripedium Linn.

1. 扇脉杓兰　图92

Cypripedium japonicum Thunb. ,丁宝章等主编. 河南植物志　第四册:498~499. 图 2862. 1998;中国高等植物图鉴　第五册:604. 图 8037. 1976。

形态特征:植株高 35.0~55.0 cm。具细长的横生根状茎;根状茎直径 3~4 mm,有较长的节间。茎直立,密被长柔毛,基部具数鞘,顶端生叶。叶通常 2 枚,近对生,位于植株近中部处,极罕有 3 枚互生的。叶片扁形,长 10.0~16.0 cm,宽 10.0~21.0 cm,上半部边缘呈钝波状,基部宽楔形,具扇形辐射状脉直达边缘,两面近基处被长柔毛,边缘具细缘毛。花序顶生,具 1 朵花;花序柄边被褐色长柔毛;花苞片叶状,菱形或卵圆-披针形,长 2.5~5 mm,宽 1.0~2.0~4.0

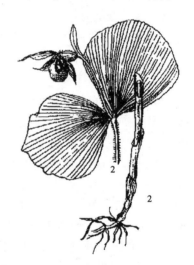

图92　扇脉杓兰
1. 植株下部;2. 植株上部
(引自《河南植物志(第四册)》)。

cm,两面无毛,边缘具细缘毛;花梗和子房长 2.0~3.0 cm,密被长柔毛。花俯垂;萼片 2~10 枚。花瓣淡黄绿色,基部多少有紫色斑点,唇瓣淡黄绿色至淡紫白色,多少有紫红色斑点和条纹;中萼片狭椭圆形或狭椭圆-披针形,长 4.5~5.5 cm,宽 1.5~2.0 cm,先端渐尖,无毛;合萼片和中萼片相似,长 4.0~5.0 cm,宽 1.5~2.5 cm,先端 2 浅裂;花瓣斜-披针形,长 4.0~5.0 cm,宽 1.0~1.2 cm,先端渐尖,内表面基部具长柔毛,唇瓣下垂,囊状,近椭圆形或倒卵圆形,长 4.0~5.0 cm,宽 3.0~3.5 cm,囊状略狭长并位于前方,周围有明显凹萼并呈波状齿缺;退化雄蕊椭圆体状,长约 1.0 cm,宽 6~7 mm,基部有短耳。蒴果近纺缍状,长 4.5~5 0 cm,宽 1.2 cm,疏被微柔毛。花期 4~5 月;果熟期 6~10 月。

产地:陕西、四川、河南等省。列入国家一级保护植物名录。

(十一)兜兰属　**Paphiopedilum** Pfitz.

1. 同色兜兰

Paphiopedilum concolor(Batenum)Pfitzer,李家美主编. 河南省国家重点保护农业野生植物图鉴:012~013. 彩图 3 张. 2016

形态特征:植株无细长、横走根状茎。叶表面具深、浅绿色的网格斑。花葶直立,长 5.0~12.0 cm,紫褐色,被白色短柔毛,顶端有 1~3 朵,花葶短于叶。花苞片宽卵圆形,先端略钝,背面被短柔毛,并有龙骨状突起,边缘具缘毛;花梗和子房长 3.0~4.5 cm,被短柔毛。花大,径 5.0~6.0 cm,淡黄色,稀象牙白色,具紫色细斑点,斑点径约 1 mm;中萼片宽卵圆形,长 2.5~3.0 cm,宽 2.5~3.0 cm,先端钝或急尖,两面被微柔毛,但表面有时无毛,边缘多少具缘毛,尤以上部为多;合萼片与中萼片相似,长、宽约 2.0 cm,也有类似的毛;花瓣斜椭圆形或菱椭圆形,宽 1.8~2.7 cm,先端钝或近斜截形,近无毛或略被微柔毛;唇瓣深囊状,狭椭圆体状至圆锥-椭圆体状,长 2.5~3.0 cm,宽 1.5 cm,基部具短爪,囊口宽阔,整个边缘内折,但前方内弯,边缘宽仅 1~2 mm,囊底有毛;退化雄蕊宽卵圆形至宽卵圆-菱形,先端略具 3 小齿,基部收狭并具耳。花期 6~8 月。

产地:河南有盆栽。列入国家一级保护植物名录。

(十二)山珊瑚属　**Galeola** Lour.

1. 毛萼山珊瑚　图 93

Galeola lindleyana(Hook. f. et Thoms)Rchb. f.,丁宝章等主编. 河南植物志　第四册:519~520. 图 2908. 1998。

形态特征:茎真立,高约 1 m。块状茎粗厚,外被卵球状肉质鳞片。茎褐红色,稍肥厚,上部或多或少被锈色短柔毛,节部几不膨大,具卵圆形或卵圆-披针形鳞片,鳞片在茎上部逐渐过渡为苞片。圆锥花序由顶生和侧生总状花序组成。总状花序通常具 6~7 朵花,长 2.0~3.0 cm,密被锈色短茸毛;苞片披针形,黄褐色,长 2.5~3.0 cm,宽约 1.0 cm,背面或多或少被毛;小苞片卵圆形,长约 8 mm,背面密被锈色短茸毛。花黄色,径约 2.0 cm;萼片矩圆-披针形,长 1.7 cm,宽 8~9 mm,先端急尖,并稍内折,背面具

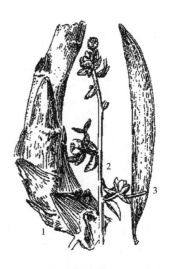

图 93　毛萼山珊瑚
1. 植株下部;2. 花序一部;3. 果实
(引自《河南植物志(第四册)》)。

龙骨状突起,并密被锈色短茸毛;侧萼片较背萼片宽,且龙骨状突起较高;花瓣宽卵圆形,几与萼片等长,宽 1~2 mm,先端近于急尖,无毛;唇瓣兜状,近于半球状,稍较萼片短,几不裂,边缘具短流苏状,内面密被乳头,在近基部处具 1 枚平滑、中空的胼胝体;蕊柱棒状,向前弯曲,长 6 mm;药帽近圆形,密被乳突;子房线形,长 2.0~2.5 cm,密被锈色短茸毛。

蒴果狭椭圆体状或多或少三棱状,稀弧曲,长 10.0~20.0 cm,宽约 2.0 cm,以不等宽的两果爿开裂。花期 6~7 月,果熟期 8~10 月。

产地:河南栾川、西峡、卢氏县。列入国家二级保护植物名录。

(十三) 鸟巢兰属　**Neottia** Guett.

1. 尖唇鸟巢兰　图 94

Neottia acuminate Schltr. ,丁宝章等主编. 河南植物志　第四册:513~514. 图 2900. 1998。

形态特征:植株高 15.0~24.0 cm。纤维根较粗而多,呈簇状。根状茎横走。茎直立,无毛,中部至基部具 3~4 枚叶鞘。总状花序,呈狭穗状,长 5.0~8.0 cm,宽 1.2~1.5 cm,具多花;苞片膜质,近披针形,长 3~4 mm,先端渐尖,几与子房等长。花黄褐色,常 3~4 朵花排成一簇,似轮生;萼片披针形,长 3~5 mm,先端长渐尖,具 1 条脉;侧萼片稍斜歪,稍较背萼片宽;花瓣披针形,较萼片短,稍狭;唇瓣在上方,卵圆-披针形,长 2~3.5 mm,先端长渐尖或稍钝,常反折,边缘稍内弯;合蕊柱很短,长约 1 mm;花药直立;蕊喙很大,舌状;子房椭圆体状,长 2.5~3 mm,无毛。蒴果狭椭圆体状,长达 4 mm,果梗 2~3 mm。花期 8 月,果熟期 9 月。

图 94　尖唇鸟巢兰
1. 植株下部;2. 植株上部;3. 花
(引自《河南植物志(第四册)》)。

产地:河南太行山和伏牛山区各县。列入国家二级保护植物名录。

(十四) 天麻属　**Gastrodia** R. Br.

1. 天麻　图 95

Gastrodia elata Blume,丁宝章等主编. 河南植物志　第四册:522. 图 2911. 1998。

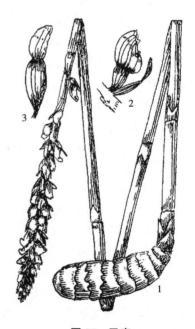

形态特征:植株高 30.0~150.0 cm。块茎肉质,肥厚,椭圆体状或卵球-椭圆体状,长约 10.0 cm,径 3.0~4.0 cm,横生,具环纹。茎不分枝,直立,稍肉质,黄褐色。鳞片形鞘形叶棕褐色,膜质。总状花序长 5.0~10.0 cm,具多花;苞片膜质,披针形,长 6~10 mm。花淡黄色,或绿黄色;萼片与花瓣合生成歪斜的筒状,长 7~19 mm,径 6~7 mm,口部偏斜,先端 5 个齿裂,裂片三角形,先端钝,唇瓣较小,呈酒精灯状,白色,长约 5 mm,基部贴生于蕊柱足的顶端,贴生于花被筒内壁上,先端 3 裂,中裂片舌形,具乳突,边缘流苏状,侧裂片耳状;蕊柱长 5~6 mm,先端具 2 个小的附属物,基部具蕊柱足;子房倒卵球体状,子房柄

图 95　天麻
1. 植株;2. 花;3. 果实
(引自《河南植物志(第四册)》)。

扭转。蒴果倒卵球体状至长圆球体状,长 8~14 mm。花期 7~8 月,果熟期 8~10 月。

产地:河南太行山和伏牛山等山区各县。列入国家二级保护植物名录、河南省重点保护植物名录(2005)。

(十五)无喙兰属　Holopogon Guett.

1. 无喙兰

Holopogon gaudissartii(Hand.-Mazz.)X. Qi Chen　(*Neottia gaudissartii* Hand.-mazz.),李家美主编. 河南省国家重点保护农业野生植物图鉴:020~021. 彩图 3 张. 2016。

形态特征:植株高 19.0~24.0 cm。具短块状茎和成簇的肉质纤维根。茎直立,红褐色,无绿叶,中部以下具叶鞘 3~5 枚;叶鞘膜质,圆厂筒状,长 1.8~3.0 cm,最上面 1 枚苞叶形。总状花序顶生,通体乳白色,具 10~17 枚花;花序轴上被乳突状疏柔毛;花苞片膜质,披针形,长 4~8 mm,背面稍被毛;花梗细长,长 8~10 mm,被乳突状柔毛;子房椭圆体状,长约 3.5 mm,被乳突状柔毛;花近辐射对称,直立,紫红色;萼片近直立,狭长圆形,长 2.5~3 mm,宽 0.7~0.9 mm,具 1 脉,背面略被毛;花瓣 3 枚相似,狭长圆形,长 2.5~3 mm,宽 0.6~0.8 mm,无特化唇瓣;蕊柱直立,连花药长 2~2.5 mm,背侧有明显的龙骨状脊;花丝明显,但较短;花药近卵球-长圆体状,长 6~7 mm;花粉团近椭圆体状,松散;顶端柱头略肥厚。花期 9 月。

产地:河南嵩县、卢氏县。列入国家二级保护植物名录。

(十六)对叶兰属　Listera R. Br.

1. 对叶兰　图 96

Listera puberula Maxim.,中国科学院植物研究所主编. 中国高等植物图 第五册:644. 图 8118. 1983;李家美主编. 河南省国家重点保护农业野生植物图鉴:024~025. 彩图 4 张. 2016。

形态特征:陆生兰,直立,植株高 10.0~20.0 cm,具细长根状茎。茎纤细,具 2 枚对生叶,叶以上部分被短柔毛。叶生干茎中部,心形、宽卵圆形或宽卵圆-三角形,长 1.5~2.5 cm,边缘多少皱波状。总状花序长 2.5~6.0 cm,具 4~7 朵稀疏的花;花苞片披针形,先端急尖;花绿色,很小,无毛;中萼片卵圆-披针形,长约 2.5 mm,宽 1.2 mm,急尖;侧萼片卵圆-披针形,与中萼片等长;花瓣条形,长 2.5 mm,宽约 0.5 mm;唇瓣近狭倒卵圆-楔形,通常长 6~8 mm,宽约 1 mm,外侧边缘多少具乳突状细缘毛,顶端有不明显钝

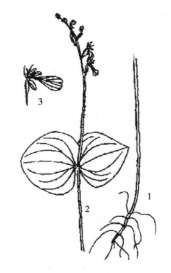

图 96　对叶兰
1. 根与茎;2. 叶与花序;3. 花
(引自《河南植物志(第四册)》)。

齿,两裂片叉开,或几并行;合蕊柱稍弯曲,连花药长 2~2.5 mm;蕊喙宽卵球状;子房长 6 mm;花梗长 3~4 mm,具短柔毛。

产地:河南嵩县、卢氏县。列入国家二级保护植物名录。

(十七)绶草属　Spiranthes L. G. Rich.

1. 绶草

Spiranthes sinensis（Pers.）Ames（*Neottia psinensis* Pers.），李家美主编．河南省国家重点保护农业野生植物图鉴:026~027.彩图 4 张．2016。

形态特征:茎短包藏于簇生的叶基内。花期有叶,基生,席卷式。雌雄同株! 数枚小花组成顶生的总状或穗状花序,螺旋状盘绕,方向左旋或右旋,旋转角度不定,花序轴被白色柔毛;花在花序轴上盘旋生长;侧萼片等长,离生;花冠钟状;花瓣长圆形或倒披针形,等长于中萼片,厚度小;花被排成 2 轮,外轮为萼瓣,全体或先端紫红色或粉红色或全为白色,内轮为一唇瓣,白色,与蕊柱基部分离,基部伸展,并弯曲成浅囊状,具短爪,囊内具 2 枚胼胝体,基部至中部边缘全缘,中部至先端表面被皱褶波状长硬毛,边缘为皱褶细齿状,先端微下垂。

产地:河南灵宝、济源、卢氏、商城和新县。列入国家二级保护植物名录。

(十八)舌喙兰属　Hemipilia Lindl.

1. 粗距舌喙兰　图 97

Hemipilia crassicalcarata Chien, 中国科学院植物研究所主编．中国高等植物图 第五册:613.图 8055. 1983;李家美主编．河南省国家重点保护农业野生植物图鉴:028 ~ 029.彩图 2 张．2016;丁宝章等主编．河南植物志第四册:494.图 2871. 1998。

形态特征:陆生兰,植株高 15.0 ~ 35.0 cm。块茎矩圆-椭圆体状,长 1.0~2.0 cm。叶 1~2 枚,卵圆形或卵圆-心形,长 5.0 ~ 12.0 cm,宽 4.0~6.0 cm,先端急尖,基部心形或楔形抱茎。总状花序长 6.0 cm,具 7~15 朵花;花苞片披针形;花紫红色,偏向一侧;中萼片直立,舟状,卵圆形,长约 6 mm,宽 3 mm,先端钝;侧萼片斜卵圆形,长 7 mm,宽 4 mm,顶端

图 97　粗距舌喙兰
1. 植株;2. 花及苞片;3. 中萼片;4. 侧萼片;
5. 花瓣(引自《河南植物志(第四册)》)。

钝;萼片与花瓣相似,但略较小,顶端钝或截平;唇瓣近矩形,长 13 mm,宽 9~10 mm,顶端近截平或微缺,常在中央具细尖,基部楔形,具短爪,近距口处具 2 枚毗连的胼胝体,距白色,较短,圆筒状,长 10~12 mm,几与子房等长,顶端钝且稍膨大;子房条形,长 1.2~1.8 cm。

产地:河南大别山和太行山区。列入国家二级保护植物名录。

2. 扇唇舌喙兰

Hemipilia flabellata Bur. et Franch., 中国科学院植物研究所主编．中国高等植物图 第五册:614.图 8058. 1983;李家美主编．河南省国家重点保护农业野生植物图鉴:030~031.彩图 3 张．2016。

形态特征:陆生兰,植株高 20.0~28.0 cm。块茎矩椭圆体状,长 1.5~3.5 cm。叶 1

枚,心形、卵圆-心形或宽卵圆形,长 2.0~10.0 cm,大小变化很大,表面绿色,具紫色斑点,背面紫色,先端急尖或短尖,基部心形或圆形抱茎。总状花序长 5.0~10.0 cm,常具 3~5朵花;花苞片披针形,短于子房;花中等大;萼片绿色,中萼片近卵圆形,长 9~10 mm,宽3.5~4 mm,先端钝;侧萼片斜卵圆形,等长,宽 5 mm,顶端钝;花瓣紫红色,宽卵圆-披针形,较萼片稍短,近急尖;唇瓣扇形,紫红色,长 9~10 mm,宽 8~9 mm,顶端及边缘均具不整齐细齿,基部骤狭成短爪;距绿白色,长 15~19 mm,常长于子房,渐尖,距口外具 2 枚胼胝体;子房细圆柱状,无毛。

产地:河南淅川、西峡县。列入国家二级保护植物名录。

3. 二叶舌喙兰　图 98

Hemipilia chlorantha Cust. ex Rchb. ,中国科学院植物研究所主编．中国高等植物图 第五册:616. 图 8062. 1983;李家美主编．河南省国家重点保护农业野生植物图鉴:032~033. 彩图 4 张．2016。

形态特征:陆生兰,植株高 30.0~50.0 cm。块茎1~2 枚,卵球体状。茎直立,无毛,基生叶 2 枚。叶椭圆形、倒披针-椭圆形,先端钝,或急尖,基部收狭成鞘状柄,长 10.0~20.0 cm,宽 4.0~8.0 cm。总状花序具 10 余朵花;花苞片披针形,和子房近等长;花白色,较大,中萼片宽卵圆-三角形,长 4~5 mm,宽 5~7mm,先端钝或截平;侧萼片椭圆形,较中萼片狭,长约8 mm,顶端急尖;花瓣偏斜,条-披针形,基部较宽;唇瓣条形,舌状,肉质,不裂,长 8~13 mm,顶端钝;距弧曲,前部膨大,圆筒状,顶端钝,长 1.0~1.5 cm,明显较子房长;子房细圆柱状,弧曲,上端下弯,无毛。

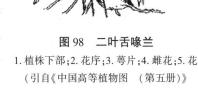

图 98　二叶舌喙兰
1.植株下部;2.花序;3.萼片;4.雌花;5.花
(引自《中国高等植物图　(第五册)》)

产地:河南伏牛山和太行山区有分布。列入国家二级保护植物名录。

(十九)红门兰属　**Orchis** Linn.

1. 广东红门兰

Orchis chusua D. Don,李家美主编．河南省国家重点保护农业野生植物图鉴:014~015. 彩图 4 张．2016。

形态特征:植株高 15.0~30.0 cm。块根椭圆体状或近球状,肉质,直径约 5 mm,长5~10 mm。茎纤细,无毛,基部具棕色膜质叶鞘。叶 2 枚,稀 3 枚,披针形、矩圆-披针形或矩圆形,无柄,先端急尖或渐尖,基部渐狭。总状花序疏松,具 1~10 余朵花,花偏向一侧;花苞片叶形,最下两苞片长于或短于花,两面无毛。花红紫色,稀白色,与萼片近等长;中萼片卵圆-披针形,先端钝;侧萼片斜卵圆-披针形,反折,先端急尖;花瓣斜卵圆-披针形,小于萼片;唇瓣的中裂片与侧裂片等宽或较窄,较萼片长,先端 3 裂,中裂片长于侧裂片,先端具短尖或微凹;矩圆筒状;蕊柱短;花药生于蕊柱顶端;退化雄蕊 2 枚;花粉块 2 个,粉质,颗粒状;基部黏盘各藏于 2 个黏质球之中;2 个黏质球藏于蕊喙上面的黏囊内;黏囊 1

个;蕊喙爪,柱头1个,凹陷;子房扭转。花期7月。

产地:河南栾川、西峡、卢氏县。列入国家一级保护植物名录。

(二十)兜被兰属　Neottianthe Schltr.

1. 二叶兜被兰　图99

Neottianthe cucullata(Linn.)Schltr.(*Gymna-denia seabrilinguis* Kränzl.;*G. cucullata* Linn.),丁宝章等主编.河南植物志　第四册:505~506.图2888.1998。

形态特征:植株高10.0~15.0 cm。块根近球状或宽椭圆体状,长约1.0 cm。茎纤细,直立,无毛,中部至上部具2~3枚鳞片叶形,基部具2枚基生叶。叶卵圆形、披针形或狭椭圆形,先端渐尖或急尖,基部具短鞘,一般较叶片短。总状花序具数朵至20余朵花;花紫红色,通常偏向一侧;苞片小,较子房短;萼片与花瓣靠合成长6~7 mm、宽3~4 mm的盔或兜;萼片披针形,长7 mm,宽约1.5 mm,先端急尖;花瓣长6 mm,宽0.5 mm,条形,先端钝,与萼片均有1条脉;唇瓣长6~7 mm,3裂,中裂片线形,长4 mm,宽0.7 mm,侧萼裂片长3 mm,宽不及0.5 mm;距较细,向前弯曲,长约6 mm;子房纺锤状,无毛。花期6~7月。

产地:河南各山区县。列入国家二级保护植物名录。

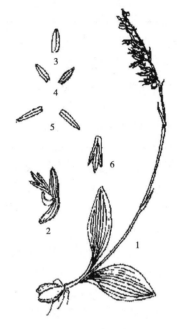

图99　二叶兜被兰
1. 植株;2. 花;3. 背萼片;
4. 侧萼片;5. 花瓣;6. 唇瓣
(引自《河南植物志(第四册)》)。

(二十一)手参属　Gymnadenia R. Br. Linn *Orchis*

1. 手参

Gymnadenia conopesea(Linn.)R. Br.(*Orchis conopesea* Linn.),李家美主编.河南省国家重点保护农业野生植物图鉴:054~055.彩图4张.2016。

形态特征:株高20.0~60.0 cm。块茎椭圆体状,长1.0~3.5 cm,肉质,下部掌状分裂,裂片细长。茎直立,圆柱状,基部具2~3枚筒状鞘,其上具4~5枚叶,上部具1至数枚苞片形小叶。叶线-披针形、狭长圆形或带形,长5.5~15.0 cm,宽1.0~2.5 cm,先端渐尖或稍钝,基部收狭成抱茎的鞘。总状花序具多数密生花,圆柱状,长5.5~15.0 cm;花苞片披针形,直立伸展,先端长渐尖成尾状,长于或等长于子房;子房纺锤状,顶部稍弧曲,连花梗长约8 mm;花粉红色,稀粉白色;中萼片宽椭圆形或宽卵圆-椭圆形,长3.5~5 mm,宽3~4 mm,先端急尖,略呈兜状,具3条脉;侧萼片斜卵圆形,反折,也缘向外卷,较中萼片稍长或几等长,先端急尖,具3条脉,前面的1条脉常具支脉,与中萼片相靠;唇瓣向前伸展,宽倒卵圆形,长4~5 mm,前部3裂,中裂片大,三角形,先端钝或急尖;距细而长,狭圆筒状,下垂,长约1.0 cm,稍向前弯,向末端略增粗或略渐狭,不具2个角状突起,长于子房;花粉团卵球状,具细长柄和黏盘,黏盘线-披针形。花期6~8月。

产地:河南伏牛山和大别山区有分布。列入国家二级保护植物名录。

（二十二）朱兰属　**Pogonia** Juss.

1. 朱兰　图 100

Pogonia japonica Rchb. f.，丁宝章等主编．河南植物志　第四册:519 图 2907．1998。

形态特征:株高 12.0~25.0 cm。块根茎短小,生 3~4 条细长根。茎直立,纤细,中部或中以上具 1 枚叶。叶椭圆-披针形,长 3.0~8.0 cm,宽 0.8~1.5 cm,先端急尖,直立伸展。花 1 朵顶生,淡紫色;苞片狭矩圆形,先端钝或急尖,较子房长;萼片矩圆-倒披针形,等长,长 1.5~2.2 cm,具 5 条脉;花瓣与萼片近等长,但较萼片宽,宽 3~4 mm,具 5 条脉;唇瓣狭矩圆形,基部渐狭,中部以上 3 裂,侧裂片较短,先端具小数锯齿,从唇瓣基部到中部裂片先端有 2 条纵褶片,褶片在中裂片上具明显的鸡冠状突起;合蕊柱纤细,长约 1.0 cm,稍弯曲,上部边缘稍扩大。花期 6 月。

图 100　朱兰
1. 植株;2. 花;3. 唇瓣及蕊柱;4. 果实
（引自《河南植物志(第四册)》）。

产地:河南桐柏山区商城县黄柏山有分布。列入国家二级保护植物名录。

（二十三）头蕊兰属　**Cephalanthera** Rich.

1. 金兰　图 101

Cephalanthera falcate（Thunb.）Bl.，丁宝章等主编．河南植物志　第四册:518 图 2906．1998。

形态特征:株高 20.0~45.0 cm。根状茎粗短。茎直立,基部具 4~5 枚鞘。叶互生,4~7 枚,椭圆形、椭圆-披针形,先端渐尖或急尖,基部收狭抱茎。总状花序具花 5~10 朵;苞片很小,短于子房;花黄色,直立,不张开或稍微张开;萼片菱-椭圆形,长 1.3~1.5 cm,先端钝或急尖,具 5 条脉;花瓣与萼片相似,但较短;唇瓣前部近扁圆形,长约 5 mm,宽 8~9 mm,上部不裂或 3 浅裂,上面具 5~7 条纵褶片,近顶端处密生乳突;唇瓣后部凹陷,内无褶片;侧裂片三角形或多或少抱蕊柱;囊明显伸出侧裂片之外,先端钝;子房线形,长 1.0~1.5 cm,无毛。花期 5~6 月。

图 101　金兰
1. 植株下部;2. 植株上部;3. 花
（引自《河南植物志(第四册)》）。

产地:河南大别山、桐柏山和伏牛山区有分布。列入国家二级保护植物名录。

2. 头蕊兰

Cephalanthera longifolia（Linn.）Fritsch.（*Serashelleborine* var. *longilia* Linn.），李家美主编．河南省国家重点保护农业野生植物图鉴:070~071. 彩图 3 张．2016。

形态特征:株高 20.0~47.0 cm。茎直立,下部具 3~5 枚排列疏松的鞘。叶 4~7 枚,绿色,披针形、宽披针形或长圆-披针形,长 2.5~4.0~13.0 cm,宽 10.5~2.5 cm,先端长渐尖或渐尖,先端渐尖或急尖,基部抱茎。总状花序长 1.5~6.0 cm,具花 2~13 朵;苞片线-披针形至狭三角形,长 2~6 mm,但最下面具 1~2 枚叶状,长 5.0~13.0 cm;花白色,稍开放或不开放;萼片菱-椭圆形或狭椭圆-披针形,长 1.1~1.6 cm,宽 3.5~4.5 mm;萼片狭菱-椭圆形或狭椭圆-披针形,长 1.1~1.6 cm,宽 3.5~4.5 mm,先端渐尖或近急尖,具 5 条脉;花瓣近圆形,长 7~8 mm,宽约 4 mm,先端急尖或短尖;唇瓣长 5~6 mm,3 裂,基部具囊;侧裂片卵圆-三角形,或多或少抱蕊柱;中裂片三角-心形,长 3~3.5 mm,宽 5~6 mm,上面具 3~4 条纵褶片,近顶端处密生乳突;唇瓣基部的囊短而钝,包藏于侧萼片基部之内;蕊柱长 4~5 mm。蒴果椭圆体状,长 1.7~2.0 cm,径 6~8 mm。花期 5~6 月,果熟期 9~10 月。

产地:河南大别山和伏牛山区有分布。列入国家二级保护植物名录。

3. 银兰　图 102

Cephalanthera erecta Lindl. ,丁宝章等主编. 河南植物志　第四册:517 图 2904. 1998。

形态特征:直立草头,株高 15.0~30.0 cm。根状茎短,纤维根发达。茎细,无毛,基部具鞘。叶互生,3~4 枚,通常 2 枚椭圆形或狭椭圆形,长 2.0~6.0 cm,宽 1.0~2.8 cm,先端急尖或渐尖,基部抱茎,无毛。总状花序,通常具 4~6 朵花,稀超过花 10 朵;花序基具 1~2 枚苞状叶状,较大,上部苞片较小,披针形,长约 5 mm;花白色,直立,几与花序轴平行;萼片卵-披针形,长 8~10 mm,先端急尖或钝,具 5 条脉;侧萼片较背萼片宽;花瓣与萼片相似;唇瓣卵圆-心形,几与萼片等长,不裂或不明显 3 浅裂,先端短渐尖,中央具 3 条纵褶片,基部有长 3 mm、宽 1 mm 的距,距基部两侧各具 1 个耳状侧裂片,侧裂片直立并紧靠蕊柱的两侧;囊明显伸出侧萼片之外,圆锥状,长约 3 mm;蕊柱长约 2 mm;蕊缘不甚明显;子房线形,不扭转,无毛,具短柄,长 8~12 mm。花期 5~6 月。

产地:河南大别山、桐柏山和伏牛山区各县有分布。列入国家二级保护植物名录。

(二十四)火烧兰属　**Epipactia** Sw.

1. 小花火烧兰　图 103

Epipactia helleborine (Linn.) Crantz. (*Serapias helleborine* Linn.;*Epipactia latifolia* All.;*E. tangutica* Schltr.),丁宝章等主编. 河南植物志　第四册:

图 102　银兰

1. 植株下部;2. 植株上部;3. 侧萼片;
4. 背萼片;5. 花瓣;6. 唇瓣;
7. 蕊柱背面;8. 蕊柱正面
(引自《河南植物志(第四册)》)。

图 103　小花火烧兰

1. 茎一部分;2. 花序;3. 背萼片;
4. 侧萼片;5. 花瓣;6. 唇瓣
(引自《河南植物志(第四册)》)。

515. 图 2902. 1998。

形态特征:植株高达 40.0 cm。茎直立,圆柱状,具条纹,基部有鞘,中部以上被短茸毛。叶 3~4 枚,疏离,多少展开,卵圆形、椭圆形或宽椭圆形,长 6.0~9.0 cm,宽 3.0~5.0 cm,先端短渐尖,基部抱茎,脉上被微柔毛,边缘具细缘毛。总状花序,长达 15.0 cm 以上,疏生 6~13 朵花;花序轴疏被短茸毛;苞片叶状,披针形,通常长 13 mm,下部者稍长于花,向上渐变短爪而短于花;背萼片卵圆形或狭卵圆形,长 6~8 mm,先端短渐尖,无毛;侧萼片斜卵圆-坡针形,几与背萼片等长;花瓣卵圆形,先端近于渐尖,稍短于萼片,无毛;唇瓣长约 7 mm,稍短于花瓣,下唇半圆形,内面具 3 条脉;上唇近菱形,长约 4 mm,基部通常具胼胝体 2 个;蕊粒长约 2 mm,粗厚;子房近狭椭圆体状,连柄长 8~13 mm,密被短茸毛。花期 7 月。

产地:河南太行山和伏牛山区有分布。列入国家二级保护植物名录。

2. 火烧兰 图 104

Epipactia mairei Schltr. (*E. gigatea* Käzl.) ,丁宝章等主编. 河南植物志 第四册:515~516. 图 2903. 1998。

形态特征:植株高达 60.0 cm。茎直立或斜展,基部无毛,上部被短毛。叶 7~8 枚或更多,下部者近圆形,中部者卵圆-椭圆形或椭圆形,长约 12.0 cm,宽约 5.0 cm,向上逐渐变小而成卵圆-披针形,先端渐尖或狭,表面几无毛,背面沿脉多少被微毛。总状花序,具 10 余朵花;苞片叶状,披针形,几与花等长,自下而上变小;花中等大小,紫红色;背萼片卵圆-披针形、舟状,长约 1.1 cm,先端近于急尖;侧萼片与背萼片相似,但稍大而多少偏斜;花瓣斜卵圆形,稍短于萼片;唇瓣长约 1.3 cm,上下唇几等片长;下唇系由 2 片侧裂片组成,半圆近于蝙蝠形,先端缢缩,两侧各有 10 条横脉,中间凹陷,内有 2 条不整齐的鸡冠状纵褶,从基部延伸至顶部;上唇卵圆形或卵圆-三角形,长约 9 mm,先端近于急尖或渐尖,肉质,具 3 条脉;蕊柱近直立,长约 4 mm;子房棒状,具短茸毛,长达 10 mm,柄长 7~10 mm。花期 7~8 月。

图 104 火烧兰
1. 植株下部;2. 茎一部分;
3. 花序;4. 背萼片;5. 侧萼片;
6. 花瓣;7. 唇瓣;8. 幼果
(引自《河南植物志(第四册)》)。

产地:河南伏牛山区灵宝、栾川等县有分布。列入国家二级保护植物名录。

(二十五)珊瑚兰属 **Corallorhiza** (Hall.) Chat.

1. 珊瑚兰 图 105

Corallorhiza trifoda Chat. ,丁宝章等主编. 河南植物志 第四册:536. 图 2930. 1998。

形态特征:植株高 10.0~18.0 cm。根状茎缩短,多分枝,肉质,呈珊瑚状。茎直立,圆柱状,无毛,3~4 节,节上具鞘,鞘膜质,闭合,抱茎,口部倾斜,最下部 1 片长约 1.0 cm,上面几片长 3.0~6.0 cm,最上面的 1 片位于茎高的 2/3 处。总状花序长 2.0~3.0 cm,具 8~9 朵花;苞片很小,三角-卵圆形或长圆形,膜质,长约 1 mm,无毛,先端 2 裂或 3 裂;花黄绿色,较小,倒置;背萼片狭椭圆形,长 4~5 mm,宽约 1.5 mm,先端急尖,常与花瓣靠合成盔;侧萼片与背萼片相似,均具 1 条脉;花瓣较背萼片稍短而宽,先端急尖,具 1 条脉;唇瓣卵圆-椭圆形,长 4 mm,中部宽约 2 mm,先端浑圆,上面近基部处具 2 条纵褶片,不裂或基部两侧各具 1 片小裂片,脉不明显;蕊柱稍弓曲,压扁,长约 3 mm;花粉块 4 个,近圆形;蕊喙近直立;子房狭倒卵球状或狭椭圆体状,长 4 mm,具扭转的柄。

产地:河南太行山区、伏牛山区济源、栾川、卢氏县有分布。列入国家二级保护植物名录。

(二十六)虾脊兰属　Calanthe R. Br.

1. 钩距虾脊兰　图 106

Calanthe graciliflora Hayata（*C. hamata* Hand. - Mazz.）,丁宝章等主编. 河南植物志　第四册:537~538. 图 2932. 1998。

形态特征:植株高约 60.0 cm。茎短,幼时叶基围抱形成假茎,假茎下部有 3 枚鞘状叶。叶近基生,椭圆形或倒卵圆-椭圆形,长 1.7~3.0 cm,宽 4.0~5.0 cm,先端急尖,基部楔形,叶下延至柄;柄长达 10.0 cm,被鞘状叶所围抱。花葶从叶丛中长出,高 40.0~50.0 cm;葶圆柱状,无毛,3~4 节,节上具鞘,鞘膜质,闭合,抱茎,口部倾斜,最下部 1 片长约 1.0 cm,上面几片长 3.0~6.0 cm。总状花序长 25.0~30.0 cm,疏生多数花;苞片膜质,披针形,长约 12 mm;花梗连子房长约 1.7 cm,先端渐尖;花下垂,内面绿色,外面带褐色,径约 2.0 cm;萼片卵圆形至长圆形,长 1.3~1.5 cm,宽 4~5 mm,先端急尖,具 3 条脉,侧萼片稍为镰状;花瓣线匙形,长 1.0~1.3 cm,宽 2~3 mm,先端急尖,基部收狭,具 1 条脉;唇瓣白色,长 0.9~1.0 cm,中裂片长圆形,先端 2 裂,具短尖,侧裂片卵圆-镰形,先端钝或平截,唇盘上具 3 条褶片;距圆筒状,长约 1.0 cm,末端钩状弯曲;蕊柱长 4~5 mm。花期 4~5 月。

产地:河南大别山区商城、新县有分布。列入国家二级保护植物名录。

2. 剑叶虾脊兰　图 107

Calanthe ensifolia Rolfe,丁宝章等主编. 河南植物志　第四册:537. 图 2931. 1998。

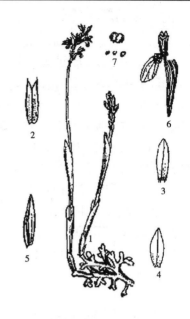

图 105　珊瑚兰
1. 植株;2. 苞片;3. 背萼片;4. 侧萼片;
5. 花瓣;6. 子房;7. 脱掉药及 4 个花粉块
（引自《河南植物志(第四册)》）。

图 106　钩距虾脊兰
1. 植株下部;2. 花序;3. 背萼片;
4. 侧萼片;5. 花瓣;6. 唇瓣
（引自《河南植物志(第四册)》）。

形态特征:植株高约 60.0 cm。叶窄狭,剑状,长 30.0 cm(连柄),宽约 1.5 cm,无毛。总状花序伸长,具多数稍密的花;花序轴与花茎均被白色微柔毛;苞片线-披针形,通常较子房长;花黄色,径约 1.0 cm;萼片椭圆形,长约 7 mm,宽 3 mm,先端急尖,无毛;花瓣狭椭圆-披针形,与萼片近等长,宽小于 2 mm;唇瓣基部在管的开口处具数个肉质鸡冠状突起,前部 4 裂,裂片长圆-椭圆形,先端钝或呈截形;有距,距长 6~7 mm;蕊柱粗短,顶端膨大;蕊喙 2 裂,不外露;子房棒状,具毛。花期 7 月。

产地:河南伏牛山区西峡县有分布。列入国家二级保护植物名录。

3. 反瓣虾脊兰　图 108

Calanthe reflexa Maxim. ,丁宝章等主编. 河南植物志　第四册:539~540. 图 2936. 1998。

形态特征:植株高 20.0~25.0 cm。茎极短。叶 3~5 枚,近基生。叶长椭圆形或宽椭圆-披针形,长 10.0~30.0 cm,宽 3.0~6.0 cm,先端急尖,基部楔形,具短柄。花葶从叶丛中长出,长 20.0~40.0 cm,直甚,高出叶外;总状花序长 8.0~15.0 cm,疏生花 10~20 朵;苞片线-披针形,长 1.3~1.5 cm,长于或等于子房(连花梗);花淡紫色,径约 2.0 cm;萼片卵圆-披针形,长 1.1~1.3 cm,宽约 4 mm,先端急尖,呈芒尖,基部收缩;侧萼片稍偏斜;花瓣线-椭圆形,长 1.2~1.5 cm,宽 1~1.5 mm;萼片和花瓣均向后反折;唇瓣前伸,长约 1.2 cm,宽 6~7 mm,3 裂,中裂片卵圆-三角形,长 6~9 mm,宽 6~7 mm,先端圆形,中央具短尖,边缘啮齿形波状,侧裂片卵圆-三角形,长约 3 mm,宽 1.5 mm,基部与蕊柱合生,无距;蕊柱短,长 4~4.5 mm。花期 5~6 月,果熟期 8 月。

产地:河南大别山、桐柏山和伏牛山区各县有分布。列入国家二级保护植物名录。

4. 泽泻叶虾脊兰　图 109

Calanthe reflexa Maxim. ,丁宝章等主编. 河南植物志 第四册:538~539. 图 2934. 1998。

形态特征:植株高 35.0~40.0 cm。茎短。叶 2~6 枚,近基生。叶椭圆形,长 15.0~20.0 cm,宽 4.0~6.5 cm,先端急尖或渐尖,基部收狭,边缘波状,表面无毛,背面被柔毛;叶柄细长,长 10.0~20.0 cm,通常比叶片长或近等长。花葶 1~2 枚,腋生,细长,高达

图 107　剑叶虾脊兰
1. 植株;2. 花
(引自《河南植物志(第四册)》)。

图 108　反瓣虾脊兰
1. 植株下部;2. 花序;3. 唇瓣
(引自《河南植物志(第四册)》)。

30.0 cm,下部具几枚膜质、卵圆形或披针形鳞片;总状花序长 4.0~5.0 cm,具花数朵;苞片稍外弯,宽卵圆-披针形,长约 1.0 cm,较花梗连子房短,先端渐尖或稍钝,边缘波状;花白色,与萼片近相等,斜卵圆形,直立,开展,长 7~10 mm,宽 6~7 mm,先端稍钝,背面被紫色糙伏毛;花瓣近菱形,较萼片小;唇瓣比萼片长,3 深裂,中裂片扇形,长约 1.4 cm,宽 1.3 cm,先端又 2 深裂,裂片先端圆形,基部收狭成爪,上面有 1 个黄色胼胝体,侧裂片镰状-线形,长约 8 mm,宽 2 mm;距细长,与子房近平行,长约 1.0 cm;蕊柱很短。花期 4~5 月。

产地:河南伏牛山区西峡、淅川县有分布。列入国家二级保护植物名录。

(二十七) 膈距兰属　**Cleisostoma** Bl.

1. 蜈蚣兰　图 110

Cleisostoma scolopendrifolium（Makino）Garay,丁宝章等主编. 河南植物志　第四册:550. 图 2950. 1998。

形态特征:茎细长,多节,匍匐分枝。叶 2 列,革质,两侧对折呈短剑状,长 4~10 mm,宽约 1.5 mm,先端钝,基部具缝状关节;鞘短筒状。花序短,腋生,具花 1~2 朵;苞片卵圆形,膜质,先端急尖;花谈红色,径约 8 mm;花被片开展,背萼片卵圆-长圆形,长约 3 mm,宽约 1.5 mm,侧萼片斜卵圆-长圆形,较背萼片稍大;花瓣长圆形,较背萼片短而窄,先端圆钝;唇瓣肉质,3 裂,中裂片舌-三角形,具黄紫色斑点,先端 2 裂,具短急尖,侧裂片三角形,先端钝,唇盘中央具 1 条褶片,与距内隔膜相连;距近球袋状,距口下缘具 1 环乳突状毛,内侧背壁上胼胝体马蹄状,不与隔膜相连;蕊柱短而阔;黏盘僧帽状。果实长倒卵球状,长 6~7 mm。花期 6~7 月。

产地:河南大别山和伏牛山区商城、新县、鸡公山和西峡、内乡、嵩县有分布。列入国家二级保护植物名录。

(二十八) 白芨属　**Bletilla** Rchb. f.

1. 白芨　图 111

Bletilla striata（Thunb.）Rchb. f.（*Limodorum striatum* Thunb.；*Bletia hyacinthine* R. Br.）,丁宝章等主编. 河南植物志　第四册:520~521. 图 2909. 1998。

形态特征:植株高 20.0~40.0 cm。假鳞茎块状,径约 1.0 cm。叶 3~6 枚,披针形至

图 109　泽泻叶虾脊兰
1. 植株下部;2. 花序;3. 背萼片;
4. 花瓣;5. 侧萼片;6. 唇瓣
(引自《河南植物志(第四册)》)。

图 110　蜈蚣兰
1. 植株;2. 花序
(引自《河南植物志(第四册)》)。

带状-披针形,长 11.0~38.0 cm,宽 1.5~3.0 cm 无
毛。花序总状,具花 4~10 朵,花序轴或多或少呈
"之"字状曲折;苞片长圆-披针形,长约 2.5 cm,早
落;花玫瑰红色;萼片和花瓣狭椭圆形,长约 2.5 cm;
唇瓣倒卵圆-椭圆体状,具 5 条纵褶片,从基部伸至
近顶端,上部 3 裂,中裂片宽椭圆形,长约 8 mm,宽约
7 mm,先钝,边缘皱波状,侧裂片耳状,向两侧伸展,
明显伸出中裂片侧面之外;蕊柱长约 1.8 cm,具翅,
稍弓曲。蒴果圆柱状,栗色,有 6 条纵棱。花期 6 月。

产地:河南大别山、桐柏山和伏牛山区南部各县有
分布。列入国家二级保护植物名录。

2. 黄花白芨　图 112

Bletilla ochracea Schltr. ,丁宝章等主编. 河南
植物志　第四册:521. 图 2910. 1998。

形态特征:植株高 25.0~50.0 cm。假鳞茎扁斜
卵球状,具荸荠似的环带,富黏质。茎直立,粗壮。
叶多 4 枚,舌-披针形,长达 35.0 cm,宽 1.5~2.5
cm。花序总状,具花 3~8 朵,花序轴稍呈"之"字状
曲折,无毛;苞片早落;花较大,黄色或白带淡黄色;
萼片和花瓣近等,矩椭圆形,长 1.8~2.3 cm,先端钝
或稍尖,背面有细紫点;唇瓣、白色或淡黄色,长
1.5~2.0 cm,中部以上 3 裂,侧裂片斜矩圆形,先端
钝,几不伸至中裂片,直立,中裂片比侧裂片长得多,
近正方形,前端微凹,唇盘上有 5 条褶片,褶片仅在唇
瓣的前方为波状;蕊柱弯拱,长 1.5~1.8 cm;子房具
短柄,无毛,长约 1.8 cm。蒴果圆柱状,黄褐色,长约
3.0 cm;柄长约 1.0 cm,有 6 条纵棱。花期 6 月。

产地:河南伏牛山区南部各县有分布。列入国
家二级保护植物名录。

3. 小白芨

Bletilla formosana (Hayata) Schltr. (*Bletia for-
mosana* Hayata) ,李家美主编. 河南省国家重点保护农业野生植物图鉴:098~099. 彩图
3 张. 2016。

形态特征:植株高 15.0~50.0 cm。假鳞茎扁卵球状,较小,上面具荸荠似的环带,富
黏质。茎纤细或较粗壮。叶 3~5 枚,变异大,通常为线-披针形,狭披针形至狭长圆形,长
6.0~20.0~40.0 cm,宽 5~10~20~45 mm,先端渐尖,基部收狭成鞘并抱茎。花序总状,
具花 1~2~6 朵,花序轴或多或少呈"之"字状曲折;花苞片长圆-披针形,长 1.0~1.3 cm,
先端渐尖,开花时凋落;子房圆柱状,扭转,长 8~12 mm,宽 4~6.5 mm,近等大;萼片先端

图 111　白芨
1. 植株下部;2. 花序;3. 唇瓣
(引自《河南植物志(第四册)》)。

图 112　黄花白芨
1. 植株下部;2. 植株上部;3. 唇瓣
(引自《河南植物志(第四册)》)。

近急尖;花瓣先端稍钝;唇瓣椭圆形,长 1.5~1.8 mmm,宽 8~9 mm,中部以上 3 裂;侧裂片直立,斜半圆形,围抱蕊柱,先端急尖或稍尖,常达中裂片的 1/3 以上,中裂片近圆形或近倒卵圆形,长 4~5 mm,宽 4~5 mm,边缘微波状,先端钝,稀略凹缺;唇盘上有 5 条纵脊状褶片,褶片从基部至中裂片上面均为波状;蕊柱长 12~13 mm,柱状,具狭翅,稍弓曲。花期 4~6 月。

产地:河南伏牛山、桐柏山和大别山区各县有分布。列入国家二级保护植物名录。

(二十九)毛兰属　**Eria** Lindl.

1. 马齿毛兰　图 113

Eria szetsechuanica Schltr. ,丁宝章等主编. 河南植物志　第四册:551. 图 2951. 1998。

形态特征:植株高 5.0~12.0 cm。假鳞茎斜生于匍匐根状茎上,聚生,矩圆体状,长 1.0~3.0 cm,径 5~10 mm,被鞘,顶生叶 2~4 枚。叶距圆形,长 4.0~10.0 cm,宽 6~11 mm,先端略钝。花葶 1~2 枚顶生于假鳞茎上,近直立,纤细,高达 6.0 cm,通常被淡褐色长柔毛;总状花序具花 2 朵;花苞片较子房(连花梗) 短;子房和花梗毛;花小,花被片近等长,除唇中裂片黄色外,均为白色,中裂片矩圆形,长约 8 mm,宽 3 mm,先端钝;侧萼片斜矩圆形,比中萼片略宽,先端钝;萼囊短而钝;花瓣狭矩圆形,比中萼片略窄;唇瓣倒卵圆形,3 裂;侧裂片近半月形,先端钝,具 3 条线纹,中裂片卵圆形,与侧裂片等长,增厚,上面具疣状突起,先端钝。

产地:河南伏牛山小秦岭有分布。列入国家二级保护植物名录。

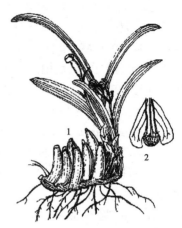

图 113　马齿毛兰
1. 植株;2. 唇瓣
(引自《河南植物志(第四册)》)。

(三十)兰属　**Cymbidium** Sw.

1. 春兰　图 114

Cymbidium goerigii（Rchb. f.）　Rchb. f. ,丁宝章等主编. 河南植物志　第四册:548. 图 2947. 1998。

形态特征:附生植物。根状茎短。假鳞茎集生于叶丛中。叶基生叶 4~6 枚成束。叶带形,长 20.0~50.0 cm,宽 5~8 mm,先端锐尖,基部渐狭,边缘略具细齿。花葶直立,高 3.0~7.0 cm,具 1 朵花,稀 2 朵花;苞片膜质,鞘状包围花葶;花淡黄绿色,具香味,直径 6.0~8.0 cm;萼片较厚,长圆-披针形,中脉紫红色,基部具紫纹,背萼片长 3.0~4.0 cm;侧萼片长约 2.7 cm,宽 8 mm;花瓣卵圆-披针形,长 2.0~2.3 cm,宽约 7 mm,具紫褐色斑点,中脉紫红色,长 20.0~50.0

图 114　春兰
1. 植株;2. 花序;3. 唇瓣;4. 鞘
(引自《河南植物志(第四册)》)。

cm,宽5~8 mm,先端渐尖;唇瓣乳白色,长约1.6 cm,宽1.0 cm,不明显3裂,中裂片向下反卷,先端钝,长约1.1 cm;侧萼片较小,位于中部两侧,唇瓣中央从基部至中部具2条褶片;蕊柱直立,长约1.2 cm,宽5 mm;蕊柱翅不明显。蒴果长椭圆体状。花期3~4月。

产地:河南大别山、桐柏山和伏牛山南部有分布。列入国家二级保护植物名录。

2. 建兰　图115

Cymbidium ensifolium(Linn.)　Sw.,丁宝章等主编．河南植物志　第四册:548~549.图2948.1998。

形态特征:附生植物。根状茎。假鳞茎卵球状,长2.0~3.0 cm,隐于叶丛中。叶4~6枚成束。叶带形,长30.0~50.0 cm,宽1.0~1.7 cm,较柔软而弯曲下垂,先端急尖,基部渐狭,边缘具不明显的钝齿,具3条两面突起的主脉。花葶直立,高20.0~35.0 cm,基部具膜质鞘;总状花序具5~10朵花;苞片卵圆-披针形,长1.0 cm,宽2 mm,先端急尖,上部的短于子房;花苞绿色或黄绿色,具香味,直径4.0~5.0 cm;花被片具5条深脉,背萼片长椭圆-披针形,长3.0~3.5 cm,宽5~8 mm,先端急尖或钝;侧萼片稍镰刀状;花瓣长圆形,长约2.0 cm,宽8 mm,脉纹紫色;唇瓣卵

图115　建兰
1. 植株;2. 花;3. 唇瓣
(引自《河南植物志(第四册)》)。

圆-长圆形,长约1.8 cm,宽1.0 cm,具红色斑点和短硬毛,不明显3裂,中裂片卵圆形,具红色斑点,向下反卷,先端急尖,侧萼片长圆形,唇盘上具2条半月形白色褶片;蕊柱长约1.2 cm。花期7~10月,两次开花。

产地:河南大别山商城和新县有分布。列入国家一级保护植物名录、河南省重点保护植物名录(2005)。

3. 墨兰

Cymbidium sinense(Andr.)Willd.,丁宝章等主编．河南植物志　第四册:549~550. 1998。

形态特征:附生植物。假鳞茎粗壮。叶4~5枚,近革质,直立而上部向外弯折,剑形,长60.0~150.0 cm,宽1.5~3.5 cm,先端渐尖,基部有关节,深绿色有光泽,边缘全缘。花葶直立,通常高出叶外,具数朵至20朵花;苞片披针形,比子房连花梗短,通常长6~9 mm,在最下面1枚长达宽2.3 cm,紫褐色;花色多变,有香气,萼片狭-披针形,长3.0 cm左右,宽5~7 mm,有5条脉纹;花瓣较短而宽,向前稍合抱,覆于蕊柱之上,有脉纹7条;唇瓣不明显3裂,浅黄色带紫斑,侧裂片中立,中裂片后卷,唇盘上具2条黄色褶片。

产地:河南大别山商城和新县有分布。列入国家一级保护植物名录。

4. 多花兰　图116

Cymbidium floribundum Lindl.,丁宝章等主编．河南植物志　第四册:549.图2949.1998。

形态特征:附生植物。根白色。假鳞茎卵圆锥状,隐于叶丛中。叶3~6枚成束丛生,叶

片较挺直,带形,长 18.0~40.0 cm,宽 1.5~3.0 cm,先端稍钩转或尖裂,基部关节明显,边缘全缘。花葶直立或斜出,较叶短。总状花序密生花 20~50 朵;苞片卵圆-披针形,长约 5 mm;子房连花梗长 1.6~3.0 cm;花无香气,红褐色;萼片近同形等长,狭长圆-披针形,长 2.0~2.2 cm,宽约 4 mm,先端急尖,基部渐狭,侧萼片稍偏斜;花瓣长椭圆形,长 1.8~2.0 cm,宽约 4 mm,先端急尖,基部渐狭,具紫褐色带黄色边缘;唇瓣卵圆-三角形,长约 2.0 cm,宽约 1.2 cm,明显 3 裂,中裂片近圆形,稍向下反卷,紫褐色,中部浅黄色;侧裂片半圆形,直立,具紫褐色条纹,边缘紫红色,唇瓣从基部至中部具 2 条平行褶片。褶片黄色;蕊柱长约 1.2 cm,宽 2~3 mm,无蕊柱翅。花期 4~5 月,果熟期 7~8 月。

产地:河南大别山、桐柏山和伏牛山区南部各县有分布。列入国家一级保护植物名录、河南省重点保护植物名录(2005)。

(三十一)美冠兰属　Eulophia R. Br. ex Lindl.

1. 美冠兰　图 117

Eulophia campestris Lindl.,丁宝章等主编. 河南植物志　第四册:543~544. 图 2941. 1998。

形态特征:附生植物。地下茎粗壮。叶 2 枚,花后长出,狭披针形,长达 40.0 cm,具柄;叶柄连同鞘形成细长的假茎。花茎侧生于块茎上,纤细或较粗壮,分枝或不分枝,高达 70.0 cm,基部被数枚革质鞘。总状花序多花;花苞片卵圆-披针形,比花梗连子房短;花黄色带粉红色条纹;萼片近相等,匙形,长约 1.5 cm,宽约 4 mm,先端急尖;花瓣倒卵圆-披针形,比萼片略短,先端急尖;唇瓣楔-倒卵圆形,3 裂,侧裂片比中裂片短,先端近圆形,中裂片圆形或矩圆形,边缘波状,唇盘上面具 3 条褶片,中裂片上褶片具髯毛;距棒状长 5~7 mm;合蕊柱纤细,蕊柱具脚。

产地:河南桐柏山区桐柏县和伏牛山区西峡、南召县有分布。列入国家二级保护植物名录。

(三十二)山兰属　Oreorchis Lindl.

1. 山兰　图 118

Oreorchis patens(Lindl.) Lindl.,丁宝章等主编. 河南植物志　第四册:545~546. 图 2942. 1998。

图 116　多花兰

1. 植株;2. 花;3. 唇瓣

(引自《河南植物志(第四册)》)。

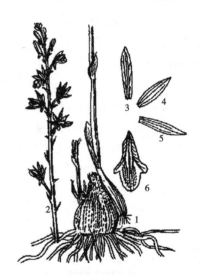

图 117　美冠兰

1. 植株下部;2. 花序;3. 背萼片;

4. 侧萼片;5. 花瓣;6. 唇瓣

(引自《河南植物志(第四册)》)。

　　形态特征:附生植物。株高 20.0~25.0 cm,具卵球状假鳞茎。叶 1 枚,剑形,几与花茎等长,宽 3~4 mm,先端渐尖,基部收狭为柄。花葶侧生于假鳞茎顶端,高达 53.0 cm,下部被 2 枚膜质筒状鞘。总状花序长 8.0~20.0 cm,多花疏生;花苞片小,膜质,近于钻状,稍短于子房柄;花淡黄色,直径约 1.0 cm;萼片与花瓣几等长,近于线形,长 8~10 mm,宽 1~1.5 mm,具 3 条脉,无毛;唇瓣白色带紫斑,3 裂,侧裂片镰刀状,长约为中裂片的 1/2,中裂片楔-倒卵圆形,前部边缘皱波状,唇盘上面基部具 2 条褶片;合蕊柱纤细,长约 6 mm,基部扩大或多或少向前倾;子房纤细,长 6~10 mm(连柄)。

　　产地:河南太行山区桐柏县和伏牛山区多县有分布。列入国家二级保护植物名录。

(三十三)杜鹃兰属　Cremastra Lindl.

1. 杜鹃兰　图 119

Oreorchis appendiculata(D. Don)Makino,丁宝章等主编.河南植物志　第四册:545~546.图 2942.1998。

　　形态特征:附生植物。株高达 40.0 cm,具卵球状假鳞茎,长 1.5 cm,宽 1.2~2.0 cm,通常 2 节,外被膜质鳞片。叶 1 枚,生于假鳞茎顶端。叶椭圆形或长圆形,长 20~34.0 cm,宽 3.0~6.0 cm,先端急尖,基部楔形收狭为柄,柄长 6.0~12.0 cm。花葶侧生于假鳞茎上部节上,长 27.0~37.0 cm,下部被 2 枚膜质鞘状鳞片。总状花序具偏向一侧的花 10~20 朵;花苞片膜质,线-披针形,长 0.8~1.5 cm;花玫瑰色或淡紫红色,长管状,悬垂;萼片与花瓣几同形,线-披针形,长 2.5~3.5 cm,宽 4~5 mm;花瓣稍短;唇瓣倒-披针形,长约 3.5 cm,基部浅囊状,先端 3 裂,侧裂片爪,线形,长约 5 mm,中裂片大,三角-卵圆形,长约 8 mm,基部与蕊柱贴生,具 1 枚紧贴或多少分离的附属物;蕊柱长 2.5 cm,略短于唇瓣。花期 6~7 月。

　　产地:河南太行山区桐柏县和伏牛山区多县有分布。列入国家二级保护植物名录。

(三十四)沼兰属　Malaxis Sw.

1. 沼兰　图 120

Malaxis monophyllos(Linn.)Sw.,丁宝章等主编.河南植物志　第四册:527.图 2918.1998。

图 118　山兰
1. 植株下部;2. 花序;3. 花;4. 唇瓣
(引自《河南植物志(第四册)》)。

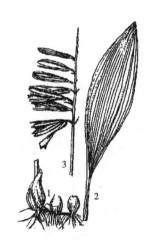

图 119　杜鹃兰
1. 植株下部;2. 叶;3. 花序
(引自《河南植物志(第四册)》)。

形态特征:附生植物。株高 15.0～30.0 cm,假鳞
茎具卵球状或椭圆体状,被白色、干膜质鞘。叶基生,
1~2 片,通常 1 片较大,另 1 片较小,椭圆形、卵圆-椭
圆形或卵圆-披针形,长 3.0~8.0 cm,宽 1.0~6.0 cm,
先端急尖,基部浑圆或稍收狭,无毛;鞘状叶柄长 1.5~
4.0 cm。总状花序圆柱状,长 5.0~20.0 cm,径约 1.0
cm;花苞片钻状或线-披针形,长 2~3 mm;花很小,黄
绿色,径约 3 mm;背萼片狭椭圆形或线-披针形,长 3~
4 mm,具 1 条脉,外折;侧萼片与背萼片相似,但直立;
花瓣线形,常外折,具 1 条脉,长 1.8~3 mm;唇瓣位于
上方,宽卵圆形或近圆形,先端骤尖而呈尾状,长 2~3
mm (尾长占 1/2),凹陷,上部边缘外折并具疣状突起,
基部两侧各具 1 片耳状侧裂片;蕊柱短,具短柄;雄蕊
几不具花丝,位于蕊柱背面;子房倒卵球状,长约 2
mm,无毛,具长约 3 mm 柄;子房扭转或不扭转。蒴果斜椭圆体状。花期 6~7 月。

图 120　沼兰
1. 植株下部;2. 花序;3. 花;4. 唇瓣
(引自《河南植物志(第四册)》)。

产地:河南太行山区和伏牛山区有分布。列于国家二级保护植物名录。

2. 小沼兰

Malaxis microtatantha（Schltr.）Tang & F. T.
Wang（*Microstylis microtatantha* Schltr.）Sw.,李家美主编. 河南省国家重点保护农业野生
植物图鉴:0130~0131. 彩图 3 张. 2016。

形态特征:附生植物。假鳞茎小,卵球状或近球状,长 3~8 mm,径 2~7 mm,外被白色薄
膜质鞘。叶 1 枚,接近铺地,卵圆形至宽卵圆形,长 1.0~2.0 cm,宽 5~13 mm,先端急尖,近
截形,具短柄;叶柄鞘状,长 5~10 mm,抱茎。花葶直立,纤细,常紫色,略压扁,两侧具很狭的
翅;总状花序长 1.0~2.0 cm,通常具花 10~20 朵;花苞
片宽卵圆形,长约 0.5 mm,多少围抱花梗;花梗和子房
长 1~1.3 mm,明显长于花苞片;很小,黄色;中萼片宽
卵圆形至长圆形,长 1~1.2 mm,宽约 0.7 mm,先端钝,
边缘外卷;侧萼片三角-卵圆形,大小与中萼片相似;花
瓣线-披针形或近线形,长约 0.8 mm,宽约 0.3 mm;唇
瓣位于下方,近披针-三角形或舌形,长约 0.7 mm,中
部宽约 0.6 mm,先端近渐尖,基部两侧有一对横向伸
展的耳;耳线形或狭长圆形,长 6~7 mm,宽 2~3 mm,
通常直立;蕊柱粗短,长约 0.3 mm。花期 4 月。

产地:河南伏牛山区栾川县有分布。列入国家
二级保护植物名录。

(三十五)羊耳蒜属　Liparis Rich.

1. 小羊耳蒜　图 121

Liparis fargesii Finet,丁宝章等主编. 河南植物

图 121　小羊耳蒜
1. 植株;2. 背萼片;3. 侧萼片;
4. 花瓣;5. 唇瓣
(引自《河南植物志(第四册)》)。

志　第四册:528. 图 2919. 1998。

形态特征:附生植物。高 1.0~2.0 cm。假鳞茎椭圆柱状,长 5~10 mm,匍匐,彼此密接,或多或少呈藕节状,幼时被白色,膜质鞘,顶端具叶 1 片。叶椭圆形或宽椭圆形,长 5~8 mm,宽 4~6 mm,先端钝圆或急尖,基部圆形;叶柄长 1~7 mm,无毛。花葶长约 7 mm,无毛;总状花序具花 2 朵;花黄绿色;花苞片膜质,鳞片状,长约 1 mm;萼片狭披针形,长约 5 mm,具脉 1 条;花瓣丝状,先端钝,长约 3 mm,宽约 0.5 mm,具脉 1 条;唇瓣近提琴形,先端具短尖或几截形,长约 4 mm,宽约 2 mm,基部收狭;蕊柱圆柱状,长约 3 mm,两侧及顶端有翅,向上逐渐扩大;花药顶生,向前倾斜,覆盖于药床上;蕊喙突出。蒴果倒卵球状。

产地:河南伏牛山区西峡县有分布。列入国家二级保护植物名录。

2. 羊耳蒜　图 122

Liparis japonica Maxim. ,丁宝章等主编. 河南植物志　第四册:528~529. 图 2921. 1998。

形态特征:附生植物,高 20.0 cm。假鳞茎为干膜质、白色鞘所包。叶 2 片,基生,卵圆形或卵圆-椭圆形,长 5.0~14.0 cm,宽 2.5~8.5 cm,具长 1.0~6.0 cm 的鞘状柄。总状花序具花数朵,花序轴具翅;花苞片小,膜质,鳞片状;花淡黄色,径约 1.0 cm,唇瓣位于下方;背萼片线-披针形,长约 9 mm,宽约 2 mm,基部下延;侧萼片长 7 mm;花瓣丝状,长约 7 mm;唇瓣倒卵圆形,长 5~6 mm,宽 3~4 mm,不分裂,先端具短尖;子房长 3~4 mm,基部逐渐收缩为子房柄;子房柄长 3~4 mm,扭转。蒴果倒卵球状,长 1.0~1.5 cm,径约 4 mm,无毛,柄长约 1.0 cm。花期 6 月,果熟期 7~8 月。

产地:河南伏牛山和太行山区各县有分布。列入国家二级保护植物名录。

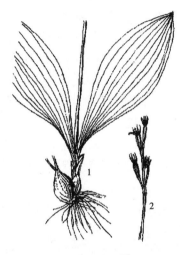

图 122　羊耳蒜

1. 植株下部;2. 花序

(引自《河南植物志(第四册)》)。

(三十六)布袋兰属　**Calypso** Salisb.

1. 布袋兰

Calypso bullbosa(Linn.)Oakes(*Cypripedeium bulbosum* Linn.),李家美主编. 河南省国家重点保护农业野生植物图鉴:0136~0137. 彩图 3 张. 2016。

形态特征:附生植物。假鳞茎近椭圆体状、狭长圆体状或近圆柱状,长 1.0~2.0 cm,宽 5~9 mm,有节,常有细长的根状茎。叶 1 枚,卵圆形或卵圆-椭圆形,长 3.4~4.5 cm,宽 1.8~2.8 cm,先端近急尖,基部近截形;叶柄长 2.0~3.0 cm。花葶长 10.0~12.0 cm,明显长于叶,中下部有 2~3 枚筒状鞘;花苞片膜质,披针形,长 1.5~1.8 cm,下部圆筒状并围抱花梗和子房;花梗和子房纤细,长 1.7~2.0 cm;花单朵,径 3.0~4.0 cm;萼片与花瓣相似,向后伸展,线-披针形,长 1.4~1.8 cm,宽 1.5~2 mm,先端渐尖;唇瓣扁囊状,上下压扁,3 裂,侧裂片半圆形,近直立,长 3~4 mm,宽 5~6 mm,中裂片扩大,向前延伸,呈镰状,长 8~10 mm,基部有髯毛 3 束或更多;囊向前延伸,长 2.0~2.3 cm,宽约 1.0 cm,有紫色斑纹,末端呈双角状;蕊柱长 8~10 mm,两侧有宽翅,宽约 1.0 cm,倾覆于囊口。花期 4~6 月。

产地:河南伏牛山区有分布。列入国家二级保护植物名录。

(三十七)独花兰属　Changnienia Chien

1. 独花兰　图 123

Changnienia amoena Chien,丁宝章等主编. 河南植物志　第四册:529~530. 图 2922. 1998。

形态特征:附生植物,高 10.0~18.0 cm。假鳞茎卵球状-长圆柱状或宽卵球状,具 2~3 节,径约 1.0 cm,肉质,顶端具叶 1 片。叶近圆形、宽椭圆形、椭圆-长圆形,长 7.0~11.0 cm,宽 4.5~8.0 cm,先端急尖至渐尖,基部圆形,边缘全缘,背面紫红色,具 9~11 条脉;叶柄长 5.5~9.5 cm。花葶从假鳞茎顶端伸出,直立,长 8.0~11.0 cm,具 2~3 枚退化叶;顶生花 1 朵;花苞片小,早落;花淡紫色,径 4.0~5.0 cm;萼片长圆-披针形,先端钝,具腺体;唇瓣生于蕊柱基部,横椭圆形,长约 2.5 cm,基部圆形,具浅紫色和带深红色斑点,先端 3 裂,侧裂片直立,斜卵圆-三角形,中裂片斜出,近肾形,边缘具皱波状圆齿,唇盘上具 5 枚附属物,具短而宽的爪,矩粗壮,角状,稍弯曲;蕊柱宽翅,背面紫红色,长约 2.2 cm,蕊喙侧面具 2 个三角形小齿;子房短,圆柱状,长 7~8 mm。花期 4~5 月。

产地:河南大别山区和伏牛山区南坡各县有分布。列入国家二级保护植物名录。

(三十八)独蒜兰属　Pleione D. Don

1. 独蒜兰　图 124

Pleione bulbocodioides(Franch.)Rolfe(*Coelogyne bulbocodioides* Franch.),丁宝章等主编. 河南植物志 第四册:530~531. 图 2923. 1998。

形态特征:附生植物,高 10.0~25.0 cm。假鳞茎狭卵球状或长颈瓶状,长 1.0~2.0 cm,宽约 8 mm,通常紫红色,顶端具叶 1 枚。叶脱落后在假鳞茎顶端存皿状齿环。叶和花同时出现。叶椭圆形至椭圆-披针形,长 5.0~25.0 cm,宽 1.5~5.0 cm,先端渐尖,基部收狭成柄围抱花葶。花葶从假鳞茎顶端伸出,基部具 2~3 枚鞘状鳞叶,上部有时具苞片状叶;顶生花 1 朵;花苞片线-长

图 123　独花兰
1. 植株;2. 花
(引自《河南植物志(第四册)》)。

图 124　独蒜兰
1. 植株下部;2. 花序上部及花
(引自《河南植物志(第四册)》)。

圆形至长圆形,长 1.5~2.0 cm,宽 3~5 mm,先端钝,与子房等长或稍长;花大,紫红色或粉红色,萼片与花瓣等长,近同形,狭披针形,长 4.0~5.0 cm,宽约 1.0 cm;花稍窄,具 5 条脉,中脉明显,先端急尖,唇瓣宽阔,片 3.5~4.0 cm,基部楔形,先端不明显 3 裂,侧裂片先端圆钝,中裂片半圆形,先端中央凹缺或不凹缺,边缘具不整齐齿,内面有 3~5 条波状或直做纵褶片;蕊柱长线形,长约 3.5 cm,顶端扩大成翅。花期 6~7 月,果熟期 8~9 月。

产地:河南大别山、桐柏山和伏牛山区南坡各县有分布。列入国家二级保护植物名录。

第三编　河南省重点保护植物名录*

一、铁线蕨科　Adiantaceae

（一）铁线蕨属　Adiantum Linn.

1. 团羽铁线蕨　图 125

Adiantum capilus-juninis Ruor.，丁宝章等主编．河南植物志　第一册:35~36．图 45．1998。

形态特征:植株高 10.0~20.0 cm。根状茎直立,顶端有褐色披针形鳞片。叶簇生,近膜质,无毛,长 8.0~15.0 cm,宽 2.5~3.5 cm,一回羽状,叶轴先端常延伸成鞭状,先端着地生根,羽片团扁形,基部有关节与柄相连,外缘 3~5 浅裂,叶脉扁形分叉,小脉直达叶边。孢子囊生裂片边缘的小脉顶端,囊群盖线-长圆形,或肾形。

产地:河南太行山和伏牛山区。列入河南省重点保护植物名录(2005)。

图 125　团羽铁线蕨
1. 植株全形;2. 能育羽片;3. 不育羽片
（引自《河南植物志(第一册)》）。

二、蹄盖蕨科　Athyriaceae

（一）对囊蕨属　Deparia Roth

1. 四川对囊蕨　四川峨眉蕨　图 126

Deparia sichuanensis（Z. R. Wang）Z. R. Wang；四川峨眉蕨 *Lunathyrium sichuanense* Z. R. Wang in Acta Phytotax. Sin. 32（1）:87, t. 3, f. 3-5. 1994 et in W. T. Wang, Vasc. Pl. Hengduan Mount. 1:73. 1993, nom. seminud.

形态特征:根状茎直立,先端连同叶柄基部被有浅褐色、膜质、卵状披针形鳞片;叶簇生。能育叶长（30.0~）55.0~65.0（~105.0）cm;叶柄远较叶片短,长（4.0~）8.0~12.0（~24.0）cm,直径（1~）2~3（~4）mm。禾秆色或远轴面稍带栗色,基部密被鳞片,向上稀疏或几无鳞片;叶片椭圆形至倒披针形,长（24.0~）45.0~55.0

图 126　四川对囊蕨标本
（图片来源:中国数字植物标本馆;采集人:余奇等）

注:*2005 年 1 月 4 日公布的《河南省重点保护植物名录》中有关科、属、种及命名人的词有错误,即有些科、属、种加词不分,一些属、种加词和命名人不分,较为混乱。笔者重新加以调整。

（～80.0）cm,宽(7.5～）14.0～18.0（～27.0）cm,先端羽裂渐尖,向基部逐渐变狭,一回羽状,羽片深羽裂;羽片(14～）20～25(～27）对,中部羽片线状披针形,长（4.0～）8.0～10.0（～14.0）cm,宽1～1.8 cm,互生,斜展或平展,先端渐尖,基部近平截,相距（1.0～）2.0～4.0（～6.0）cm,下部羽片多对逐渐缩短,披针形,近对生,基部一对往往缩成耳形,长0.5～2.0 cm;裂片（8～）12～18（～22）对,矩圆形,长4～7 mm,宽约4 mm,先端钝圆或钝尖,基部和羽轴上的狭翅相连,斜展。叶脉两面可见,在裂片上为羽状,侧脉4～6对。叶干后革质,褐绿色,叶轴和羽轴下面被有较密的节状粗毛,在裂片间缺刻处亦具有节状短柔毛。孢子囊群长圆球状或短线形,着生于小脉中部,长1～2 mm;囊群盖同形,背上无毛或仅下部有短毛,边缘睫毛状,宿存。孢子二面型,周壁表面具耳廓状、裂片状或乳头状突起。

产地:甘肃、四川、贵州、云南及西藏、河南。模式标本采自四川(洪溪)。

三、铁角蕨科　**Aspleniaceae**

(一)过山蕨属　**Camptosorus** Link

1. 过山蕨　图127

Camptosorus sibiricus Rupr.,丁宝章等主编.河南植物志　第一册:63～64.图79.1981。

形态特征:植株高10.0～20.0 cm。根状茎短,直立,顶端密生狭披针形黑褐色小鳞片。叶簇生,近二型,无毛。营养叶披针形或短圆形,长1.0～2.0 cm,宽5～8 mm,先端钝或渐尖,基部宽楔形,略下延于叶柄;能育叶披针形,长10.0～15.0 cm,先端渐尖,并延伸成鞭状,着地生根,产生新株,基部楔形下延,叶脉网状,无内藏小脉,网眼外的小脉分离,不达叶边;叶柄长1.0～5.0 cm;孢子囊群线形,沿中脉两侧1～2行,囊群盖短线形或矩圆形,膜质,灰色,边缘全缘,向中脉方向开展,偶有背中脉开展。

图127　过山蕨
1. 植株;2. 孢子叶
(引自《河南植物志(第一册)》)。

产地:河南大别山、桐柏山、太行山和伏牛山区南坡各县有分布。列入河南省重点保护植物名录(2005)。

四、球子蕨科　**Onocleaceae**

(一)球子蕨属　**Onoclea** Linn.

1. 球子蕨

Onoclea interrupta(Mzxing) Ching et Chiu(*Oaocles sensibilis* Linn. var. *interrupta* Maxim.),河南植物志　第一册:82～83.图100.1981。

形态特征:植株高30.0～70.0 cm。根状茎长而横生,疏被阔卵圆形鳞片。叶疏生,二型:营养叶革质,近光滑,阔卵圆-三角形,长宽相等或长略过于宽,一回羽状;羽片5～6对,相距1.5～3.0 cm,披针形,除基部一对有短柄外,基上部无柄并下延成翅与叶轴合生,基部 1 对较大,长 8.0~12.0 cm,宽 1.5~3.0 cm,边缘浅裂;裂片三角形,全缘;叶脉网状,网眼内无藏小脉,近叶边的小脉分离。能育叶叶片强度狭缩,长 15.0~25.0 cm,宽 2.0~4.0 cm,二回羽状,羽片狭线形,与叶轴成锐角而斜上,两侧急缩成小球状,包被孢子囊群,彼此分离,并排列于羽轴两侧。孢子囊圆球状,着生于小脉先端形成的囊托上;囊群盖膜质,紧抱着孢子囊群。

产地:河南伏牛山、太行山区济源、辉县、栾川、卢氏等县有分布。河北等省也有分布。列入河南省重点保护植物名录(2005)。

(二)荚果蕨属　Matteuccia Todaro

1. 荚果蕨　图 128

Matteuccia struthiopteris (Linn.) Todoro var. **struthiopteris**(Linn.),丁宝章等主编．河南植物志
　第一册:81. 图98. 1981。

形态特征:植株高 90.0 cm。根状茎直立,连同叶柄基部有密生披针形鳞片。叶簇生,二型。营养叶二回羽状,矩圆–倒披针形,长 45.0~90.0 cm,宽 14.0~25.0 cm,叶轴和羽轴偶有棕色柔毛,下部有 10 余对羽片逐渐缩小成耳形,中部羽片宽 1.2~2.0 cm,裂片边缘浅波状或顶端具圆齿;侧脉单一;孢子叶较短,直立,有粗硬而较长的柄,一回羽状,羽片向背后反卷成有节的荚果状,包被囊群。孢子囊群球状,生侧脉分枝的中部,熟时汇合成线形;囊群盖膜质,白色,熟时破裂消失。

图 128　荚果蕨
1. 植株全形;2. 羽片放大;3. 羽片横切面,
示孢子囊群盖着生位置
(引自《河南植物志(第一册)》)。

产地:河南太行山济源、辉县和伏牛山栾川、嵩县、灵宝、卢氏、西峡、南召等县有分布。列入河南省重点保护植物名录(2005)。

2. 东方荚果蕨　图 129

Matteuccia orientalis (Hook.) Trev. (*struthiopteris orientalis* Hook.),丁宝章等主编．河南植物志　第一册:81~82. 图99. 1981。

形态特征:植株高约 1 m。根状茎直立,连同叶柄基部有密生披针形大鳞片。叶簇生,二型,二回羽状,羽状裂片 50 枚,长 50.0~80.0 cm,宽 25.0~40.0 cm,顶端渐光,深羽裂,基部不变狭;羽片长 12.0 ~ 22.0 cm,宽 2.5~3.0 cm,裂片钝尖,边缘略具钝锯齿;侧脉单一;叶柄长 30.0~80.0 cm,稻秆色;孢子叶一回羽状,羽片栗褐色,具光泽,向背后反卷包被囊群成荚果状。孢子囊群球状,成熟时汇合成线形;囊群盖近圆形,白膜质,基部着生,向外卷盖囊群,成熟时压在囊群下面,最后散失。

产地:河南伏牛山栾川、嵩县、鲁山、西峡县有分布。

图 129　东方荚果蕨
1. 营养叶基部;2. 能育叶;3. 荚果状羽片
横切面,示孢子囊群盖着生位置(放大)
(引自《河南植物志(第一册)》)。

列入河南省重点保护植物名录(2005)。

五、松科 Pinaceae

(一)冷杉属 Abies Mill.

1. 巴山冷杉 图130

Abies fargesii Franch. in Journ. De Bot. 13:256. 1899;青海木本植物志 :14~15. 图4. 1987.

形态特征:常绿乔木,高40 m;树皮粗糙,暗灰色或暗灰褐色,平滑,纸层状剥落。冬芽卵球状或近球状,具树脂。1年生小枝红褐色或微带紫色,微有凹槽,无毛,稀凹槽内疏生短毛。叶在枝条下面列成2列,上面之叶斜展或直立,稀上面中央之叶向后反曲,条形,上部较下部宽,长1.0~3.0 cm,多为1.7~2.2 cm,宽1.5~4.0 mm,直或微凹,先端钝,有凹缺,

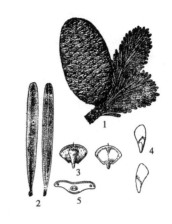

图130 巴山冷杉
1. 果枝;2. 叶;3. 种鳞;4. 种子;5. 萼片

稀尖,表面深绿色,有光泽,无气孔线,背面沿中脉两侧有2条粉白色气孔带;横切面上面至下面两侧边缘有一层连续排列的皮下细胞,稀两端角部2层,下面中部1层;树脂道2个,中生。球果柱-短球状或圆柱状,长5.0~8.0 cm,径3.0~4.0 cm,成熟时淡紫色、紫黑色或红褐色;中部种鳞肾状或扁肾状,长8~12 mm,宽1.5~2.0 cm,上部宽厚,边缘内曲;苞鳞倒卵圆-楔形,上部圆,边缘有细锯齿,先端有宽急的短尖头,小头露出或微露出。种子倒三角-卵球状,种翅楔形,较种子短或等长。

产地:河南伏牛山有分布。列入河南省重点保护植物名录(2005)。

(二)铁杉属 Tsuga Carr.

1. 铁杉 图131

Tsuga chinensis (Franch.) Pritz. ,丁宝章等主编. 河南植物志 第一册:126~127. 图153. 1981。

形态特征:常绿大乔木,高达50 m;树皮暗色。侧枝梢下垂。1年生枝细,淡黄色或淡黄灰色,有纵槽,槽中有毛。冬芽卵球状,基部芽鳞常有背脊。叶线形,二列,长1.2~2.7 cm,宽2~2.5 mm,先端圆或凹缺,边缘全缘或幼叶边缘有细锯齿。球果卵球状,长1.5~2.7 cm,径0.8~1.5 cm,有短柄,熟时浅褐色;种鳞近五边状圆形或圆形;苞鳞甚小,倒三角形或斜方形,先端2裂。种子连翅片7~8 mm。花期4月,果实成熟期10月。

产地:河南伏牛山区各县有分布。列入河南省重点保护植物名录(2005)。

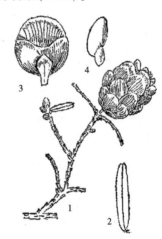

图131 铁杉
1. 球果枝;2. 叶;3. 种鳞;4. 种子
(引自《河南植物志(第一册)》)。

（三）松属　Pinus Linn.

1. 白皮松　图 132

Punus bungeana Zucc. ，丁宝章等主编．河南植物志　第一册：133～134．图 163. 1981。

形态特征：常绿大乔木，高达 30 m；树皮淡灰绿色或淡灰暗色，不规则鳞片状剥落后内皮淡白色。小枝淡绿色，无毛或淡黄灰色，有纵槽，槽中有毛。冬芽卵球状，褐色。针叶 3 针一束，长 5.0～10.0 cm，粗硬，边缘有细锯齿，两面均有气孔绊；树脂道管近边生。球果卵球状，长 5.0～7.0 cm，径约 5.0 cm，熟时淡黄褐色；种鳞宽，有横脊，鳞脐有刺。种子卵球状，长约 1.2 cm，径约 7 mm，褐色或深褐色，上部有长约 6 mm 的翅片。花期 4 月，果实成熟期翌年 10 月。

图 132　白皮松

1. 球花、叶枝；2. 种鳞；3. 种子
（引自《河南植物志（第一册）》）。

产地：河南伏牛山、大别山区各县有分布。列入河南省重点保护植物名录（2005）。

六、柏科　Cupressaceae

（一）圆柏属　Sabina Mill.

1. 高山柏　图 133

Sabina squamata（Buch. -Hamilt. ）Ant. ，青海木本植物志编委会编．青海木本植物志：39～40．图 20. 1987。

形态特征：灌木，直立或匍匐，高约 1 m。枝密集呈帚状，皮灰褐色，裂成薄片；1 年生枝圆柱状，径约 1 mm。叶二型：刺叶生于幼树，长 3～7 mm，交互对生，稀 3 枚交互轮生，表面凹，无明显中脉，背面拱圆，中部有椭圆形或条状腺体；鳞叶交互对生，菱－卵圆形，先端钝或稍尖，贴生，长 1～3 mm，背面中部或稍上处有明显的卵球状或椭圆体状腺体。雌雄异株！稀同

图 133　高山柏

1. 枝叶；2. 叶
（引自《青海木本植物志》）。

株！雄球花长 2～3 mm，雄蕊 5～7 对，具花药 2～4 枚；雌球曲垂。球果生于弯曲下弯小枝顶端，易脱落，倒三角状或叉球状或不规则球状，表面有突起，径 59 mm，熟时褐色、黑色或紫蓝色，被白粉；种子 1～5 枚，多 2～3 枚，微扁，长 4～5 mm，先端钝或微尖，有纵脊和树脂槽。

产地：河南伏牛山区有分布。列入河南省重点保护植物名录（2005）。

七、粗榧科 Cephalotaxaceae

(一)粗榧属 Cephalotaxus Sieb et Zucc.

1. 三尖杉 图 134

Cephalotaxus fortunei Hook f. ,丁宝章等主编.河南植物志 第一册:153. 图 184. 1981。

形态特征:常绿大乔木,高达 30 m;树皮暗色或红暗色,片状脱落。小枝较细长,稍下垂。叶线-披针形,常微弯呈镰状,长 3.5~10.0 cm,宽 3.0~4.5 mm,上部渐狭,先端渐尖,基部渐狭成楔形或宽楔形,表面深绿色,背面气孔带白色,较绿色边缘宽 3~5 倍,中脉常不明显。种子 4~8 枚,具长梗,椭圆-卵球状,长约 2.5 cm,假种皮成熟时紫色或红紫色。花期 4 月,果实成熟期翌年 10 月。

产地:河南伏牛山、大别山和桐柏山区各县有分布。列入河南省重点保护植物名录(2005)。

2. 中国粗榧 图 135

Cephalotaxus sinensis(Sieb et Zucc.)Li,丁宝章等主编. 河南植物志 第一册:153~154. 图 184. 1981。

形态特征:常绿小乔木。树皮灰色或灰褐色,片状脱落。叶线形,直伸,微弯,长 2.0~5.0 cm,宽 3 mm,先端急尖或渐尖,基部近圆形或宽楔形,几无柄,表面绿色,背面气孔带白色,较绿色边缘宽 3~4 倍;雄球花 6~7 个聚生头状,径 6~7 mm;花梗长约 3 mm,基部与花梗上有多数苞片,每雄球花基部具 1 枚卵圆形苞片;雄蕊 4~11 枚,花药 2~4 室,通常 3 室。种子 2~5 枚,具长梗,卵球状、椭圆-卵球状,微扁,长 1.8~2.5 cm。花期 4 月,果实成熟期翌年 9~10 月。

产地:河南伏牛山、大别山和桐柏山区各县有分布。列入河南省重点保护植物名录(2005)。

八、桦木科 Betulaceae

(一)桦木属 Betula Linn.

1. 桦木 图 136

Betula platyphylla Suk. ,丁宝章等主编. 河南植物志 第一册:225~226. 图 269. 1981。

形态特征:落叶乔木,高 25 m;树皮白色,平滑,纸层状剥落。小枝具圆形皮孔及树脂腺体。冬芽卵

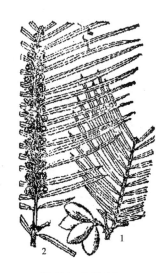

图 134 三尖杉
1. 种子枝;2. 球花枝
(引自《河南植物志(第一册)》)。

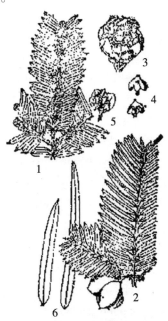

图 135 中国粗榧
1. 雄球花枝;2. 种子枝;3. 雄球花;
4. 雄蕊;5. 雄花;6. 叶
(引自《河南植物志(第一册)》)。

球状,具树脂。叶菱-三角形或卵圆-三角形,长3.0~9.0 cm,宽2.5~5.0 cm,先端渐尖,基部宽楔形、截形,稀微心形,边缘具不整齐钝锯齿,表面绿色,无毛,侧脉间有腺点,背面淡绿色,无毛,有腺点,脉上为密,侧脉5~8对;叶柄长1.0~3.0 cm,平滑或具腺点。雄花序成对顶生,长约7.0 cm,几无梗。果序圆柱状,单生叶腋,下垂,长3.0~4.0 cm,径7~10 mm;果苞中裂先端尖,侧裂半圆形。小坚果倒卵圆-长圆体状,长约2 mm,果翅与果等宽或稍宽。花期4~5月,果实成熟期年9~10月。

产地:河南伏牛山、太行山区各县有分布。列入河南省重点保护植物名录(2005)。

图 136　桦木
1. 果枝;2. 小坚果;3. 果苞
(引自《河南植物志(第一册)》)。

九、壳斗科　Fagaceae

(一)水青冈属　Fagus Linn.

1. 米心水青冈　图 137

Fagus engleriana Seem.(*Fagus silvatica* Linn. var. *chinensis* Franch.),丁宝章等主编. 河南植物志第一册:241~242. 图294. 1981。

形态特征:落叶乔木,高25 m;树皮暗灰色,不裂。老枝灰褐色;幼枝细,紫褐色,平滑;皮孔淡灰色。冬芽红褐色,长约1.2 cm,先端渐尖。叶卵圆形或卵圆-椭圆形,长4.0~10.0 cm,宽2.0~5.0 cm,先端渐尖或短尖,基部宽楔形或圆形,边缘波状,表面绿色,背面粉绿色,中沿基部有白绢丝状长毛,侧脉10~14对,直达凹入处;叶柄长5~10 mm。总苞卵圆形;苞片线-披针形,顶端有小叶状附属物,具丝状毛;柄细,长4.0~7.0 cm。坚果卵圆三棱状,栗褐色,被细毛。花期5月,果实成熟期10月。

产地:河南伏牛山区有分布。列入河南省重点保护植物名录(2005)。

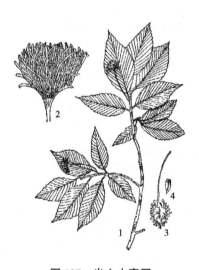

图 137　米心水青冈
1. 枝、叶、雌花;2. 雌花;3. 总苞;4. 坚果
(引自《河南植物志(第一册)》)。

(二)石栎属　Lithocarpus Bl.

1. 石栎　图 138

Lithocarpus glaber(Thunb.)Nakai,丁宝章等主编. 河南植物志　第一册:257~258. 图317. 1981。

形态特征:常绿乔木,高7~15 m。老枝无毛;幼枝密被灰黄色茸毛。叶厚革质,长圆形或倒卵圆-长圆形,长8.0~12.0 cm,宽2.5~4.0 cm,先端急尖,呈短尾状,基部楔形,边缘全缘或近顶端有钝齿,老叶背面无毛,略带灰白色,侧脉6~8对;叶柄长1.0~1.5 cm。

雄花序轴有短茸毛。果序较叶短,轴细,有短茸毛。壳斗杯
状,近无柄,包围坚果基部,径 0.8~1.0 cm;鳞片小,有灰白
色细柔毛。坚果卵球状,或倒卵球状,径 1.0~1.5 cm,长
1.4~2.1 cm,略被白粉,基部与壳斗合生,果脐内陷。花期
4~5 月,果实成熟期 10 月。

产地:河南大别山区有分布。列入河南省重点保护植
物名录(2005)。

图 138　石栎
(引自《河南植物志(第一册)》)

十、胡桃科　Juglandaceae

(一)青钱柳属　Oyclocarya Iljinsk.

1. 青钱柳　图 139

Oyclocarya paliurus(Batal.)Iljinsk.(*Pterocarya pali-
urus* Batal.),丁宝章等主编.河南植物志　第一册:218.
图 262. 1981。

形态特征:落叶乔木,高达 20 m。树皮灰色,老时深裂;
幼枝密被棕褐色茸毛。冬芽裸露密被褐色鳞片。羽状复叶
长 15.0~30.0 cm,叶轴圆柱状,密被细毛;小叶互生,7~9
枚,长圆-披针形,几革质,长 3.0~10.0 cm,宽 1.0~4.5
cm,先端渐尖,基部略偏斜,边缘具硬尖锯齿,表面沿脉具细
毛,背面具糙毛,脉上毛较密。雄花序 2~3 枚簇生,长 7.0~
12.0 cm,花具短柄。雄蕊 12~25 枚。果序长 15.0~25.0
cm,序轴密生细毛。果齿圆形,径 4.0~6.0 cm,密生褐色细
毛,翅上有鳞状腺体。花期 5~6 月,果实成熟期 9 月。

产地:河南伏牛山区、大别山区有分布。列入河南省重
点保护植物名录(2005)。

图 139　青钱柳
(引自《河南植物志(第一册)》)

十一、榆科　Ulmaceae

(一)榉属　Zelkova Spach

1. 大果榉　图 140

Zelkova sinica Schneid.,丁宝章等主编.河南植物志
第一册:266~267. 图 329. 1981。

形态特征:落叶乔木,高达 17 m。树皮成块状剥落,小
枝通常无毛。叶卵圆形或卵圆-长圆形,长 2.0~7.0 cm,宽
1.0~2.5 cm,先端尖,基部圆形,边缘具钝尖锯齿,背面脉腋
有簇毛,侧脉 7~10 对;叶柄长 2~4 mm,密生柔毛。核果较
大,单生叶腋,几无柄,斜三角状,径 5~7 mm,无毛,不具突
起的网肋。花期 4 月,果实成熟期 10 月。

产地:河南太行山、大别山、桐柏山和伏牛山区有分布。

图 140　大果榉
1. 果枝;2. 果实及叶
(引自《河南植物志(第一册)》)。

列入河南省重点保护植物名录(2005)。

(二)榆属　Ulmus Linn.

1. 太行榆　图 141

Ulmus taihangshanensis S. Y. Wang, 丁宝章等主编. 河南植物志　第一册: 262～263. 图 323. 1981。

形态特征:落叶乔木,高 20 m;树皮幼时平滑,老时纵裂。1 年枝灰色或淡灰褐色,有短毛,无栓翅。冬芽褐色,微被毛。叶纸质,卵长圆-椭圆形或卵圆-椭圆形,长 5.0～12.0 cm,宽 3.0～5.5 cm,先端长尖,基部偏斜,侧脉 11～18 对,表面具粗糙短毛,背面沿脉有白色短毛,边缘有重锯齿;叶柄长约 2.5 mm,密生白色短毛及蜡质白粉。化先叶开放,6～9 朵簇生在去年生枝叶腋;萼片 4 裂,外面密被短腺毛或深棕色长毛。子房绿色,花柱 2 枚,有白色短毛。翅果长圆形,长 2.7～3.1 cm,宽 1.8～2.7 cm,先端缺,黄白色,膜质,沿脉疏生柔毛,边缘缘毛较密;种子位于中央。花期 3 月下旬至 4 月上旬,果实成熟期 4 月下旬至 5 月上旬。

产地:河南太行山区有分布。列入河南省重点保护植物名录(2005)。

图 141　太行榆

1. 营养枝;2. 花;3. 果实
(引自《河南植物志(第一册)》)。

2. 脱皮榆　图 142

Ulmus lamellosa S. Y. Wang et S. L. Chang, 丁宝章等主编. 河南植物志　第一册: 263～264. 图 324. 1981。

形态特征:落叶乔木,高 20 m;树皮深灰色,裂成不规则片状剥落,有明显不规则的浅褐色疤痕。幼枝密被白色腺毛和柔毛。一、二年生枝暗褐色,无栓翅,密生褐色短毛。冬芽褐色,微被短毛。叶卵圆形或椭圆-卵圆形,长 3.5～8.0 cm,宽 2.0～3.5 cm,先端尖,尾状,基部狭圆形或楔形,几对称,侧脉 11～15 对,边缘具三角状重锯齿,表面叶脉凹下,散生乳头状粗糙短毛,背面沿脉被短硬毛,粗糙,嫩叶背面及边缘有腺毛;叶柄长 35 mm,密被弯曲柔毛。花先叶开放,3～5～7 朵簇生在去年枝叶腋;萼 4 裂,基部被

图 142　脱皮榆

1. 营养枝;2. 花;3. 果实
(引自《河南植物志(第一册)》)。

短腺毛,裂片上部带褐色,先端有黑褐色长毛;雄蕊 5～7 枚,伸出萼外,花丝长 4～6 mm,无毛,花药背面淡紫色,腹带淡绿色;雌蕊绿色,有白色短柔毛,花柱 2 枚,密被白色柔毛。翅果倒卵球状或近球状,长 2.5～3.1 cm,宽 2.2～2.7 cm,先端凹缺,种子位于其中,散生腺

毛及柔毛,中部沿脉及边缘毛较密。花期3月下旬至4月上旬,果实成熟期4月下旬至5月中、下旬。

产地:河南太行山区济源、辉县等有分布。列入河南省重点保护植物名录(2005)。

3. 榔榆

Ulmus pavifolia Jacq.

变种:

3.1　榔榆　变种

Ulmus pavifolia Jacq. var. pavifolia

3.2　垂枝榔榆　变种

Ulmuspavifolia Jacq. var. **pendula** T. B. Chao,赵天榜等主编. 河南科技—林业论文集:24. 1991。

形态特征:落叶乔木,高20 m;树皮深灰色,裂成不规则片状剥落,有明显不规则的浅褐色疤痕。幼枝密被白色腺毛和柔毛。一、二年枝暗褐色,无栓翅,密生褐色短毛。冬芽褐色,微被短毛。叶卵圆形或椭圆–卵圆形,长3.5~8.0 cm,宽2.0~3.5 cm,先端尖,尾状,基部狭圆形或楔形,几对称,侧脉11~15对,边缘具三角状重锯齿,表面叶脉凹下,散生乳头状粗糙短毛,背面沿脉被短硬毛,粗糙,嫩叶背面及边缘有腺毛;叶柄长3~5 mm,密被弯曲柔毛。花先叶开放,3~5~7朵簇生在去年枝叶腋;萼4裂,基部被短腺毛,裂片上部带褐色,先端有黑褐色长毛;雄蕊5~7枚,伸出萼外,花丝长4~6 mm,无毛,花药背面淡紫色,腹带淡绿色;雌蕊绿色,有白色短柔毛,花柱2枚,密被白色柔毛。翅果倒卵球状或近球状,长2.5~3.1 cm,宽2.2~2.7 cm,先端凹缺,种子位于中部,散生腺毛及柔毛,中部沿脉及边缘毛较密。花期3月下旬至4月上旬,果实成熟期4月下旬至5月中、下旬。

产地:河南太行山区济源、辉县等有分布。列入河南省重点保护植物名录(2005)。

(三)朴属　**Celtis** Linn.

1. 毛叶朴　图143

Celtis pubescens S. Y. Wang et C. L. Chang,丁宝章等主编. 河南植物志　第一册:268~269. 图331. 1981。

形态特征:落叶乔木,高10 m;树皮灰色,平滑或细裂。小枝密被柔毛。侧芽卵球状,褐色,被贴生短毛。叶卵圆形或卵圆–椭圆形,长3.0~7.5 cm,宽2.0~4.0 cm,先端长尖,呈尾状,基部偏斜,一侧圆形或宽楔形,一侧斜心形,边缘自基部或1/3~1/4以上有尖锐细锯齿,表面散生有粗糙短毛,背面有白色柔毛,沿脉较多;叶柄长3~6 mm,密生柔毛。核果单生叶腋,近球状,径6~9 mm,黑色;果柄长6~13 mm,密生柔毛。花期4月,果实成熟期8~9月。

图143　毛叶朴
(引自《河南植物志(第一册)》)

产地:河南太行山区有分布。列入河南省重点保护植物名录(2005)。

十二、蓼科　Polygonaceae

（一）蓼属　Polygonum Linn.

1. 河南蓼　图 144

Polygonum honanense Kung,丁宝章等主编．河南植物志　第一册:342．图 433．1981。

形态特征:多年生草本,高约 30.0 cm;根状茎粗短肥厚,近球状,具残留的老叶柄,多须根。茎细弱,近直立,有细沟纹,无毛。茎生叶圆卵形或卵圆-椭圆形,长约 6.0 cm,宽 4.0~5.0 cm,先端钝圆,基部近心形,边缘稍向外反卷,无毛;叶柄长 2.0~3.0 cm,具波状皱褶的狭翅;茎生叶少数,较小,卵圆形或披针形;托叶鞘膜质,褐色,筒状,先端细裂。花序穗状单生茎顶;花粉红色;花被 5 深裂;雄蕊 8 枚,伸出花被之外;花柱 3 枚。瘦果三棱状,淡褐色,平滑,具光泽。花期 6~8 月,果实成熟期 8~9 月。

图 144　河南蓼
1. 植株;2. 花;3. 花被开展;4. 雌蕊;5. 果实
（引自《河南植物志(第一册)》）。

产地:河南太行山区有分布。列入河南省重点保护植物名录(2005)。

十三、柳叶菜科　Onagraceae

（一）丁香蓼属　Ludwigia Linn.

1. 卵叶丁香蓼

Ludwigia ovalis Miq.,中国高等植物图鉴　第二册:1017．图 3763．1972。

形态特征:多年生匍匐草本,近无毛,节上生根。茎长达 50.0 cm,茎枝顶端上升。叶卵圆形至椭圆形,长 1.0~2.2 cm,宽 0.5~1.5 cm,先端锐尖,基部骤狭成具翅的柄,侧脉 4~7 对,无毛;叶柄长 2~7 mm。花单生于茎枝顶端叶腋,几乎无梗;小苞片 2 枚,生于花基部,卵圆-长圆形,长约 1.8 mm,宽约 0.4 mm;萼片 4 枚,卵圆-三角形,长 2~3 mm,宽 1~2 mm,先端锐尖,边缘有微毛;花瓣不存在;雄蕊 4 枚,花丝长 0.7~0.8 mm,花药淡黄色,近基着生,近球状,长 0.6~0.9 mm,花粉粒以单粒授粉;花盘隆起,绿色,深 4 裂,无毛,裂片对瓣;花柱绿色,长 0.61 mm,无毛,柱头绿色,头状,径 0.3~0.5 mm。蒴果近长圆体状,具 4 棱,长 3~5 mm,径 2.5~4 mm,微被毛,果皮木栓质,但不易不规则室背开裂;果梗很短。种子每室多列,游离生,淡褐色至红褐色,椭圆体状,长 0.8~0.9 mm,径 0.4~0.5 mm,两端稍尖,一侧与内果皮相连,种脊明显,平坦,表面有纵横条纹。花期 7~8 月,果实成熟期 8~9 月。

产地:河南伏牛山区有分布。列入河南省重点保护植物名录(2005)。

十四、毛茛科　Ranunculaceae

(一)铁筷子属　Helleborus Linn.

1. 铁筷子

Helleborus thibetanus Franch. ,贾会琴等. 豫西地区毛茛科野生花卉资源种类记述
(Ⅱ). 园艺与种苗:2014(6):34~35.

形态特征:多年生常绿草本,根状茎直径约 4 mm,密生肉质长须根。茎高 30.0~50.0
cm,无毛,上部分枝,基部有 23 个鞘状叶。基生叶 1~2 个纵棱,无毛,有长柄;叶肾形或五
角形,长 7.5~16.0 cm,宽 14.0~24.0 cm,鸡爪状 3 全裂,中间全裂片倒披针形,宽 1.6~
4.5 cm,边缘下部之上有密齿,侧生全裂片具短柄,扇形,不等三全裂;叶柄长 20.0~24.0
cm。茎生叶近无柄,叶片较基生叶为小,中央全裂片狭椭圆形,侧全裂片不等二或三深
裂。花 1~2 朵生于茎或枝顶端,在基生叶刚抽出时开放,无毛;萼片初粉红色,在果期变
绿色,椭圆形或狭椭圆形,长 1.6~2.3 cm,宽 1.0~1.6 cm;花瓣 8~10 枚,淡黄绿色,圆筒
状漏斗形,具短柄,长 5~6 mm,腹面稍 2 裂;雄蕊长 0.7~1.0 cm,花药椭圆体状,长约 1
mm,花丝狭线;心皮 2~3 枚,长约 1.0 cm,花柱与子房近等长。蓇葖果扁,长 1.6~2.8
cm,宽 0.9~1.2 cm,有横脉,喙长约 6 mm。种子扁椭圆体状,长 4~5 mm,宽约 3 mm,光
滑,有 1 条纵肋。花期 4 月,果实成熟期 5 月。

产地:河南伏牛山区有分布。列入河南省重点保护植物名录(2005)。

(二)翠雀属　Delphinium Linn.

1. 河南翠雀

Delphinium honanensie W. T. Wang,丁宝章等主编. 河南植物志　第一册:
433. 1981。

形态特征:多年生草本,高 48.0~58.0 cm。茎不分枝,有纵棱,光滑无毛。基生叶花
期枯萎,茎中下部叶具长柄。叶片五角形,长 6.0~7.0 cm,宽 7.0~10.0 cm, 基部心形,
3~5 深裂达叶片 7/9~8/9,中央裂片短渐尖,不分裂或不明显 3 裂,中部以上有卵圆形牙
齿,侧全裂片斜扇形,2 深裂,表面疏生粗硬毛,表面疏生小刚毛;茎上部叶较小。总状花
序有花 10 朵;花梗长 8~26 mm;苞片 3 裂;小苞片 2 深裂,具白色卷曲毛和伸展的黄色腺
毛。花紫色,长 3.4~3.7 cm;萼片长圆形,长 1.5~1.6 cm,先端钝尖,外面被柔毛或近光
滑,萼距长 2.0~2.1 cm,稍下弯。密叶干后黄色,长 2.6~2.8 cm,先端稍钝;花瓣黄,边缘
全缘或 2 裂;退化雄蕊紫色,瓣片深裂至中部以下,腹面中部以下具淡黄色髯毛;雄蕊光
滑,花药黑色,花丝下部扁平;心皮常 3 枚,子房无毛,花柱被疏稀短毛。花期 6 月,果实成
熟期 7~8 月。

产地:河南西峡、南召、内乡等县。列入河南省重点保护植物名录(2005)。

变种:

1.1　河南翠雀　变种

Delphinium honanensis W. T. Wang var. **honanensis**

1.2　毛梗翠雀　变种

Delphinium honanensis W. T. Wang var. **piliferum** W. T. Wang,贾会琴等. 豫西地

区毛茛科野生花卉资源种类记述(Ⅱ). 园艺与种苗:2014(6):35.

形态特征:多年生草本,高达 1 m。基生叶在花期枯萎,茎中下部及中部具较长柄;叶柄长为叶片的 1.5~2.0 倍,被少许开展的糙毛。叶五角形,长 6.0~7.0 cm,宽 7.0~10.0 cm,掌状 5 深裂,中央深裂片菱形,先端短渐尖,中、上部边缘有三角形粗牙齿,有时为 3 浅裂,侧深裂片不等 2 深裂,表面疏生糙毛,背面沿脉疏被糙毛。总状花序长 8.0~11.0 cm,有花约 10 朵;下部苞片 3 裂;上部苞片披针-线形或线形,长 0.8~2.6 cm;花梗被白色柔毛;小苞片生于花梗中部或下部,线形,长 5~8 mm,宽约 0.5 mm。花两性,两侧对称,萼片 5 枚,紫色,椭圆-卵圆形,长 1.5~1.6 cm,外面疏被短柔毛,距长约 2.0 cm,稍向下弯曲;花瓣 2 枚,干时黄色,无毛;退化雄蕊 2 枚,紫色,花瓣近方形,2 深裂,腹面有黄色髯毛,爪与花瓣近等长;雄蕊多数,无毛;心皮 3~5 枚,花柱短。蓇葖果。花期 5~6 月,果实成熟期 6~7 月。

产地:河南伏牛山区卢氏县有分布。列入河南省重点保护植物名录(2005)。

2. 灵宝翠雀花

Delphinium lingbaoense W. T. Wang et Q. S. Yang,王遂义等. 河南翠雀属一新种. 西北植物学报,9(1):4244. 图 1. 1989;丁宝章等主编. 河南植物志　第一册:433. 1981。

形态特征:多年生草本。茎直立,高约 140.0 cm,中部以上分枝,下部无毛,上部疏生开展的柔毛,枝疏生柔毛。有茎中下部具长柄。叶片轮廓五角形,长 6.0~7.0 cm,宽 10.0~12.0 cm,3 深裂近基部,中央裂片菱形或菱-倒卵圆形,先端渐尖,基部楔形,中部 3 浅裂,裂片有少数小裂片和牙齿,侧裂片 2~3 深裂近基部,二回裂片斜狭菱形,3 裂,边缘有少数牙齿或近全缘,背面被贴伏的短柔毛,表面被伏柔毛;叶柄长达 16.0 cm。上部叶渐小,柄渐短。伞房花序生茎顶端和枝顶端,有花 2~5 朵,直径 2.0~8.0 cm;苞片叶形,3 裂;花梗斜上展,长 2.0~3.5 cm,密被开展的柔毛,2 个小苞片生于花梗中部,钻形,长 2~3.5 mm,被短柔毛。花蓝紫色,长达 4.5 cm;萼片卵圆形或椭圆形,长 1.5~2.2 mm,外面被贴伏的柔毛,距钻形,长 1.7~2.2 cm,直或稍下弯,有柔毛;花瓣蓝紫色或黑褐色,腹面有黄白色髯毛,爪与瓣片近等长;雄蕊多数,无毛;心皮常 4~5 枚,子房长 3 mm,被柔毛,花柱被长 2 mm。蓇葖果长 1.5 cm,密被短柔毛。种子褐色,长 1~2 mm,狭近倒卵球状,密生鳞片形横翅。花期 8~9 月,果实成熟期 9~10 月。

产地:河南灵宝县。列入河南省重点保护植物名录(2005)。

(三) 黄连属 Coptis Salisb.

1. 黄连　图 145

Coptis chinensis Franch. ,丁宝章等主编. 河南植物志　第一册:441. 图 559. 1981。

形态特征:多年生草本。根状茎黄色,常分枝。叶基生,3 全裂,长 3.0~8.0 cm,中间裂片具细柄,卵圆-菱形,羽状深裂,边缘具锐锯齿,侧生裂片不等 2

图 145　黄连
(引自《河南植物志(第一册)》)。

深裂;叶柄长 5.0~12.0 cm。花葶高 12.0~25.0 cm;花序有花 3~8 朵;苞片披针形,羽状深裂;花小,萼片 5 枚,黄绿色,狭卵圆形,长 9~12.5 mm;花瓣长 5~7 mm;雄蕊约 20 枚;心皮 8~12 枚。蓇葖果 6~8 mm,有细柄。花期 3~4 月,果实成熟期 5~6 月。

产地:河南各地有栽培。列入河南省重点保护植物名录(2005)。

十五、芍药科　Paeoniaceae

(一)牡丹属　Mudan (Lynch) Y. M. Fan

1. 杨山牡丹

Mudan ostii (T. Hong et J. X. Zhang) Y. M. Fan, T. B. Zhao et Z. X. Chen, sp. comb. nov. ;Paeonia ostii　T. Hong et J. X. Zhang,中国野生牡丹研究(一) 芍药属牡丹组新分类群.12(3):223. 1992。

形态特征:落叶灌木,高约 1.5 m。枝灰褐色,有纵棱,具根蘖。1 年生新枝长达 20.0 cm,淡黄绿色,具浅纵槽。二回羽状 5 小叶复叶,小叶多达 15 片。小叶窄卵圆-披针形、窄长卵圆形,长 5.0~10.0 cm,宽 2.0~4.0 cm,先端渐尖,基部楔形、圆形或近平截,边缘全缘,通常不裂,顶生小叶有时 1~3 裂,表面近基部沿中脉被粗毛,背面无毛,侧脉 4~7 对,侧生小叶近无柄,稀具柄;叶柄长达 8 mm。花单生枝顶。花径 12.5~13.0 cm;苞片卵圆-披针形、椭圆-披针形或窄长卵圆形,长 3.0~5.5 cm,宽 0.5~1.5 cm,下面无毛;萼片三角-卵圆形或宽椭圆形,长 2.7~3.1 cm,宽 1.4~1.8 cm,先端尾尖。花瓣 11 枚,白色,倒卵圆形,长 5.5~6.5 cm,宽 3.8~5.0 cm,先端凹缺,基部楔形,内面下部及基部有淡紫红色晕;雄蕊多数,花药黄色,花丝暗紫红色;花盘暗紫红色;心皮 5 枚,密被粗丝,柱头暗紫红色。蓇葖果 5 枚,长 2.0~3.2 cm,密被褐灰色粗硬丝毛。种子黑色,长 8~10 mm,有光泽,无毛。花期 5 月中、下旬。

产地:河南郑州航空工业管理学院有栽培,嵩县杨山有分布。列入河南省重点保护植物名录(2005)。

十六、木兰科　Magnoliaceae

(一)玉兰属　Yulania Spach

1. 望春玉兰　望春花　图 146

Yulania biondii(Pamp.)D. L. Fu,傅大立. 玉兰属的研究. 武汉植物学研究,19(3):198. 2001;赵天榜等主编. 河南玉兰栽培:233~234. 图 9-29. 图版 9:29.1,图版 1:4,图版 2:5,图版 3:11,图版 5:1~6,图版 7:6,图版 63:1~8. 2015;*Magnilia biondii* Pamp. in Nuov. Giorum Bot. Ital. n. ser. 17:275. 1910。

形态特征:落叶乔木。玉蕾卵球状。叶长卵圆形、狭卵圆形、椭圆形、倒卵圆-椭圆形,长 10.0~21.7 cm,宽 3.5~6.5~11.0 cm,先端短渐尖、渐尖、

图 146　望春玉兰

1. 枝、叶和玉蕾;2. 雌雄蕊群;
3. 聚生蓇葖果。

钝尖,基部圆形,稀楔形,表面暗绿色,具光泽,初被长柔毛,后无毛,背面淡绿色、灰绿色、通常被短柔毛,后无毛,沿脉疏被短柔毛;叶柄浅黄绿色。花先叶开放。单花具花被片9枚,外轮花被片3枚,萼状,条形、线形等,长3~15 mm,膜质,早落,内轮花被片6枚,薄肉质,白色,外面主脉、基部淡紫色,有时白色内有紫色,匙-椭圆形或倒卵圆-披针形,长4.0~6.0 cm,宽1.3~2.5 cm,先端短尖;雌蕊多数,花丝短于花药;离生单雌蕊子房无毛,花柱先端内曲,微有紫色晕;花梗密被浅黄色毛。聚生蓇葖果圆柱状,不规则弯曲,长6.0~14.5~25.3 cm,径3.5~4.0 cm;果梗粗壮,宿存长柔毛。蓇葖果球状、近球状,紫红色,表面果点小,少,不明显,先端无喙或具短喙。通常较少,卵球状,成熟时带亮橙红色,表面有疣状突起。花期2~4月,果实成熟期8~9月。

产地:河南南召、鲁山县有全国"河南辛夷"栽培基地,郑州等地均有栽培。列入河南省重点保护植物名录(2005)。

2. 朱砂玉兰　图147

Yulania soulangiana(Soul. -Bod.)D. L. Fu,傅大立. 玉兰属的研究. 武汉植物学研究,19(3):198. 2001;赵天榜等主编. 河南玉兰栽培:279~280. 图9-42. 2015;*Magnilia soulangiana* Soul. -Bod. L. H. Bailey, Manul of Cultivated Plants. 290~291. 1925。

形态特征:落叶小乔木。叶互生,宽卵圆形、倒卵圆形至椭圆形,长6.0~15.0 cm,宽4.0~7.5 cm,先端短尖,2/3以下向基部渐狭呈楔形,幼时被短柔毛,表面绿色,具光泽,主脉基部常被短柔毛,背面浅绿色,被短柔毛,边缘全缘,被缘毛;叶柄被短柔毛。玉蕾卵球状,单生枝顶。花先叶开放;花大,宽钟状。单花具花被片9枚,外轮花被片3枚,长为内轮花被片的2/3,内轮花被片较大,匙-椭圆形,长6.0~8.0 cm,宽1.5~2.5 cm,外面淡红色或淡紫色、玫瑰色,内面黄白色,少香味或无香味。雄蕊多数;雌蕊群圆柱状;离生单雌蕊多数;子房无毛。聚合果圆柱状,长约8.0 cm,径约3.0 cm;蓇葖果近卵球状,长1.0~1.5 cm。花期3~4月,果实成熟期9月。

产地:河南各县有栽培。列入河南省重点保护植物名录(2005)。

3. 石人玉兰　图148

Yulania shirenshanensis D. L. Fu et T. B. Zhao,田国行等. 玉兰属植物资源与新分类系统的研究. 中国农学通报,22(5):408. 2006;赵天榜等. 世界玉兰属植物资源与栽培利用. 232~233. 图9:17,

图147　朱砂玉兰
1. 枝、叶和玉蕾;2. 花;3. 花被片;
4. 雌雄蕊群;5. 雄蕊。

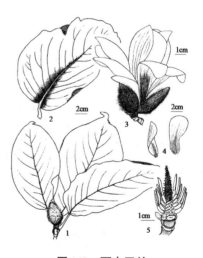

图148　石人玉兰
1. 叶枝和玉蕾;2. 叶;3. 花;4. 花被片;
5. 雌雄蕊群(陈志秀绘)。

图版5:1~5.2013;赵天榜等.河南玉兰栽培:220~221.图9~24,图版3:5,图版55:1~8.2015。

形态特征:落叶乔木。小枝灰褐色,无毛,干后白色,仅托叶环痕处被短柔毛;幼枝浅黄绿色,初疏被柔毛,后无毛。短枝叶纸质,椭圆形、卵圆-椭圆形,长12.0~19.5 cm,宽5.5~9.5 cm,表面深绿色,具光泽,无毛,主脉下陷,沿脉无毛,背面淡绿色,初疏被短柔毛,后无毛,主脉和侧脉明显隆起,沿脉疏被弯曲长柔毛,先端钝圆尖或长尾尖,基部宽楔形或近圆形,两侧不对称,边缘波状全缘,边部皱波状起伏最宽;叶柄长淡黄绿色,疏被长柔毛,后无毛或宿存;长枝叶宽椭圆形,长16.5~25.0 cm,宽15.0~21.0 cm,先端钝尖,基部心形,边缘波状起伏,表面具皱纹,浅黄绿色或深绿色,初疏弯曲短柔毛,后无毛,背面淡绿色,主脉和侧脉明显隆起,疏被弯曲长柔毛,后无毛;叶柄初被长柔毛,后无毛。玉蕾顶生、腋生及簇生,有时2~4枚小玉蕾呈总状花序。玉蕾卵球体状,先端钝圆或突尖呈短喙状。花先叶开放。单花具花被片9枚,花瓣状,匙-椭圆形,长5.0~7.0 cm,宽2.5~3.5 cm,先端钝圆,具短尖头,基部宽楔形,边缘全缘,外面中部以上白色,中部以下中间亮淡紫色;雄蕊多数,背面淡粉红色;花丝宽厚,背面淡粉红色;离生单雌蕊子房淡绿白色,无毛,花柱及柱头淡黄白色;花梗和缩台枝密被白色长柔毛。聚生蓇葖果不详。

产地:河南伏牛山区,鲁山县。2000年3月26日。赵天榜等,No.200003261(花)。模式标本采自河南鲁山县石人山,存河南农业大学。

4. 黄山玉兰 图149

Yulania cylindrica(Wils.) D. L. Fu,傅大立.玉兰属的研究.武汉植物学研究,19(3):198.2001;赵天榜等.河南玉兰栽培:264~265.图9~31.2015。

形态特征:落叶乔木。玉蕾卵球状,先端尖。叶椭圆形、倒卵圆形、狭倒卵圆-长圆形,长5.0~16.5 cm,宽2.0~9.7 cm,最宽处在中部以上,先端渐尖、钝尖、急尖,基部楔形至狭楔形,稀近圆形,边缘全缘,表面深绿色,无毛,主脉凹入,沿脉疏被短柔毛,背面苍白色或淡绿

图149 黄山玉兰

色,沿脉被黄褐色短柔毛;叶柄被短柔毛。花单生枝顶。花先叶开放,径6.0~10.0 cm,芳香。单花具花被片9枚,大小不相等,外轮花被片3枚,膜质,萼状,条形,长0.5~1.5 mm,宽2 mm,开张,多向后曲,早落,内2轮花被片6枚,宽匙-倒卵圆形、倒卵圆形、宽匙形,长6.5~10.5 cm,宽2.5~5.0 cm,先端钝圆,基部具爪,初花时淡绿色,后白色,外面中部以下中间为亮紫红色、亮淡紫红色,中脉及其两侧紫红色直达先端;雄蕊多数,花丝紫红色,宽于花药;花药浅黄色;雌蕊群圆柱状,绿色;离生单雌蕊多数,子房卵球状,鲜绿色,无毛,花柱浅黄白色;花梗密被浅黄色长柔毛。缩台枝无毛。聚生蓇葖果卵球状,长5.0~16.0 cm;果梗密被灰色柔毛;蓇葖果通常较少,木质,成熟时带亮橙红色,表面有疣状突起。

产地:河南新县,鸡公山、郑州有栽培。列入中国珍稀濒危保护植物名录二级(1987)。

（二）木莲属　Manglietia Bl.

1. 黄心夜合　图 150

Manglietia bodinieri Finet et Gagnep，丁宝章等主编．河南植物志　第一册:515. 图 663. 1981。

形态特征:常绿乔木,高 10~20 m。叶革质,倒披针形或椭圆–披针形,长约 15.0 cm,宽约 5.0 cm,先端急尖或睑渐尖,基部楔形,表面绿色,具光泽,两面无毛,网脉不明显;叶柄长约 2.0 cm。花单生叶腋或枝梢,黄色。单花具花被片 6~8 枚,2 轮;花梗粗壮。聚合菁葖果穗状。花期 5 月,果实成熟期 9 月。

产地:河南大别山、伏牛山南坡有分布。列入河南省重点保护植物名录(2005)。

（三）八角属　Illicium Linn.

1. 野八角　图 151

Illicium lanceolarum A. C. Smith,丁宝章等主编．河南植物志　第一册:518. 图 668. 1981。

形态特征:常绿灌木或小乔木,高 3~10 m。树皮灰褐色。小枝绿色,无毛。叶互生或聚生于节上呈轮生状,革质,倒披针形或披针形,长 6.0~15.0 cm,宽 2.0~4.5 cm,先端尾尖或渐尖,基部楔形,边缘全缘,无毛,表面绿色,具光泽,背面淡绿色;叶柄长 5~15 mm。花单生或 2~3 朵簇生叶腋;花梗长 1.5~5.0 cm。单花具花被片 10~15 枚,数轮,覆瓦状排列,外轮较小,有缘毛,内轮花被片深红色;雄蕊 6~11 枚,排成 1 轮;心皮 10~13 枚。聚合果星芒状。菁葖果瘦长,木质,先端有长而弯曲的尖头。花期 5 月,果实成熟期 9~10 月。

产地:河南大别山、伏牛山南坡有分布。列入河南省重点保护植物名录(2005)。

图 150　黄心夜合
（引自《河南植物志（第一册）》）。

图 151　野八角
（引自《河南植物志（第一册）》）。

十七、樟科　Lauraceae

（一）樟属　Cinnamomum Bl.

1. 川桂　图 152

Cinnamomum wilsonii Gamble,丁宝章等主编．河南植物志　第一册:524. 图 677. 1981。

形态特征:乔木,高达 25 m。小枝绿褐色,有棱角,无毛。叶互生,大小变异大,椭圆–卵圆形或矩圆–卵圆形,长 6.0~12.0 cm,宽 3.0~5.0 cm,无毛,背面脉腋内有腺体,离基 3 出脉。圆锥花序,腋生,花小,淡黄绿色,花被裂片 6 个,长约 2 mm,里面有短毛。核果球状,黑色,直径 6~8 mm。花期 5 月,果实成熟期 10 月。

图 152　川桂
1. 花枝;2. 果实
（引自《河南植物志（第一册）》）。

产地:河南南部有栽培。列入河南省重点保护植物名录
(2005)。

2. 天竺桂　图153

Cinnamomum japonicum Sieb.，丁宝章等主编．河南植
物志　第一册:524~525. 图678. 1981。

形态特征:乔木,高达15 m。叶互生或对生,革质,矩圆形
至椭圆形,长7.5~12.0 cm,宽2.5~3.5 cm,先端渐长尖,基部
狭,3出脉,表面深绿色,无毛;叶柄长1.0~1.5 cm。花序与叶
等长或稍长。核果卵球状,暗紫色,直径6 mm,花被裂片宿
存。花期5~6月,果实成熟期9~10月。

产地:河南大别山和伏牛山南部。列入河南省重点保护
植物名录(2005)。

图153　天竺桂
1. 果枝;2. 花枝
(引自《河南植物志(第一册)》)。

(二)桢楠属　**Machilus** Nees

1. 大叶楠　图154

Machilus ichangensis Rehd. et Wils.，丁宝章等主编．
河南植物志　第一册:526. 图679. 1981。

形态特征:乔木,高7~15 m。小枝细长,暗红色,无毛。
叶纸质,矩圆-倒披针形或倒披针形,长10.0~24.0 cm,宽
2.0~7.5 cm,表面黄绿色,背面苍白色,无毛或幼时有丝状
毛;侧脉12~17对;叶柄长约1.5 cm。圆锥花序,总苞早
落,总梗长3.5~5.0 cm,红色。花白色,花被片长5~6 mm,
外面有丝状毛;子房近球状。果实球状,直径1.1 cm,先端
有突起,宿存花被片反卷。花期4月,果实成熟期8~9月。

产地:河南大别山、桐柏山和伏牛山区南部有分布。列
入河南省重点保护植物名录(2005)。

图154　大叶楠
1. 花枝;2. 果实
(引自《河南植物志(第一册)》)。

(三)楠木属　**Phoebe** Nees

1. 紫楠　图155

Phoebe sheareri(Hemsl.) Gamble，丁宝章等主编．河
南植物志　第一册:530. 图685. 1981。

形态特征:乔木,高16 m。幼枝和幼叶密被锈色茸毛。
叶革质,倒卵圆形至-倒披针形,长8.0~22.0 cm,宽4.0~
8.0 cm,表面叶脉凹下,背面叶脉隆起,有锈色茸毛;叶柄长
1.0~2.0 cm。聚伞圆锥花序腋生,长达15.0 cm,密被锈色
茸毛。小,径不到5 mm,花梗与花略等长,总梗长约6.0
cm;花被片相等,卵圆形,长约3 mm,两面有毛。果实卵球
状,肉质,长约9 mm,基部围以直立宿存花被片。花期5~6
月,果实成熟期9~10月。

产地:河南大别山和伏牛山区南部有分布。列入河南

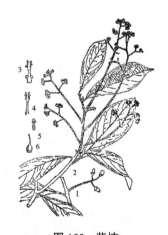

图155　紫楠
1. 果枝;2. 花枝;3. 第一、二轮雄蕊;
4. 第三轮雄蕊;5. 退化雄蕊
(引自《河南植物志(第一册)》)。

省重点保护植物名录(2005)。

2. 山楠　图156

Phoebe chnensis Chun,丁宝章等主编. 河南植物志
第一册:530~531. 图686. 1981。

形态特征:乔木,高10 m。小枝灰色或褐色,无毛。叶
厚革质,矩圆倒-卵圆形、矩圆形或矩圆-披针形,长8.0~
22.0 cm,宽2.5~8.0 cm,表面绿色,中脉稍凹下,背面绿苍
白色,中脉隆起,两面无毛。聚伞花序丛生枝顶,几与叶等
长;花被片直立,卵圆-长圆形,内轮较大,长约4 mm,边缘
有缘毛。果实球状,径10~12 mm,宿存花被片紧抱果实。
花期5月,果实成熟期8~9月。

产地:河南大别山、桐柏山和伏牛山区南部有分布。列
入河南省重点保护植物名录(2005)。

3. 竹叶楠　图157

Phoebe faberi(Hemsl.)Chun,丁宝章等主编.
河南植物志　第一册:531. 图687. 1981。

形态特征:乔木,高16 m。全株无毛。小枝
粗,近黑色。叶厚革质,狭卵圆-披针形,长8.0~
12.0 cm,宽2.0~3.5 cm,表面有光泽,中脉凹下,
背面苍白色,中脉隆起,侧脉不明显;叶柄长约
1.2 cm。花序丛生枝顶,较叶稍短;花黄色,径约
5 mm,花被片2轮,内轮稍大,长约2.5 mm,具缘
毛,外面疏被毛。果实球状,径8~10 mm;果梗略
增粗,花被片紧抱果实。花期5月,果实成熟期
8~9月。

产地:河南大别山、桐柏山和伏牛山区南部有分布。
列入河南省重点保护植物名录(2005)。

(四)木姜子属　Litsea Lam.

1. 黄丹木姜子　图158

Litsea elongata(Wall.)Benth. et Hook. f. (*Tetran-
thera elongata* Wall.),丁宝章等主编. 河南植物志　第
一册:533~534. 图691. 1981。

形态特征:常绿灌木或小乔木,高12 m。幼枝、叶柄
及花序密被锈色柔毛。叶互生,常聚生枝端,革质,椭
圆-披针形、椭圆形或倒披针形,长10.0~20.0 cm,宽
2.5~4.0 cm,先端急尖或渐尖,基部楔形,表面无毛沿脉
有柔毛,侧脉5~20 对,在背面明显;叶柄长0.8~2.5
cm。伞形花序单生,稀簇生;总花梗长5~10 mm,有花

图156　山楠
1. 花枝;2. 花纵切面;3. 第三轮雄蕊
(引自《河南植物志(第一册)》)。

图157　竹叶楠
1. 果枝;2. 花;3. 花纵切面;
4. 第三轮雄蕊及外轮雄蕊
(引自《河南植物志(第一册)》)。

图158　黄丹木姜子
1. 花枝;2. 果枝花
(引自《河南植物志(第一册)》)。

4~5朵;苞片革质,不相等;花被片6枚,被丝状长柔毛;雄蕊8~12枚,花丝有长柔毛;花药长圆体状;雄花中子房退化;雌花中子房球状,花柱短,柱头盘状。果实长椭圆体状,长约1.2cm,常2~3果着生一处,位于开张、稍分裂而被茸毛的花被筒上;果梗长5mm。花期4月,果实成熟期9月。

产地:河南大别山和伏牛山区南部有分布。列入河南省重点保护植物名录(2005)。

(五)黄肉楠属　**Actiodaphne** Nees

1. 豺皮黄肉楠　豺皮樟　图159

Actiodaphne chinensis(Bl.)Nees(*Litsea chinensis* Bl.),丁宝章等主编.河南植物志　第一册:535.图693.1981。

形态特征:常绿灌木或小乔木,高5m。树皮片状剥落,有凸凹不平疤痕。幼枝有茸毛。叶互生,革质,倒卵圆–矩圆形,长3.0~7.0cm,宽1.5~2.8cm,先端常钝圆,表面绿色,有光泽,背面稍有白粉,幼时被毛,后无毛,叶脉羽状,侧脉6~8对,中脉在背面隆起,网脉不明显;叶柄长4~7mm。伞形花序腋生或节间生,几无总梗和花梗;花被片6枚,长约2mm,被稀疏柔毛。果实球状,径约6mm,近无梗。花期2~3月,果实成熟期9~10月。

图159　豺皮黄肉楠
1.花枝;2.果枝;3.花
(引自《河南植物志(第一册)》)。

产地:河南大别山、桐柏山和伏牛山区南部有分布。列入河南省重点保护植物名录(2005)。

(六)山胡椒属　**Lindera** Thunb.

1. 黑壳楠　图160

Lindera megaphylla Hemsl〔(*Benzoin grandifolium* Hemsl.)Rehd.〕,丁宝章等主编.河南植物志第一册:542.图703.1981。

形态特征:常绿乔木,高25m。植株最后无毛。叶厚革质,倒披针–矩圆形至倒卵圆–矩圆形,长15.0~24.0cm,宽4.0~7.5cm,先端急尖,基部渐狭,无毛或近无毛,表面深绿色,有光泽,背面灰绿色或带绿苍白色;叶脉羽状,侧脉15~21对,明显;叶柄长8~30mm。伞形花序腋生,常两两着生,具短总梗。每花序有花9~16朵,花梗细弱,长约1.2cm;花梗和花被管密被白色或黄褐色茸毛。果实椭圆体状

图160　黑壳楠
1.花枝;2.果实
(引自《河南植物志(第一册)》)。

至卵球状,长1.8~2.2cm,径约1.3cm,黑色,生于由花被筒扩大而成的杯状果托上。花期3~4月,果实成熟期9~10月。

产地:河南大别山、桐柏山和伏牛山区南部有分布。列入河南省重点保护植物名录(2005)。

（七）胡椒属　**Lindera** Thunb.

1. 河南山胡椒

Lindera henanensis H. P. Tsui,崔鸿宾． 植物分类学报,1987(5):412～413. 1987;河南山胡椒属一新种． 云南植物研究,17(1):23～24. 图1. 1995。

形态特征:落叶灌木。小枝褐色,无毛。叶椭圆形至椭圆-卵圆形,长4.0～9.5 cm,宽2.0～4.0 cm,先端渐尖,有时镰状弯曲,基部近圆形,背面淡绿色,侧脉2～5对,无毛,两面叶脉明显;叶柄长5.0～10.0 cm,红色。伞形花序生于腋芽两侧;总苞片4枚,内有4花;花被片6枚,腹面有毛。果黑色。

产地:河南商城县黄柏山、新县、罗山县有分布。列入河南省重点保护植物名录(2005)。

2. 伏牛山胡椒

Lindera funishanensis C. S. Zhu,朱长山． 河南胡椒属一新种． 云南植物研究17(1):23～24. 图1. 1995。

形态特征:落叶灌木。小枝瘦细,红褐色或棕褐色,无毛,且光滑,散生椭圆形皮孔。叶互生,倒披针形或椭圆-倒卵圆形,长4.5～6.0～10.0～13.5 cm,宽2.0～5.0 cm,先端急尖至渐尖,基部楔形,稀宽楔形,表面绿色,近无毛或仅沿中、侧脉有伏柔毛,背面苍白色,仅在脉腋具髯毛,余部无毛,羽状脉;侧脉5～6对;叶柄片1.0～2.5 cm。伞形花序生于顶生或腋生的缩短枝顶芽下方两侧各一,总梗长4～6 mm;总苞片4枚,具缘毛;有8～12朵花;花梗被伏柔毛。花被片6枚,近相等,密生透明腺点,椭圆形或长圆-椭圆形,背面无毛,腹面具白色微柔毛;雌花花被片长1.5～1.7 mm,宽1～1.2 mm。雄蕊9枚。果实球状,径5～6 mm,成熟后常不规则2裂;果梗被灰白色伏柔毛,纤细,长10～15～17 mm,径约0.5 mm,仅顶端稍增粗。果期7～8月。

本种与红果山胡椒 L. erythrocarpa Makino 相近,区别在于本种小枝瘦细,红褐色或棕褐色,光滑;叶下面仅脉腋具髯毛,余部无毛;伞形花序有8～12朵花;雌、雄花的花被片均背面无毛,腹面被柔毛。果实较小,直径5～6 mm,成熟后不规则2裂;果梗纤细,径约0.5 mm,仅近顶端稍增粗。

产地:河南嵩县龙池曼。1957年7月21日。22462。模式标本,存河南农业大学植物标本室。列入河南省重点保护植物名录(2005)。

十八、金缕梅科　**Hamame**

（一）枫香属　**Liquidambar** Liin.

1. 枫香

Liquidambar taiwaniana Hacne(*Liquidambar formosana* Hacne),丁宝章等主编． 河南植物志　第二册:127. 图889. 1988。

形态特征:落叶乔木,高25 m。树皮深灰色,具灰白色片状斑纹,老时呈不规则深裂。小枝圆柱状,幼时被柔毛。叶通常3裂,稀5裂,长6.0～12.0 cm,宽8.0～15.0 cm,基部圆心形或平截,裂片三角-宽卵圆形,先端细长尖,边缘具细锯齿;叶柄细睑,长3.0～8.0～11.0 cm;托叶线形,早落。花单性,雌雄同株! 雄花排裂成总状花序,淡黄绿色,无花被;

雌花集成球状花序。果序球状,径 2.5~3.0 cm,径 3.5~4.0 cm;果梗粗壮,宿存长柔毛。蓇葖果球状、近球状,紫红色,表面果点小,少,不明显,先端无喙或具短喙。通常较少,下垂,木质,具多数鳞片及花柱变成的刺状物。种子具翅,椭圆-卵圆形,扁平,长约 6 mm。花期 4 月,果实成熟期 9 月。

产地:河南大别山、桐柏山和伏牛山区南部有分布。列入河南省重点保护植物名录(2005)。

十九、蔷薇科 Rosaceae

(一)红果树属 Stranvaeia Lindl.

1. 红果树 图 161

Stranvaeia davidiana Dene. ,丁宝章等主编 . 河南植物志 第二册:176. 图 955. 1988。

形态特征:落叶灌木或小乔木,高 1~10 m。小枝粗壮,圆柱状,灰褐色,有稀疏而不明显的皮孔,幼时带红色,密被长柔毛,后渐脱落。冬芽长卵球状,先端短渐尖,红褐色,近无毛或鳞片边缘有短缘毛。叶长圆形、长圆-披针形或倒披针形,长 5.0~12.0 cm,宽 2.0~4.5 cm,先端急尖,基部楔形或宽楔形,边缘全缘,表面中脉微下陷,沿中脉被疏柔毛,背面中脉隆起,沿中脉有稀疏柔毛;叶柄长 1.0~2.0 cm,带红色,有柔毛。复伞房花序具多花,径 5.0~9.0 cm;花梗短,长 2~4 mm,与总花梗密被硬毛;苞片膜质,卵圆-披针形,早落。花白色,径约 8 mm;萼筒外面被稀疏柔毛;萼裂片三角卵圆形,长 2~3 mm,比萼筒短,先端急尖,边缘全缘,外面被稀疏柔毛;花瓣近圆形,具短爪;雄蕊比花瓣短,花药紫红色;花柱大部分结质,柱头头状,子房顶端被茸毛。果实近球状,深红色,径 7~8 mm;宿存萼片直立。种子长椭圆体状。花期 5~6 月,果实成熟期 9~10 月。

产地:河南伏牛山区南部有分布。列入河南省重点保护植物名录(2005)。

(二)石楠属 Photinia Lindl.

1. 椤木石楠 图 162

Photinia davidsoniae Lindl. ,丁宝章等主编 . 河南植物志 第二册:182~183. 图 965. 1988。

形态特征:常绿乔木,高 6~15 m。小枝紫褐色或灰色,幼时疏被平贴柔毛,后渐脱落。短枝长有刺。叶革质,长圆形或倒披针形,长 5.0~15.0 cm,宽 3.5~5.0 cm,先端急尖或渐尖,有短尖头,基部楔形,边缘有腺锯齿而反卷,表面光亮,深绿色,中脉下陷,幼时贴生

图 161 红果树
1. 花枝;2. 果枝;3. 花纵切面;
4. 果实纵切面;5. 果实横切面
(引自《河南植物志(第二册)》)。

图 162 椤木石楠
1. 花枝;2. 果实
(引自《河南植物志(第一册)》)。

柔毛,后无毛,中脉隆起,侧脉 10~12 对;叶柄长 8~15 mm,无毛。复伞房花序顶生,具多花,紧密,径 10.0~12.0 cm;总花梗与花梗均贴生柔毛。花白色,径 10~12 mm;萼筒浅杯状,外面被稀疏柔毛;萼裂片宽三角形;花瓣圆形,具短爪;雄蕊 20 枚,比花瓣短;花柱 2枚,中部以下合生;子房 2 室。梨果近球状或卵球状,黄红色,无毛,径 7~10 mm;萼裂片稍直立。花期 5 月,果实成熟期 9~10 月。

产地:河南大别山区和伏牛山区南部有分布。列入河南省重点保护植物名录(2005)。

(三) 苹果属 Malus Mill.

1. 河南海棠　图 163

Malus honanensis Rehd. ,丁宝章等主编．河南植物志　第二册:203. 图 997. 1988。

形态特征:灌木或小乔木,高 5~7 m。小枝细弱,幼时被毛,后渐脱落。老枝红褐色,无毛。叶宽卵圆形至长椭圆-卵圆形,长 4.0~7.0 cm,宽 3.5~6.0 cm,先端急尖或渐尖,基部圆形、心形或截形,常5~13 浅裂,边缘有尖锐重锯齿,背面疏生短茸毛;叶柄长 1.5~2.5 cm,疏生柔毛。复伞房花序有 55~10朵花;花梗长 1.5~3.0 cm,幼时被毛,后无毛。花粉红色,径 1.5 cm;萼筒疏被柔毛;萼裂片三角-卵圆形,较萼筒短;花瓣近圆形,长 5~8 mm;雄蕊 20 枚,比花瓣短;花柱 3~4 枚,无毛。果实近球状,径约 8mm,黄红色;裂片宿存;果梗长 2.0~3.0 cm。花期 4~5 月,果实成熟期 8~9 月。

图 163　河南海棠
1. 花枝;2. 果枝;3. 果实横切面;
4. 果实纵切面;5. 花纵切面;6. 花瓣
(引自《河南植物志(第二册)》)。

产地:河南太行山区和伏牛山区有分布。列入河南省重点保护植物名录(2005)。

2. 伏牛海棠　图 164

Malus komarovii Rehd. var. **funiushanensis** S.Y. Wang ,丁宝章等主编．河南植物志　第二册:201. 图 994. 1988。

形态特征:落叶小乔木,高 3~5 m。小枝红褐色,无毛,幼时被毛,后渐脱落。叶宽卵圆形至或宽心形,长 6.0~8.0 cm,宽 8.0~12.0 cm,3~5 裂,中间裂片常为 3 浅裂,裂片卵圆形,先端尖,基部心形,边缘有尖锐重锯齿,无毛或沿脉疏生柔毛;叶柄长 2.0~5.0 cm。果实椭圆体状,红褐色,长约 1.1 cm,径约 8mm,有少数斑点;萼裂片脱落。果实成熟期 9 月。

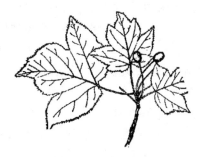

图 164　伏牛海棠
(引自《河南植物志(第二册)》)

产地:河南伏牛山区有分布。列入河南省重点保护植物名录(2005)。

二十、槭树科　Aceraceae

(一)槭属　Acer Linn.

1. 杈叶槭　图 165

图 165　杈叶槭
(引自《河南植物志(第二册)》)

Acer robustum Pax，丁宝章等主编．河南植物志　第二册:542~543．图 1478．1988。

形态特征:落叶乔木,高 10 m。小枝青褐色,无毛,幼时被白粉。叶膜质,掌状 7~9 裂,长约 6.0 cm,宽 7.0~10.0 cm,基部心形或截形,裂片卵圆形,先端尾渐尖,边缘有尖锐重锯齿,背面脉腋有白色簇毛;叶柄细,长达 5.0 cm。伞房状花序顶生,长约 6.0 cm;萼片紫色,长椭圆形,长 3.5~4.5 mm;花瓣绿色,宽倒卵圆形,长 3 mm,宽 2~2.5 mm;雄蕊 8 枚,着生花盘内缘;子房疏生茸毛或无毛。翅果长 2.5 cm,紫色,翅开展成钝角,径约 8 mm,有少数斑点;萼裂片脱落。花期 5 月,果实成熟期 8~9 月。

产地:河南伏牛山区有分布。列入河南省重点保护植物名录(2005)。

变种:

1.1　杈叶槭　变种

Acer robustum Pax var. robustum

1.2　河南杈叶槭　变种

Acer robustum Pax var. **honanense** Fang,丁宝章等主编．河南植物志　第二册:543．1988。

本变种:小枝被蜡质白粉。叶较小,宽 7.0~9.0 cm,常 9 裂,裂片卵圆形或三角-卵圆形,边缘有紧贴锯齿。翅果较小,长 3.0~3.2 cm。

产地:河南伏牛山及大别山区有分布。列入河南省重点保护植物名录(2005)。

2. 飞蛾槭　图 166

Acer oblongum Wall.，丁宝章等主编．河南植物志　第二册:546．图 1483．1988。

图 166　飞蛾槭
1. 果枝;2. 两性花
(引自《河南植物志(第二册)》)。

形态特征:落叶或半常绿乔木,高 10~20 m。小枝紫色或淡紫色,有柔毛或无毛,老枝褐色,无毛。冬芽具多数鳞片。叶近革质,长圆形或卵圆形,长 5.0 ~12.0 cm,宽 3.0~4.0 cm,先端尖或尾尖,基部圆形或宽楔形,边缘全缘或幼树上叶有 3 裂及有锯齿,表面绿色,有光泽,背面有白粉或灰绿色,基部 3 出脉;叶柄细,长 1.5~4.0 cm。圆锥花序顶生,有短柔毛;花杂性,绿色或黄绿色;萼片 5 枚,长圆形;花瓣 5 枚,倒卵圆形;雄蕊 8 枚,着生花盘内侧,花盘微裂;子房被短柔毛,柱头 2 裂,反卷。翅果长 2.5 cm,幼时紫色,成熟后黄褐色,小坚果凸出,翅开展成直角。花期 5 月,果实成熟期 9 月。

产地:河南伏牛山区有分布。列入河南省重点保护植物名录(2005)。

3. 重齿槭

Acer dulicato-serratum Hayata in Journ. Coll. Sc. Tokyo 30(1):65. 1911 & Ic. Pl. Formos. 1:155. 1911。

形态特征:落叶小乔木。小枝幼时被白色长柔毛,渐老无毛。叶纸质,基部心脏形,外貌近于圆形,直径约 7.0 cm,常 7 裂,裂片长圆-披针形,先端锐尖,边缘具重锯齿,中央裂片长 5.0 cm,宽 1.5 cm,其余较小,基部者仅长 2.5 cm,凹缺深达叶片长度的 3/5 以上,两面叶脉上均被长柔毛;叶柄长 2.0~2.5 cm,嫩时被长柔毛。花序伞房状,嫩时被长柔毛。总花梗长 1.0~2.5 cm,花梗长 5~6 mm;萼片淡紫色,卵圆-长圆形,长 2~3 mm;花瓣白色,短于萼片;雄蕊短于花瓣;子房密被片柔毛。小怪果近卵球状,翅镰刀形,宽 1.0 cm,连同小坚果长 2.0~2.4 cm,张开成直角。化期 3 月,果实成熟期 8 月。

产地:河南有分布。列入河南省重点保护植物名录(2005)。

二十一、七叶树科 Hippocastanaceae

(一)七叶树属 Aesculus Linn.

1. 七叶树 图 167

Aesculus chinensis Bunge,丁宝章等主编. 河南植物志 第二册:552. 图 1493. 1988。

形态特征:落叶乔木,高 25 m。冬芽卵球状,有树脂。小叶 5~7 枚,纸质,长倒-披针形或长圆形,长 9.0~10.0 cm,宽 3.0~5.5 cm,先端渐尖,基部楔形,边缘有细锐锯齿,背面沿脉疏生柔毛,侧脉 13~17 对;小叶柄长 5~10 mm;叶柄长 6.0~10.0 cm,有细柔毛。圆锥花序连总花梗长 25.0 cm,有微柔毛;花杂性,白色;萼片 5 枚,长圆形;花瓣 4 枚,不等大,长 8~10 mm;雄蕊 6 枚;子房在雄花中不发育。蒴果球状,顶端扁平略凹下,径 3.0~4.0 cm,密生疣点。种子近球状,种脐淡白色,约占种子的 1/2。花期 5~6 月,果实成熟期 8~9 月。

产地:河南伏牛山、太行山和大别山区有分布。列入河南省重点保护植物名录(2005)。

2. 天师栗 图 168

Aesculus wilsonii Rehd. ,丁宝章等主编. 河南植物志 第二册:552~553. 图 1494. 1988。

形态特征:落叶乔木,高 15~20 m。小枝幼时密

图 167 七叶树
1. 枝叶;2. 花萼及雌蕊;
3. 花瓣;4. 雄蕊;5. 果实
(引自《河南植物志(第二册)》)。

图 168 天师栗
1. 花枝;2. 果实
(引自《河南植物志(第二册)》)。

被短柔毛。冬芽有树脂。小叶 5~7~9 枚,长倒-卵圆形、倒披针形或长圆形,长 10.0~ 25.0 cm,宽 4.0~8.0 cm,先端渐尖,基部圆形或宽楔形,边缘密生微内曲细锯齿,背面幼时密生细毛;小叶柄长 1.0~3.0 cm;叶柄长 8.0~15.0 cm。圆锥花序顶生,连总花梗长 20.0~30.0 cm,雄花位于上部,两性花位于下部;有微柔毛;花萼筒状,5 裂;花瓣 4 枚,倒卵圆形,不等长,雄蕊位于上部,两性花位于下部;花萼筒状,5 裂;花瓣 4 枚,倒卵圆形,不等大;雄蕊 7 枚,不等片;两性花中子房 3 室,有黄色茸毛;花柱有长柔毛。蒴果卵球状或倒卵球状,长 3.0~4.0 cm,具疣状凸起,3 裂。种子种脐淡白色,约占种子的 1/3 以下。花期 5~6 月,果实成熟期 9~10 月。

图 169　珂楠树

1. 花枝;2. 叶;3. 花;4. 雄蕊;

5. 退化雄蕊;6. 雌蕊;7. 果实

(引自《河南植物志(第二册)》)。

产地:河南伏牛山区有分布。列入河南省重点保护植物名录(2005)。

二十二、清风藤科　Sabiaceae

(一)泡花树属　Meliosma Bl.

1. 珂楠树　图 169

Meliosma beaniana Rehd. et Wils. ,丁宝章等主编. 河南植物志　第二册:566~567. 图 1521. 1988。

形态特征:落叶乔木,高 12~25 m。小枝幼时密被锈色茸毛,后光滑。芽裸露密被锈色茸毛。奇数羽状复叶,长 15.0 ~35.0 cm;小叶 5~13 枚,对生或近对生,卵圆形或椭圆-披针形,长 3.0~15.0 cm,宽 1.5~5.0 cm,先端渐尖,基部宽楔形,稀圆形,边缘具稀疏的细缺刻状锯齿,表面深绿色,近无毛,背面浅绿色,疏生柔毛,脉腋有黄色髯毛,侧脉 6~8 对。花白色,圆锥花序腋生枝的上部,长 12.0~20.0 cm,密被锈色长柔毛。萼片 4 枚,卵圆形,长 1.5~2 mm,有缘毛;花瓣 5 枚,外面 3 个宽肾形,先端凹头,内面 2 个较小,2 裂,裂片短小;花盘杯状,膜质,与子房等长,浅裂;子房无毛。果实球状,黑色。花期 5~6 月,果实成熟期 8~9 月。

产地:河南伏牛山、大别山和桐柏山区有分布。列入河南省重点保护植物名录(2005)。

2. 暖木　图 170

Meliosma veitechiorum Hemsl. ,丁宝章等主编. 河南植物志　第二册:566. 图 1511. 1988。

形态特征:落叶乔木,高 15 m。小枝幼时密被锈色柔毛;小枝粗壮。奇数羽状复叶,长 20.0~90.0 cm,叶轴和总柄初被柔毛,后光滑;小叶 7~11 枚,长椭圆形或长卵圆-椭圆形,稀近圆形,长 7.0~15.0 cm,宽 2.0~8.5 cm,先端渐

图 170　暖木

1. 果枝;2. 叶

(引自《河南植物志(第二册)》)。

尖,基部楔形或近圆形,边缘全缘或具粗锯齿,表面深绿色,无毛,侧脉长 6.0~8.5 cm,先端渐尖,基部楔形或近圆形,边缘全缘或具粗锯齿,侧脉 6~12 对,背面淡灰绿色,脉隆起,有时 1~2 对,有时沿脉有柔毛;小叶柄短,有柔毛。花白色,极多,圆锥花序,直立,顶生,长 20.0~45.0 cm,分枝粗壮,皮孔明显;萼片 5 枚,长椭圆形,先端钝尖;花瓣倒心形;花盘 5 浅裂;雄蕊 2 枚能发育;子房有毛。果实球状,径 1.0~1.2 cm,熟时黑色。花期 6~7 月,果实成熟期 9~10 月。

产地:河南伏牛山区有分布。列入河南省重点保护植物名录(2005)。

二十三、鼠李科　Rhamnaceae

(一) 铜钱树属　Paliurus Mill.

1. 铜钱树　图 171

Paliurus hemsleyanus Rehd.　,丁宝章等主编.河南植物志　第二册:577~578. 图 1524. 1988。

形态特征:落叶乔木,高 15 m。树皮暗灰色,剥裂状。小枝细长,无毛,呈"之"字形曲折,密被小皮孔,无刺。叶椭圆−卵圆形至广卵圆形,长 4.0~10.0 cm,宽 2.5~9.0 cm,先端渐尖、短尖或尾尖,基部圆形至宽楔形,边缘具细锯齿或圆锯齿,两面无毛,表面光绿色,背面淡绿色;叶柄稍短,长约 1.0 cm左右。花序具长梗;花黄绿色。果实周围有薄翅,大小形状如铜钱,圆形,径约 2.5 cm 左右,紫褐色,无毛。花期 5 月,果实成熟期 10 月。

图 171　铜钱树
1. 果枝;2. 花枝;3. 花
(引自《河南植物志(第二册)》)。

产地:河南伏牛山和大别山区有分布。列入河南省重点保护植物名录(2005)。

二十四、猕猴桃科　Actinidiaceae

(一) 猕猴桃属　Actinidia Lindl.

1. 河南猕猴桃　图 172

Actinidiahenanensis C. F. Liang,丁宝章等主编.河南植物志　第三册:23. 图 1586:8~11. 1997。

形态特征:大型落叶木质藤本。小枝红褐色,髓心小,片层状。叶近圆形、广卵圆形或倒卵圆形,长 9.0~13.0 cm,宽 5.5~8.5 cm,先端稍向后弯,尾状急渐尖,基部圆形,边缘具软骨质锐锯齿,表面无毛,

图 172　河南猕猴桃
1. 叶;2. 果枝;3. 花枝;4. 花;5. 果实
(引自《河南植物志(第三册)》)

背面略被霜粉,呈浅粉绿色,侧脉腋处有髯毛,余处无毛,侧脉 6~7 对;叶柄长 3.0~4.0 cm。聚伞花序具花 3~5 朵,无毛;花径 2.5~3.0 cm;萼片 5 枚,黄绿色,卵圆形,柱头略后弯。果实圆柱状,长约 4.5 cm,径达 3.7 cm,先端具不明显的喙,初黄绿色,成熟时暗红色,无毛,无斑点。种子褐色,近长圆体状,长 3 mm,宽 2 mm。花期 6 月上旬,果实成熟期

9 月中旬。

产地:河南伏牛山区有分布。列入河南省重点
保护植物名录(2005)。

二十五、山茶科 Theaceae

(一) 紫茎属 Stewartia Linn.

1. 紫茎 图 173

Stewartia sinensis Rehd. et wils. ,丁宝章等主
编. 河南植物志 第三册:32. 图 1595 . 1997。

形态特征:落叶乔木,高 6.0~10.0 m。树皮薄,
灰黄色,脱落后深褐色,平滑。小枝红褐色、褐色,平
滑。叶纸质,卵圆形或长圆–卵圆形,长 4.0~8.0
cm,宽 2.5~3.5 cm,先端短渐尖或近于锐尖,基部圆
形,边缘具锯齿,背面疏被平伏长柔毛,至少中脉被
毛,侧脉 5~6 对;叶柄长约 1.0 cm,红色。花单生叶
腋或近顶叶腋,白色,径 3.0~3.5 cm;苞片 2 枚,宿
存,卵圆形,外面近无毛;萼片 5 枚,卵圆形,长 9~15 mm,先端尖,外面被毛,宿存;花瓣 5
枚,倒卵圆形,长约 2.5 cm,宽 1.3~1.8 cm,外面被长柔毛;雄蕊花丝中部以下合生成管;
子房 5 室,每室 2 胚珠,花柱无毛,长 8~10 mm,先端 3 裂。蒴果实圆锥状或长圆锥状,长
约 1.5 cm,径约 8 mm,先端长喙状,外面密被黄褐色柔毛,成熟时 5 瓣裂。花期 5~6 月,
果实成熟期 9~10 月。

产地:河南伏牛山区有分布。列入河南省重点保护植物名录(2005)。

图 173 紫茎
1. 花枝;2. 雌蕊;3. 雄蕊;4. 蒴果;
5. 果瓣;6. 种子
(引自《河南植物志(第三册)》)。

2. 陕西紫茎

Stewartia shesiensis Chang,丁宝章等主编. 河南
植物志 第三册:33 . 1997。

该种主要形态特征:苞片及萼片先端钝或圆尖;
苞片长圆形,宽 5~6 mm。

产地:河南伏牛山区内乡、南召县有分布。列入
河南省重点保护植物名录(2005)。

二十六、省沽油科 Staphyleaceae

(一) 银鹊树属 Tapascla Oliv.

1. 银鹊树 图 174

Tapascla sinensis Oliv. ,中国科学院植物研究所主
编. 中国高等植物图鉴 第二册:692. 图 3114. 1983。

形态特征:落叶乔木,高 15.0 m。小枝无毛。芽
卵球状。单数羽状复叶,长 30.0 cm。小叶无毛。芽
卵球状,小,5~9 枚,狭卵圆形或卵圆形,长 6.0~14.0

图 174 银鹊树
1. 花枝叶;2. 花;3. 果序
(引自《中国高等植物图鉴(第二册)》)

cm,宽 3.5~6.0 cm,边缘具锯齿,无毛,背面粉绿色;叶柄长达 12.0 cm。圆锥花序腋生,雄花序长达 25.0 cm,两性花的长达 10.0 cm;花小,有香气,黄色;雄花与两性花异株;花萼钟状,长约 1 mm,5 浅裂;花瓣 5 枚,狭卵圆形,比萼片稍长;雄蕊 5 枚,与花瓣互生,伸出花外;子房 1 室,有 1 胚珠,花柱长过雄蕊;雄花有退化雄蕊。核果近球状,长约 7 mm。

产地:河南伏牛山区内乡、西峡县有分布。列入河南省重点保护植物名录(2005)。

二十七、五加科　Araliaceae

(一)刺楸属　Kalopanax Miq.

1. 刺楸　图 175

Kalopanax septemlobus(Thunb.)Koidz.　,丁宝章等主编.河南植物志　第三册:113.图 1659.1997。

形态特征:落叶乔木,高 10~30 m。小枝淡黄棕色或灰棕色,散生粗刺,刺基部扁宽。叶圆形或近圆形,掌状 5~7 裂,裂片宽三角-卵圆形或长椭圆-卵圆形,先端渐尖,边缘具细锯齿,表面无毛,背面幼时被短柔毛。顶生圆锥花序,长 15.0~25.0 cm;花白色或淡黄色。果实球状,蓝黑色,径约 5 mm。花期 7~10 月,果实成熟期 9~12 月。

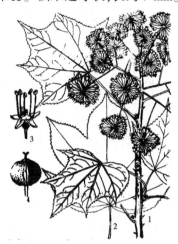

图 175　刺楸
1. 花枝;2. 分裂较深的叶;
3. 花;4. 果实。

产地:河南伏牛山等山区均有分布。列入河南省重点保护植物名录(2005)。

(二)人参属　Panax Linn.

1. 大叶三七

Panax japonica C. A. Mey.,丁宝章等主编.河南植物志　第三册:126.图 1671:4~7.1997。

形态特征:多年生草本,高 1 m。根状茎横生,竹鞭状或串珠状,根常不膨大。掌状复叶,3~5 枚,轮生于茎顶;叶柄片 5.0~10.0 cm;小叶 3~5 枚,椭圆形或倒-卵圆形,中央的较大,长 5.0~15.0 cm,宽 2.5~6.5 cm,先端渐尖或急尖,基部楔形或圆形,边缘具锯齿;小叶柄长 0.2~2.0 cm。伞形花序生于枝顶,有时分为 5 个小伞形花序;花多数;萼缘有 5 齿;花瓣 5 枚;雄蕊 5 枚;子房下位,2~5 室;花柱中部以下合生,果时外卷。果实球状或肾-球状,径 4~6 mm,熟时红色。种子乳白色,三角-长卵球状,长 3.5~4.5 mm。花期 6~8 月,果实成熟期 8~10 月。

产地:河南伏牛山、太行山区均有分布。列入河南省重点保护植物名录(2005)。

二十八、杜鹃花科　Ericaceae

(一)杜鹃花属　Rhododendron Linn.

1. 河南杜鹃　图 176:1~4

Rhododendron henanense Fang ,丁宝章等主编.河南植物志　第三册:194~195.图 1739:1~4.1997。

形态特征:灌木,高 3.0~5.0 m。小枝粗壮;幼枝绿色,无毛。芽卵球状,近无毛。叶厚纸质,常在小枝顶部密集,椭圆形或长圆–椭圆形,长 7.0~9.0 cm,宽 3.0~4.0 cm,先端常圆形并有短尖头,基部近圆形或心形,边缘近全缘,干燥时反卷,表面暗绿色,背面灰白色,无毛,中脉微下陷,网脉不明显;叶柄粗壮,无毛,长 1.5~2.0 cm。总状聚伞花序;花 12~13 朵,花序轴长 1.0~1.5 cm,被淡黄色丛状卷毛;花梗长 1.5~2.0 cm,被淡黄色丛状卷毛;花萼小,长 2 mm;花冠常钟状,长 3.0 cm,径 2.5 cm,白色,两面无毛;裂片 5 枚,内面有紫色斑点;雄蕊 10 枚,花丝近基具白色柔毛;子房密被腺体;花柱无毛。蒴果长圆圆体状,微弯曲,暗褐色,长 1.5~2.0 cm,径 5~6 mm。

图 176

河南杜鹃:1. 花枝;2. 果实;3. 雄蕊;4. 雌蕊

太白杜鹃:5. 花枝;6. 雌蕊;7. 雄蕊

(引自《河南植物志(第三册)》)。

产地:河南伏牛山区卢氏、嵩县有分布。列入河南省重点保护植物名录(2005)。

2. 太白杜鹃　图 176:5~7

Rhododendron henanense Fang ,丁宝章等主编 . 河南植物志　第三册:195 . 图 1739:5~7. 1997。

形态特征:常绿灌木或小乔木,高 2.0~5.0 m。幼枝被微毛或近无毛。叶革质,长圆–披针形或长圆形,长 5.0~9.5 cm,宽 2.5~4.5 cm,先端钝圆形,有突尖,基部圆形或楔形,边缘反卷,表面暗绿色,背面灰白色,无毛,有光泽,微皱;背面淡绿色,无毛,中脉突起,网脉明显;叶柄粗壮,初被微毛,长 8~20 mm。短总状伞形花序,顶生;总花梗长 5~13 朵,花序轴长 5~10 mm,被淡褐色柔毛;花冠钟状,长 2.5~3.5 cm,淡粉红色或近白色;裂片 5 枚,圆形;雄蕊 10 枚,稍外露,花丝下部具白色柔毛;子房锥状,密被白色长柔毛或有疏短柔毛;花柱无毛。蒴果长圆锥体状,微弯曲,长 1.0~3.5 cm,有红褐色柔毛或近无毛;果梗长 1.0~2.5 cm,被红褐色柔毛。花期 4 月下旬至 6 月中旬,果实成熟期 7~8 月。

产地:河南伏牛山区有分布。列入河南省重点保护植物名录(2005)。

二十九、野茉莉科　Styraceae

（一）野茉莉属　Styrax Linn.

1. 玉玲花　图 177

Styrax obassia Sieb. et Zucc. ，丁宝章等主编．河南植物志　第三册:229．图 177. 1997。

形态特征:灌木或乔木。树皮灰褐色,平滑。幼枝常被褐色星状毛。小枝下部两叶较小而近对生,上部叶互生,宽椭圆形或近圆形,长 10.0~14.0 cm,宽 8.0~10.0 cm,先端急尖或渐尖,基部圆形或宽楔形,边缘具粗锯齿,表面常无毛,背面密被灰白色星状茸毛;叶柄长 1.0~1.5 cm,被黄棕色长柔毛,基部膨大成鞘包围冬芽。花白色或粉红色,芳香,长 1.5~2.0 cm,单生上部叶腋或顶生,总状花序。果实卵球状,径 1.0~1.4 cm,密被红褐色星状短茸毛。花期 6~7 月,果实成熟期 8~9 月。

图 177　玉玲花
1. 花枝;2. 花;3. 花冠展开;4. 果实
（引自《河南植物志(第三册)》）。

产地:河南大别山、伏牛山区有分布。列入河南省重点保护植物名录(2005)。

2. 郁香野茉莉

Styrax odoratissima Champ. ，丁宝章等主编．河南植物志　第三册:230~231．图 1776:1~2. 1997。

形态特征:灌木或乔木,高 4~10 m。树皮灰褐色。叶长椭圆形,长 7.0~10.0 cm,宽 3.0~5.0 cm,先端急尖或渐尖,基部宽楔形至圆形,边缘全缘,表面常无毛,幼时两面叶脉疏被星状毛;叶柄长 5~10 mm,被毛。花单生或总状、圆锥花序,长 5.0~8.0 cm;花白色,长 1.2~1.5 cm。果实近球状,径 8~10 mm,密被灰黄色星状茸毛。花期 3~4 月,果实成熟期 6~9 月。

产地:河南大别山区有分布。列入河南省重点保护植物名录(2005)。

三十、菊科　Compositae

（一）太行菊属　Opisthopappus Shis.

1. 太行菊

Opisthopapus taihangensis(Ling)Shih(*Chrysanthemum taihangensis* Linn.) ,丁宝章等主编．河南植物志　第三册:637. 1997。

形态特征:多年生草本,高 10.0~15.0 cm。茎淡紫色或褐色,被密或稀疏贴生短柔毛。基生叶卵圆形、宽卵圆形或椭圆形,长 2.5~3.5 cm,规则二回羽状分裂,一回至二回全部全裂,一回侧裂片 2~3 对;茎生叶与基生叶同形并等叶分裂,但上部叶常羽裂,全部末间裂片披针形、长圆形或斜三角形,宽 1~2 mm,全部叶两面被稀疏短柔毛;茎生叶柄长 1.0~3.0 cm。头状花序单生枝端或枝生 2 个头状花序。总苞浅盘状,直径约 1.5 cm;总苞片约 4 层,中外层线形和披针形,长 4~5.5 mm,外面被稍密短柔毛,内层长椭圆形,长

6~7 mm,无毛或几无毛;舌状花粉红色或白色,舌状线形,长约 2.0 cm,先端 3 齿裂;筒状花红色,花冠长约 2.8 mm,顶端 5 齿裂。果实长 1.2 mm,有 3~5 条翅状加厚纵肋;冠毛芒片状,长 4~6 枚,分离或基部稍连合,不等大,最长达 1 mm,最短仅 0.1 mm。全部芒集中在瘦果背面顶端。花期 6~9 月。列入河南省重点保护植物名录(2005)。

(二)裸菀属 Gymnaster Kitam.

1. 卢氏裸菀

Gymnaster lushiensis J. Q. Fu,丁宝章等主编. 河南植物志 第三册:576~577. 图 2116:4~7. 1997。

形态特征:茎直立,圆柱状,密被白色向上贴生长毛,微左右弯曲,先端分枝;叶柄短或近无柄,具狭翅。叶卵圆形、宽椭圆形或倒卵圆-披针形,长 2.0~8.0 cm,宽 1.0~1.4 cm,先端钝尖或近圆形,基部渐狭,边缘具不明显波状圆齿,表面绿色,被白色硬毛,背面灰白色,密被厚的贴生长柔毛,叶脉背面隆起,侧脉 3~4 对。头状花序径 2.0~3.0 cm,3~5 枚排成疏伞房花序;总苞宽钟状;总苞片 3 层,外层短,内面 2 层长,卵圆形或长圆形,革质,具透明的膜质边缘,外面被短柔毛;外围雌花舌状,舌片蓝紫色,长圆形,先端具明显 3 小齿,中央多为两性筒状花,黄色,长 3~4 mm;雄蕊和花柱外露。果实倒卵球-柱状,具 5 或多条肋,先端无冠毛,仅具乳头状突起。花期 9~10 月。

产地:河南伏牛山区有分布。列入河南省重点保护植物名录(2005)。

三十一、百合科 Liliaceae

(一)天门冬属 Asparagus Linn.

1. 万年青 非洲天门冬

Asparagus densiflorus(Kunth)Jessop,丁宝章等主编. 河南植物志 第四册:427~428. 1997。

形态特征:半灌木,多少攀缘,高达 1.0 m。茎和分枝有纵棱。叶状 3~5 枚成簇,扁平,线形,长 1.0~3.0 cm,宽 1.5~5 mm,先端具锐尖头。茎上的鳞片状叶基部具长 3~5 mm 的硬刺,分枝上的无刺。总状花序单生或成对,通常具十几朵花,苞片近条形,长 2~5 mm;花白色,直径 3~4 mm;花被片矩圆-卵圆形,长约 2 mm;雄蕊具很短的花药。浆果直径 8~10 mm,熟时红色,具 1~2 粒种子。

产地:河南洛阳、开封等地公园有栽培。列入河南省重点保护植物名录(2005)。

(二)重楼属 Paris Linn.

1. 七叶一枝花 图 178

Paris polyphylla Sm.,丁宝章等主编. 河南植物志 第四册:424. 图 2804. 1997。

形态特征:多年生草本,高 35.0~100.0 cm。根

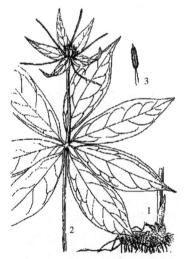

图 178 七叶一枝花
1. 植株下部;2. 植株上部;3. 雄蕊
(引自《河南植物志(第四册)》)。

状茎粗,径约1.5 cm,外面棕褐色,密生多数环节和许多须根。茎通常带紫红色,径0.8~
1.5 cm,基部具1~3枚灰白色干膜质鞘。叶5~10枚轮生,矩圆形、椭圆形或倒卵圆–披针
形,长7.0~15.0 cm,宽2.5~5.0 cm,先端短尖或渐尖,基部圆形或宽楔形;叶柄长2.0~
6.0 cm,带紫红色。花梗长5.0~30.0 cm;外轮花被片绿色,3~6枚,狭卵圆–披针形,长
3.0~7.0 cm,内轮花被片狭条形,通常比外轮长;雄蕊8~12枚,花药短,长5~8 mm,与花
丝近等长或稍长,药隔突出部分长0.5~2 mm;子房近球状,具棱,顶端具盘状花柱基,花
柱粗短,具4~5个分枝。蒴果紫色,径1.5~2.5 cm,3~6瓣裂。种子多数,具鲜红色多汁
的外种皮。花期5~7月,果实成熟期8~11月。

　　产地:河南伏牛山区有分布。列入河南省重点保护植物名录(2005)。

三十二、冬青科　Aquifoliaceae

(一)冬青属　Ilex Linn.

1. 大果冬青　图179

Ilex macrocarpa Oliv.,丁宝章等主编. 河南植物志
第二册:508~509. 图1430. 1988。

　　形态特征:落叶乔木,高20 m。具长枝和短枝。叶
厚纸质,卵圆形或卵圆–椭圆形,长6.0~15.0 cm,先端
突渐尖,基部圆形或楔形,边缘具细尖齿,两面无毛,幼
叶被稀疏微毛;叶柄长9~12 mm。花白色。雄花序簇生
于2年生长枝和短枝上或单生于长枝叶腋或基部鳞片
内,具1~5朵花;萼片及花瓣5~6枚;雌花单生叶腋,具
细长花梗。果实球状,径1.0~1.5 cm,柱头宿存。果实
成熟时黑色。果核7~9个。花期6月,果实成熟期10
月。

图179　大果冬青
1. 花;2. 果枝;3. 果;4. 叶
(引自《河南植物志(第二册)》)。

　　产地:河南大别山区有分布。列入河南省重点保护植物名录(2005)。

2. 冬青＊　图180

Ilex purpurea Hassk.,丁宝章等主编. 河南植物
志 第二册:508. 图1429. 1988。

　　形态特征:常绿小乔木,高3~10 m。树皮暗灰色。
小枝淡灰色。叶薄革质,狭椭圆形至披针形,长5.0~
12.0 cm,宽2.0~4.0 cm,两面无毛,表面有光泽,背面淡
绿色,先端渐尖,基部楔形,边缘锯齿钝尖;叶柄长5~15
mm。花雌雄异株。雄花序簇生于叶腋,淡紫色或紫红
色;萼片及花瓣4~5枚;雌花3~7朵排成聚伞花序,具
退化雄蕊。果实椭圆体状,长6~10 mm,光亮,深红色;
果核4~5个,背面有一深沟。花期4~6月,果实成熟期
10~11月。

图180　冬青
1. 果枝;2. 花序;3. 花;4. 果实
(引自《河南植物志(第二册)》)。

　　产地:河南大别山、桐柏山区有分布。列入河南省

重点保护植物名录(2005)。

注＊:河南省重点保护植物名录中记载为小叶冬青,有误。

三十三、虎耳草科　**Saxifragaceae**

(一)独根草属　**Oresitrophe** Bunge

1. 独根草

Oresitrophe rupnafraga Bunge,丁宝章等主编. 河南植物志　第二册:90~91. 图838. 1988。

形态特征:多年生草本,高9.0~28.0 cm。根茎粗,有鳞片。叶3~4枚,均基生,卵圆形至心形,长5.5~10.0 cm,稀长17.0 cm,宽3.5~12.0~21.0 cm,先端急尖或短渐尖,基部心形,边缘具不整齐的牙齿,牙齿具骤尖头,表面几无毛,背面幼时被茸毛,后无毛;叶柄长2.5~12.0 cm。花葶有短腺毛;复聚伞圆锥花序顶生,密短腺毛,无苞片;花梗长3~6 mm;花萼花瓣状,粉红色,长4~6.5 mm;雄蕊10枚,稀1~4枚,长达3 mm;花药近球状,紫色,心皮2枚,合生;子房近上位。蒴果长约5 mm。花期4~5月,果实成熟期6~7月。

产地:河南太行山区有分布。列入河南省重点保护植物名录(2005)。

三十四、凤仙花科　**Balsaminaceae**

(一)凤仙花属　**Impatiens** Linn.

1. 异萼凤仙花　图181

Impatiens heterosepala S. Y. Wang,丁宝章等主编. 河南植物志　第二册:569~570. 图1516. 1988。

形态特征:一年生草本,高40.0~100.0 cm。茎直立,上部多分枝,无毛或有稀柔毛。叶互生,卵圆形或卵圆-披针形,长7.0~13.0 cm,宽2.0~5.0 cm,先端尾渐尖,基部圆形或浅心形,有时宽楔形,边缘具尖锯齿;侧脉6~8对,无毛或有时被疏毛;叶柄片5~25 mm,在顶端或叶基部有2~4枚腺体。总花梗单生叶腋,长5~15 mm,有花2~4朵;花梗细,中部有卵形苞片;萼片4枚,外面2枚较大,斜卵圆形,长达8 mm,宽4~5 mm,边缘全缘,中肋隆起,内面2个极小,长1~1.5 mm,钻状,贴于旗瓣;旗瓣圆肾形,长、宽各1.0~

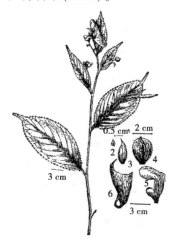

图181　异萼凤仙花
1. 植株一部;2~3. 萼睑;
4. 旗瓣;5. 翼辨;6. 唇瓣
(引自《河南植物志(第二册)》)

1.2 cm,背面中肋隆起呈龙骨状,中部深紫色,边缘淡紫色,翼瓣几无柄,2裂,基部圆形,黄色,上部裂片长圆-斧形,先端紫色,基部黄色,背面有内折的宽耳;唇瓣囊状,上部淡紫色,下部淡黄色,内面有深紫色斑炎,距较短而内弯,先端常2裂;雄蕊4枚,药尖。蒴果线形,长达3.0 cm。花期8月,果熟期9月。

产地:河南桐柏山、大别山和伏牛山区各县有分布。列入河南省重点保护植物名录(2005)。

　　注:以下种略去,因在前面已有介绍。

　　1. 青钱柳、2. 领春、3. 紫斑牡丹、4. 天目木姜子、5. 山柏树、6. 杜仲、7. 太行花、8. 金钱槭、9. 延龄草、10. 毛杓兰、11. 大花杓兰、12. 建兰、13. 多花兰、14. 天麻、15. 黑节草、16. 霍山石斛、17. 细茎石斛。

第四编　河南省珍稀濒危植物资源

本编植物资源包括新科、新属、新亚属、新组、新亚组、新系、新亚系,以及种、亚种、变种模式标本产于河南的植物。

一、苏铁科　Cycadaceae

(一)墨西哥苏铁属　Zamia Linn.

1.墨西哥苏铁

Zamia furfuracea Linn. f. ex Aiton

变种:

1.1　墨西哥苏铁　变种

Zamia furfuracea Linn. f. ex Aiton var. **furfuracea**

1.2　弯长毛墨西哥苏铁　变种　图 182

Zamia furfuracea Linn. f. ex Aiton var. **curvativivillosa** T. B. Zhao et Z. X. Chen,赵天榜主编. 赵天榜论文选集. 2021。

图 182　弯长毛墨西哥苏铁叶形

本变种小叶裂片对生或互生,长椭圆形,长 10.0~14.0 cm,表面黄绿色,具光泽,有弯曲枝状长柔毛;背面淡黄色,平行脉,具光泽,密被弯曲枝状长柔毛,中、下部边缘全缘,基部楔形,边缘基部具缘毛,先端短尖,边缘具不等圆钝齿,稀具弯曲长缘毛;叶轴基部 1/3 处无小叶;无明显叶柄。

产地:河南。郑州植物园有引种栽培。2018 年 6 月 10 日。赵天榜等,No. 3580。模式标本,存河南农业大学。

二、银杏科　Ginkgoaceae

(一)银杏属　Ginkgo Linn.

1.银杏

Ginkgo biloba Linn.

变种:

1.1　银杏

Ginkgo biloba Linn. var. **biloba**

1.2　异叶银杏　变种

Ginkgo biloba Linn. var. **heterophylla** T. B. Chao et Z. X. Chen,赵天榜. 河南银杏一新变种。河南林业科技,第 3 期:31. 1994。

本变种叶 3 种类型：①鸭嘴型叶。叶长 3.5~6.0 cm，唇片宽 3.5~5.0 cm，基部漏斗状，长 1.0~2.0 cm；叶柄长 2.0~6.0 cm，稀 7 cm，表面平，无沟。②漏斗型叶。通常为初生叶，稀为第 2 叶，漏斗状，顶端边缘不对称的锯齿或牙齿，基部狭漏斗状；叶柄长 2.5~3.5 cm，表面平，无沟。③倒三角型叶。叶通常为扭曲，长 5.0~6.5 cm，2 深裂，裂片又 2裂，位于枝条中部下面的 3~5 叶基部逐渐呈漏斗状。

产地：河南，河南农业大学。1990 年 7 月 10 日。赵天榜等，No.90715。模式标本，存河南农业大学。

1.3　柱冠银杏　变种

Ginkgo biloba Linn. var. **cylindrica** T. B. Zhao, Z. X. Chen et J. T. Chen，赵天榜等主编. 郑州植物园种子植物名录：8. 2020。

本变种树冠圆柱状。小枝很短，平展或下垂。

产地：河南。赵天榜、陈志秀和陈俊通，No.201508213。模式标本，存河南农业大学。

1.4　小籽银杏　变种

Ginkgo biloba Linn. var. **parvispecies** T. B. Zhao, Z. X. Chen et Y. M. Fan，赵天榜等主编. 郑州植物园种子植物名录：8. 2020。

本变种叶宽 3.0~4.5 cm。种子小，长 2.0~2.5 cm，带粉红色，冬季不落。

产地：河南，郑州市。赵天榜、陈志秀和范永明，No.201509221。模式标本，存河南农业大学。

1.5　垂枝银杏　变种

Ginkgo biloba Linn. var. **grossirama** T. B. Zhao et Z. X. Chen，赵天榜主编. 赵天榜论文选集. 2021。

本变种侧枝粗壮，斜展。长枝下垂。

产地：河南，郑州市。赵天榜和陈志秀，No.201906190。模式标本，存河南农业大学。

1.6　帚冠银杏　变种

Ginkgo biloba Linn. var. **muscarifoems** T. B. Zhao, Z. X. Chen et D. F. Zhao，赵天榜主编. 赵天榜论文选集. 2021。

本变种侧枝粗壮，近直立。树冠帚状。叶大而密。

产地：河南，郑州市。赵天榜、陈志秀和赵东方，No.202006131。模式标本，存河南农业大学。

1.7　大冠银杏　变种

Ginkgo biloba Linn. var. **magnicoma** T. B. Zhao, Z. X. Chen et D. F. Zhao，赵天榜主编. 赵天榜论文选集. 2021。

本变种树冠大，卵球状；侧枝极细，多。小枝短、少。叶小而稀，先端稀 2 裂。

产地：河南，郑州市。赵天榜、陈志秀和赵东方，No.202006132。模式标本，存河南农业大学。

三、松科 Pinaceae

(一)云杉属 Picea A. Dietrich

1. 青扦

Picea wilsonii Mast.

变种:

1.1 青扦 变种

Picea wilsonii Mast. var. **wilsonii**

1.2 银灰叶青扦 变种

Picea wilsonii Mast. var. **argentei-ramula** T. B. Zhao,Z. X. Chen et X. K. Li,赵天榜等主编. 郑州植物园种子植物名录:9~10. 2020。

本变种树冠圆柱状。小枝很短,平展或下垂。叶银灰色。幼叶淡红色。

产地:河南,郑州植物园。赵天榜、陈志秀和李小康,No. 201508233。模式标本,存河南农业大学。

1.3 毛枝青扦 变种

Picea wilsonii Mast. var. **pubescen** T. B. Zhao,Z. X. Chen et X. K. Li,赵天榜等主编. 郑州植物园种子植物名录:10. 2020。

本变种小枝、幼枝密被白色柔毛。

产地:河南,郑州植物园。赵天榜、陈志秀和李小康,No. 201508237。模式标本,存河南农业大学。

1.4 鳞毛青扦 变种

Picea wilsonii Mast. var. **fructi-squam-pubescen** T. B. Zhao,Z. X. Chen et X. K. Li,赵天榜等主编. 郑州植物园种子植物名录:10. 2020。

本变种果鳞表面密被小鳞片状毛。

产地:河南,郑州植物园。赵天榜、陈志秀和李小康,No. 201508239。模式标本,存河南农业大学。

1.5 四条气孔带青扦 变种

Picea wilsonii Mast. var. **quadri-stomi-lineares** T. B. Zhao,Z. X. Chen et X. K. Li,赵天榜等主编. 郑州植物园种子植物名录:10. 2020。

本变种叶上每侧有 4 条显著气孔带。

产地:河南,郑州植物园。赵天榜、陈志秀和李小康,No. 2015082311。模式标本,存河南农业大学。

1.6 无毛青扦 变种

Picea wilsonii Mast. var. **glabra** T. B. Zhao,Z. X. Chen et Y. M. Fan,赵天榜主编. 赵天榜论文选集.2021。

本变种小枝和叶无毛。叶密,每侧有 4~6 条气孔带。

产地:河南,郑州植物园。赵天榜、陈志秀和范永明,No. 2015082315(枝与叶)。模式标本,存河南农业大学。

1.7　银白枝青扦　变种

Picea wilsonii Mast. var. **argenti-ramula** T. B. Zhao,Z. X. Chen et X. K. Li,赵天榜等主编. 郑州植物园种子植物名录:10. 2020。

本变种小枝银白色。叶枕银白色。

产地:河南,郑州植物园。赵天榜、李小康和陈志秀,No. 201508235。模式标本,存河南农业大学。

2.麦吊云杉

Picea brachytyla(Franch.)Pritz.

变种:

2.1　吊云杉　变种

Picea brachytyla(Franch.)Pritz. var. **brachytyla**

2.2　银皮麦吊云杉　变种

Picea brachytyla(Franch.)Pritz. var. **argyroderma** T. B. Zhao,Z. X. Chen et X. K. Li,赵天榜等主编. 郑州植物园种子植物名录:11. 2020。

本变种小枝银灰色,下垂。

产地:河南,郑州植物园。赵天榜、陈志秀和李小康,No. 2015082315。模式标本,存河南农业大学。

3.白扦

Picea meyeri Rehd. & Wils.

变种:

3.1　白扦　变种

Picea meyeri Rehd. & Wils. var. **meyeri**

3.2　密枝白扦　变种

Picea meyeri Rehd. & Wils. var. **ramosissma** T. B. Zhao,X. K. Li et Z. X. Chen,赵天榜等主编. 郑州植物园种子植物名录:8~9. 2020。

本变种小枝很短、密。幼叶粉红色。

产地:河南,郑州植物园。赵天榜、李小康和陈志秀,No. 201508221。模式标本,存河南农业大学。

3.3　平枝白扦　变种

Picea meyeri Rehd. & Wils. var. **plana** T. B. Zhao,Z. X. Chen et X. K. Li,赵天榜等主编. 郑州植物园种子植物名录:9. 2020。

本变种侧枝很少,平展。小枝平展。

产地:河南,郑州植物园。赵天榜、陈志秀和李小康,No. 201508223。模式标本,存河南农业大学。

3.4　帚型白扦　变种

Picea meyeri Rehd. & Wils. var. **fastigiata** T. B. Zhao,Z. X. Chen et X. K. Li,赵天榜等主编. 郑州植物园种子植物名录:9. 2020。

本变种树冠塔状。小枝直立斜展。

产地:河南,郑州植物园。赵天榜、陈志秀和李小康,No. 201508225。模式标本,存河南农业大学。

(二)雪松属 Cedrus Trew

1. 雪松

Cedrus deodara(Roxb.)Loud.

变种:

1.1 雪松 变种

Cedrus deodara(Roxb.)Loud. var. **deodara**

1.2 疏枝雪松 变种

Cedrus deodara(Roxb.)Loud. var. **rari-rama** T. B. Zhao,Z. X. Chen et X. K Li,赵天榜等主编. 郑州植物园种子植物名录:12. 2020。

本变种侧枝少,平展。小枝很短,平展或下垂。

产地:河南,郑州植物园。赵天榜、陈志秀和李小康,No. 2015082317。模式标本,存河南农业大学。

(三)松属 Pinus Linn.

1. 白皮松

Pinus bungeana Zucc. ex Endl.

变种:

1.1 白皮松 变种

Pinus bungeana Zucc. ex Endl. var. **bungeana**

1.2 垂叶白皮松 变种

Pinus bungeana Zucc. ex Endl. var. **pendulifolia** T. B. Zhao,Z. X. Chen et X. K. Li,赵天榜等主编. 郑州植物园种子植物名录:12. 2020。

本变种侧枝斜展。叶下垂。

产地:河南,郑州植物园。赵天榜、陈志秀和李小康,No. 201508241。模式标本,存河南农业大学。

1.3 塔形白皮松 变种

Pinus bungeana Zucc. ex Endl. var. **pyramidalis** T. B. Zhao,Z. X. Chen et X. K. Li,赵天榜等主编. 郑州植物园种子植物名录:12~13. 2020。

本变种树冠塔形。侧枝直立斜展。叶斜展。

产地:河南,郑州植物园。赵天榜、陈志秀和李小康,No. 2015082319。模式标本,存河南农业大学。

1.4 白皮白皮松 变种

Pinus bungeana Zucc. ex Endl. var. **albicortex** T. B. Zhao,Z. X. Chen et X. K. Li,赵天榜等主编. 郑州植物园种子植物名录:13. 2020。

本变种树皮白色,平滑而发亮。

产地:河南,郑州植物园。赵天榜、陈志秀和李小康,No. 201508241。模式标本,存河南农业大学。

2. 华山松

Pinus armandi Franch.

变种：

2.1　华山松　变种

Pinus armandi Franch. var. **armandi**

2.2　短叶华山松　变种

Pinus armandi Franch. var. **brevitifolia** T. B. Zhao et Z. X. Chen,赵天榜等主编. 郑州植物园种子植物名录:15. 2020。

本变种枝很细。叶很短,长 3.5~5.0 cm。

产地:河南,嵩县。2015 年 8 月 10 日。赵天榜和陈志秀,No. 201608101。模式标本, 存河南农业大学。

3. 油松

Pinus tabulaeformis Carr.

变种：

3.1　油松　变种

Pinus tabulaeformis Carr. var. **tabulaeformis**

3.2　小冠油松　变种

Pinus tabulaeformis Carr. var. **parvicoma** T. B. Chao(T. B. Zhao)et Z. X. Chen,赵 天榜主编. 赵天榜论文选集. 2021。

本变种与原变种区别:树冠窄狭,塔形。小枝和叶稀少。

产地:河南,伏牛山区。1992 年 8 月 10 日。赵天榜,No. 199208105。模式标本,存河 南农业大学。

4. 黄山松

Pinus taiwanensis Hayata

变种：

4.1　黄山松　变种

Pinus taiwanensis Hayata var. **taiwanensis**

4.2　短叶黄山松　变种

Pinus taiwanensis Hayata var. **brevifolia** T. B. Chao et Z. X. Chen,赵天榜等. 河南 黄山松两新变种. 林业论文集:38. 1991。

本变种与原变种区别:树冠尖塔形;侧枝直立斜展。针叶短,长 3.0~4.5 cm,不为 5.0~13.0 cm。

产地:河南,商城县。黄柏山。海拔 1 300 m。1985 年 8 月 10 日。赵天榜, No. 858101。模式标本,存河南农业大学。

4.3　扭叶黄山松　变种

Pinus taiwanensis Hayata var. **tortuosifolia** T. B. Chao (T. B. Zhao)et B. C. Zhang, 赵天榜等. 河南黄山松两新变种. 林业论文集:38. 1991。

本变种与原变种区别:针叶长 13.0~17.0 cm,粗 2 mm,通常有 3~5 个扭曲的弯为显著特征。

产地:河南,商城县。黄柏山。1985 年 5 月 20 日。赵天榜,No. 858201。模式标本,存河南农业大学。

5. 鸡公松

Pinus × jigongshanetisis T. B. Chao,Z. X. Chen et H. T. Dai,植物引种驯化集刊,1997,11 集:74~79.

形态特征:常绿大乔木。树冠宽卵球状;侧枝粗壮,疏生,平展。树干通直,中央主干明显;树皮灰褐色,长鳞片状纵裂,裂缝骨黄棕色。幼树侧枝 1 年内 3~6 轮。小枝淡黄褐色。冬芽圆柱状,棕褐色,无树脂。针叶 3 针一束,兼有 2,4,5 针一束,长 20.0~26.0 cm,边缘具有细微锯齿;横切面近三角形,皮下层 2~3 层细胞;树脂道 4,5,6 条。树脂道 4条,背面 1 条,腹面 1 条,维管束组织区两侧角各 1 条,均为中生,有时维管束合二为一而特异;树脂道 5 条,背面 2 条,中生或内生,腹面 1 条,中生,维管束组织区两侧角各 1 条,中生;树脂道 6 条,背面 3 条,内生或中生,腹面 1 条,中生,维管束组织区两侧角各 1 条,中生。过氧化物同工酶酶带 4 条,其 Rf、酶带活性级、酶带宽度分别为:①0.14,C,0.9 cm;②0.4,E,1.2 cm;③0.63,A,1.5 cm;④0.83,B,3.6 cm。其酶带呈三角–长尾尖而特异。

产地:河南,鸡公山。海拔 320 m。1986 年 6 月 18 日。赵天榜等,No. 1896189。模式标本,存河南农业大学。

四、杉科　Taxodiaceae

(一)水杉属　**Metaseguoia** Miki ex Hu et Chang

1.水杉

Metasequola glyptostroboides Hu et Cheng

变种:

1.1　水杉　变种

Metasequola glyptostroboides Hu et Cheng var. **glyptostroboides**

1.2　长梗水杉　变种

Metasequola glyptostroboides Hu et Cheng var. **longipedicuda** T. B. Zhao et Z. X. Chen(T. B. Zhao) et J. Y. Chen,赵天榜. 水杉两个新变种. 学术报告及论文摘要汇编. 中国植物学会六十周年年会(1933~1963):153. 1993。

本变种树冠塔形;侧枝和小枝细弱,稀少,且开展。球果果梗很长,通常长 7.0~12.0 cm,有时达 14.0 cm,不为 2.0~4.0 cm。

产地:河南南召县。1990 年 8 月 17 日。赵天榜和陈志秀,No. 199008173。模式标本,存河南农业大学。

1.3　垂枝水杉　变种

Metasequola glyptostroboides Hu et Cheng var. **pendilla** T. B. Chao(T. B. Zhao) et J. Y. Chen,赵天榜. 水杉两个新变种. 学术报告及论文摘要汇编　中国植物学会六十周年年会(1933~1963):153. 1993。

本变种树冠近球状,无中央主干;侧枝极开展,从中部开始向梢部弯曲或下垂。1至多年生小枝细弱、下垂;脱落性小枝均下垂。

产地:河南信阳市、郑州市,郑州植物园有栽培。1991年7月8日。赵天榜和陈建业,No. 19911081。模式标本,存河南农业大学。

1.4　密枝水杉　变种

Metasequoia glyptostroboides Hu et Cheng var. **densiramula** T. B. Zhao,Z. X. Chen et Y. M. Fan,赵天榜等主编. 郑州植物种子植物名录:17. 2020。

本变种树冠卵球状。中央主干通直而粗。侧枝密而斜展。

产地:河南,郑州市,郑州植物园。2015年8月22日。赵天榜、陈志秀和范永明,No. 201508227。模式标本,存河南农业大学。

1.5　疏枝水杉　变种

Metasequoia glyptostroboides Hu et Cheng var. **rariramula** T. B. Chao,Z. X. Chen et J. T. Chen,赵天榜等主编. 郑州植物种子植物名录:17. 2020。

本变种中央主干通直;侧枝和小枝稀少,而平展。

产地:河南,郑州市,郑州植物园。2015年8月22日。赵天榜、陈志秀和陈俊通,No. 201508229。模式标本,存河南农业大学。

1.6　柱冠水杉　变种

Metasequoia glyptostroboides Hu et Cheng var. **cylindrica** T. B. Chao et J. Y. Chen,赵天榜主编. 赵天榜论文选集. 2021。

本变种树冠圆柱状;侧枝很短,长1.0~2.0 m,平展。70年生树高18.7 m,胸径15.7 cm。

产地:河南,郑州市有栽培。2018年10月8日。赵天榜等,No. 201810081。模式标本,存河南农业大学。

1.7　细枝水杉　变种

Metasequoia glyptostroboides Hu et Cheng var. **minutimramula** T. B. Zhao et Z. X. Chen,赵天榜主编. 赵天榜论文选集. 2021。

本变种树冠圆柱状;侧枝很细,长1.0~1.5 m,平展。70年生树高15.7 m,胸径12.0 cm。

产地:河南,郑州市有栽培。2018年10月8日。赵天榜等,No. 201810085。模式标本,存河南农业大学。

1.8　斜枝水杉　变种

Metasequoia glyptostroboides Hu et Cheng var. **assurgens** T. B. Zhao et Z. X. Chen,赵天榜主编. 赵天榜论文选集. 2021。

本新变种树冠圆柱状;侧枝很短,长1.0~2.0 m,平展。

产地:河南,郑州市有栽培。2018年10月8日。赵天榜等,No. 201810089。模式标本,存河南农业大学。

1.9　棱沟水杉　变种

Metasequoia glyptostroboides Hu et Cheng var. **angululisulicata** T. B. Zhao et Z. X.

Chen,赵天榜主编. 赵天榜论文选集.2021。

本变种树冠卵球-锥状,树干具很明显钝纵棱与深纵沟;侧枝粗壮,长 2.5~3.0 m,平展,向上逐渐变短。70 年生树高 15.0 m,胸径 59.0 cm。

产地:河南,郑州市有栽培。2018 年 10 月 8 日。赵天榜等,No. 2018100811。模式标本,存河南农业大学。

(二)落羽杉属　Taxodium Rich.

1. 落羽杉

Taxodium distichum(Linn.)Rich.

变种:

1.1　落羽杉　变种

Taxodium distichum(Linn.)Rich. var. **distichum**

1.2　垂枝落羽杉　变种

Taxodium distichum(Linn.)Rich. var. **pendula** T. B. Zhao,Z. X. Chen et H. T. Dai,赵天榜主编. 赵天榜论文选集.2021。

本变种主要形态特征:侧枝开展,呈 50°~70°角。小枝长而下垂。叶小,长、宽 8 mm。球果球状,平均果径 2.5 cm;种鳞鳞盾面菱形,平滑,无纵沟。

产地:河南鸡公山。1989 年 4 月 20 日。赵天榜等,No. 198940205。模式标本,采集于鸡公山,存河南农业大学。

1.3　钻叶落羽杉　变种

Taxodium distichum(Linn.)Rich. var. **subulata** T. B. Zhao,Z. X. Chen et H. T. Dai,赵天榜主编. 赵天榜论文选集.2021。

本变种主要形态特征:侧枝开展,呈 70°~80°角。小枝斜展。叶小而窄,钻形,长 4 mm,稀长 6 mm,宽 8 mm,螺旋状排列,最为特殊。球果卵球状,小型,平均果径 2.0 cm;种鳞鳞盾面菱形,平滑,无棱脊。

产地:河南鸡公山。1989 年 4 月 20 日。赵天榜等,No. 198940201。模式标本,采集于鸡公山,存河南农业大学。

1.4　塔形落羽杉　变种

Taxodium distichum(Linn.)Rich. var. **pyramidala** T. B. Zhao,Z. X. Chen et H. T. Dai,赵天榜主编. 赵天榜论文选集.2021。

本变种主要形态特征:树冠尖塔形;侧枝细而多,开展呈 40°~50°角。小枝斜展。叶小而窄,钻形,长 7 mm。球果球状,小型,平均果径 1.8 cm;种鳞鳞盾面菱形,平滑,无棱脊。

产地:河南鸡公山。1989 年 4 月 20 日。赵天榜等,No. 1989402010。模式标本,采集于鸡公山,存河南农业大学。

1.5　宽冠落羽杉　变种

Taxodium distichum(Linn.)Rich. var. **laticoma** T. B. Zhao,Z. X. Chen et H. T. Dai,赵天榜主编. 赵天榜论文选集.2021。

本变种主要形态特征:树冠宽大,中央主干不明显;侧枝粗壮,开展呈60°~70°角。小枝斜展。叶小、窄钻状,长1.6 cm,宽1.2~1.9 mm。球果球状,平均果径2.2~2.8 cm;种鳞鳞盾面扇形,棱脊明显。

产地:河南鸡公山。1989年4月20日。赵天榜等,No. 1989042013。模式标本,采集于鸡公山,存河南农业大学。

2. 池杉

Taxodium ascendens Srongn

变种:

2.1 池杉 变种

Taxodium ascendens Srongn. var. **ascendens**

2.2 柱冠池杉 变种

Taxodium ascendens Srongn. var. **cylindrica** T. B. Zhao, Z. X. Chen et H. T. Dai, 赵天榜主编. 赵天榜论文选集. 2021。

本变种树冠圆柱状;侧枝很短,长(0.5~)1.0~1.5 m,平展。脱落性小枝下垂。

河南:鸡公山有栽培。2014年6月8日。赵天榜等,No. 201406087。模式标本,存河南农业大学。

2.3 拱垂池杉 变种

Taxodium ascendens Srongn. var. **reclinata** Z. B. Chao, Z. X. Chen et H. T. Dai, 赵天榜主编. 赵天榜论文选集. 2021。

本变种侧枝拱垂。小枝下垂。

河南:鸡公山有栽培。2014年6月8日。赵天榜等,No. 201406089。模式标本,存河南农业大学。

2.4 锥叶池杉 变种

Taxodium ascendens Bronfn. var. **conoideifoliola** T. B. Zhao, Z. X. Chen et H. T. Dai, 赵天榜论文选集. 2021。

本变种侧枝极细,多平展,很短。小枝下垂。叶锥状居多,且弯曲。

河南:鸡公山有栽培。2014年6月8日。赵天榜等,No. 201406091。模式标本,存河南农业大学。

3. 落池杉

Taxodium × hybrida T. B. Chao, Z. X. Chen et H. T. Dai, 赵天榜主编. 赵天榜论文选集. 2021。

本新杂种树冠圆柱状,主干通直;侧枝平展或斜展。脱落性小枝下垂。叶带形、扁平或钻状,羽状2列,长4~15 mm。

河南:鸡公山有栽培。2014年6月8日。赵天榜等,No. 201406087。模式标本,存河南农业大学。

五、杨柳科　Salicaceae

(一) 柳属　Salix Linn.

1. 商城柳　图183

Salix shangchengensis B. C. Ding et T. B. Chao (T. B. Zhao),丁宝章等主编. 河南植物志 第一册:212~213. 图254. 1981。

形态特征:灌木。小枝淡红褐色,无毛,具光泽,有棱;幼枝淡黄绿色,疏被长柔毛,后脱落。冬芽卵球状,黄褐色,有光泽;花芽稍大,芽鳞背部两侧有棱。叶对生或近对生,披针形或长椭圆-披针形,长3.0~6.5 cm,宽8~11 mm,先端突尖,具小针状尖,基部近圆形或楔形,边缘具细锯齿,齿端具芒尖,有时基部全缘,表面绿色,无毛,背面灰绿色,被薄粉层,沿主脉有时残存疏柔毛;叶柄短,长约1 mm,不抱茎,无托叶;幼叶带浅紫红色,疏生长柔毛,后脱落。花先叶开放。花序无总梗,基部无小叶;雄花序长

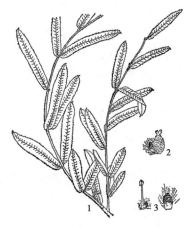

图183　商城柳 Salix shangchengensis
B. C. Ding et T. B. Chao
1. 枝叶;2. 雌花;3. 雄花及苞片
(引自《河南植物志(第一册)》)。

1.5~2.5 cm,直立;雄蕊2枚,花丝合生,基部密生长柔毛;苞片卵圆形,先端钝圆,中部以上黑色,两面被白色长柔毛;腺体1个,红色,呈棒状;雌花序长1.0~1.5 cm,苞片同雄花苞片;子房具柄,被长柔毛。蒴果卵-扁球状,密被毛。花期2月,果熟期3月底。

本种似杞柳 Salix integra Thunb.,但幼叶、幼枝及子房被柔毛,子房柄长,与子房近等长或稍长。花序直立,基部无叶;叶边缘具锯齿,齿端具芒状尖。花丝合生,基部具长柔毛。

产地:商城县金岗台林场。生于山沟河边。1978年8月20日。赵天榜、张欣生,788011、788012(模式标本 Typus!存河南农学院园林系)。1979年2月15日。赵天榜,792151、792152(雌、雄花)。

2. 大别柳　图184

Salix dabeshanensis B. C. Ding et T. B. Chao (T. B. Zhao),丁宝章等主编. 河南植物志 第一册:213~214. 图257. 1981。

形态特征:灌木,高1.0~2.0 m。小枝黄绿色或紫色,无毛;幼枝淡黄色带紫晕,疏被长柔毛。叶长披针形,长10~13.5 cm,宽1.2~1.6 cm,先端长尖,基部楔形,边缘具整齐细腺齿,齿端内曲,表面深黄绿色,中脉突起明显,无毛,背面灰绿色,中脉突起,无毛;叶柄短,长2~3 mm;托叶卵圆形或近圆形,稀镰刀形,先端长渐尖,基部近圆形,边缘具锯

图184　大别柳 Salix dabeshanensis
B. C. Ding et T. B. Chao(T. B. Zhao)
1. 枝叶;2. 雌花(引自《河南植物志(第一册)》)。

齿,背面基部疏被长柔毛;幼叶两面密被短腺毛,主脉疏生长柔毛,齿端具缘毛,后脱落。雄花序长 1.0~1.5 cm,直立,花密集;子房长椭圆体状,无毛;子房柄与子房近等长或为子房柄的 1/2,黄绿色;柱头 2 裂,每裂 1~2 叉;腺体 1 枚;苞片近圆形,先端圆形,两面具丝状毛。果序长 2.0~2.5 cm。蒴果卵球状,无毛。

本种系旱柳 Salix matsudana Koidz. 和紫柳 S. wilsonii Schneid. 的天然杂种,托叶宿存,较大,半圆形或近圆形,先端短尖,托叶和叶边缘具不规则细腺齿。雌花序较短,密花。子房和子房柄疏被柔毛。蒴果光滑,无毛。

产地:河南大别山区。生于海拔 1 000 m 左右的山沟溪旁。1978 年 8 月 24 日,商城县金岗台林场。赵天榜、张钦生,78241(模式标本 Typus ! 存河南农学院园林系)。1979年 2 月 15 日,商城县金岗台林场。赵天榜,792158、79259(花)。

3. 旱柳

Salix matsudana Koidz.

变种:

3.1　旱柳　变种

Salix matsudana Koidz. var. **matsudana**

3.2　帚状旱柳　变种

Salix matsudana Koidz. var. **fastigiata** T. B. Chao(T. B. Zhao),Y. M. Fan et Z. X. Chen,赵天榜等主编. 郑州植物园种子植物名录:32. 2020。

本变种树冠帚状,无中央主干;侧枝密而直立斜展。

产地:河南,郑州市,郑州植物园。2017 年 4 月 24 日。赵天榜、范永明和陈志秀,No. 201704221。模式标本,存河南农业大学。

4. 银柳

Salix argyracea E. Wol

变种:

4.1　银柳　变种

Salix argyracea E. Wolf var. **argyracea**

4.2　垂枝银柳　变种

Salix argyracea E. Wolf var. **pendula** T. B. Zhao,Z. X. Chen　et J. T. Chen,赵天榜等主编. 河南郑州市紫荆山公园木本植物图谱:75. 2017。

本变种与银柳原变种 Salix argyracea E. Wolf var. argyracea 主要区别:枝条下垂。花期 3 月及 6 月。

产地:河南。郑州市紫荆山公园有栽培。2016 年 3 月 17 日。赵天榜和陈志秀,No. 201603171。模式标本,存河南农业大学。

5. 鸡公柳　图 185

Saxlix chikungensis Schneid. in Bailey,Gentes Herb. 17. F. 3. 1920;戴天澍等主编. 鸡公山木本植物图鉴:42. 图 84. 1991。

形态特征:落叶灌木。幼枝绿色,被白色茸毛,后脱落,黑褐色。冬芽卵球状,无毛。短枝叶椭圆-披针形、椭圆形、卵圆-披针形或长圆-倒披针形,长 6.0~8.5 cm,宽 1.5~

2.0 cm,先端短渐尖,稀渐尖,基部楔形或宽楔形,表面深绿色,幼时被柔毛,后无毛,背面幼时密被绢毛,后无毛,苍白色,边缘具细锯齿;叶柄长 8 mm,具毛;托叶半卵圆-披针形,与叶柄等长,常早落。花序侧生于小枝上,与叶同时开放;雄花序长 2.4~2.7 cm,有梗,梗长 5~6 mm,密被茸毛,轴被茸毛,基部具 2 枚小叶。小叶倒卵圆-披针形,长 1.2~1.4 cm;雄蕊 2 枚,离生,下部有柔毛,花丝长约 4 mm;苞片卵圆-披针形或卵圆-长圆形,长约 2.5 mm,先端钝头,淡褐色,两面有柔毛;腺体 2 枚。雌花序细长,圆柱状,长 3.0~4.0 cm,粗 8 mm,疏花;花序梗较长,基部有 3~5 枚小叶,轴有茸毛;子房长 2.5~3 mm,有柄,柄长 0.5~0.8 mm,无毛;花柱短、柱头短;苞片三角-披针形,先端急头,淡褐色,

图 185　鸡公柳
（引自《鸡公山木本植物图鉴》）

长 1.5~2 mm,内面有密毛,外面近无毛或基部有疏毛,边缘有缘毛;腺体 2 枚,腹腺宽卵球状,先端钝,背腺小。蒴果卵圆-椭圆体状。花期 4~5 月,果熟期 5~6 月。

产地:河南信阳,鸡公山。模式标本,采自鸡公山。

6. 百里柳

Salix baileyi Schneid. in Bailey,Gent. Herb. 1:16. F. 3,a,b. 1920;中国植物志,20(2):366. 368. 1988。

形态特征:灌木。小枝无毛,棕褐色。幼芽有柔毛,长达 14 mm,橄榄褐色,椭圆体状,后无毛。叶厚纸质,披针形至长椭圆-披针形,长 2.5~6.0 cm,宽 8~18 mm。小枝上部叶披针形,长至 11.5 cm,宽 2.5 cm,两端饨或先端渐尖,表面暗绿色,无毛或基部脉腋有疏毛,背面苍白色,边缘有尖腺锯齿,每 1.0 cm 有 3~4 枚齿;叶柄粗短,长约 6 mm。花序无梗,圆柱状,长 3.5 cm,粗 3 mm,轴有柔毛;子房卵球-圆柱状,长约 2 mm,无毛;柱头 2 裂;苞片倒卵圆形,先端圆,2 色,与子房柄等长;腺体 1 枚,腹生,约为子房柄长的 1/3。蒴果卵圆-圆柱状,无毛,长约 4 mm。

产地:河南。生于海拔 500~800 m 地区。模式标本,采自河南鸡公山。

说明:河南农业大学林学系长期进行树木学教学实习,但没有采到百里柳标本。

7. 河南柳

Salix honanensis Wang et Yang,丁宝章等主编. 河南植物志 第一册:211. 1981。

形态特征:灌木。小枝橄榄绿色或淡黄褐色,无毛。冬芽卵球状,褐色,有光泽。叶对生或近对生,倒披针形,长 3.0~8.7 cm,宽 8~21 mm。先端突短尖,基部楔形或宽楔形,表面绿色,背面灰绿色,被白粉,光滑,无毛,幼叶绿色,疏被长柔毛。雄花序长 1.5~2.5 cm。雄蕊 2 枚;花丝合生,基部被短柔毛;花药紫色;苞片卵圆-匙形,先端黑褐色,被长柔毛;雌花序长 1.5~2.0 cm,具短总梗,基部具小叶片。子房圆锥状,无柄,密被茸毛;花柱短,柱头头状;苞片宽卵圆形,暗褐色或栗色,外面被长柔毛,内面有疏柔毛;腺体 1 枚。果

序长 2.0~3.5 cm。蒴果卵球状,密被白色茸毛。花期 2 月中旬,果熟期 4 月上旬。

产地:河南大别山、桐柏山和伏牛山区。生于山沟溪旁。模式标本,采自河南鸡公山。

(二)杨属　Populus Linn.

1. 银白杨

Populus alba Linn.

变种:

1.1　银白杨　变种

Populus alba Linn. var. **alba**

1.2　小果银白杨　变种

Populus alba Linn. var. **pravicarpa** T. B. Zhao et Z. X. Chen,赵天榜等主编. 中国杨属植物志:26. 2020。

本变种与银白杨原变种 Populus alba Linn. var. alba 区别:蒴果小,卵球状,长 3~4 mm。

产地:河南。1998 年 4 月 5 日。赵天榜,No.199804052(叶及果序枝)。模式标本,采自郑州,存河南农业大学。

1.3　卵果银白杨　变种

Populus alba Linn. var. **ovaticarpa** T. B. Zhao et Z. X. Chen,赵天榜等主编. 中国杨属植物志:26~27. 2020。

本变种与银白杨原变种 Populus alba Linn. var. alba 区别:叶卵圆形或三角-卵圆形、近圆形,表面深绿色,疏被短茸毛;背面密被白色茸毛,先端钝尖,基截形,边缘具牙齿状缺刻;叶柄长 2.0~4.5 cm,密被白茸毛。雌株! 果序短,长 4.0~6.0 cm,果序轴密被白茸毛。蒴果扁卵球状,长 1.5~2.0 mm,先端钝圆。

河南:郑州市有栽培。1987 年 4 月 10 日。赵天榜等,No. 8704102。模式标本,存河南农业大学。

山杨组

Populus Sect. **Trepidae** Dode

Ⅰ. 山杨系

Populus Ser. **Trepidae** Dode

1. 山杨

Populus davidana Dode

变种:

1.1　山杨　变种

Populus davidana Dode var. **davidana**

1.2　卢氏山杨　白材山杨　变种　图 186

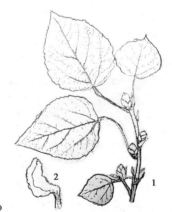

Populus davidana Dode var. **lyshehensis** T. B. Chao et G. X. Liou,丁宝章等主编. 河南植物志　第一册:173. 1981;李淑玲,戴丰瑞主编. 林木良种繁育学:1996,274~275;赵天锡,陈章水主编. 中国杨树集约栽培:19~20.

图 186　卢氏山杨

1. 短枝、叶;2. 花盘

(引自《河南植物志(第一册)》)。

图 1-3-9. 1994;河南农学院科技通讯,2:99~100. 1978;赵天榜等主编. 中国杨属植物志:45. 图 11. 2020。

形态特征:落叶乔木。树冠球状;侧枝平展。树干通直或微弯;树皮灰绿色,光滑,具蜡质;皮孔菱形,较小,多散生。小枝圆柱状,灰褐色或赤褐色,光滑,无毛,有光泽。幼枝具茸毛,后脱落。叶芽圆锥状,赤褐色或青褐色,微具黏液。花芽卵球状,先端突尖,不弯曲,赤褐色或红棕色,具光泽。短枝叶三角-卵圆形、三角形,长 3.5~9.0 cm,宽 4.0~7.0 cm,先端渐尖,稀短尖,基部浅心形或近圆形,表面深绿色,具光泽,背面灰绿色,脉腋被茸毛,边缘具整齐细锯齿;叶柄较长。长枝叶较大,宽卵圆形或近圆形,先端短尖,基部心形,边缘具整齐细锯齿;叶柄侧扁,顶端具 2 枚圆球状红色腺体。花芽卵球状,先端突尖,不弯曲。雄花序长 5.0~8.0 cm;雄蕊 6~8 枚,花药紫红色;苞片上部及裂片黑褐色,边缘密被白色长缘毛。雌花不详。

产地:河南,卢氏、南召县伏牛山区有分布。1974 年 9 月 17 日。卢氏县东湾林场。赵天榜,304(模式标本,Typus var. ! 河南农学院园林系杨树研究组)。

1.3　红序山杨　变种

Populus davidiana Dode var. **rubrolutea** T. B. Chao et W. C. Li,丁宝章等主编. 河南植物志　第一册:173. 1981;李淑玲、戴丰瑞主编. 林木良种繁育学:1996,275;赵天榜等主编. 中国杨属植物志:46. 2020。

本变种雄株! 花序长 8.0~12.0 cm,径 1.5~2.0 cm;苞片红褐色,构成红褐色花序。

产地:河南。本变种在河南伏牛山区海拔 500~1 000 m 有分布。模式标本,李万成,无号,采自南召县,存河南农业大学。

1.4　长柄山杨　变种

Populus davidiana Dode var. **longipetiolata** T. B. Chao,丁宝章等主编. 河南植物志第一册:172~173. 1981;赵天榜等主编. 中国杨属植物志:46. 2020。

本变种与山杨原变种 Populus davidiana Dode var. davidiana 相似,但叶圆形或卵圆形,较大,长 10.0~15.0 cm,长、宽约相等或长大于宽;叶柄细长,与叶片等长或稍长于叶片,易于区别。

产地:河南伏牛山区的卢氏县五里川公社有分布。1977 年 8 月 20 日,赵天榜、兰战、金书亭 77821、77822、77823(模式标本 Typus var. ! 存河南农学院园林系)。

1.5　南召山杨　变种

Populus davidiana Dode var. **nanzhaoensis** T. B. Chao(T. B. Zhao)et Z. X. Chen,赵天榜等主编. 中国杨属植物志:46~47. 2020。

本变种与山杨原变种 Populus davidiana Dode var. davidiana 区别:树干通直;树皮灰白色,光滑。小枝纤细,圆柱状,很短,通常长 3.0~5.0 cm,红褐色。萌枝上叶圆形,边缘具细锯齿,先端短尖,基部浅心形,顶端常具 2 枚红紫色圆腺体。短枝叶圆形,长宽近等长,长 8.0~10.0 cm,先端短尖,基部浅心形,表面深绿色,具金属光泽,边缘具波状粗锯齿,背面灰绿色,初被茸毛,后渐脱落;叶柄细,侧扁,长 2.0~6.0 cm,被柔毛,后渐脱落。雄株!

产地:河南,南召县。1978 年 8 月 15 日。赵天榜,No. 788151。模式标本,采于南召县,存河南农业大学。

　　1.6　匍匐山杨　变种

Populus davidiana Dode var. **reptans** T. B. Chao(T. B. Zhao) et Z. X. Chen,赵天榜等主编. 中国杨属植物志:47. 2020。

　　本变种为灌木簇生。小枝细,平卧或拱形下垂。叶近圆形,小,长度和宽度 5.0~6.5 cm。

　　产地:河南,南召县。1978 年 8 月 15 日。赵天榜,No. 19788155。模式标本,采于南召县,存河南农业大学。

　　2. 河北杨

Populus hopeiensis Hu et Chow

变种:

　　2.1　河北杨　变种

Populus hopeiensis Hu et Chow var. **hopeiensis**

　　2.2　垂枝河北杨　变种

Populus hopeiensis Hu et Chow var. **pendula** T. B. Chao,河南农学院科技通讯,2:101. 1978;丁宝章等主编. 河南植物志 第一册:167~168. 1981;李淑玲,戴丰瑞主编. 林木良种繁育学:278. 1960;赵天榜等主编. 中国杨属植物志:54. 2020。

　　本变种树冠近圆球状;侧枝平展。树皮灰绿色;皮孔菱形,较大,散生。小枝细长,下垂。短枝叶圆形或卵圆形,较小,长 1.0~6.5 cm,宽 0.8~5.3 cm,边缘无大齿芽状缺刻。叶芽先端不内曲。雌株! 雌蕊柱头 2 裂,每裂 2~3 叉,裂片大,呈羽毛状。

　　产地:河南灵宝县。1966 年 8 月 10 日。灵宝火车站。模式标本,赵天榜,34(模式标本,Typus var. ! 存河南农学院园林系杨树研究组)。本变种枝下垂,树形美观,是庭院绿化的造林树种。

　　2.3　卵叶河北杨　变种

Populus hopeiensis Hu et Chow var. **ovatifolia** T. B. Chao,河南农学院科技通讯,2:101. 1978;丁宝章等主编. 河南植物志 I:168. 1981;李淑玲,戴丰瑞主编. 林木良种繁育学:278. 1960;赵天榜等主编. 中国杨属植物志:54~55. 2020。

　　本变种短枝叶卵圆形或宽卵圆形,稀圆形,纸质,基部宽楔形,稀圆形,边缘具稀疏的内曲锯齿,无大齿状缺刻。

　　产地:河南南召县的外方山支脉云霄曼山,海拔 1 000 m。1977 年 6 月 19 日。赵天榜和李万成,77064(模式标本,Typus var. ! 存河南农学院园林系杨树研究组)。

　　2.4　黄皮河北杨　变种

Populus hopeiensis Hu et Chow var. **flavida** T. B. Chao et C. W. Chiuan,河南农学院科技通讯,2:101. 1978;丁宝章等主编. 河南植物志 第一册:168. 1981;李淑玲,戴丰瑞主编. 林木良种繁育学:278. 1960;赵天榜等主编. 中国杨属植物志:55. 2020。

　　本变种树干通直,中央主干直达树顶;侧枝小,而少,轮生状;树皮灰黄色或青黄色。小枝细,黄褐色。花芽卵球状,黄褐色,两端深褐色。幼叶黄褐色。叶卵圆形或近卵圆形,纸质,边缘具波状粗齿。雌蕊柱头红色,2 裂,每裂 2~3 叉,裂片大。

产地:河南嵩县、南召、卢氏等县有分布。1975 年 8 月 10 日。南召县乔端林场。赵
天榜和张宗尧等,75055(模式标本,Typus var. ! 存河南农学院园林系杨树研究组)。

Ⅱ. 波叶山杨系

Populus ser. **undulatae** T. B. Zhao(T. B. Zhao)et Z. X. Chen, 赵天榜等主编. 中国
杨属植物志:56. 2020。

本系短枝叶近圆形、卵圆形、宽卵圆形,长 3.5~8.0 cm,宽 2.6~6.8 cm,先端骤尖,基
部宽楔形或近圆形,表面绿色,背面苍白色,无毛,无腺体,边缘波状、全缘或凹缺;叶柄纤
细,长 1.3~7.0 cm,侧扁,先端无腺体。

系模式种:波叶山杨 Populus undulata J. Zhang。

产地:河南。

本系 1 种、3 变种。

1. 波叶山杨　河北黄皮杨

Populus undulata J. Zhang, 林业科学研究,1:68. 图版Ⅱ:4~6. 1988;*Populus ho-
peiensis* Hu et Chow var. *flavida* T. B. Chao et C. W. Chiuan, 河南农学院科技通讯,
2:101~102. 1978;杨树遗传改良:256~257. 图 2:4~6. 1991;丁宝章等主编. 河南植物志
Ⅰ:168. 1981;杨谦等. 河南杨属白杨组植物分布新记录. 安徽农业科学,2008,36(15):
6294;赵天榜等主编. 中国杨属植物志:56~57. 2020。

形态特征:落叶乔木,高 21.0 m,胸径 15.2 cm。树皮黄绿色或灰黄色,光滑,不开裂;
皮孔菱形,小,散生。小枝赤褐色、褐色、绿褐色,无毛;幼枝被毛,后渐脱落。顶芽三角-
卵球状或圆锥状,芽鳞黑褐色或栗褐色。短枝叶近圆形、卵圆形、宽卵圆形,长 3.5~8.0
cm,宽 2.6~6.8 cm,先端骤尖,基部宽楔形或近圆形,表面绿色,背面苍白色,无毛,无腺
体,边缘波状、全缘或凹缺;叶柄纤细,长 1.3~7.0 cm,侧扁,先端无腺体。长萌枝叶大,近
圆形、三角-圆形,长 7.0~15.0 cm,宽 6.0~12.0 cm,先端短尖或渐尖,基部浅心形,边缘
波状、全缘或凹缺,表面绿色,背面灰绿色、灰白色,疏被茸毛,沿脉被毛;叶柄顶端通常具
2 枚红色腺体。幼叶、幼叶柄被茸毛,后渐脱落。雌株! 雌花序长 3.0~4.5 cm,粗尾状;
花密集;苞片掌状深裂,黑色或黑褐色,长 3~6.7 mm,宽 2.6~4.7 mm;基部花花盘侧扁;
子房长卵球状,具 4 条纵脊,胚珠 6~15 枚,柱头 2 裂,裂片蝴蝶状,紫红色。果序长 5.0~
8.0 cm;蒴果密集,长圆锥状,稍侧扁,成熟后 2 瓣裂。种子微小,紫红色。

产地:河南南召县乔端林场桦皮沟,生于天然林中。模式标本,张杰等,85930TMDY,
采于河南南召县,存中国林业科学研究院。

变种:

1.1　波叶杨　变种

Populus undulata J. Zhang var. **undulata**

1.2　长柄波叶杨　长柄山杨　变种

Populus undulata J. Zhang var. **longipetiolata** T. B. Chao(T. B. Zhao);*Populus da-
vidiana* Dode var. *longipetiolata* T. B. Chao(T. B. Zhao), 河南农学院科技通讯,2:99~
100. 1978。

本变种短枝叶圆形或卵圆形,较大,长 10.0~15.0 cm,长宽约相等;叶柄细长,与叶等

长或稍长于叶片。

产地:河南伏牛山区的卢氏县五里川公社。1978 年 8 月 20 日。赵天榜、兰战、金书亭,77821、77822、77823。模式标本 Typus var. ! 存河南农学院园林系。

　1.3　角齿波叶杨　变种

Populus undulata J. Zhang var. **pusilliangulata** T. B. Chao(T. B. Zhao)et Z. X. Chen,赵天榜等主编. 中国杨属植物志:57~58. 2020。

本变种短枝叶卵圆三角形,边缘具 3~5 个三角-缺刻齿牙,有时全缘,先端突长尖,有时尾尖,薄纸质。

产地:河南伏牛山区天然次生林。1978 年 8 月 5 日。赵天榜,No. 78851。模式标本,采自河南卢氏县,存河南农学院。

　1.4　小叶波叶杨　变种

Populus undulata J. Zhang var. **pusilliangulata** T. B. Chao(T. B. Zhao)et Z. X. Chen,赵天榜等主编. 中国杨属植物志:58. 2020。

本变种灌丛,高 1.0~1.6 m。小枝纤细,长 3.0~8.0 cm,径约 2 mm,褐色。长枝纤细,长 15.0~25.0 cm,径 3~5 mm,褐色,下垂。叶近圆形,很小,长 1.5~2.5 cm,宽 1.5~2.5 cm,先端急尖,基部圆形或宽楔形,边缘呈圆波状;叶柄纤细,长 1.5~3.2 cm。

产地:河南伏牛山区。1979 年 9 月 5 日。赵天榜,No. 10。模式标本,采自河南卢氏县,存河南农业大学。

Ⅲ. 齿叶山杨系

Populus Ser. **Serratae** T. Hong et J. Zhang,林业科学研究,1(1):69~70. 1988;杨树遗传改良:258. 1991;赵天榜等主编. 中国杨属植物志:59. 2020。

形态特征:小枝及芽均无毛。幼叶内卷、内褶卷,背面被长丝毛,后脱落。短枝叶多卵圆形,边缘具整齐腺齿,背面绿色,稀灰绿色;叶柄顶端具腺体、不发育腺体或无腺体。苞片掌状深裂、浅裂呈窄长条状;雌花柱头裂片蝴蝶状,紫红色、淡红色或黄白色;子房具胚珠 2~7 枚。

系模式:河南杨 Populus honanensis T. B. Chao et C. W. Chiuan=*Populus serrata* T. B. Chao et J. S. Chen。

本系有 3 种(1 新种)、4 变种(1 新变种、1 新组合变种)、5 变型(4 新组合变型)。

　1.　河南杨　齿叶山杨　五莲杨　汉白杨　图 187

Populus honanensis T. B. Chao et C. W. Chiu-an,丁宝章等主编. 河南植物志　第一册:177~178. 图 204. 1981;河南农学院科技通讯,2:96~98. 1978;*Populus serrata* T. B. Chao et J. S. Chen,syn. nov. 林业科学研究,1(1):258. 1988;李淑玲,戴丰瑞主编. 林木良种繁育学:1996,276. 图 3:1~17;杨树遗传改良:258~260. 图 3:1~3. 1991;赵天榜等主编. 中国杨属植物志:59~

图 187　河南杨
(引自《河南植物志(第一册)》)

60. 图 16. 2020。

形态特征:落叶乔木,树高 25.0~28.0 m。树冠卵球状;侧枝粗壮,平展或斜生,呈轮状分布。树干直或微弯:树皮灰白色,光滑,被蜡质层,基部浅纵裂;皮孔为不规则小菱形,散生或横向连生。小枝圆柱状,较粗壮,微有棱,幼时被毛,后无毛,深褐色,有光泽。顶叶芽三棱-锥体状,先端锐尖、长渐尖,内曲,褐色,无毛;花芽卵球状,先端突尖,深褐色,有光泽。短枝叶三角形、三角-卵圆形,长 5.2~15.5 cm,宽 4.5~10.5 cm,先端短渐尖,基部截形,基部边缘为波状锯齿,中上部具整齐的疏锯齿或内曲腺锯齿,表面深绿色,具光泽,背面浅灰绿色,主脉两侧微疏被茸毛;叶柄侧扁,长 3.0~9.0 cm,顶端有时具 1~2 枚腺体;长枝叶较大,长 9.0~18.0 cm,宽 10.0~17.5 cm,先端尖,基部截形,边缘为较整齐的细锯齿或内曲腺锯齿,两面被稀茸毛,脉上及脉腋较多,后脱落;叶柄长 2.5~4.5 cm,疏被短茸毛,顶端具 2 枚圆形腺体;托叶披针形,长 1.0~1.3 cm,早落。雄花序长 8.0~10.0 cm,花序轴被稀疏长柔毛;雄蕊 6~7 枚,稀 5 枚或 10 枚,花药浅粉红色,花盘斜杯-近圆形,黄白色,边缘全缘或波状;苞片卵圆形或三角-卵圆形,上部裂片黑褐色,基部无色,密被白色长缘毛。雌花序长 5.0~7.0 cm;苞片匙-卵圆形,掌状深裂,裂片黑褐色,密被白色长缘毛;雌花柱头裂片蝴蝶状,淡紫红色、淡红色或黄白色;子房侧扁,具胚珠(4~)6(~7)枚。

本种形态特征很特殊:叶三角形,较大,长 5.2~15.5 cm,宽 4.5~10.5 cm,先端渐尖,边缘基部为波状齿,中上部具整齐的疏锯齿。幼叶、叶柄、叶脉和嫩枝疏被毛茸,不为茸毛。叶芽圆锥状,先端内曲呈弓形,易与他种区别。

产地:中国湖北、河南等地山区有分布。1974 年 10 月 20 日。模式标本,赵天榜,23,采于河南南召县,存河南农学园林系杨树研究组。

变种:

1.1 河南杨　变种

Populus henanensis T. B. Chao et C. W. Chiuan var. **henanensis**

1.2 齿牙河南杨　变种

Populus henanensis T. B. Chao et C. W. Chiuan var. **dentiformid** T. B. Chao et Z. X. Chen,赵天榜等主编. 中国杨属植物志:61~62. 2020。

本变种短枝叶三角-卵圆形或近圆形,边缘具不等牙齿状小齿,间有细锯齿,薄纸质,先端突长尖,有时尾尖,扭曲,基部 3 出脉,基部近圆形或宽楔形,稀截形。

产地:河南卢氏县。1978 年 8 月 5 日。赵天榜,No. 78851。模式标本,存河南农业大学。

1.3 毛河南杨　变种

Populus honanensis T. B. Zhao(T. B. Zhao) et C. W. Chilian var. **villosa** T. B. Zhao(T. B. Zhao) et Z. X. Chen,赵天榜主编. 赵天榜论文选集. 2021。

本变种幼枝疏被白色短柔毛或白色长柔毛;托叶线状、线状披针形,淡棕黄色,长 2.0~3.0 cm,宽 1~2 mm,背面疏被短柔毛。叶三角-卵圆形,稀圆形,长 4.0~7.5 cm,宽 3.5~5.0 cm,先端急尖或短渐尖,基部截形、浅心形,边缘具较整齐锯齿和白色长缘毛,以及透明的白色狭边,表面沿主脉和侧脉疏被短柔毛,主脉基部密被白色短柔毛,背面密被白色长柔毛,沿脉更密;叶柄侧扁,长 3.0~4.3 cm,密被白色长柔毛,顶端无腺体,稀具枚不发育腺体。果序长 9.0~12.0 cm,果序轴疏被短柔毛;蒴果长卵球状,长约 3 mm,疏被短柔毛。

河南:1987 年 4 月 25 日。李万成和赵天榜,No. 198704252。模式标本,采自南召县白水河,存河南农业大学。

2. 豫白杨

Populus yuibeiyang T. B. Chao et Z. X. Chen,赵天榜等主编. 中国杨属植物志:63~64. 2020。

形态特征:落叶乔木。小枝灰褐色,幼时密被短茸毛,后光滑。顶芽卵-圆锥状,紫褐色,芽鳞背面微褐黏液和短茸毛。短枝叶卵圆形、三角-近圆形、三角-卵圆形,稀菱-卵圆形,长 4.5~7.0 cm,宽 3.5~6.0 cm,先端短尖或长尖而扭向一侧,基部圆形、宽楔形,稀截形,有时具 1~2 枚不发育腺体,边缘具大小相间极不整齐的内弯粗腺齿和细腺齿,表面绿色,沿中脉基部疏被茸毛,背面淡黄绿色,有时被短茸毛,沿中脉和侧脉尤密;叶柄纤细,长 1.5~3.5 cm,侧扁。长萌枝及叶、叶柄密被短茸毛。叶三角形、三角-近圆形,稀三角-卵圆形,长 7.5~11.0 cm,宽 5.5~8.0 cm,先端短尖或长尖而扭向一侧,基部截形、宽截形或近心形,有时具 1~2 枚小腺体,边缘具不整齐的内弯粗腺齿和腺锯齿,有时上部边缘具钝三角形稍内弯的齿牙状缺刻,浅黄绿色,密被短茸毛,沿隆起中脉和侧脉密被短茸毛;叶柄圆柱状,长 3.5~4.0 cm,密被短茸毛。花和果不祥。

本种与朴叶杨 Populus celtidifolia T. B. Chao 和河南杨 Populus honanensis T. B. Chao et C. W. Chiuan 相似,其区别为:短枝叶卵圆形、三角-近圆形、三角-卵圆形,稀菱-卵圆形,先端短尖或长尖而扭向一侧,基部圆形、宽楔形或截形、圆形,边缘具大小相间、极不整齐的内弯粗腺齿和细腺齿;幼枝、叶和叶柄密被短茸毛;又与毛白杨 Populus tomentosa Carr. 相似,其区别为:短枝叶小,边缘具大小相间、极不整齐的内弯粗腺齿和细腺齿;长萌枝叶上部边缘具三角形齿牙缺刻。

产地:河南,嵩县。采集人:赵天榜。标本无号。模式标本,存河南农业大学。

3. 朴叶杨 图 188

Populus celtidifolia T. B. Chao,河南农学院科技通讯,2:98~99. 1978;丁宝章等主编. 河南植物志 第一册:179. 图 205. 1981;赵天榜等主编. 中国杨属植物志:64~65. 图 18. 2020。

图 188 朴叶杨
1. 枝叶;2. 苞片;3. 腋芽
(引自《河南植物志(第一册)》)。

形态特征:落叶乔木,树高 6.0~8.0 m。树冠卵球状;侧枝稀少,开展。树皮灰褐色,近光滑;皮孔菱形,散生。幼枝密被细柔毛,后脱落;小枝细短,赤褐色,具光泽,有时被短柔毛。叶芽卵球状,棕褐色或赤褐色,微被短柔毛,先端长渐尖,内曲呈弓形;花芽卵球状或近球状,赤褐色或深褐色,具光泽。短枝叶卵圆形,长 6.3~9.5 cm,宽 4.5~5.5 cm,先端长渐尖,基部楔形,三出脉,表面浓绿色,无毛,背面灰绿色,被丛状短柔毛,边缘具整齐的内曲钝锯齿,齿端具腺体;叶柄侧扁,长2.2~3.5 cm,顶端有时具1~2枚腺体。幼叶、叶柄、叶脉和嫩枝密被灰白色短柔毛,后渐脱落。长枝叶近圆形,长10.0~13.0 cm ,宽9.0~11.5 cm,先端短尖,基部近圆形,边缘具细锯点,齿端腺体红褐色,两面黄绿色,被疏柔毛或近光滑,边缘具细锯齿;叶柄侧扁,长4.0~5.0 cm,顶端通常有2枚腺体。雌花序长5.0~10.0 cm,花序轴被柔毛;子房窄扁卵球状,浅绿色,柱头粉红色,2裂,每裂2~3叉;花盘杯状,浅黄绿色,边缘具三角形小齿缺刻;苞片三角-卵圆形或近圆形,灰黑色,深裂,边缘具稀少的白色缘毛。雄花与果不详。

　　本种与山杨 Populud davidiana Dode 相似,但区别明显:叶卵圆形,先端长渐尖,基部楔形,三出脉,边缘具整齐的内曲钝锯齿,背面灰绿色,被丛状短柔毛为显著特征。幼叶、叶柄、叶脉和嫩枚密被灰白色短柔毛。长枝叶边缘具红褐色腺体,易与他种区别。

　　产地:河南嵩县。伏牛山区的嵩县白河上游沿河滩地上,形成天然片林。1977 年 8 月 22 日。白河公社后河大队白河边。赵天榜、兰战和金书亭。7782202、778221(模式标本 Typus！存河南农学院园林系杨树研究组)。1977 年 3 月 25 日。白河公社后河大队白河边。赵天榜。778309、78310(花)。

Ⅳ. 云霄杨系　系

Populus Ser. **Yunsiaoyungae** T. B. Zhao et Z. X. Chen,赵天榜等主编. 中国杨属植物志:65. 2020。

　　本系主要形态特征:花两性。雌雄同株！异花序为显著特征。

　　系模式种:云霄杨 Populus yunsiaomanshanensis T. B. Chao et C. W. Chiuan。

　　产地:河南伏牛山区云霄山。

　　本系1种。

1. 云霄杨　图189

Populus yunsiaomanshanensis T. B. Chao et C. W. Chiuan,河南农学院学报,2:10. 1980;丁宝章等主编. 河南植物志　第一册:176~177. 图203. 1981;赵天榜等主编. 中国杨属植物志:66. 图19. 2020。

　　形态特征:落叶乔木,高达25.0 m。树冠卵球状。树干通直;树皮灰绿色,光滑;皮孔菱形,中等大,散生。小枝黄褐色。芽圆锥体状,深褐色。短枝叶心-圆形或近圆形,长3.0~8.5 cm,宽3.0~7.0 cm,先端短尖,基部心形,边缘具波状浅锯齿,表面深绿色,背面浅绿色;叶柄侧扁,长3.0~7.0 cm,黄绿色。雌雄同株,异花序！雄花序长15.0~20.0 cm,雄

图189　云霄杨
1. 枝叶;2. 雄花;3. 雌花;4. 苞片
(引自《河南植物志（第一册）》)。

蕊4~6枚,花药紫红色;花盘边缘微波状全缘;苞片三角-卵圆形,先端及裂片黑褐色;雌花序长3.0~5.0 cm,柱头红色,2裂,每裂2叉。果序长10.0~13.0 cm;蒴果圆锥体状,绿色,成熟后2瓣裂。花期3月上旬,果熟期4月中旬。

本种系山杨 Populus davidiana Dode 与毛白杨 Populus tomentosa Carr. 的天然杂种,其形态特征似毛白杨,但叶、花似山杨,主要区别:雌雄同株,异花序为显著特征。

产地:河南伏牛山支脉云霄曼山,海拔 800 m。1974 年 10 月 20 日。0021(模式标本 Typus! 存河南农业大学);1976 年 2 月 26 日。赵天榜,76001、76002(花);1976 年 4 月 4 日。赵天榜,76011、76012(果)。

响叶杨组

Populus Linn. Sect. **Adenopodae** T. B. Zhao et Z. X. Chen

1. 响叶杨

Populus adenopoda Maxim.

变种:

1.1　响叶杨　变种

Populus adenopoda Maxim. var. **adenopoda**

1.2　小叶响叶杨　变种

Populus adenopoda Maxim. var. **microphylla** T. B. Chao,河南农学院学报,2:4~5. 1980;丁宝章等主编. 河南植物志 I:181. 1981;李淑玲,戴丰瑞主编. 林木良种繁育学:1996,277~278;赵天榜等主编. 中国杨属植物志:70. 2020。

本变种短枝叶圆形,很小,长 3.0~5.0 cm,宽与长约相等,先端突短尖,基部心形、截形,边缘具整齐的疏钝锯齿,齿内曲;叶柄纤细,长 3.0~5.0 cm,顶端不发育很小腺体或无腺体。蒴果卵球状,较小,黄褐色。

产地:河南牛山区。模式标本,赵天榜,无号。1978 年 8 月 12 日。采于河南鲁氏县狮子坪,存河南农业大学。

1.3　圆叶响叶杨　变种

Populus adenopoda Maxim. var. **rotundifolia** T. B. Chao,河南农学院科技通讯,2:100~101. 1978;河南农学院学报,2:4~5. 1980;丁宝章等主编. 河南植物志 I:181. 1981;李淑玲,戴丰瑞主编. 林木良种繁育学:1996,277;赵天榜等主编. 中国杨属植物志:70~71. 2020。

本变种短枝叶圆形,革质,边缘基部具波状锯齿,中部以上具整齐的锯齿。蒴果卵球状,较小,黄褐色。

产地:河南牛山区。模式标本,赵天榜,77829。1977 年 8 月 28 日。采于河南嵩县车村乡,存河南农业大学。

1.4　南召响叶杨　变种

Populus adenopoda Maxim. var. **nanchaoensis** T. B. Chao et C. W. Chiuan,河南农学院科技通讯,2:98. 1978;丁宝章等主编. 河南植物志 I:180~181. 1981;李淑玲,戴丰瑞主编. 林木良种繁育学:1996,277;赵天榜等主编. 中国杨属植物志:71. 2020。

形态特征:落叶乔木。树冠卵球状;侧枝开展。树干直;树皮灰褐色或灰白色,基部纵裂;皮孔菱形,散生。小枝灰褐色,初被短柔毛,后脱落。冬芽圆锥状,黄褐色,具光泽;花芽枣核状,赤褐色,具光泽,长 1.2~1.5 cm。短枝叶椭圆形,长 5.0~10.0 cm,宽 4.0~7.5 cm,先端渐尖,稀突尖,基部浅心形、近圆形,边缘为整齐的腺锯齿,齿端内曲,表面绿色,背面浅黄绿色,沿脉被茸毛;叶柄侧扁,长 4.0~7.0 cm,黄绿色,顶端有 1~2 枚显著圆球状腺体。长枝叶长椭圆形,长 15.0 cm 以上,先端渐尖,基部浅心形、近圆形,边缘为整齐的腺锯齿,齿端内曲,表面浅黄绿色,两面被浅黄绿色茸毛;顶端有 1~2 枚显著圆球状腺体。幼叶紫红色,被浅黄绿色茸毛。

产地:河南伏牛山区。赵天榜,3,模式标本,采于南召县乔端乡,存河南农业大学。

1.5　三角叶响叶杨　变种

Populus adenopoda Maixim. var. **triangulata** T. B. Zhao et Z. X. Chen,赵天榜等主编. 中国杨属植物志:71. 2020。

本变种短枝宽三角形,长 12.0~15.0 cm,宽 8.0~10.0 cm,先端长渐尖,稀突尖,扭曲,基部截形,边部波状起伏,边缘具细腺锯齿,齿上下交错,不在一个平面上;叶柄先端通常具 2 枚腺点。果序长 20.0~28.0 cm,果序轴被柔毛。

产地:河南南召县乔端乡。1974 年 10 月 14 日。赵天榜和李万成,No.7。模式标本,存河南农业大学。

2.伏牛杨　图 190

Populus funiushanensis T. B. Chao,河南农学院科技通讯,2:98. 1978;丁宝章等主编. 河南植物志　第一册:179~180.图 206. 1981;赵天榜等主编. 中国杨属植物志:73~74.图 22. 2020。

形态特征:落叶乔木,树高达 20.0 m。树冠卵球状;侧枝较少,开展。树干通直,中央主干明显,直达树顶;树皮灰褐色,较光滑;皮孔菱形,大,散生,树干基部粗糙。幼枝灰绿色,被短柔毛,后脱落;皮孔黄褐色,突出。小枝粗壮,灰褐色或灰绿色,无毛,有时被柔毛。叶芽圆锥状,绿褐色,顶芽上具红色黏液;花芽三棱-扁球状,绿色,具光泽,微具黏质。短枝叶三角-长卵圆形或宽卵圆形,长 9.5~18.0 cm,宽 7.5~11.0 cm,先端长渐尖,稀短尖,基部浅心形或近圆形,边缘具整齐的钝圆锯齿,齿端具腺体,内曲,表面浓绿色,无光泽,背面灰绿色,主脉凸出明显,两面被稀疏短茸毛或近光滑,脉上茸毛较多;

图 190　伏牛杨
1. 枝叶;2. 苞片
(引自《河南植物志(第一册)》)。

叶柄侧扁,长 4.0~7.0 cm,被短柔毛,顶端通常具 2 枚圆球状小腺体。雄花序长 10.0~15.0 cm,直径 1.5~2.0 cm,花序轴黄白色,被疏柔毛,稍具光泽;雄蕊(4~) 9~18 枚,通常 12 枚,花药浅粉红色,花盘圆盘形或近三角-圆盘形,浅黄白色,边缘为波状全缘;苞片三角-近半圆形,黄褐色或灰褐色,稀黑褐色,裂片深裂,具白色疏缘毛;雌花不详。

产地:河南,南召县。海拔 600 m。1977 年 6 月 19 日,南召县乔端林场东山林区路旁。赵天榜和李万成,77301、77302、77308(模式标本 Typus！存河南农学院园林系杨树研究组)。1978 年 3 月 15 日,赵天榜,同地,77301、77302（花）。

3.松河杨　图 191

Populus sunghoensis T. B. Chao et C. W. Chiuan,河南农学院科技通讯,2:102~103. 1978;丁宝章等主编. 河南植物志　第一册:168~169.图 197. 1981;赵天榜等主编.

中国杨属植物志:74~75. 图 23. 2020。

　　形态特征:落叶乔木,树高约 17.0 m。树冠卵球状;
侧枝开展。树干直;树皮灰绿色,光滑;皮孔菱形,散生。
小枝圆柱状,粗壮,赤褐色,无毛,具光泽;2 年生以上枝灰
褐色。叶芽圆锥体状,赤褐色,无毛,具光泽,微被黏质。
花芽卵球状,顶端钝圆,先端突尖,赤褐色,具光泽。短枝
叶圆形,革质,长 5.0~9.0 cm,长宽约相等,先端突短尖或
近圆形,基部微心形,边缘波状全缘或波状,表面浓绿色,
具光泽,背面淡绿色;叶柄侧扁,长 3.5~6.0 cm。雄花序
长 3.0~7.0 cm,直径 1.2~1.5 cm;花序轴黄绿色,被柔
毛;雄蕊 5~7 枚,花药紫红色;花盘斜杯状,浅黄色,边缘
为小波状全缘或波状齿;苞片三角-卵圆形,上部及裂片
黑褐色,基部无色,边缘密被白色长缘毛为显著特征;雌花不详。

图 191　松河杨
(引自《河南植物志(第一册)》)

　　产地:河南伏牛山区白河支流松河上游,生于海拔 800 m 溪旁。1974 年 10 月 21 日。
南召县乔端公社玉葬大队。标本号(赵天榜等)8 (模式标本 Typus! 存河南农学院园林
系杨树研究组)。1976 年 2 月 26 日。同地。赵天榜,409、410(花)。

响银山杂种杨组　杂种杨组

Populus Sect. × **Ellipticifolia** T. B. Zhao et Z. X. Chen,赵天榜等主编. 中国杨属植
物志:78. 2020。

　　本杂交组系响叶杨 × 银白杨与山杨之间杂种。其主要形态特征:树皮基部黑褐色,
深纵裂。叶椭圆形或卵圆形。

　　产地:河南,郑州市。

　　本组有 1 种。

　　1. 响银山杨　杂种

Populus × adenopodi-aibi-davidiana T. B. Zhao et Z. X. Chen,赵天榜等主编. 中国杨属
植物志:78~79. 2020。

　　本杂种树冠宽大,近球状;侧枝粗大,呈 40°~50°角开展。树干微弯,无中央主干;树
皮灰绿色、灰褐色,稍光滑,基部黑褐色,深纵裂;皮孔菱形,中等,明显,多散生,少数连生。
短枝叶椭圆形或卵圆形,革质,先端短尖,基部浅心形或近圆形,边缘波状。雌株! 雌花序
长 4.9~6.3 cm;苞片匙-卵圆形,上中部棕褐色、黑褐色,下部无色,裂片黑褐色,边缘被白
色长缘毛;花盘三角-漏斗形,边缘波状;子房淡绿色,柱头淡黄白色,花柱短,2 裂,每裂
2~3 叉,裂片大,羽毛状,初淡紫红色、粉红色,后灰白色。果序长 9.0~15.0 cm;蒴果三
角-圆锥状,深绿色,中部以上长渐尖,先端具喙。成熟后 2 瓣裂。花期 3 月。

　　产地:河南,郑州。1973 年 3 月 27 日。赵天榜,No. 327。模式标本,采于河南郑州,
存河南农业大学。

　　响毛(毛响)杂种杨组　杂种杨组

Populus × adenopodi-tomentosa(tomentosi-adenopoda)T. B. Zhao et Z. X. Chen,赵天
榜等主编. 中国杨属植物志:79. 2020。

　　本杂交组由毛白杨与响叶杨之间杂种。其主要形态特征:皮孔菱形,小,多为 4 个连生呈线状。叶大,革质。花芽大,扁卵球状。雄蕊 8~32 枚,花药红色;花盘大,鞋底形。

　　产地:河南等。本组有 2 种、4 品种。

　　1. 豫农杨　杂交种　图 192

Populus yunungii G. L. Lü,丁宝章等主编. 河南植物志　第一册:171~172. 图 200. 1981;赵天榜等主编. 中国杨属植物志:79~80. 图 25. 2020。

图 192　豫农杨
1. 枝叶;2. 苞片
(引自《河南植物志(第一册)》)

　　形态特征:落叶乔木。树冠卵球状,侧枝开展。树干直,主干明显;树皮灰褐色或灰绿色;皮孔菱形,很小,连生呈线状。小枝灰褐色。叶芽圆锥–卵球状;花芽卵球状,大,微扁。短枝叶三角–宽圆形,长 9.5~15.5 cm,宽 9.5~12.5 cm,先端渐尖,基部浅心形,表面深绿色,具光泽,背面淡绿色,被茸毛,边缘具内曲粗锯齿;叶柄侧扁,长 7.0~12.5 cm,顶端具腺体或无;长枝叶大而圆,先端突短尖,基部深心形,边缘具稀疏尖齿。雄花序长 10.0~20.0 cm;雄蕊 8~32 枚,花药红色;花盘大,鞋底形;苞片菱–卵圆形,先端黑褐色,边缘具白色缘毛。花期 3 月上旬。

　　本种系河南农学院园林系吕国梁教授用毛白杨 Populus tomentosa Carr. 与响叶杨 Populus denopoda Maxim. 杂交培育而成。

毛白杨亚属

Populus Linn. Subgen. **Tomentosae**(T. Hong et J. Zhang)T. B. Zhao et Z. X. Chen,赵天榜等. 中国杨属植物志:77~78. 2020,*Populus* Linn. Subsect. *Tomentosae* T. Hong et J. Zhang,林业科学研究,1(1)73. 1988;杨树遗传改良:毛白杨亚组 262. 1991。

　　本亚属形态特征:树形、树皮、皮孔、叶形、花及蒴果,以及毛白杨实生苗均有银白杨、新疆杨、山杨、响叶杨及毛白杨的形态特征。根据《国际植物命名法规》有关规定,故创建毛白杨新亚属。

　　亚属模式:毛白杨组 Populus Linn. Sect. Tomentosae (T. Hong et J. Zhang)T. B. Zhao et Z. X. Chen。

　　产地:中国。

毛白杨组

Populus Linn. Sect. **Tomentosae**(T. Hong et J. Zhang)T. B. Zhao et Z. X. Chen,赵天榜等. 中国杨属植物志:81. 2020;**Populus** Linn. Subsect. **Tomentosae** T. Hong et J. Zhang,林业科学研究,1(1):73. 1988;杨树遗传改良:毛白杨亚组 262. 1991。

　　小枝及芽被毛或无毛。幼叶拱包、内褶卷、席卷或内卷,背面被茸毛,稀密被丝毛;托叶条状或粗丝状。短枝叶叶边缘波状凹缺或具锯齿。长、萌枝叶 3~5 裂或具粗锯齿,背面被茸毛或近无毛。花序苞片顶部不规则浅裂、深裂或流苏状;柱头裂片窄细长条状或蝴蝶状,黄白色、淡红色或紫红色。

　　本组合模式种:毛白杨 Populus tomentosa Carr.。

1. 毛白杨

Populus tomentosa Carr.

变种：

1.1　毛白杨　变种

Populus tomentosa Carr. var. **tomentosa**

1.2　箭杆毛白杨　变种　图193

Populus tomentosa Carr. var. **borealo-sinensis** Yü Nung(T. B. Zhao)，河南农学院园林系编(赵天榜). 杨树:5~7. 图二. 1974;中国林业科学,2:15~ 17. 图片:1~2. 1978;丁宝章等主编. 河南植物志 第一册:174. 1981;河南农学院科技通讯,2:26~ 30. 图6. 1978;中国主要树种造林技术:314. 315. 1981; *Populus tomentosa* Carr. cv. '*Borealo-Sinensis*',李淑玲,戴丰瑞主编. 林木良种繁育学;1996, 279;赵天锡,陈章水主编. 中国杨树集约栽培:16. 图1-3-4. 312. 1994;赵天榜等. 毛白杨类型的研

图193　箭杆毛白杨
1. 枝叶;2. 苞片。

究. 中国林业科学研究, 1978, 1:15. 17. 图1;赵天榜等. 毛白杨优良无性系. 河南科 技,1990,8:24;赵天榜等. 毛白杨起源与分类的初步研究. 河南农学院科技通讯,1978, 2:26~28.30. 图6;赵天榜等主编. 中国杨属植物志:87~88. 图29. 2020。

本变种中央主干明显,直达树顶。树冠窄圆锥状;侧枝细、少,与主干呈40°~45°角, 枝层明显,分布均匀。短枝叶较小,长枝叶先端长渐尖;幼叶微呈紫红色。发芽和展叶期 是毛白杨中最晚的一种。

产地:河南各地均产。1975年6月5日。郑州市文化区。赵天榜,401(模式标本 Ty- pus var.! 存河南农学院园林系杨树研究组)。

箭杆毛白杨树干通直,姿态雄伟,分布广泛,抗性较强,寿命长,成大材,材质好,是营 造速生用材林、农田防护林和"四旁"绿化良种。

1.3　河南毛白杨　变种　图194

Populus tomentosa Carr. var. **honanica** Yü Nung(T. B. Zhao)，赵天榜等. 毛白杨类 型的研究. 中国林业科学,2. 17~18. 图3. 1978;丁宝章等主编. 河南植物志　第一册: 174~175. 1981;河南农学院科技通讯,2: 30~32. 图7. 1978;中国主要树种造林技术: 316. 1981; *Populus tomentosa* Carr. cv. '*Honanica*',李淑玲,戴丰瑞主编. 林木良种 繁育学:1996,280;赵天锡,陈章水主编. 中国 杨树集约栽培:16. 图1-3-5. 313. 1994;赵 天榜等. 毛白杨优良无性系. 河南科技,

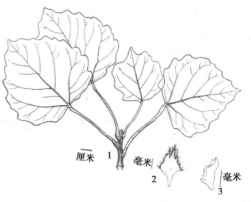

图194　河南毛白杨
1. 枝叶;2. 苞片;3. 花盘。

1990,增刊:24;赵天榜等.毛白杨起源与分类的初步研究.河南农学院科技通讯,1978,30~32.图7;赵天榜等主编.中国杨属植物志:90~91.图30.2020。

本变种形态特征:树皮皮孔近圆点形,小而多,散生或横向连生为线状,兼有大的菱形皮孔。叶三角-宽圆形、圆形或卵圆形,先端短尖。雄花序粗大,花药橙黄色,少微有红晕;花粉多;苞片灰色或灰褐色;花盘掌状盘形,边缘呈三角形缺刻;雌蕊柱头浅黄绿色,裂片很大为显著特征。蒴果较大,先端弯曲。结籽率达40%以上。花期较箭杆毛白杨早5~10天。

河南各地均有分布。1973年9月4日。郑州市文化区。赵天榜,220(模式标本Typus var.!存河南农学院园林系)。197年3月,同地,赵天榜,无号(花)。1975年3月29日,同地,赵天榜,403(果)。

河南毛白杨生长很快,是短期内解决木材自给的一个良种。苗木和大树,易受锈病和叶斑病为害。要求土、肥、水条件较高。

1.4　小叶毛白杨　变种　图195

Populus tomentosa Carr. var. **microphylla** Yü Nung(T. B. Zhao),河南农学院园林系编(赵天榜).杨树:7~9.图四:1974;中国林业科学,2:18~19.图6.1978;丁宝章等主编.河南植物志　第一册:175.1981;河南农学院科技通讯,2:34~35.图9.1978;中国主要树种造林技术:316.1981;*Populus tomentosa* Carr. cv.'Mcrophylla',李淑玲,戴丰瑞主编.林木良种繁育学:1996,280;赵天锡,陈章水主编.中国杨树集约栽培:16~17.图1-3-6.313.1994;赵天榜等.毛白杨类型的研究.中国林业科学研究,1978,1:18~19.图6;赵天榜等.毛白杨优良无性系.河南科技,1990,8:25;赵天榜等.毛白杨起源与分类的初步研究.河南农学院科技通讯,1978,2:34~35.图9;赵天榜等主编.中国杨属植物志:85~86.图28.2020。

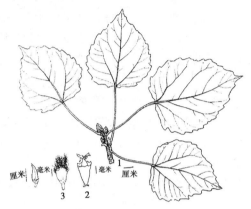

图195　小叶毛白杨
1.枝叶;2.苞片;3.蕊雌;4.蒴果。

本变种树冠较密;侧枝较细,枝层明显。树皮皮孔菱形,大小中等。叶较小,卵圆形或心形,先端短尖;长枝叶缘重锯齿。雄花序较细短。蒴果结籽率达30%以上。

产地:河南郑州、洛阳、开封等地。1973年8月10日。郑州河南农学院内。赵天榜,320(模式Typus var.!存河南农学院园林系)。1976年2月29日,同地,赵天榜,160(雄花)。1975年3月22日,同地,赵天榜,345(果)。

1.5　密枝毛白杨　变种　图196

Populus tomentosa Carr. var. **ramosissima**

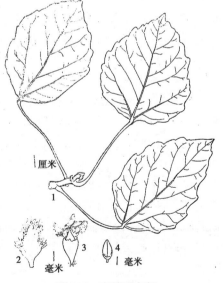

图196　密枝毛白杨
1.枝叶;2.苞片;3.雌蕊;4.蒴果。

Yü Nung(T. B. Zhao)，河南农学院科技通讯，2：40~42. 图14. 1978；丁宝章等主编. 河南植物志 I：175~176. 1981；密枝毛白杨. 中国林业科学，1978，1：20；河南农学院园林系编. 杨树：21. 1974；中国林业科学，1：19. 1978；丁宝章等主编. 河南植物志（杨柳科—赵天榜）I：175~76，1981；河南农学院科技通讯，2：40~42、1978；赵天榜等. 毛白杨系统分类的研究. 河南科技，1991，增刊：4；赵天榜等. 毛白杨系统分类的研究. 南阳教育学院学报　理科版 1990，（总第 6 期）：5~6；赵天榜等主编. 中国杨属植物志：95~96. 图 33. 2020。

本变种树冠浓密；侧枝多而细，枝层明显，分枝角度小。叶卵圆形，较小，先端短尖，基部宽楔形，稀圆形。苞片密生白色长缘毛，遮盖柱头为显著特征。蒴果扁卵球状。

产地：河南郑州、许昌等地。1973 年 7 月 29 日。郑州市行政区。赵天榜，204；1975 年 3 月 21 日。郑州市行政区。赵天榜，329（果）（模式标本 Typus var.！存河南农学院园林系）。

1.6　河北毛白杨　变种　图197

Populus tomentosa Carr. var. **hopeinica** Yü Nung(T. B. Zhao)，丁宝章等主编. 河南植物志第一册：176.1981。

本变种：树干微弯；侧枝平展。皮孔菱形，大，散生，稀连生。长枝叶大，近圆形，具紫红褐色晕，两面具浅黄绿色茸毛，后表而脱落；幼叶红褐色。雌蕊柱头粉红色或灰白色，2 裂，每裂 2~3 叉，裂片大，呈羽毛状。

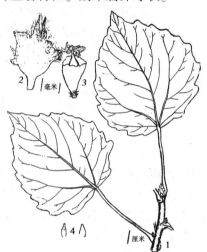

图 197　河北毛白杨
1. 枝叶；2. 苞片；3. 雌蕊；4. 蒴果。

产地：河北易县。河南引种栽培。1975 年 5 月 22 日。郑州河南农学院园林试验站。赵天榜，335（模式 Typus var.！存河南农学院园林系）。河北毛白杨速生、抗寒、抗病，适应性强。河南、山东、北京等省市大量引种栽培，生长普遍良好。

1.7　密孔毛白杨　变种　图198

Populus tomentosa Carr. var. **multilenticellia** Yü Nung(T. B. Zhao)，中国林业科学，1：19~20. 1978；河南农学院科技通讯，2：37~38. 图 11. 1978；丁宝章等主编. 河南植物志　第一册：175. 1981；中国主要树种造林技术：314~329. 图 4. 1978；赵天榜. 毛白杨类型的研究. 中国林业科学研究，1978，1：19~29. 图 8；赵天榜. 毛白杨起源与分类的初步研究. 河南农学院科技通讯，1978，2：37. 图 11；赵天榜等主编. 中国杨属植物志：94~95. 图 32. 2020。

图 198　密孔毛白杨
1. 枝、叶；2. 苞片。

本变种树干较低。树冠宽球状；侧枝粗大，无中央主干。树皮皮孔菱形，小而密，横向连生呈线状为显著特征。叶较小；长枝叶基部深心形，缘具锯齿。雄花序粗大,花药浅黄色或橙黄色,花粉极多;苞片下部浅黄色,透明。

产地:河南郑州、新乡、洛阳、许昌等地。1973 年 7 月 21 日。郑州文化区。赵天榜,210(模式标本 Typus var.！存河南农学院园林系)。

1.8　银白毛白杨　变种

Populus tomentosa Carr. var. **alba** T. B. Zhao et Z. X. Chen,赵天榜等主编. 中国杨树植物志:93~94. 2020。

本变种枝密被白色茸毛。叶卵圆形、近圆形,先端短尖,基部浅心形,边缘具不规则的大牙齿锯齿,表面沿主脉及侧脉密被白色茸毛,背面密被灰白色茸毛;叶柄圆柱状,密被灰白色茸毛,顶端具 1~2 枚圆腺体。雌株！苞片匙–菱形,中、上部浅灰色,中间具灰色条纹。蒴果扁卵圆球状,长约 3 mm,密被灰白色茸毛。花期 3 月,果成熟期 4 月中、下旬。

产地:河南。1975 年 3 月 29 日。模式标本,赵天榜,225。采于河南郑州,存河南农业大学。

2. 新乡杨　圆叶毛白杨　图 199

Popuius sinxiangensis T. B. Zhao,河南农学院种技通讯,2:103. 1978;中国林业科学,1:20. 1978;丁宝章等主编. 河南植物志　第一册:169~170. 图 198. 1981; *P. opulus tomentosa* Carr. var. *totundifolia* Yü Nung(T. B. Zhao),河南农学院科技通讯,2:39. 图 13. 1978;赵天榜等主编. 中国杨属植物志:126~127. 图 35. 2020。

形态特征:落叶乔木。树冠卵球状。树干直,主干明显,树皮白色,被较厚的蜡质层,有光泽,平滑;皮孔菱形,中等,明显,散生。小枝、幼枝密被白色茸毛。花芽圆球状,较小。短枝叶圆形,长 5.0~8.0 cm,宽与长约相等,先端钝圆或突短尖,基部深心形,边缘具波状粗锯齿,表面绿色,背面淡绿色;叶柄侧扁,与叶

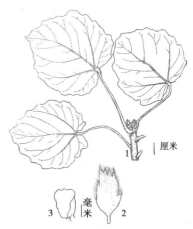

图 199　新乡杨 Popuius sinxiangensis T. B. Zhao
1. 枝叶;2. 苞片;3. 花盘.

片约等长;长、萌枝叶圆形,长 8.0~12 cm,宽 7.5~11.0 cm,先端突短尖、钝圆,基部心形,边缘具波状大齿,表面深绿色,具光泽,背面密被白色茸毛,叶面皱褶,易受金龟子危害。雄株！雄花有雄蕊 6~10 枚,花药粉红色;花盘鞋底形,边缘全缘或波状全缘;苞片灰浅褐色,边缘具长缘毛。花期 3 月上、中旬。

产地:河南,修武县。1974 年 8 月 3 日。郇封公社小文案大队。赵天榜,108(模式标本 Typus！存河南农学院园林系杨树研究组)。

青杨亚属

Populus subgen. × **Tacamamahaca**(Spach)T. B. Zhao et Z. X. Chen,赵天榜等主编. 中国杨属植物志:134. 2020。

产地:中国。

Ⅰ. **苦杨系**

Populus Ser. **Laurifoliae** Ledeb.,赵天榜等主编. 中国杨属植物志:134. 2020。

1. 小叶杨

Populus simonii Carr.

变种：

1.1　小叶杨　变种

Populus simonii Carr. var. **simonii**

1.2　洛宁小叶杨　变种

Populus simonii Carr. var. **luoningensis** T. B. Chao(T. B. Zhao)，丁宝章等主编. 河南植物志　第一册:186. 1981;李淑玲,戴丰瑞主编. 林木良种繁育学:286. 1996;赵天榜等主编. 中国杨属植物志:138. 2020。

本变种树冠倒卵球状;侧枝粗大,呈 25°～45°角着生。树皮灰白色,较光滑。小枝灰褐色。芽暗红色。叶菱形或椭圆形,长 6.2～7.3 cm,宽 3.1～3.3 cm,先端渐尖,基部渐狭,表面绿色,背面灰白色。雌蕊子房长卵球状,具明显的小瘤状突起,柱头 2 裂;花盘盘形,具长柄。

产地:河南洛宁县。1972 年 2 月 5 日。卫廷耀,无号(模式标本 Typus var. ! 存河南农学院园林系)。

2. 楸皮杨　图 200

Populus purdomii Rehd. var. **ciupi** S. Y. Wang,丁宝章等主编. 河南植物志　第一册:182～183. 图 210. 1981;赵天榜等主编. 中国杨属植物志:152. 2020。

形态特征:落叶乔木,树干通直,高达 20.0 m 以上,胸径达 1.0 m。树冠卵球状、宽卵球状;侧枝粗大,开展。树皮灰褐色或黑褐色,条状纵裂,似楸树皮,故称"楸皮杨"。小枝绿色或灰褐色,具光泽;幼枝带紫红色晕,具柔毛,后脱落。冬芽大,卵球-锥状,鳞片背面棱线明显,具黏

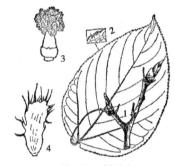

图 200　楸皮杨

1.叶、枝及顶芽;2.叶缘一部分;3.雌蕊;
4.苞片(引自《河南植物志(第一册)》)。

液,有光泽,无毛。短枝叶长卵圆形、宽卵圆形或卵圆-椭圆形,长 8.5～15.5 cm,宽 4.5～10.0 cm,先端渐尖、突尖,基部圆形、宽心形,微偏斜,边缘具钝细腺齿,内曲,表面绿色,背面苍白色,沿脉被柔毛;叶柄圆柱状,长 5.0～10.0 cm。长枝叶卵圆形,长 20.0～30.0 cm,宽 15.0～20.0 cm,先端渐尖或短尖,基部宽心形;叶柄长 4.5～6.5 cm。幼叶具紫色红晕,密被柔毛。雄花序长 15.0～20.0 cm。雄蕊 30～62 枚,花药米黄色;花盘杯状,近无柄,边缘波状;苞片纺锤-匙形,浅黄色,先端及裂片棕色;雌花序长 10.0～15.0 cm;子房卵球-锥状,表面有点状突起,柱头 4 裂。果序长 20.0 cm。蒴果三角锥状,表面不平,长 5 mm,成熟后 3 瓣裂。花期 4～5 月,果熟期 5～6 月。

本种似冬瓜杨 Populus purdomii Rehd.,但区别:幼枝、幼叶、幼叶柄密被紫红色柔毛。子房卵球-锥状,表面有点状突起,叶长卵圆形、宽卵圆形或卵圆-椭圆形;叶柄长,易于区别。

产地:河南伏牛山西部,生于海拔 1 000 m 以上的山谷溪旁或杂木林中。1963 年 7 月

7 日,嵩县杨树岭。王遂义,No. 4766。1975 年 4 月 5 日,卢氏县淇河林场大块地,赵天榜,832、833(花)。1975 年 5 月 2 日,赵天榜,871(果)。模式标本,采于河南省农林科学院林科所,现存于河南农业大学标本室。

3. 青杨

Populus cathayana Rehd.

变种:

3.1　青杨　变种

Populus cathayana Rehd. var. **cathayana**

3.2　垂枝青杨　变种

Populus cathayana Rehd. var. **pendila** T. B. Chao(T. B. Zhao),河南农学院学报,2:5~6. 1980;丁宝章等主编. 河南植物志　第一册:184. 1981;赵天锡,陈章水主编. 中国杨树集约栽培:509. 1994;中国主要树种造林技术:338. 1981;赵天榜等主编. 中国杨属植物志:163. 2020。

本变种侧枝开展,梢部弓形下垂。树皮灰绿色,光滑。小枝细长,具棱,下垂至地面。短枝叶椭圆-卵圆形、卵圆形,边缘具腺锯齿,有缘毛,基部无齿;叶柄顶端被毛。

产地:河南伏牛山区。1977 年 5 月 20 日。卢氏县瓦窑公社。赵天榜,775101、775102(模式标本 Tupua var. ! 存河南农学院园林系)。

Ⅱ. 川杨 × 青杨杂种系　杂种杨系

Populus × szechuancii-laurifolia T. B. Zhao et Z. X. Chen,;赵天榜等主编. 中国杨属植物志:175. 2020。

形态特征与河南青杨形态特征相同。

本系模式种:河南青杨。

产地:河南。

本系有 1 种。

1. 河南青杨

Populus pseudo-cathayana T. B. Zhao et Z. X. Chen,;赵天榜等主编. 中国杨属植物志:175~176. 图70. 2020。

形态特征:落叶乔木,树高 15.0 m。树冠卵球状、长卵球状;侧枝开展。树皮灰绿色,光滑;皮孔菱形,散生,明显。幼枝被短柔毛,后光滑;小枝圆柱状,灰绿色、黄绿色,常下垂;长枝梢部常弯曲明显。短枝叶宽卵圆形、卵圆形,长 7.0~13.0 cm,宽 5.0~10.0 cm,表面绿色,主脉、侧脉平,沿脉被短柔毛,后脱落,背面淡绿色,疏被柔毛,主脉、侧脉与细脉明显隆起,被短柔毛,先端渐尖、短尖,基部浅心形、圆形、宽楔形或浅心-近圆形,边缘具圆细腺齿,通常被缘毛;近基部边缘波状,有半透明狭边;叶柄基部圆柱状,中上部以上侧扁,常带红色,长 3.0~5.0 cm,与叶片等长。长枝叶圆形、近圆形、椭圆形,长 10.0~20.0 cm,宽 8.0~15.0 cm,先端渐尖,基部近心形,边缘细锯齿较密,具缘毛,基部波状,有半透明狭边,具缘毛,表面绿色,背面淡绿色,两面沿脉被短柔毛,基部心形,通常具 2~3 圆形腺体和短柔毛;叶柄近扁圆柱状,无毛,绿色,长 3.0~7.0 cm,与叶片等长。幼叶淡黄绿色至淡红色。雌株! 花序长约 8.4 cm。果序长 25.0~30.0 cm,果序轴光滑,无毛。蒴果较大、卵球状、椭圆-长卵球状,长 7~10 mm,嫩绿色,着生稀;果柄长 2~4 mm,成熟后 3 瓣裂。花期 4 月,果熟期 5 月。

本种与河南杨 Populus honanensis T. B. Zhao et C. W. Chiuan 相似,但区别:小枝圆柱状,常下垂;长枝梢部常弯曲明显。短枝叶宽卵圆形、卵圆形,两面疏被柔毛,先端渐尖、短尖,基部浅心形、圆形、宽楔形或浅心-近圆形,边缘具圆细腺齿,通常被缘毛;近基部边缘波状;叶柄基部圆柱状,中上部以上侧扁,常带红色。幼叶淡黄绿色至淡红色。雌株!蒴果较大,成熟后 3 瓣裂。

产地:河南卢氏县。本种系川杨与青杨的杂交种。赵天榜,No. 346。模式标本,采于河南卢氏县,存河南农业大学。河南青杨生长快,5 年生树高 20.19 m,胸径 27.17 cm。

青黑杂种杨亚属 新杂种杨亚属

Populus subgen. **× tacamanaci-nigra** T. B. Zhao et Z. X. Chen,赵天榜等主编. 中国杨属植物志:180~181. 2020。

产地:中国。

1. 大官杨 大关杨 图 201

Populus× diaozhuanica W. Y. Hsü,丁宝章等主编. 河南植物志 第一册:188. 图218. 1981;河南农学院园林试验站编. 大官杨栽培技术:3~6. 图 19. 1973;Populus simonii Carr. × Populus nigra Linn. var. italica Möench,牛春山主编. 陕西杨树:106~108. 图46. 1980;李淑玲等主编. 林木良种繁育学:287. 1960;山西省林学会杨树委员会. 山西省杨树图谱:108~109. 图46. 照片37. 1985;中国主要树种造林技术:406. 1978;赵天榜等主编. 中国杨属植物志:181~182. 图74. 2020。

形态特征:落叶乔木,树高可达 25.0 m。树冠圆锥状或塔形,侧枝角度较小,常呈 45°角斜展。树干稍弯。幼树皮灰白色,光滑,老龄树干基部灰褐色,浅纵裂;皮孔分布密集,菱状;小枝圆柱状,幼嫩部分被乳白色黏液;长枝

图 201 大官杨
1. 叶、果序枝;2. 花
(引自《河南植物志(第一册)》)

棱线明显。长枝叶三角-圆形、近圆形,先端短尖、渐尖,基部宽楔形至圆形,无毛;短枝叶形多变化,卵圆形、菱-卵圆形,长 4.0~9.0 cm,宽 5.0~5.0 cm,先端渐尖,基部楔形、近圆形,边缘具细锯齿,近基部全缘,表面绿色,沿脉有疏毛,背面淡绿色,无毛;叶柄黄绿色。雌株!雌花序长 3.0~5.0 cm;子房三角-卵球状,嫩绿毛,柱头 2 裂;花盘漏斗状,边缘全缘、波状全缘,绿色。果序长 5.0~1.0 cm;蒴果三棱-卵球状,中部以上渐尖,绿色,成熟后2 瓣裂。花期 3 月中下旬,果熟期 4 月下旬。

产地:河南中牟县大官庄村。

六、胡桃科　Juglandaceae

（一）胡桃属　Juglans Linn.

1. 魁核桃

Juglans major（Tott.）Heller

亚种：

1.1　腺毛魁核桃　亚种

Juglans major（Tott.）Heller subsp. **glandulipila** T. B. Zhao, Z. X. Chen et J. T. Chen, 赵天榜等主编. 河南省郑州市紫荆山公园木本植物志谱:33. 2017。

本亚种:植株幼嫩部分密被多细胞具柄腺毛,稀具簇状毛及枝状毛。

产地:河南郑州市有引种栽培。赵天榜、陈俊通,No. 201504201(幼枝、幼叶及花等)。模式标本,存河南农业大学。

变种：

1.1　魁核桃　变种

Juglans major（Tott.）Heller var. **major**

1.2　小果魁核桃　变种

Juglans major（Tott.）Heller var. **parvicarpa** T. B. Zhao, H. Wang et Z. Y. Wang, 赵天榜等主编. 郑州植物园种子植物名录:33. 2018。

本变种小叶披针形。果实球状,长、径 3.0~3.5 cm。果核球状,长 2.0~2.5 cm,宽 2.0~2.5 cm,厚 2.0~2.5 cm,表面密被纵锐棱与沟。

产地:河南,郑州市,郑州植物园。2015 年 7 月 8 日。赵天榜、王志毅和王华 No. 201508227。模式标本,存河南农业大学。

1.3　光核魁核桃　变种

Juglans major（Tott.）Heller var. **laevi-putamen** J. T. Chen, T. B. Zhao, H. Wang, 赵天榜等主编. 郑州植物园种子植物名录:33. 2018。

本变种小叶狭椭圆形。果实球状,长、径 3.0~3.5 cm。果核球状,径长、宽约 2.7 cm,表面具很细的沟纹。

产地:河南、郑州市、郑州植物园。2015 年 8 月 22 日。陈俊通、赵天榜和王华,No. 2015082279。模式标本,存河南农业大学。

1.4　椭圆体果魁核桃　变种

Juglans major（Tott.）Heller var. **ellipsoideidrupa** J. T. Chen, T. B. Zhao, H. Wang, 赵天榜等主编. 郑州植物园种子植物名录:33~34. 2018。

本变种小叶狭椭圆形。果实长椭圆体状,长 5.0~6.5 cm,宽 4.0~5.0 cm。果核微扁椭圆体状,长 4.5~6.0 cm,宽 3.5~4.0 cm,厚宽 3.0~3.5 cm,先端圆锥状,表面具较宽的长纵棱与深沟纹。

产地:河南,郑州市,郑州植物园。2015 年 8 月 22 日。陈俊通、赵天榜和王华,No. 201508221。模式标本,存河南农业大学。

1.5　多型果核魁核桃　变种

Juglans major(Tott.)Heller var. **multiformis** Z. Y. Wang,H. Wamg et T. B. Zhao,赵天榜等主编. 郑州植物园种子植物名录:34. 2018。

本变种果实果核有双果核和单果核。果核具有纵纵棱与深沟纹,稀果核先端呈喙状突起。

产地:河南,郑州市,郑州植物园。2015 年 8 月 22 日。王志毅、王华和赵天榜,No. 201508201。模式标本,存河南农业大学。

1.6　小叶魁核桃　变种

Juglans major(Tott.)Heller var. **parvifolia** T. B. Zhao,Z. Y. Wang et X. K. Li,赵天榜主编. 赵天榜论文选集.2021。

本变种与魁核桃原变种 Juglans major(Tott.)Heller var. major 主要区别:小枝黑褐色,密被多细胞具柄腺体。发芽早。幼枝密被多细胞具柄腺体,不等长的簇状毛、长柔毛。发芽晚。叶轴、叶柄密被多细胞具柄腺体,不等长的簇状毛、长柔毛。偶数羽状复叶,长 19.0~31.0 cm;小叶狭椭圆形,互生或对生,10~18 枚,长 4.5~11.5 cm,宽 1.0~3.0 cm,表面绿色,沿脉疏被多细胞具柄腺体,稀枝状毛,背面绿色,微被柔毛,沿脉密被多细胞具柄腺体、长柔毛,稀枝状毛,先端长渐尖至长尾尖,基部近圆形,或楔形,两侧不对称,边缘具尖锯齿,齿端具腺体、很少被缘毛及多细胞具柄腺体。雌雄花异熟,雄花先开,雌花后开放。雄花序腋生于前 1 年生枝上,萘黄花序,下垂,花序轴密被多细胞具柄腺体,不等长的簇状毛、长柔毛。雌花着生于当年新枝顶部,花序轴密被多细胞具柄腺体,稀被枝状毛、长柔毛;具花 1~4 枚;子房卵球状,长 5~6 mm,径 4~5 mm,密被多细胞具柄腺体;花柱 2 裂,每裂片多皱,与子房等大;萼片小,宿存,被短柔毛。果状核果状;果梗密被短柔毛,具果实 1~4 枚,近球状或卵球状,径 2.5~3.0 cm,淡黄绿色,密被细小、微凸点及短柔毛;果核硬骨质,球状,径 2.0~2.2 cm,密具钝棱与细沟纹,两端钝圆。花期 4~5 月,果实成熟期 8~9 月。

产地:河南,郑州市有引种栽培。2016 年 4 月 29 日,赵天榜、王志毅和李小康,No. 2016042925(幼枝、幼叶及雌花序)。模式标本,存河南农业大学。

1.7　疣刺魁核桃　变种

Juglans major(Tott.)Heller var. **gongylodispinosa** T. B. Zhao,Z. Y. Wang et X. K. Li,赵天榜主编. 赵天榜论文选集.2021。

本变种与魁核桃原变种 Juglans major(Tott.)Heller var. major 主要区别:浆果状核果,球状,长、径 3.0~3.5 cm,淡黄绿色,密被细小、疣状刺;果核硬骨质,近扁球状,长 2.5~3.0 cm,径 2.0~3.0 cm,密具断断续续钝纵棱与沟纹,先端钝圆,具很小疣凸,钝尖,基部钝圆。

产地:河南,郑州市有引种栽培。2016 年 4 月 29 日。赵天榜、王志毅和李小康,No. 2016042925(幼枝、幼叶及雌花序)。模式标本,存河南农业大学。

1.8　大叶魁核桃　变种

Juglans major(Tott.)Heller var. **magnifolia** T. B. Zhao,Z. Y. Wang et X. K. Li,赵天榜主编. 赵天榜论文选集. 2021。

本变种与魁核桃原变种 Juglans major(Tott.)Heller var. major 主要区别:小枝黑褐色,密被多细胞具柄腺体。发芽晚。幼枝具显著纵棱,密被多细胞具柄腺体、长柔毛。发芽晚。叶轴、叶柄密被多细胞具柄腺体。偶数羽状复叶,长 16.0~24.0 cm;小叶椭圆形,10~18 枚,长 3.0~10.0 cm,宽(2.0~)3.5~5.0 cm,表面绿色,沿脉疏被多细胞具柄腺体,背面淡绿色,沿脉被多细胞具柄腺体,先端长尾尖,基部近圆形,两侧不对称,边缘具细锯齿,疏被多细胞具柄腺体缘毛。雌雄花异熟!雄花先开,雌花后开放。雄花序腋生于前1 年生枝上,葇荑花序,下垂,花序轴密被多细胞具柄腺体。雌花着生于当年新枝顶部,花序轴密被多细胞具柄腺体;具花 1~3 枚;子房卵球状,长 5 mm,密被多细胞具柄腺体;花柱 2 裂,每裂片呈棒状、多皱,与子房等大。

产地:河南,郑州市有引种栽培。2016 年 4 月 29 日,赵天榜、王志毅和李小康,No.201604297(幼枝、幼叶及花等)。模式标本,存河南农业大学。

1.9　全缘叶魁核桃　变种

Juglans major(Tott.)Heller var. **integrfolia** T. B. Zhao,X. K. Li et Z. Y. Wang,赵天榜主编. 赵天榜论文选集. 2021。

本变种与魁核桃原变种 Juglans major(Tott.)Heller var. major 主要区别:树皮灰白色,具纵沟。小枝灰褐色,疏被短柔毛。发芽早。幼枝纵棱特别显著,疏被短柔毛、长柔毛。叶轴、叶柄被极短柔毛。奇数羽状复叶,长 16.0~47.0 cm;小叶大型,椭圆形、狭椭圆形,5~11 枚,长 5.0~16.0 cm,宽 2.0~4.0 cm,表面绿色,无毛,背面淡绿色,沿脉被短柔毛、簇状毛,先端短尖、渐尖,基部近圆形,两侧不对称,边缘全缘,具很少小黑点;顶生小叶大,长 9.0~13.0 cm,宽 3.0~5.0 cm,先端长渐尖,基部楔形,边缘全缘,偶具锯齿。雌雄花异熟!雄花先开,雌花后开放。雄花序腋生于前 1 年生枝上,葇荑花序,长 5.0~9.0 cm,下垂,花序轴被短柔毛。雌花着生于当年新枝顶部,花序轴被短柔毛、腺体;具花 1~3 枚;子房卵球状,长 1.5 mm,径 1.2 cm,淡灰黄色,密被多细胞具柄腺体;花柱 2 裂,每裂片多皱,短于子房等大。

产地:河南,郑州市有引种栽培。2016 年 4 月 29 日,赵天榜、王志毅和李小康,No.2016042913(幼枝、幼叶及雌花序) 模式标本,存河南农业大学。

1.10　大双果魁核桃

Juglans major(Tott.)Heller var. **magnibicarpa** T. B. Zhao,Z. Y. Wang et X. K. Li,赵天榜主编. 赵天榜论文选集. 2021。

A var. nov. foliolis ellipticis,ovatis,margine serratis. 2-fructibus in 1 pedicellis fructibus et al.

本变种主要区别:树皮灰白色,具纵沟。小枝灰白色,无毛;幼枝疏被短柔毛。叶轴、叶柄疏被短柔毛。偶数羽状复叶,长 8.0~30.0 cm;小叶椭圆形、卵圆形,8~16 枚,长 3.5~9.0 cm,宽 2.0~3.0 cm,表面绿色,无毛,背面淡绿色,沿脉被短柔毛,先端短尖、长渐尖,基部近圆形,两侧近对称,边缘具锐尖锯齿。雌雄花异熟!雄花先开,雌花后开放。雄花序腋生于前 1 年生枝上,葇荑花序,长 5.0~9.0 cm,下垂,花序轴被短柔毛。雌花着生于当年新枝顶部,花序轴被短柔毛、腺体;具花 1~3 枚;子房卵球状,长 1.5 mm,径 1.2 cm,淡灰黄色,密被多细胞具柄腺体;花柱 2 裂,每裂片多皱,短于子房等大。果实内具 2

枚果核。果核硬骨质,近扁椭圆体状,长 4.2~4.5 cm,径 3.0~4.5 cm,密具钝纵棱与沟纹,先端钝圆锥状,具小尖头,基部钝圆,具沟纹,两侧稍平。

产地:河南,郑州市有引种栽培。2016 年 7 月 8 日,赵天榜、王志毅和李小康,No. 2016042913(幼枝、幼叶及雌花序)。模式标本,存河南农业大学。

七、桦木科 Betulaceae

(一)桦木属 Betula Linn.

1. 豫白桦 图 202

Betula honanensis S. Y. Wang et C. L. Chang,丁宝章等主编. 河南植物志 第一册:225~226. 图 270. 1981。

形态特征:落叶乔木,树高 20.0 m。树皮白色,鳞状层层剥落。小枝淡紫褐色,无毛,皮孔明显、淡褐色。叶卵圆形、宽卵圆形,长 5.0~7.0 cm,宽 4.0~5.5 cm,表面沿脉疏被白色茸毛,背面散生浅褐色树脂状腺体,脉腋有褐色簇毛;叶柄长 1.0~2.5 cm,无毛,或先端被疏毛。果序常 2 枚着生短枝顶端,圆柱状,长 3.0~4.5 cm;果序柄长 6~15 mm,具树脂状腺体;果苞长 5~6 mm,裂片倒卵圆形,先端三角形,侧裂片较短,背面散生数个腺体,上面边缘有白色茸毛。翅果近圆形,膜质翅为果宽 1/2,无毛;果实成熟期 8~9 月。

图 202 豫白桦
1. 果枝;2. 果苞;3. 小坚果
(引自《河南植物志(第一册)》)。

本种树皮白色,与白桦 Betula platyphylla Suk. 相似,但叶为卵圆形、宽卵圆形,表面沿脉疏被白色茸毛,侧脉 10~12 对。果序常 2 个集生于短枝顶端;果苞两侧裂与中裂略等宽,膜质翅较果稍窄。又近似于红桦 Betula albi-sinensis Burkill.,而树皮白色。叶宽卵圆形,表面沿脉疏被白色茸毛,侧脉 10~12 对。果苞裂片倒卵圆形,中裂先端三角形,钝,可以区别。

产地:河南灵宝县的河西,生于海拔 1 600 m 以上的山坡杂木林中。1978 年 7 月 20 日。灵宝县河西林场。王遂义、张庆连,780302。模式标本 TYpus!,存河南省农林科学院林科所。现存河南农业大学标本馆。

(二)鹅耳枥属 Carpinus Linn.

1. 河南鹅耳枥 图 203

Carpinus funiushanensis P. C. Kuo,丁宝章等主编. 河南植物志 第一册:239. 图 291.1981。

形态特征:落叶乔木。小枝红褐色,平滑,具细小皮孔。冬芽长锥状,长约 5 mm,鳞片上部微具毛。叶长圆-披针形,长 4.0~7.5 cm,宽 2.0~3.5 cm,先端渐尖,基部宽楔形或圆形,边缘具重锯齿,表面无毛,背面淡绿色,脉腋有微毛,侧脉 12~14 对;叶柄长 10 mm,无毛。果序长

图 203 河南鹅耳枥
1. 果枝;2. 果苞及果实;3. 果实
(引自《河南植物志(第一册)》)。

5.0~8.0 cm,直径约 3.0 cm;果序梗长 1.5~2.0 cm,序轴被稀疏白毛;苞片长圆-倒披针形,无毛,长 2~3 mm,宽长 6~7 mm,先端尖,外缘具 7~8 枚浅牙齿,内缘上部具 1~3 枚不明显小齿,基部略内卷,微包小坚果,显较中部窄狭。小坚果长 4~5 mm,约有 10 条肋纹,顶部有微毛,通常无腺点。花期 4~5 月,果实成熟期 9~10 月。

产地:河南灵宝、栾川、嵩县、卢氏等县。

八、壳斗科　Fagaceae

(一)栎属　Quercus Linn.

1. 栓皮栎

Quercus varibilis Bl.

变种:

1.1　栓皮栎　变种

Quercus varibilis Bl. var. varibilis

1.2　塔形栓皮栎　变种　图 204

Quercus varibilis Bl. var. **pyramidalis** T. B. Zhao, Z. I. Chang et W. C. Li,丁宝章等主编。河南植物志　第一册:246. 1981。

图 204　塔形栓皮栎

本变种与原变种 Quercus varibilis Bl. var. varibilis 相似,但树冠呈塔形,枝叶浓密;侧枝细小,与主干呈 20°~25°角着生。芽和幼枝密被黄锈色茸毛。小枝直立。叶倒卵圆-披针形或卵圆-披针形,表面深绿色,背面浅绿色;叶柄灰绿色,近直立,而易区别。

产地:河南南召县。1977 年 6 月 20 日,赵天榜、张宗尧和李万成,77514(模式标本,存河南农学院。

塔形栓皮栎的树冠狭窄,为圆柱状,生长快,叶量大,栓皮厚,是营造栓皮栎用材林和观赏林的良种。

1.3　大叶栓皮栎　变种

Ouercus variabilis Bl. var. **megaphylla** T. B. Zhao,丁宝章等主编。河南植物志　第一册:246. 1981。

形态特征:落叶乔木,树干直;树冠稀疏;侧枝少,与主干呈 60°~80°角开展。树皮栗褐色,纵裂,栓皮层厚。小枝黄褐色,光滑,无毛,多平展;长枝稍下垂;多年生枝栗褐色。叶长椭圆-倒卵圆形或长椭圆-披针形,似板栗叶,长 8.0~23.0 cm,宽 2.8~7.5 cm,先端稍尖或钝尖,基部近圆形,少宽楔形,两侧近对生,缘具针芒状锯齿,表面浓绿色(俗称大叶黑栎),光滑,无毛,背面灰绿色,具灰白色毛层,沿脉腋两侧尤多;叶柄长 1.5~2.5 cm,绿灰色,无毛,上面微具小沟。长枝幼叶背面主脉红色为显著特征。壳斗、坚果与栓皮无明显区别。

产地:河南伏牛山分布较多。1977 年 6 月 21 日。乔端林场西山林区八里坡栓皮栎人工株中,赵天榜,77531、77532(模式标本 Typus var. ! 存河南农学院园林系);同年 6 月 23 日。乔端林场北坡林区栓皮栎人工林,赵天榜和李万成,775536、77537。

本变种似栓皮栎(原变种)Quercus variabilis Bl. var. varibilis,但区别:树冠稀疏;侧

枝少,开展为 60°~80°角;小枝平展;长枝稍下垂。叶较大,长椭圆-倒卵圆形或椭圆-披针形,表面浓绿色,具光泽,易于区别;又近板栗 Castanca mollissima Blunice,但区别:雄花序荑荑下垂,生于小枝基部;雌花 1~3 枚腋生:花梗较长。果翌年成熟。

2. 沼生栎

Quercus palustris Müench.

亚种:

2.1　沼生栎　亚种

Quercus palustris Müench. subsp. **palustris**

2.2　多型叶沼生栎　亚种　图 205

Quercus palustris Müench. subsp. **multiforma** T. B. Zhao,J. T. Chen et Z. X. Chen, 赵天榜等主编. 河南省郑州市紫荆山公园木本植物志谱:82~83. 图 37.　2017.

本亚种与沼生栎原亚种 Quercus palustris Müench. subsp. palustris 主要区别:叶多种类型,如卵圆形、椭圆形、倒卵圆形、狭椭圆形、舌形,大小悬殊,如小叶:长 7.5 cm,宽 2.5 cm;大叶:长 23.0 cm,宽 16.0 cm,先端宽三角形或钝圆,基部楔形、宽楔形,两侧不对称,边缘具大

图 205　多型叶沼生栎叶形

小不等三角形裂齿,裂齿边缘全缘,先端具芒刺,两面淡黄绿色,无毛;叶柄长 1.5~5.0 cm,无毛。

产地:河南,郑州市有引种栽培。2016 年 5 月 27 日。赵天榜等,No. 201605271(枝与叶)。模式标本,存河南农业大学。

3. 枹树

Quercus glandulifera Bl.

变种:

3.1　枹树　变种

Quercus glandulifera Bl. var. **glandulifera**

3.2　茸毛枹树　变种

Quercus glandulifera Bl. var. **tomentosa** B. C. Ding et T. B. Zhao,赵天榜主编. 赵天榜论文选集. 2021。

本变种:小枝、叶柄和叶背面密生茸毛,易于区别。

产地:河南嵩县白河公社,海拔 1000 m。1977 年 8 月 27 日。赵天榜,778211、778212(模式标本,存河南农学院园林系)。

4. 黄檀子

Quercus barinii Skan

变种:

4.1　黄檀子　变种

Quercus barinii Skan var. **pendula**

4.2　垂枝黄檀子　变种

Quercus barinii Skan var. **pendula** S. Y. Wang et C. L. Cheng，丁宝章等主编. 河南植物志　第一册:254. 1981。

本变种小枝细长,下垂。

产地:河南太行山,1978 年 6 月 10 日。济源县黄背角林场。王遂义,张庆连,780214 (模式标本 Typus var.！存河南省农林科学院林科所,现存河南农业大学植物标本馆)。

九、榆科　Ulmaceae

(一)榆属　**Ulmus** Linn.

1. 太行榆

Ulmus taihangshanensis S. Y. Wang

变种:

1.1　太行榆　变种

Ulmus taihangshanensis S. Y. Wang var. **taihangshanensis**

1.2　金叶太行榆　变种

Ulmus taihangshanensis S. Y. Wang var. **auratifolia** T. B. Zhao et Z. X. Chen,赵天榜等主编. 郑州植物园种子植物名录:41. 2018。

本变种叶狭椭圆形,长 2.5~3.5 cm,宽 1.0~1.5 cm,表面金黄色,无毛,边缘具三角形尖锯齿,密具缘毛;叶柄 1 mm,密被短柔毛。花与果不详。

产地:河南,郑州市有栽培。赵天榜和陈志秀,No. 201909155。模式标本,存河南农业大学。

2. 榔榆

Ulmus parvifolia Jacq.

变种:

2.1　榔榆　变种

Ulmus parvifolia Jacq. var. **parvifolia**

2.2　无毛榔榆　变种

Ulmus parvifolia Jacq. var. **glabra** T. B. Zhao,X. K. Li et H. Wang,赵天榜等主编. 郑州植物园种子植物名录:38~39. 2018。

本变种树皮灰褐色,片状剥落。小枝褐色,无毛。幼果淡紫色。

产地:河南,郑州植物园。赵天榜、李小康和王华等,No. 201582213。模式标本,存河南农业大学。

2.3　反卷皮榔榆　变种

Ulmus parvifolia Jacq. var. **revoluta** T. B. Zhao,L. H. Suang et X. K. Li,赵天榜等主编. 郑州植物园种子植物名录:39. 2018。

本变种树皮灰褐色,片状外卷。叶小,长 2.5~3.5 cm,宽 1.4~1.7 cm。

产地:河南,郑州植物园。赵天榜、宋良红和李小康,No. 201582215。模式标本,存河南农业大学。

2.4　内卷皮榔榆　变种

Ulmus parvifolia Jacq. var. **convoluta** T. B. Zhao,Z. X. Chen et X. K. Li,赵天榜等主编. 郑州植物园种子植物名录:39. 2018。

本变种树皮黑褐色,密被碎片状内卷曲。叶较大,长 4.0~5.5 cm,宽 2.5~3.5 cm。

产地:河南,郑州植物园。赵天榜、陈志秀和李小康等,No. 201582218。模式标本,存河南农业大学。

2.5　大叶榔榆　变种

Ulmus parvifolia Jacq. var. **magnifolia** T. B. Zhao,Z. X. Chen et X. K. Li,赵天榜等主编. 郑州植物园种子植物名录:39. 2017。

本变种小枝黑褐色,密被柔毛。叶卵圆形,长 4.0~6.0 cm,宽 2.5~6.0 cm,表面绿色,沿主脉密被柔毛,背面淡绿色,疏被短柔毛,沿主脉和侧脉,密被柔毛,先端短尖,基部圆形或楔形,边缘具圆钝锯齿,或重锯齿;叶柄密被短柔毛。花序梗被疏柔毛;花梗无毛。

产地:河南,郑州植物园。赵天榜、陈志秀和李小康,No. 201610125。模式标本,存河南农业大学。

2.6　披针叶榔榆　变种

Ulmus parvifolia Jacq. var. **lanceolatifolia** T. B. Zhao,Z. X. Chen et X. K. Li,赵天榜等主编. 郑州植物园种子植物名录:39~40. 2018。

本变种小枝黑褐色,密被柔毛。叶狭披针形,长 2.0~5.0 cm,宽 0.7~2.1 cm,表面绿色,沿主脉疏被柔毛,背面淡绿色,疏被短柔毛,沿主脉和侧脉密被柔毛,先端渐尖,基部楔形或一侧楔形,另一侧半圆形,边缘具圆钝锯齿;叶柄密被柔毛。花序梗被疏柔毛;花梗无毛。

产地:河南,郑州植物园。赵天榜、陈志秀和李小康,ws 6 Ly。模式标本,存河南农业大学。

2.7　毛果榔榆　　变种

Ulmus parvifolia Jacq. var. **pilosi-samara** T. B. Zhao,Y. M. Fan et J. T. Chen,赵天榜等主编. 郑州植物园种子植物名录:40. 2018。

本变种小枝黑褐色,密被柔毛。叶宽卵圆形,长 3.0~6.5 cm,宽 1.5~3.5 cm,表面绿色,沿主脉疏被柔毛,背面淡绿色,疏被短柔毛,沿主脉和侧脉密被柔毛,先端短尖,基部楔形或近圆形,边缘具圆钝锯齿;叶柄密被柔毛。花序梗被疏柔毛;花梗无毛。翅果疏被短柔毛,先端缺口密被弯曲长柔毛。花期晚于其他变种 15~20 天。

产地:河南,郑州植物园。赵天榜、范永明和陈俊通,No. 8。模式标本,存河南农业大学。

2.8　紫叶榔榆　变种

Ulmus parvifolia Jacq. var. **purplefolia** T. B. Zhao et Z. X. Chen,赵天榜主编. 赵天榜论文选集:x　2021。

本变种小枝紫褐色,无毛;幼枝微被短柔毛。叶椭圆形、狭椭圆形,长 1.5~6.0 cm,宽

1.5~2.5 cm,表面紫色,具光泽,无毛,背面绿色,无毛,沿中脉疏被短柔毛,边缘具钝锯齿,或重锯齿;叶柄长 2~4 mm,疏被短柔毛。花期 9 月中旬。翅果,淡绿色,先端微凹明显。

产地:河南,郑州市有栽培。赵天榜和陈志秀,No. 201609155。模式标本,存河南农业大学。用途:"四旁"优良绿化观赏良种。

2.9 小叶榔榆 变种

Ulmus parvifolia Jacq. var. **parvifolia** T. B. Zhao et Z. X. Chen,赵天榜主编. 赵天榜论文选集. 2021。

本变种树皮灰褐色,翘皮块状脱落,脱落痕橙色。小枝灰褐色,密被短柔毛。叶小,狭椭圆形,长 2.0~5.0 cm,宽 1.0~1.7 cm,表面深绿色,具光泽,无毛,背面绿色,无毛,沿中脉疏被短柔毛,边缘具钝锯齿;叶柄 2~3 mm,密被短柔毛。花期 9 月中旬。翅果,淡绿色,先端微凹明显。

产地:河南,郑州市有栽培。赵天榜和陈志秀,No. 201609155。模式标本,存河南农业大学。用途:"四旁"优良绿化观赏良种。

2.10 毛柄榔榆 变种

Ulmus parvifolia Jacq. var. **pubentipetiola** T. B. Zhao et Z. X. Chen,赵天榜主编. 赵天榜论文选集. 2021。

本变种树皮灰褐色,翘皮块状脱落,脱落痕橙色。小枝灰褐色,密被短柔毛。叶椭圆形,长 2.0~5.5 cm,宽 1.0~2.1 cm,表面深绿色,具光泽,无毛,背面绿色,无毛,沿中脉疏被短柔毛,边缘具钝锯齿或重锯齿;叶柄 2~4 mm,密被短柔毛。花期 9 月中旬。翅果,淡绿色,先端微凹明显。

产地:河南,郑州市有栽培。赵天榜和陈志秀,No. 201609155。模式标本,存河南农业大学。用途:"四旁"优良绿化观赏良种。

2.11 翘皮细裂榔榆 变种

Ulmus parvifolia Jacq. var. **processiminutipellis** T. B. Zhao et Z. X. Chen,赵天榜主编. 赵天榜论文选集. 2021。

本变种树皮黑褐色,翘裂,裂片细条形,通常不脱落。小枝细,下垂,紫褐色,无毛。叶椭圆形、狭椭圆形,长 2.0~5.7 cm,宽 1.0~2.7 cm,表面绿色,具光泽,无毛,背面绿色,无毛,沿中脉疏被短柔毛,边缘具钝锯齿;叶柄 2~3 mm,无毛或疏被短柔毛。翅果。花期 9 月上旬。

产地:河南,郑州市有栽培。赵天榜和陈志秀,No. 201609156。模式标本,存河南农业大学。用途:"四旁"优良绿化观赏良种。

2.12 毛枝榔榆 变种

Ulmus parvifolia Jacq. var. **densipetiola** T. B. Zhao et Z. X. Chen,赵天榜主编. 赵天榜论文选集. 2021。

本变种树皮灰褐色,光滑,细纹裂。小枝细,紫褐色,密被短柔毛。叶宽椭圆形、椭圆形,稀倒卵圆形,长 2.0~6.0 cm,宽 1.5~3.0 cm,先端短尖,基部一边半楔形,一边呈半圆形,表面绿色,无毛,背面绿色,无毛,沿脉疏被短柔毛,边缘具钝锯齿;叶柄 2~3 mm,密被短柔毛。花期 10 月中旬。

产地:河南,郑州市有栽培。赵天榜和陈志秀,No.201609158。模式标本,存河南农业大学。用途:"四旁"优良绿化观赏良种。

2.13　垂枝榔榆　变种

Ulmus parvifolia Jacq. var. **pendula** T. B. Zhao,张庆连等. 河南榆属植物资源的研究. 河南科技—林业论文集:24. 1991。

本变种树冠球状。小枝稠密、下垂。

河南:地点不详。1988 年 10 月 10 日。张石头,No.8810101。模式标本,存河南农业大学。

3. 大叶榆

Ulmus lacinita(Trautv.)Mayr

变种:

3.1　大叶榆　变种

Ulmus lacinita(Trautv.)Mayr var. **lacinita**

3.2　垂枝大叶榆　变种

Ulmus lacinita(Trautv.)Mayr var. **pendula** T. B. Zhao,Z. X. Chen et D. F. Zhao,赵天榜主编. 赵天榜论文选集. 2021。

本变种侧枝拱形下垂。枝条下垂。叶大型,长 15.0~17.0 cm,宽 10.0~15.0 cm,表面深绿色,无毛,背淡绿色,被极少短柔毛,沿脉被疏柔毛,边缘不裂,具重锯齿和短缘毛,先端突尖,基部圆形,不对称;叶柄长 10.0~15.0 cm,密被短柔毛。

产地:河南,郑州市,郑州植物园。赵天榜、陈志秀和赵东方,No.201708251。模式标本,存河南农业大学。

(二)朴属　**Celtis** Linn.

1. 朴树

Celtis sinensis Pers.

变种:

1.1　朴树　变种

Celtis sinensis Pers. var. **pendula**

1.2　垂枝朴树　变种

Celtis sinensis Pers. var. **pendula** T. B. Zhao,K. Wang et Z. Y. Wang,赵天榜等主编. 郑州植物园种子植物名录:41. 2018。

本变种树皮灰褐色,片状剥落。小枝下垂。

产地:河南,郑州植物园。赵天榜、王珂和王志毅,No.20158229。模式标本,存河南农业大学。

(三)榉属　**Zelkova** Spach

1. 榉树

Zelkova serrata(Thunb.)Makino

变种:

1.1 榉树 变种

Zelkova serrata(Thunb.)Makino var. **serrata**

1.2 垂枝榉树 变种

Zelkova serrata(Thunb.)Makino var. **pendula** T. B. Zhao,K. Wang et Z. Y. Wang,赵天榜等主编.郑州植物园种子植物名录:42. 2018。

本变种小枝下垂。长壮枝拱形下垂。

产地:河南,郑州植物园。赵天榜、王华和王志毅等,No. 201582213。模式标本,存河南农业大学。

十、桑科 Moraceae

(一)桑属 Morus Linn.

1.桑

Morus alba Linn.

变种:

1.1 桑 变种

Morus alba Linn. var. **parvicarpa**

1.2 小椹桑 变种

Morus alba Linn. var. **parvicarpa** T. B. Zhao et X. Chen,赵天榜主编. 赵天榜论文选集. 2021。

本变种花序具花 2~4 朵,两性花。聚花果——桑椹很小,球状,长、径约 5 mm。

产地:河南,郑州有栽培。赵天榜,陈志秀和范永明,No. 201707123(枝、叶与花)。模式标本,存河南农业大学。

1.3 光皮桑 变种

Morus alba Linn. var. **glabra** T. B. Zhao,Z. X. Chen et D. F. Zhao,赵天榜主编. 赵天榜论文选集:39~40. 2021。

本变种树皮黄绿色,光滑,具亮光泽。小枝灰绿色,被较密短柔毛和疏长柔毛。短枝叶 5 深裂,表面深绿色,无毛,具许多黑色、亮小腺点;背面灰绿色,无毛,具许多黑色、亮小腺点;中间裂片大,长椭圆形,先端渐长光,中上部边缘具不等钝锯齿,无缘毛,下部边缘全缘;两侧裂片近卵圆形,边缘具不等钝锯齿,无缘毛;基部 2 裂片小,近半圆形;叶基部平截或浅心形,边缘波状全缘;叶柄 2.2 ~2.5 cm,被短柔毛;托叶 2 枚,对生。花、果不详。

产地:河南。嵩县有栽培。赵天榜和陈志秀。No. 201908106(枝与叶)。模式标本,存河南农业大学。

1.4 裂叶桑树 变种

Morus alba Linn. var. **lobifolia** T. B. Zhao,Z. X. Chen et D. F. Zhao,赵天榜主编. 赵天榜论文选集:39~40. 2021。

本变种叶多数为宽卵圆形,通常 3 深裂,稀三角圆形,不裂或 7 裂片。叶长 11.5 cm,宽 8.5 cm,先端短渐尖,基部心形,边缘具不等粗锯齿,具缘毛。花与果不详。

产地:河南,郑州市有栽培。赵天榜和陈志秀,No. 201907285(枝和叶)。模式标本,存河南农业大学。

2. 蒙桑

Morus mongolica(Bureau)Schneid.

变种：

2.1　蒙桑　变种

Morus mongolica(Bureau)Schneid. var. **mongolica**

2.2　毛蒙桑　变种

Morus mongolica(Bureau)Schneid. var. **villosa** Y. M. Fan,T. B. Zhao et Z. X. Chen,赵天榜等主编. 郑州植物园种子植物名录:48. 2018。

本变种小枝、幼枝密被长柔毛。叶两面密被长柔毛,边缘被长缘毛;叶柄密被长柔毛。

产地:河南,郑州市,郑州植物园。赵天榜和陈志秀,No. 20174285。模式标本,存河南农业大学。

2.3　密缘毛蒙桑　变种

Morus mongolica(Bureau)Schneid. var. **densiciliata** T. B. Zhao et Z. X. Chen,赵天榜主编. 赵天榜论文选集:39~40. 2021。

本变种小枝红褐色,无毛;幼枝黑褐色,疏被短柔毛。叶圆形或长卵圆形,长8.0~11.0 cm,宽5.5~9.0 cm,两面疏被短柔毛,沿脉被较密短柔毛,边缘具粗锯齿,稀具重锯齿,先端具芒刺,齿边缘密被缘毛,有时叶边缘具1~2个凹缺口,其边缘全缘,密被缘毛,具裂片2~3枚,近卵圆形;叶柄长3.0~4.0 cm,密被短柔毛。

产地:河南太行山有分布。2017年4月28日。赵天榜和陈志秀,No. 201704285。模式标本,存河南农业大学。

2.4　长叶蒙桑　变种

Morus mongolica(Bureau)Schneid. var. **longifolia** T. B. Zhao et Z. X. Chen,赵天榜主编. 赵天榜论文选集:39~40. 2021。

本变种叶长三角-卵圆形或长卵圆形,长9.0~15.0 cm,宽4.0~6.0 cm,两面无毛,边缘具锯齿,稀具重锯齿,齿端具芒刺;先端长尾尖,长1.3~3.0 cm,宽2~3 mm;基部心形,边缘全缘,无缘毛;叶柄长2.0~3.5 cm,无毛。托叶膜质,淡黄白色,透明,外面密被长柔毛。雌花!单花具花被片4枚,匙-卵圆形,表面无毛,内面基部无腺点,边缘具短缘毛;子房卵球状,无毛;果序长1.5~2.0 cm,果序梗短柔毛很少;果序轴密被短柔毛。

产地:河南太行山有分布。赵天榜和陈志秀,No. 201604255。模式标本,存河南农业大学。

2.5　白椹桑　变种

Morus mongolica(Bureau)Schneid. var. **albi-fructus** T. B. Zhao,Z. X. Chen et Y. M. Fan,赵天榜主编. 赵天榜论文选集:39~40. 2021。

本变种1年2次开花。花序梗密被钩状长柔毛,稀被多细胞长柔毛;花柱很短;柱头2裂,弓形、弯曲,密被短柔毛、钩状长柔毛,稀被多细胞长柔毛。桑椹卵球状,白色。

产地:河南,郑州市有栽培。赵天榜和范永明等,No. 201806108。模式标本,存河南农业大学。

3. 异叶桑　图 206

Morus heterophylla T. B. Zhao, Z. X. Chen et J. T. Chen ex Q. S. Yang et Y. M. Fan, 赵天榜等主编. 郑州植物园种子植物名录:49~50. 图版 9. 2018。

图 206　**异叶桑** Morus heterophylla T. B. Zhao, Z. X. Chen et
J. T. Chen ex Q. S. Yang et Y. M. Fan

1. 植株;2.①类叶形;3. ②类叶形;4. ③类叶形;5.④类叶形;6. ⑤类叶形;7.⑥类叶形;
8. ⑦类叶;9.⑧类叶形、边缘凹缺;10.⑨类叶形;11.⑩类叶形;12⑪类叶形;13⑫类叶形。

形态特征:落叶小乔木,高约 3.0 m。小枝 4 种类型:①小枝灰绿色,密被短柔毛和疏被弯曲长柔毛;②小枝灰褐色,密被短柔毛,稀疏被长柔毛;③小枝褐色,无毛;④小枝紫褐色,具光泽,无毛,稀被极少短柔毛。芽卵球状,密被短柔毛。叶形多变而特异——42 种叶形,可归为 12 类:①叶卵圆形、椭圆形,长(5.0~)11.5~16.5 cm,宽(2.8~)4.5~7.0 cm,两面无毛,表面沿主脉被极少长柔毛;边缘具粗锯齿,稀具重锯齿,先端具芒刺,锯齿具淡黄色狭边及短缘毛;先端长尾尖,长 2.0~4.5 cm,宽 2~5 mm,稀尾尖,近基部两侧具 3 枚粗锯齿,齿端具芒刺,边缘微波状,被很少短缘毛;基部心形,或一侧半楔形,很少全缘,被很少短缘毛;叶柄长 2.5~4.0 cm,无毛。②叶卵圆形,斜三角-卵圆形,长 6.2~12.50 cm,宽 3.3~7.0 cm,两面无毛,边缘具粗锯齿,稀具重锯齿,齿端具芒刺,稀无芒刺,边缘具 1 个不规则圆形凹缺口,凹缺口边缘全缘,无缘毛;先端长尾尖,稀尾尖,长 1.5~

4.0 cm,宽 3.5~7.0 cm,另外一侧边缘全缘,无缘毛;叶柄长 3.0~4.0 cm,无毛。③叶三角-卵圆形或卵圆形,长 8.5~12.0 cm,宽 5.5~7.5 cm,两面无毛,边缘具粗锯齿,稀具重锯齿,齿端具芒刺,边缘具 2~3 个不规则圆形凹缺口,凹缺口边缘全缘,无缘毛;先端长尾尖,长 2.7~5.0 cm,宽 3~4 mm;基部楔形、心形,一侧半楔形,另外一侧边缘全缘,无缘毛;叶柄长 3.0~4.5 cm,无毛。④叶近圆形,长 5.5~11.5 cm,宽 5.0~7.5 cm,两面无毛,边缘具疏腺点及粗锯齿,稀具重锯齿,齿端具芒刺,边缘具 4 个不规则圆形凹缺口,凹缺口边缘全缘,无缘毛;先端长尾尖,稀短尖,长 1.5~2.8 cm,宽 2~3 mm,边缘全缘,无缘毛;基部浅心形、截形,边缘全缘,无缘毛;叶柄长 3.5~4.0 cm,无毛。⑤叶近圆形,长 9.0~15.0 cm,宽 10.0~11.0 cm,表面无毛,沿脉密被长柔毛,背面疏被刺毛,沿脉密被长柔毛,边缘具粗锯齿,稀具重锯齿,齿端极小,无具芒刺,边缘全缘,密被多细胞弯曲长缘毛;基部心形,边缘具 4 个狭窄圆形凹缺口,凹缺口边缘全缘,无缘毛,密被多细胞弯曲长缘毛;裂片近圆形,长 3.0~6.5 cm,宽 1.5~6.5 cm;边缘密被多细胞弯曲长缘毛;叶柄长 2.5~3.0 cm,密被多细胞弯曲长柔毛。⑥叶近圆形,长 10.0~12.5 cm,宽 7.5~10.0 cm,两面无毛,先端长尾尖,长 2.5~5.7 cm,宽约 3 mm,边缘全缘,被极少多细胞弯曲长缘毛;基部心形,边缘全缘,很少被多细胞弯曲长缘毛;边缘具 4 个凹缺口,凹缺口边缘全缘,被很少多细胞弯曲长缘毛;裂片(5~)6 枚,近圆形或椭圆形,长 1.5~4.5 cm,宽 1.0~2.5 cm,先端条形,长(2~)5~15 mm;叶柄长 3.5~4.0 cm,无毛。⑦小枝灰褐色,密被多细胞弯曲长柔毛。芽鳞浅红褐色,密被短柔毛。叶近圆形,长 12.5~17.0 cm,宽 13.0~18.5 cm,两面疏被刺状短毛,沿脉密被短柔毛、长柔毛;先端尖,条形,长 1.5~2.7 cm,宽 3~5 mm,边缘全缘,被较密的多细胞弯曲长缘毛;基部心形,边缘具 6~8 个凹缺口,凹缺口边缘全缘和密被多细胞弯曲长缘毛;裂片 7~8 枚,稀裂片 2 次凹缺,近圆形、卵圆形或不规则形,长 1.5~2.5 cm,宽 2~7 mm,先端三角形,长 4~13 mm,边缘具大小不等粗锯齿或重锯齿,齿端具短刺尖,无芒刺,边缘密被多细胞弯曲长缘毛;叶柄长 4.0~4.5 cm,密被多细胞弯曲长缘毛。⑧小枝黄褐色,无毛。芽鳞浅红褐色,被较密短柔毛。叶近圆形、三角-卵圆形,长 9.5~16.0 cm,宽 6.5~16.5 cm,两面无毛;先端长渐尖,条形,长 2.5~3.5 cm,宽 3~5 mm,边缘全缘,无缘毛;基部浅心形,边缘具 5~8 个凹缺口,凹缺口边缘全缘,无缘毛;裂片 6~9 枚,近圆形、卵圆形或不规则形,长 1.0~6.5 cm,宽 1.0~3.0 cm,先端三角形,长 4~13 mm,边缘具大小不等粗锯齿,或重锯齿,齿端具短刺尖,无芒刺,边缘密被多细胞弯曲长缘毛;叶柄长 4.5~5.0 cm,无毛。⑨小枝黑褐色,密被多细胞弯曲长柔毛。叶不规则深裂,长 7.0~12.5 cm,宽 6.0~7.5 cm,表面无毛,背面微被短刺毛,沿脉密被多细胞弯曲长柔毛;先端长尾尖,条形,长 3.5~5.5 cm,宽 3 mm,两侧密被多细胞弯曲长缘毛,疏被弯曲长柔毛;基部深心形,边缘全缘,密被多细胞弯曲长缘毛;叶缘具 5~6 凹缺口;裂片(6~)7 枚,不规则形,边缘锯齿具(1~)2~4(~6)枚,齿端具芒刺;叶柄纤细,长 2.5~3.0 cm,密被短柔毛和疏被多细胞弯曲长柔毛。⑩小枝黑褐色,密被多细胞弯曲长柔毛。叶不规则深裂,长 8.0~11.0 cm,宽 7.0~9.5 cm,表面无毛,背面微被短刺毛,两面沿脉密被多细胞弯曲长柔毛;先端长尾尖,条形,长 2.5~4.5 cm,宽 3 mm,两侧密被多细胞弯曲长缘毛;基部深心形,边缘全缘,密被多细胞弯曲长缘毛;叶边缘具 5~6 凹缺口;凹缺口边缘全缘,密被多细胞弯曲长缘毛;裂片 4~7 枚,不规则形,长 1.5~5.0 cm,宽 0.5~2.5 cm,

先端三角形或具三角-短尖头,长3~10 mm,边缘具35枚大小不等锯齿或重锯齿,齿端无芒刺,边缘密被多细胞弯曲长缘毛;叶柄纤细,长3.5~4.0 cm,密被短柔毛或疏被多细胞弯曲长柔毛。⑪叶三角-卵圆形,不规则深裂,长7.0~12.0 cm,宽8.0~12.0 cm,表面极少被短柔毛,背面疏被短柔毛,沿脉很少被短柔毛,边缘3~5深裂,稀浅裂;裂片具2~10枚,边缘有不等的小齿,无芒刺、无缘毛,两面沿脉疏被短柔毛;先端长尾尖,长4.0~4.5 cm,宽3 mm,两面沿脉疏被短柔毛,边缘密被多细胞弯曲长缘毛;叶柄长2.8~3.2 cm,密被多细胞弯曲长柔毛。⑫叶圆形、不规则形,小裂,长2.0~4.5 cm,宽1.8~4.5 cm,表面无毛或很少短柔毛,背面无毛,沿脉无毛或密被短柔毛,边缘密被多细胞弯曲长缘毛;先端短尖,长0.8~1.0 cm,无毛,两侧无缘毛或密被多细胞弯曲长缘毛;叶柄长1.5~2.3 cm,无毛或密被多细胞弯曲长柔毛。雌株!单花具花被片4枚,匙-卵圆形,表面基部疏被短柔毛,内基部疏被腺点;子房卵球状,无毛;花柱圆柱状,先端2裂。聚合果圆柱状,片1.5~2.0 cm,成熟时黑紫色。花期4月,果实成熟期5月。

产地:河南太行山区有分布。赵天榜和陈志秀,No.201604251-11(叶类与果实)。模式标本,存河南农业大学。

(二)构树属　Broussonetia L'Her. Ex Vent.

1.三箭裂叶构树　图207

Broussonetia trisiiliagittatitrifolia Y. M. Fan,T. B. Zhao et Z. X. Chen,赵天榜主编.赵天榜论文选集:39~40.2021。

形态特征:落叶乔木。小枝黑褐色,密被多细胞长缘毛和柔毛。幼枝淡绿色、绿色,两者密被多细胞长缘毛和柔毛。芽有4种:花芽、叶芽、混合芽及休眠芽。花芽与混合芽具膜质芽鳞2枚,薄漠质、透明、上部背面黑褐色,下半部灰白色,先端突长尖,背面密被黑褐柔毛,边缘具黑褐色缘毛,具黑色小瘤点,纵脉纹明显,内面无毛,具小瘤点。单叶互生,分3类。

叶形　　　　　　　　雄花序枝

图207　三箭裂叶构树

(1)幼株:①叶3裂,深达基部,每裂片条形,离生,长1.0~2.7~3.0 cm,宽2~3~5 mm,表面深绿色,具光泽,幼时两面疏被白色多细胞长柔毛和长柔毛,后无毛,先端渐尖,基部楔形,边缘具不等锯齿、全缘和多细胞长缘毛和长柔毛;叶柄长2.0~3.5 cm,黑褐色,疏被多细胞长柔毛和长柔毛,后无毛。②叶3裂,深达基部,每裂片条形,离生,大,长4.0~10.0 cm,宽1.7~2.7 cm,中间裂片大,边缘具不等大钝锯齿、全缘;叶柄长7.0~9.0 cm,其他形态特征与①相同。③叶4~5裂片,具3枚大裂片和1~2枚小裂片。大裂片3

枚,深裂近基部 5~15 mm,箭形,长 6.5~10.0 cm,宽 3.2~4.5 cm,表面深绿色,幼时疏被白色多细胞长柔毛和长柔毛,后无毛,先端狭长尖,基部不等边楔形,边缘具不等锯齿、全缘和多细胞长缘毛和长柔毛;基部具 2 枚或 1 枚不规则小裂片,小裂片长 1.0~1.5 cm,宽 3~8 mm,边缘 3~5 小齿。

(2)大树:单叶,互生,3 裂,裂片大,深裂至基部,裂片上部呈不规则箭形,大,长 5.5~13.0 cm,宽 1.8~3.3 cm,裂片呈不规则箭形,长 3.6~5.0 cm,宽 2.5~3.5 cm,先端长渐尖;基部宽楔形或不规则,对称或不对称;箭头下面带形,长 2.5~7.0 cm,宽 5~10 mm,表面深绿色,幼时密被白色多细胞长柔毛和长柔毛,后有疏宿存;背面淡绿色,疏被多细胞长缘毛和长柔毛,主脉和侧脉明显凸起,淡黄白色,疏被多细胞长柔毛和长柔毛;箭形裂片下部边缘全缘或具不规则细锯齿和多细胞长缘毛和长柔毛;基部浅心形,通常具 2 枚小裂片,稀基部具 2 枚或 1 枚不规则小裂片,小裂片长 1.0~3.0 cm,宽 6~8 mm,边缘全缘或具不规则细锯齿,其毛被与 3 深裂片相同;叶柄长 2.2~9.5 cm,黑褐色,密被多细胞长柔毛和长柔毛。雄株! 花芽卵球状,内具 1 枚,稀 2 枚雏雄花序;混合芽为椭圆-卵球状,内具雏雄花序 2 枚,稀 3 枚,还有雏枝、幼叶。花序长 2.0~3.5 cm,径 0.6~8 mm,黑褐色;花序柄长约 5 mm,具疏被短柔毛。单花花筒碗状,透明,黑褐色;裂片 4 枚,匙-卵圆形,黑褐色,边缘具疏缘毛,具有疏短柔毛的花柄;花柄 2 节,稀 3 节;雄蕊 4 枚,花药四棱状,药室具棱;花丝透明、多节组成,无毛;萼筒基部具 1~2 枚线状萼片,黑褐色,密被黑褐色小点、短柔毛和长柔毛。花期 3 月下旬至 4 月下旬。

产地:河南,郑州市有栽培。2018 年 10 月 23 日。赵天榜和陈志秀,No. 201810231(叶与枝)。2019 年 4 月 2 日。赵天榜和陈志秀,No. 201904025(花枝)。模式标本,存河南农业大学。

2. 异型叶构树　　图 208

Broussonetia heterophylla Y. M. Fan, G. H. Tian et T. B. Zhao,赵天榜主编. 赵天榜论文选集:39~40. 2021。

本种叶有 4 种类型:①叶宽圆形,长 4.5 cm,宽 6.6 cm,表面深绿色,背面浅绿色,边缘具不等圆锯齿,极为特异,先端短尖,基部截形,两侧具小钝齿形 2 小裂片、全缘;叶柄细长,长达 10.0 cm。②叶三角形,长 5.0 cm,宽 4.5 cm,表面深绿色,背面浅绿色,边缘 5 裂,中部裂片大,长 4.5 cm,宽 2.3 cm,先端渐尖,边缘具不等锯齿,下面两侧全缘,基部具 2 小裂片,有小齿,极为特异;叶柄纤细,长 3.0 cm。③叶近三角形,长 10.0~13.0 cm,宽 11.0~

图 208　异型叶构树

11.5 cm,具裂片 5 枚,上面 3 裂片较大,中部裂片大,呈宽扁三角-菱形,长 5.5~7.0 cm,宽 5.0~6.0 cm,先端渐尖,边缘三角-钝锯齿及缘毛,裂片基部呈宽楔形,边缘全缘,基部 2 裂片小,近矩形,边缘具不等三角形锯齿、圆锯齿。此外,基部还具 2 枚小裂片;叶柄细长,长(3.5~)9.0~14.0 cm,疏被长柔毛。④叶三角形,长 9.0 cm,宽 7.5 cm,表面深绿色,背面浅绿色,边缘不裂,具不等圆锯齿,基部浅心形,有小齿;叶柄纤细,长 9.0 cm。雄株!

产地:河南,郑州市有栽培。赵天榜和陈志秀等,No. 201808105(叶)。模式标本,存河南农业大学。

3. 小叶构树

Broussonetia kazinoki Sieb. et Zucc.

变种:

3.1　小叶构树　变种

Broussonetia kazinoki Sieb. et Zucc. var. **kazinoki**

3.2　金叶小叶构树　变种

Broussonetia kazinoki Sieb. et Zucc. var. **aurea** J. T. Chen, Y. M. Fan et T. B. Zhao,赵天榜等主编. 河南省郑州市紫荆山公园木本植物志谱:45. 2018。

本变种叶卵圆形,金黄色。

产地:河南。2016 年 8 月 9 日。陈俊通,No. 20160891。模式标本,存河南农业大学。

4. 构树

Broussonetia papyrifera(Linn.)L'Hért. ex Vent.

变种:

4.1　构树　变种

Broussonetia papyrifera(Linn.)var. **papyrifera**

4.2　两色皮构树　变种　图 209

Broussonetia papyrifera(Linn.)var. **bicolor** T. B. Zhao et Z. X. Chen,赵天榜主编. 赵天榜论文选集:39~40. 2021。

本变种树皮 2 种颜色:灰褐色及紫褐色,不裂。长枝叶边缘具重圆锯齿。

产地:河南。郑州市有栽培。赵天榜和陈志秀,No. 201904025(叶与花枝)。模式标本,存河南农业大学。

图 209　两色皮构树树干

4.3　深裂叶构树　变种　图 210

Broussonetia papyifera(Linn.)L'Hért. ex Vent. var. **partita** T. B. Zhao, X. K. Li et H. Wang,赵天榜等主编. 河南省郑州市紫荆山公园木本植物志谱:97. 图版 13:7. 2018。

本变种叶宽深裂,裂片不分裂。果实梨状。

产地:河南,郑州市有栽培。赵天榜、李小康和王华,No. 201407121(枝、叶与果实)。模式标本,存河南农业大学。

图 210　深裂叶构树叶片

4.4　无裂叶构树　变种　图211

Broussonetia papyifera(Linn.)L'Hért. ex Vent. var. **aloba** T. B. Zhao,Z. X. Chen et X. K. Li,赵天榜等主编. 河南省郑州市紫荆山公园木本植物志谱:97. 图版 13:8. 2018。

本变种叶边缘细锯齿,不分裂。

产地:河南,郑州市有栽培。赵天榜和陈志秀,No. 201507125(枝和叶)。模式标本,存河南农业大学。

图211　无裂叶构树

4.5　撕裂叶构树　变种

Broussonetia papyifera(Linn.)L'Hért. ex Vent. var. **laceria** T. B. Zhao,J. T. Chen et Z. X. Chen,赵天榜等主编. 河南省郑州市紫荆山公园木本植物志谱:97~98. 图 44. 2018。

本变种叶边缘不规则深裂及二回掌状深裂。裂片边缘具三角形齿,下部无三角形齿。

产地:河南,郑州市有栽培。赵天榜和陈俊通,No. 201604225(枝和叶)。模式标本,存河南农业大学。

4.6　三色叶构树　变种

Broussonetia papyifera(Linn.)L'Hért. ex Vent. var. **tricolor** T. B. Zhao et Z. X. Chen,赵天榜主编. 赵天榜论文选集:39~40. 2021。

本变种叶有 3 种颜色:白色、淡黄色和绿色。

产地:河南,河南栾川县山区有野生。赵天榜和陈志秀,No. 201604229(枝和叶)。模式标本,存河南农业大学。

5. 小叶构树　图212

Broussonetia parvifolia T. B. Zhao,X. Z. Chen et D. F. Zhao,赵天榜主编. 赵天榜论文选集:39~40. 2021。

本种为落叶小乔木,高约 7.0 m。小枝黑色,密被弯曲长柔毛;皮孔黄棕色。叶长卵圆形,小,长 3.0~6.0~10.0 cm,宽 2.0~3.0~5.0 cm,先端渐尖,基部偏斜,边缘无裂片,具钝锯齿,齿端半圆形,密被多细胞缘毛,表面无毛,沿主脉和侧脉黄棕色,密被小黑色腺体。聚花果球状,小,直径 1.0~1.2 cm,密被长柔毛,花柱长,弯曲,宿存。果实成熟期比构树果实成熟期晚 20~30 天。

图212　小叶构树

产地:河南,嵩县天池山有野生。赵天榜等,No. 201908013(枝、叶与果实)。模式标本,存河南农业大学。

6. 膜叶构树　图 213

Broussonetia trilobifolia T. B. Zhao, X. Z. Chen et D. F. Zhao, 赵天榜主编. 赵天榜论文选集:39~40. 2021。

图 213　膜叶构树

本种为溶叶灌木状。小枝灰色, 密被多细胞弯曲长柔毛。叶三裂形, 长 7.0~10.5 cm, 宽 2.0~4.5 cm, 膜质, 中部裂片长卵圆形, 长 6.5~9.0 cm, 宽 2.0~4.0 cm, 先端长渐尖, 基部侧裂片半圆形, 稀条形, 长 2.0 cm 或有 5 裂片的叶, 其基部具 2 枚小半圆裂片。叶表面淡绿色, 无毛, 背面沿脉疏被柔毛, 边缘全缘, 疏被多细胞长柔毛;叶柄纤细, 长 4.0~6.0 cm, 被多细胞长柔毛。花、果不详。

产地:河南, 嵩县天池山有野生。赵天榜等, No. 201908013(枝、叶与果实)。模式标本, 存河南农业大学。

（三）无花果属　**Ficus** Linn.

1. 无花果

Ficus carica Linn.

变种:

1.1　无花果　变种

Ficus carica Linn. var. s **carica**

1.2　二次果无花果　变种　图 214

Ficus carica Linn. var. **bitemicarpa** T. B. Zhao, Z. X. Chen et Y. M. Fan, 赵天榜主编. 赵天榜论文选集:39~40. 2021。

图 214　二次果无花果

本变种一次果着生于 2 年生无叶枝上;二次果着生于当年生新枝上。叶片 5~7 深裂。

补充描述:本变种叶有 5 类叶形, 叶通常为近圆形, 边缘 5~7 个凹缺口, 凹缺口形状、深浅各异, 其边缘全缘, 疏被弯曲短缘毛, 具裂片 5~7 枚, 其边缘具波状齿, 齿端具小腺点, 边缘疏被弯曲缘毛。雌雄同株! 3 月花期的花序托内无瘿花, 5 月花期的花序托内具瘿花而特异。果实倒卵球状, 中部以下渐细, 长 6.0~11.5 cm, 径 4.5~6.5 cm。1 年内果实 2 次成熟:夏果 6 月成熟, 8~9 月成熟。

产地:河南郑州市、长垣县等地有零星栽培。2018 年 9 月 10 日。范永明、陈志秀和赵天榜, 无号。模式标本, 存河南农业大学。

1.3　深裂叶无花果　变种

Ficus carica Linn. var. **partitifolia** T. B. Zhao et Z. X. Chen, 赵天榜主编. 赵天榜论文选集:39~40. 2021。

本变种叶大型, 长 18.0~21.0 cm, 宽 20.0~22.0 cm, 7 裂, 基部 2 小裂片, 全缘;上边具 5 大裂片, 长 8.0~12.0 cm, 宽 5.0~8.0 cm, 上部 3~5 裂片, 裂片上部具 2~4 枚三角

形或近圆形裂片,中、下部全缘,具少数多细胞缘毛。叶两面无毛,网脉无毛,具多数黑色小瘤点;叶柄长 8.0~10.0 cm,被很少多细胞毛和极短短柔毛。

产地:河南郑州市有栽培。2019 年 10 月 10 日。陈志秀和赵天榜,No. 20119101011。模式标本,存河南农业大学。

1.4　三型叶无花果　变种　　图215

Ficus carica Linn. var. **trifoma** T. B. Zhao et Z. X. Chen ,赵天榜主编. 赵天榜论文选集:39~40. 2021。

本变种叶有 3 种类型:①长卵圆形,长 8.0~12.5 cm,宽 4.5~7.5 cm,先端钝尖,基部楔形,边缘不分裂,具不等的钝圆锯齿和极少缘毛;叶柄长 1.5~2.0 cm,被很少短柔毛。②叶的形态特征与①长卵圆形相同,而不同处是:叶片边缘有 1 裂片,裂片半圆形,先端钝圆,裂片间边缘全缘。③叶的形态特征与①长卵圆形相同,而不同处是:叶片边缘有 2 裂片,裂片一边半圆形,另一边半椭圆形,先端钝尖,裂片间边缘全缘。

图215　三型叶无花果

产地:河南郑州市有栽培。2019 年 10 月 10 日。陈志秀和赵天榜,No. 201910105。模式标本,存河南农业大学。

十一、蓼科　Polygonaceae

(一)蓼属　Polygonum Linn.

1.藜

Chenopodium gracilispicum Kung

变种:

1.1　藜

Chenopodium gracilispicum Kung var. **gracilispicum**

1.2　长叶藜　变种　图216

Chenopodium gracilispicum Kung var. **longifolium** C. S. Zhu et X. D. Li,朱长山等. 细穗藜一新变种. 植物研究,16(3):1314. 图. 1996。

本变种与原变种 var. gracilispicum 不同在于:茎淡紫红色,上部具粗壮分枝。叶狭卵圆形或卵圆-披针形,较大,长 6.0~9.5 cm,宽 2.5~3.5 cm,先端长渐尖,基部微心形至心形,两面散生极稀疏的粉粒或几无粉粒;花序轴及花序分枝较粗壮,向上直伸。种子较大,径 1.8~2 mm,极易区别。

产地:河南卢氏县大块地。1962 年 8 月 24 日。采集人不详,2469。模式标本,存河南农业大学植物标本室。

图216　长叶藜
1.植株上部;2.花被;3.种子。

十二、芍药科　Paeoniaceae

（一）芍药属　**Paeonia** Linn.

1. 多瓣牡丹亚组　亚组

Subsect. **Multipetala** Y. M. Fan，T. B. Zhao et Z. X. Chen，赵天榜主编. 赵天榜论文选集：39~40. 2021。

本亚组主要形态特征：单花具花瓣 15 枚以上。

本亚组模式种：多瓣牡丹 Mudan multipetala Y. M. Fan，T. B. Zhao et Z. X. Chen。

产地：分布很广。中国、朝鲜、日本等国有分布。欧洲和美洲均有栽培。品种极多。

十三、毛茛科　Ranunculaceae

（一）翠雀属　**Delphinium** Linn.

1. 河南翠雀

Delphynium honanense W. T. Wang，丁宝章等主编. 河南植物志　第一册：433. 1981。

形态特征：多年生草本，高 48.0~58.0 cm。茎不分枝，有纵棱，光滑，无毛。基生叶花期枯萎，茎中部以下叶具长柄，叶片五角形，长 6.0 ~7.0 cm，宽 7.0~10.0 cm，基部近心形，3~5 深裂达叶片 7/9~8/9，中间裂片短渐尖，不分裂或不明显 3 裂，中间以上有卵圆形牙齿，侧生裂片斜扁形，3 深裂，表面疏生粗硬毛，背面疏生小刚毛；茎上部叶较小。总状花序有花 10 朵；花梗长 8~26 mm；苞片 3 裂；小苞片 2 深裂. 具白色卷曲毛和伸展的黄色腺毛；花紫色，长 3.4~3.7 cm；萼片长圆形，长 1.5~1.6 c□滑；萼距长 2.0~2.1 cm，稍下弯；密叶干后黄色，长 2.6~2.8 cm，先端稍缺；花瓣黄色，边缘全缘或 2 裂；退化雄蕊紫色，瓣片深裂至中部以下，腹面中部以下具淡黄色髯毛；雄蕊光滑；花药黑色；花丝下部扁平；心皮常 3 枚，子房无毛，花柱被疏稀短毛。花期 6月，果熟期 7~8 月。

产地：河南西峡、内乡、卢氏、南召等县有分布。

2. 大花翠雀

Delphynium grandiflorum Linn.

变种：

2.1　大花翠雀

Delphynium grandiflorum Linn. var. **grandiflorum**

2.2　腺毛翠雀　变种　图 217

Delphynium grandiflorum Linn. var. **glandulosum** W. T. Wang，丁宝章等主编. 河南植物志　第一册：434. 1981。

本变种：花序轴及花梗除了被反曲短柔毛外，尚有伸

图 217　腺毛翠雀
1. 叶；2. 花枝；3. 退化蕊；
4. 密叶；5. 雄蕊；6；雌蕊
（引自《河南植物志（第一册）》）。

展的淡黄色腺毛。

产地：河南伏牛山、太行山区有分布。

3. 全裂翠雀　图218

Delphynium trisectum W. T. Wang, 丁宝章等主编. 河南植物志　第一册：435～436. 图551. 1981。

形态特征：多年生草本，高 45.0～50.0 cm。茎密被白色反曲柔毛，分枝或不分枝。叶肾形，长 2.8～4.5～6.5 cm，宽 5.2～7.5～12.0 cm，基部心形，3 全裂，裂片倒卵圆形或菱倒卵圆形，各裂片又分裂，小裂片边缘有缘毛，中脉有粗毛；叶柄长 15.0～17.0 cm。总状花序有花 10～14 朵；花序轴与花梗被反曲柔毛；苞片 3 裂全裂；小苞片线-披针形，长 7～9 mm，被柔毛；花紫色，长 2.6～4.0 cm；萼片椭圆形，长 1.4～1.7 cm，矩圆柱状；花瓣黑褐色，边缘微缺，光滑；退化雄蕊黑褐色，瓣片椭圆形，2 裂，上部边缘有长缘毛，腹面中部有淡黄色髯毛；心皮常 3 枚，有柔毛。花期 4 月，果熟期 7～8 月。

图218　全裂翠雀
1. 植株下部；2. 植株上部
（引自《河南植物志（第一册）》）。

产地：河南商城、桐柏、新县有分布。

4. 灵宝翠雀

Delphynium honanense W. T. Wang

变种：

4.1　灵宝翠雀　变种

Delphynium honanense W. T. Wang var. **honanense**

4.2　毛梗翠雀　变种

Delphinium honanense W. T. Wang var. **piliferum** W. T. Wang, 丁宝章等主编. 河南植物志　第一册：433. 1981。

本变种花梗仅被开展或反曲的白色长柔毛，不为腺毛。

产地：河南卢氏县大块地。

5. 无距还亮草　图219

Delphinium Ecalcaratum S. Y. Wang & K. F. Zhou, 丁宝章等主编. 河南植物志　第一册：433. 1981。

形态特征：一年生草本，高 30.0～58.0 cm。主根少分枝，生多数须根。茎直立，上部分枝，具条棱，被反曲柔毛。基生或茎下部叶有长 7.0～10.0 cm 的叶柄，上部叶柄渐短；叶片菱-卵圆形或三角-卵圆形，长 4.0～10.0 cm，宽 3.0～7.0 cm，二至三回羽状全裂；一回裂片斜卵圆

图219　无距还亮草

形,长渐尖;二回裂片或羽状浅裂或不分裂而呈狭卵形或披针形,宽 2~3.5 mm,表面被稀疏短柔毛,背面淡绿色,无毛。总状花序,生于茎和分枝的顶端,具 2~5 花,稀较多;花序轴与花梗被反曲短柔毛;花梗长 3~10(~15)mm;小苞片 2 个,线形,长 3~4 mm,有柔毛;花堇色,直径约 5 mm,萼片 5 个,椭圆形或长圆形,长 3~4(~5)mm,宽 1.5~2 mm,具 3 脉,背面沿脉有疏毛;雄蕊 6~10 枚,花药紫褐色,与萼片略等长;心皮 3 枚,疏被反曲毛。蓇葖果长 5~7 mm,被疏毛或几无毛,喙长约 1.5 mm。花期 4 月,果熟期 5 月。

本种与还亮草 Delphinium anthriscifolium Hance 相似,但花被小,无距。萼片长 3~4 mm,果长 5~7 mm。

产地:河南新县、商城、罗山、信阳等县有分布。

(二)铁线莲属　Clematis Linn.

1. 河南铁线莲　图 220

Clematis honanensis S. Y. Wang et C. L. Chang, 丁宝章等主编. 河南植物志　第一册:458~459. 图 584.1981。

形态特征:藤本。1 年生小枝淡褐色,无毛,有白粉及纵条棱,3 出复叶。小叶狭卵圆形至卵圆-披针角形,长 7.0~10.0 cm,宽 2.5~4.0 cm,先端渐尖,基部圆形,3 出脉,两面无毛,背面有白粉,边缘疏生小锯齿;顶生小叶柄长至 3.5 cm;侧生小叶柄长 1.0~1.5 cm,无毛。叶柄长 9.0~13.0 cm,无毛,幼时具白粉,基部膨大抱茎。花单 1 或 3 花排成聚伞花序,总梗长 3.0~19.0 cm,无毛,有白粉,中部有长圆形叶形苞片,有时呈狭披针形,有短柄或无柄;萼片 4 枚,淡红色,长约 1.5 cm,宽 6~9 mm,边缘密生白色短缘毛;雄蕊多数,花药与花丝均有淡黄色茸毛;雌蕊多数,子房与花柱均有黄白色毛。瘦果卵球状,长约 6 mm,有茸毛,羽柱长 4.0~6.0 cm,有毛。

本种与抱茎铁线莲 Clematis otophora Franch. 相似,但区别:小枝、叶柄及叶背面有白粉。宿存花柱长 4.0~6.0 cm。

产地:河南伏牛山,生于山沟或山坡杂木林中。1978 年 8 月 20 日,栾川县老君山。王遂义、张庆连,780541(模式标本 Typus! 存河南省农林科学院林科所,现存河南农业大学标本馆)。

(三)唐松草属　Thalictrum Linn.

1. 河南唐松草　图 221

Thalictrum honanensis W. T. Wang et S. H. Wang, 丁宝章等主编. 河南植物志　第一

图 220　河南铁线莲
(引自《河南植物志(第一册)》)

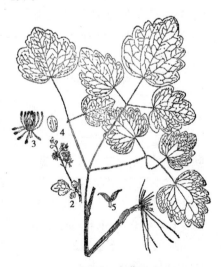

图 221　河南唐松草
1. 根及基部;2. 花序;3. 雌蕊、雄蕊;
4. 萼片;5. 果实
(引自《河南植物志(第一册)》)。

册:468. 图 599. 1981。

形态特征:多年生草本,高 30~100 cm。茎无毛。二至三回三出复叶。小叶宽卵圆形、近圆形或肾形,长 3.0~4.0 cm,宽 3.0~4.05 cm,上部具浅圆齿或不明显的 3 浅裂,基部心形,无毛,背面稍有白粉;茎顶端叶为 3 小叶;柄短或无柄。狭圆锥花序,无毛;萼片 4 枚,淡紫红色,狭椭圆形,长 3~4 mm,宽 1.5~2 mm;雄蕊多数,花丝丝状;心皮 2~3 枚,子房具短柄。瘦果卵球状,先端具短喙。花期 6~8 月,果熟期 8~9 月。

产地:河南伏牛山和桐柏山区,生于山谷溪旁或疏林中。

(四)雨农花属　Chienia W. T. Wang

1. 雨农花　图 222

Chienia honanensis W. T. Wang,丁宝章等主编. 河南植物志　第一册:436. 图 552. 1981。

形态特征:多年生草本,高约 40.0 cm。茎分枝,有不明显纵棱,被反曲贴生白色短柔毛。基生叶开花时枯萎。茎下部叶五角-肾形,长 3.5~5.0 cm,6.0~8.0 cm,基部心形,3 全裂,裂片细裂,小裂片长 1.0~1.8 cm,两面疏生紧贴短柔毛;叶柄长 2.8~5.5 cm,具反曲短柔毛,基部具不明显的鞘。总状花序长约 9.0 cm,约有花 4 朵;花序轴与花梗被短柔毛;苞片 3 枚,全裂或上部苞片不裂;小苞片生于花梗上部,线形,密被短柔毛;萼片深紫色,外面有紧贴短柔毛;退化雄蕊长 9~10 mm;萼片与花瓣同色,宽倒卵圆形或近圆形,先端圆形,两面疏被短柔毛,腹面基部之上被黄色髯毛;心皮常 3 枚,密被紧贴短柔毛;花柱长约 1 mm,无毛。花期 6~月。

产地:河南商城、新县有分布。

图 222　雨农花
1. 植株一部;2. 叶部分裂片;
3~4. 后面萼片;5. 退化雄蕊;
6. 雄蕊;7. 雌蕊
(引自《河南植物志(第一册)》)。

(五)金莲花属　Trollius Linn.

1. 金莲花

Trollius chinenses Bunge,中国高等植物图鉴　第一册:658. 图 1316. 1983。

形态特征:多年生草本,无毛。茎高 30.0~70.0 cm,不分枝。基生叶 1~4 枚,具长柄。叶五角形,长 3.8~6.8 cm,宽 6.8~12.5 cm,3 全裂,中央裂片菱形,3 裂近中部,二回裂片有少数小裂片和锐牙齿,茎生叶似基生叶,向上渐小。花夏季开放,单生或 2~3 朵组成聚伞花序;萼片 8~15~19 枚,黄色,干时不变为绿色,椭圆-倒卵圆形或倒卵圆形,长 1.5~2.8 cm,宽 0.7~1.6 cm;花瓣与萼片近等长,狭条形,长 1.8~2.2 cm,宽 1.2~1.5 mm,顶端渐狭;雄蕊多数,长 5~11 mm;心皮 20~30 枚。蓇葖果长 1.0~1.2 cm。

产地:河南商城、新县有分布。

十四、木兰科　Magnoliaceae

玉兰亚科　亚科

Subfam. Yulanialioideae D. L. Fu et T. B. Zhao,赵天榜主编. 赵天榜论文选集:

39~40. 2022。

形态特征:落叶乔木,或灌木。玉蕾顶生或腋生,有时簇生,明显呈总状聚伞花序。玉蕾由缩台枝、芽鳞状托叶、雏枝、雏芽和雏蕾组成。缩台枝通常3~5节,稀1~2节或6节,明显增粗,稀纤细,密被长柔毛,稀无毛。叶多种类型,先端钝圆2裂或深裂或不规则形。每种通常具1种花型或具2~多种花型。单花具花被片9~18(~32)枚,稀6~8枚或33~48枚。其形状、大小、质地及颜色有显著差异;雄蕊多数,药隔先端急尖具短尖头,稀钝圆;离生单雌蕊子房被短柔毛或无毛;雄蕊群与雌蕊群等高或包被雌蕊群;雌蕊群无柄。

本亚科模式:玉兰属 Yulania Spach。

本亚科植物1属:玉兰属。

1. 舞钢玉兰　图223

Yulania wugangensis(T. B. Zhao, W. B. Sun et Z. X. Chem) D. L. Fu, 傅大立. 玉兰属的研究. 武汉植物学研究,19(3):198. 2001;赵天榜等主编. 世界玉兰属植物资源与栽培利用:308. 2013;赵天榜等主编. 河南玉兰栽培:210~211. 图版10:2　图版49:1~7 图版50:1~3. 2015;*Magnolia wugangensis* T. B. Zhao, W. B. Sun et Z. X. Chen,赵天榜等. 河南木兰属一新种. 云南植物研究,21(2):170~172. 图1. 1999。

形态特征:落叶乔木。叶倒卵圆形或宽卵圆形,长8.0~20.0 cm,宽5.0~14.0 cm,表面深绿色,具光泽,幼时密被短柔毛,背面浅黄绿色,密被短柔毛,主

图 223　舞钢玉兰

1. 长枝、叶和玉蕾;2. 短枝、叶和玉蕾;
3. 花簇生;4~12. 花型Ⅰ:花被片形状;
13. 雌蕊雄蕊群;14~22. 花型Ⅱ:花被片;
23. 玉蕾簇生;24. 解剖玉蕾。

脉隆起,密被短柔毛,先端钝圆或微凸,具短尖头,基部楔形,边缘多少反卷;叶柄黄褐色,被黄锈色柔毛。玉蕾通常着生于枝端、腋生或簇生,卵球状,有时内含2~4枚玉蕾。花先叶开放。单花具花被片9~12枚。2种花型:①单花具花被片9枚,外轮花被片3枚,萼状,条形,黄绿色或黄白色,先端渐尖,内较花被片6枚,花瓣状,白色,匙-长椭圆形,长6.0~9.0 cm,宽2.5~3.5 cm,先端钝圆或微凸,具短小尖,基部近圆形,外面基部有时具淡紫色晕;②单花具花被片9枚,稀7、8、10枚,花瓣状,形状和颜色同前,有时外轮花被片稍小;雄蕊多数,花药浅黄色或淡紫色;离生单雌蕊子房狭卵圆状,无毛,柱头和花柱黄绿色;缩合枝、花梗入浅黄绿色,密被长柔毛。聚生蓇葖果长10.0~14.0 cm,粗3.0~4.5 cm,果梗粗8~12 mm,密被灰褐长柔毛;蓇葖果成熟时淡红色,光滑,无毛,具极少、淡黄白色小果点,先端具短喙;雄蕊着生处的花托紫色;缩台枝密被灰褐长柔毛。花期4月,果实成熟期8月。

产地:河南舞钢市。郑州市有引种栽培。赵天榜等,模式标本采自河南舞钢市,存河南农业大学。

2. 鸡公玉兰　图224

Yulania jigongshanensis(T. B. Zhao,D. L. Fu et W. B. Sun)D. L. Fu,傅大立. 玉兰属的研究. 武汉植物学研究,19(3):198. 2001;赵天榜等主编. 世界玉兰属植物资源与栽培利用:296~297. 2013;赵天榜等主编. 河南玉兰栽培:210~211. 图版10:2　图版49:1~7　图版50:1~3. 2015;*Magnolia wugangensis* T. B. Zhao,D. L. Fu et W. B. Sun,赵天榜等. 中国木兰属一新种. 河南师范大学学报,26(1):62~65. 图1. 2000.

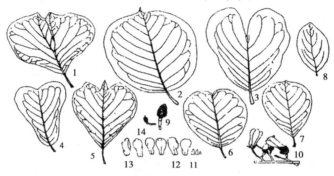

图224　鸡公玉兰 Yulania jigongshanensis(T. B. Zhao,D. L. Fu et W. B. Sun)D. L. Fu
1.宽倒三角-近圆形叶;2.近圆形叶;3、6.近椭圆形或卵圆形叶;4.倒三角形叶,先端凹入;
5.倒三角形叶,先端凹入,具3裂片;7.倒卵圆形叶,先端钝圆,具短尖头;8.卵圆形叶;
9.玉蕾;10.花;11~13.花被片;14.雌雄蕊群。

形态特征:落叶乔木。叶特殊,具7种叶型:①宽椭圆形或宽卵圆形;②倒卵圆形,上部最宽,先端凹入;③宽倒三角-近圆形,边缘波状全缘;④倒三角形,上部最宽,先端凹入,呈3裂,中间裂片狭三角形,先端长渐尖,两侧裂片宽三角形,边缘全缘,先端短尖,基部楔形,边缘波状全缘;⑤倒卵圆形,先端钝圆,具短尖头;⑥圆形或近圆形,先端钝圆,具短尖头或微凹,基部圆形;⑦卵圆形,先端钝圆,具短尖头,基部楔形或圆形;表面深绿色,具光泽,沿脉密被短柔毛,主侧脉凹陷,两面网脉隆起,背面淡黄绿色,密被弯曲短柔毛,主侧脉隆起,两面网脉隆起,密被弯曲短柔毛,先端深裂,似凹叶厚朴(Magnolia officinalis var. biliba)叶,基部近圆形。玉蕾芽鳞状托叶外面具有1小圆叶。花先叶开放。单花花被片9枚,稀8,10枚,外轮花被片3枚,萼状,长1~2.5 mm,稀长3~5 mm,淡黄绿色,膜质,三角形或条形,内轮花被片6枚,稀5、7枚,花瓣状,匙-椭圆形,长5.0~9.0 cm,宽3.0~5.0 cm,先端钝圆,有时微凹,淡黄白色,外面基部中间被淡紫色晕;雄蕊65~71枚,花丝紫色;离生单雌蕊多数,子房密被短柔毛。缩台枝和花梗密被长柔毛。聚合蓇葖果圆柱状,长5.0~20.0 cm,径3.0~5.0 cm;蓇葖果成熟后脱落,果轴宿存。花期4月中旬,果熟期8~9月。

产地:河南鸡公山。1993年4月18日。赵天榜等,No.9341(花)。模式标本采自河南鸡公山,存河南农业大大学。

亚种:

2.1　鸡公玉兰　亚种

Yulania jigongshanensis（T. B. Zhao, D. L. Fu et W. B. Sun）D. L. Fu subsp. **jigongshanensis**

2.2　白花鸡公玉兰　亚种

Yulania jigongshanensis（T. B. Zhao, D. L. Fu et W. B. Sun）D. L. Fu subsp. **alba** T. B. Zhao, Z. X. Chen et X. K. Li,赵天榜等主编. 世界玉兰属植物资源与栽培利用:297~298. 2013;赵天榜等主编. 河南玉兰栽培:208~209. 图9~17.1　图版47:1~8. 2015;赵天榜等主编. 世界玉兰属植物资源志:50. 2013。

形态特征:落叶乔木。叶特殊,具7种叶型:①宽椭圆形或宽卵圆形;②倒卵圆形,上部最宽,先端凹入;③宽倒三角-近圆形,边缘波状全缘;④倒三角形,上部最宽,先端凹入,呈3裂,中间裂片狭三角形,先端长渐尖,两侧裂片宽三角形,边缘全缘,先端短尖,基部楔形,边缘波状全缘;⑤倒卵圆形,先端钝圆,具短尖头;⑥圆形或近圆形,先端钝圆,具短尖头或微凹,基部圆形;⑦卵圆形,先端钝圆,具短尖头,基部楔形或圆形;表面深绿色,具光泽,沿脉密被短柔毛,主侧脉凹陷,两面网脉隆起,背面谈黄绿色,密被弯曲短柔毛,主侧脉隆起,两面网脉隆起,密被弯曲短柔毛,先端深裂,似凹叶厚朴(Magnolia officinalis var. biliba)叶,基部近圆形。玉蕾芽鳞状托叶外面具有1小圆叶。花先叶开放。单花花被片9枚,稀8,10枚,外轮花被片3枚,萼状,长1~2.5 mm,稀长3~5 mm,淡黄绿色,膜质,三角形或条形,内轮花被片6枚,稀5,7枚,花瓣状,匙-椭圆形,长5.0~9.0 cm,宽3.0~5.0 cm,先端钝圆,有时微凹,淡黄白色,外面基部中间被淡紫色晕;雄蕊65~71枚,花丝紫色;离生单雌蕊多数,子房密被短柔毛。缩台枝和花梗密被长柔毛。聚合蓇葖果圆柱状,长5.0~20.0 cm,径3.0~5.0 cm;蓇葖果成熟后脱落,果轴宿存。花期4月中旬,果熟期8~9月。

产地:河南鸡公山。1993年4月18日。赵天榜等,No. 9341(花)。模式标本采自河南鸡公山,存河南农业大大学。

3. 腋花玉兰　图225

Yulania axilliflora（T. B. Zhao, T. X. Zhang et J. T. Gao）D. L. Fu,傅大立. 玉兰属植物的研究. 武汉植物学研究,19(3):198. 2001;赵天榜等主编. 世界玉兰属植物资源与栽培利用:289~299. 2013;赵天榜等主编. 河南玉兰栽培:260~261. 图9-33 图版3;图版74:1~10. 2015;赵天榜等主编. 世界玉兰属植物资源志:74~75. 图3-22. 2013; *Magnolia axillifolra*（T. B. Zhao, T. X. Zhang et J. T. Gao）T. B. Zhao,丁宝章等.

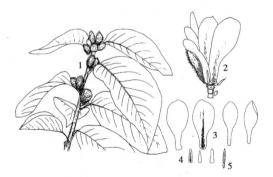

图225　腋花玉兰
1.叶、枝和玉蕾;2.花;3~4.花被片;5.雄蕊(陈志秀绘)。

中国木兰属腋花、总状花序的首次发现和新分类群. 河南农业大学学报,19(4):360. 照片1.2 1985。

形态特征:落叶乔木。玉蕾腋生和顶生或枝端部簇生,卵球状,每蕾内含2~4枚小玉蕾,有时多达 12 枚小玉蕾,构成总状聚伞花序。叶长椭圆形,稀长圆-椭圆形、长椭圆-披针形,长 8.0~24.0 cm,宽 3.0~10.5 cm,先端短尖,稀渐尖,基部圆形,稀楔形,边缘全缘,表面深绿色,具光泽,主脉凹入,背面主脉明显隆起,沿脉密被短柔毛,脉腋密被片状短柔毛;幼叶紫色,具光泽;叶柄被短柔毛。花先叶开放。单花具花被片 9 枚,稀 9~14 枚,外轮花被片萼状,大小不等,形状不同,长 1.1~2.4 cm,宽 4.5~7.0 cm,内轮花被片 6 枚,稀7、8 枚,花瓣状,匙-椭圆形,中部狭窄,长 4.9~9.0 cm,宽 1.6~3.0 cm,先端钝圆,基部渐狭,外面中、基部深紫色,先端长渐尖;雄蕊粉红色,花丝紫色;离生单雌蕊子房浅黄绿色,无毛。聚生合蓇葖果长柱状,长 15.0~23.0 cm,径 2.3~3.5 cm;蓇葖果球状,红色,表面具灰色细疣点。花期 3~4 月,果实成熟期 8~9 月。

产地:河南南召县。模式标本,采自河南南召县,存河南农业大学。

4. 朝阳玉兰　图 226

Yulania zhaoyangyulan T. B. Chao et Z. X. Chen,赵天榜等主编. 世界玉兰属植物资源与栽培利用:235~236. 图 9~19 图版 5:7~12. 2013;赵东武等. 河南玉兰属植物资源与开发利用研究:安徽农业科学,36(22):9489. 2008;赵天榜等主编. 河南玉兰栽培:199. 图 9-13 图版 2:1,图版 41:1~10. 2015;赵天榜等主编. 世界王兰属植物资源志:45. 图 3-18. 2013。

形态特征:落叶乔木。小枝青绿色,初被短柔毛,后无毛。玉蕾顶生,卵球状,长 2.0~3.0 cm,径 1.2~1.5 cm;芽鳞状托叶 3~5 枚,外面密被灰褐色长柔毛。叶宽倒卵圆-椭圆形,长 8.5~13.0

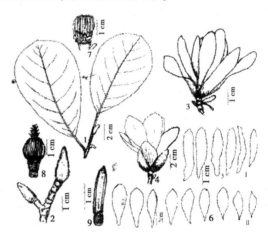

图 226　朝阳玉兰
1. 叶;2. 玉蕾;3. 花和叶芽;4. 花、佛焰苞状托叶和芽鳞状托叶;5. 花型 I 花被片;6. 花型 I 花被片;7、8.2 种雌雄蕊群(陈志秀绘)。

cm,宽 7.5~10.5 cm,表面绿色,具光泽,主脉和侧脉初疏被短柔毛,后无毛,背面淡绿色,初疏被短柔毛,后无毛,主脉和侧脉疏被短柔毛,先端钝圆,基部楔形,边缘全缘,有时波状全缘;叶柄长 1.5~2.0 cm,无毛;托叶痕长 3~5 mm。花顶生,先叶开放,径 12.0~15.0 cm。单花具花被片 6~12 枚,花被片多变异,宽匙-椭圆形,狭椭圆形,长 6.5~10.5 cm,宽 3.5~4.8 cm,亮粉色,先端钝圆,基部狭爪状,外面中部以上淡粉红色,中部以下亮粉红色;2 种雌雄蕊群类型:①雄蕊群与雌蕊群等高或稍短;②雌蕊群显著超过雄蕊群。雄蕊多数,暗紫红色,长 1.5~1.7 cm,花药长 1.1~1.5 cm,背面具淡紫红色晕,药室侧向纵裂,药隔先端具长 1 mm 的三角状短尖头,花丝长 3~4 mm,近卵球状,浓紫红色;离生单雌蕊多数;子房卵球状,浅黄绿色,花柱和柱头灰白色,花柱向外反卷;花梗粗壮,长 5~10 mm,径 8~10 mm,无毛,顶端具环状白色长柔毛。聚生合蓇葖果圆柱状,长 7.0~10.0 cm,径 3.5~4.5 cm;蓇葖果卵球状,红色,表面具果点;果梗青绿色,密具褐色疣点。缩台枝粗壮,紫褐色,5~6 节。花期 4 月,果实成熟 8 月。

产地:河南郑州市。赵天榜和陈志秀,No. 200503268(花)。模式标本,存河南农业大学。

5. 华丽玉兰　图 227

Yulania superba T. B. Zhao, Z. X. Chen et X. K. Li;赵天榜等主编. 河南玉兰栽培:199~200. 图 9~14 图版 42:1~9。2015。

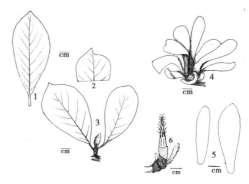

图 227　华丽玉兰
1. 枝、叶与玉蕾;2、3. 花被片;
4. 夏花外轮花被片;5. 雌雄蕊群(陈志秀绘)。

形态特征:落叶乔木。小枝紫褐色,无毛,具光泽。叶倒卵圆形、宽卵圆形,薄纸质,长 6.5~12.0 cm,宽 4.6~7.0 cm,先端钝圆、短渐尖或钝圆,具三角形短尖,基部楔形,边缘全缘,最宽处在叶的上部,表面绿色,无毛,沿主脉密被短柔毛,背面淡绿色,无毛,主脉和侧脉明显隆起,沿脉疏被短柔毛;叶柄长 2.0~2.3 cm,上面疏被短柔毛;托叶膜质,黄白色,早落。玉蕾顶生,长卵球状,长 1.5~2.2 cm,径 1.2~1.7 cm;芽鳞状托叶 4 枚,第 1 枚薄革质,外面黑褐色,密被黑褐色短柔毛,具明显的小叶柄。花先叶开放。单花具花被片 8~9 枚,稀 1 枚,条形,长 1.5~2.5 cm,宽约 5 mm,瓣状花被片匙-圆形,长 6.5~8.0 cm,宽 2.2~2.5 cm,先端钝尖,两面白色;雄蕊多数,长 1.2~1.5 cm,花药长 1.2~1.5 cm,药室长 10~13 mm,背部微有淡紫色晕,花丝长约 2 mm,亮浓紫红色;雌蕊群圆柱状,淡绿白色,长 1.5~2.0 cm,具长 5~7 mm 的雌蕊群柄,无毛,表面具钝纵棱与沟纹;离生单雌蕊多数,子房卵体状,淡绿白色,微被短柔毛,花柱长 5~7 mm,先端背部微有水粉色晕;雌蕊群显著高于雄蕊群;花梗密被白色长柔毛;缩台枝密被白色短柔毛。聚生蓇葖果长圆柱状,多弯曲,长 13.0~15.0 cm,径 3.5~4.0 cm;蓇葖果椭圆体状、球状,暗褐色;果点小,先端具喙;果梗密被柔毛;缩台枝褐色,近无毛。花期 4 月,果实成熟期 8 月。

产地:河南郑州市有栽培。2014 年 3 月 14 日。赵天榜和陈志秀, No. 201403149 (花)。模式标本,存河南农业大学。

6. 中州玉兰　图 228

Yulania zhongzhou T. B. Zhao, Z. X. Chen et L. H. Song;赵天榜等主编. 河南玉兰栽培:201~202. 图 9~15. 图版 10:9　图版 43:1~9. 2015。

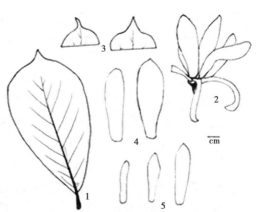

图 228　中州玉兰
1. 叶;2. 花;3. 花被片;4. 雌雄蕊群;
5. 雌蕊群柄(陈志秀绘)。

形态特征:落叶乔木。小枝紫褐色,具光泽,中部以上疏被短柔毛,中部以下密被短柔毛。叶倒卵圆形,纸质,10.0~15.0 cm,宽 5.0~9.0 cm,先端钝圆,具三角形短尖,基部狭楔形,稀楔形,边缘全缘,具稀疏缘毛,最宽处在叶片的上部,表面绿色,具光泽,无毛,背面淡绿色,疏被短柔毛,主脉明显隆起,沿脉疏被短柔毛;叶柄长 2.0~2.5 cm,上面疏被短柔毛;托叶膜质,黄白色,早落。玉蕾顶生,长卵球状,长 1.5~2.2 cm,径 1.2~1.7 cm;芽鳞状托叶 4 枚,第 1 枚薄革质,外面密被黑褐色、灰褐色长柔毛,具明显的小叶柄。花先叶开放。2 种花型:①单花具花被片 9 枚,雌蕊群显著高于雄蕊群;②单花具花被片 9 枚,雌蕊群与雄蕊群近等高或雄蕊群稍低于雌蕊群。2 种花型花被片相似,外轮花被片 3 枚,条形,肉质,长 1.5~4.0 cm,稀长 4.5 cm,宽 5~10 mm,先端钝尖,内轮花被片 6 枚,长狭匙-圆形,白色,长 5.0~6.0 cm,宽 2.2~2.7 cm,先端钝尖;雄蕊多数,花药长 1.2~1.5 cm,药室长 10~13 mm,背部微有淡紫色晕,花丝长 2 mm,深紫色;雌蕊群圆柱状,淡绿白色,长 1.5~2.0 cm;离生单雌蕊多数,子房绿白色,疏被短柔毛,花柱长 5~7 mm;花梗密被白色长柔毛;缩台枝密被白色短柔毛。聚生蓇葖果圆柱状,长 8.5~10.0 cm,径 3.5~4.0 cm;蓇葖果卵球状、椭圆体状,长 1.5~2.5 cm,径 1.2~1.7 cm,背缝线明显,表面绿紫色,先端具喙;果点小,明显;果梗和缩台枝粗壮,灰褐色,疏被柔毛或无毛。花期 4 月,果实成熟期 8 月。

产地:河南,郑州市有栽培。2014 年 4 月 14 日。赵天榜和陈志秀,No. 201404141(花)。模式标本,存河南农业大学。

亚种:

6.1　中州玉兰　亚种

Yulania zhongzhou T. B. Zhao,Z. X. Chen et L. H. Sun subsp. **zhongzhou**

6.2　两型花中州玉兰　亚种

Yulania zhongzhou T. B. Zhao,Z. X. Chen et L. H. Sun subsp. **dimorphiflora** T. B. Zhao,Z. X. Chen et X. K. Li;赵天榜等主编. 河南玉兰栽培:202~202. 图版 44:1~10. 2015。

本亚种花具 2 种花型:①单花具花被片 9 枚,白色——1 种花外轮花被片 3 枚,长条形,肉质;另 1 种花被片 9 枚状,花瓣状。②单花具花被片 6~11 枚,花瓣状,白色——1 种花花被片 11 枚,长条形,肉质;另 1 种花被片 6 枚,花瓣状,匙-椭圆形,白色,基部微有水粉色晕。

产地:河南,郑州市有栽培。2014 年 4 月 16 日。赵天榜和陈志秀,No. 201404164、No. 201404165(花);模式标本,存河南农业大学。

7. 华夏玉兰　图 229

Yulania cathyana T. B. Zhao et Z. X. Chen;赵天榜等主编. 河南玉兰栽培:213~215. 图 9-20 图 51:1~13. 2015。

形态特征:落叶乔木。小枝褐色,具光泽。叶 2 种类型:①椭圆形,②狭倒卵圆形。2 种叶形,厚纸质,长 10.0~14.0 cm,宽 5.0~7.5 cm,表面深绿色,沿主脉疏被长柔毛,背面淡绿色,疏被长柔毛,主脉和侧脉明显隆起,沿脉密被长柔毛,主脉和侧脉夹角处密被长柔毛,先

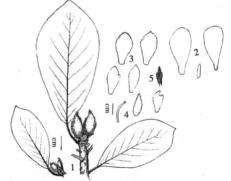

图 229　华夏玉兰
1. 叶与枝;2、3. 瓣状花被片;4. 夏花外轮花被片;
5. 雌雄蕊群等(陈志秀绘)。

端钝圆或钝尖,基部楔形,边缘全缘;叶柄长 1.0~2.0 cm,疏被短柔毛。玉蕾顶生,卵球状,长 1.5~2.2 cm,径 1.2~1.7 cm;芽鳞状托叶 4 枚,外面密被长柔毛。花蕾顶生当年生 1 次枝上,长卵球状或球状,无缩台枝,也无芽鳞状托叶。玉蕾花先叶开放;花蕾花后叶开放。玉蕾花 2 种花类型:①单花具花被片 9 枚,花瓣状,匙-椭圆形,白色,长 5.0~6.0 cm,宽 2.5~3.0 cm,先端钝圆;②单花具花被片 9 枚,外轮花被片 3 枚,萼状,肉质,条形,反卷,内轮花被片 6 枚,花瓣状,匙-椭圆形,长 5.5~7.0 cm,宽 3.0~3.5 cm,先端钝圆。2 种花类型花的瓣状花被片;雄蕊花药淡黄色晕,花丝紫红色;雌雄蕊群相同;离生单雌蕊子房微被短柔毛;花梗与缩台枝密被短柔毛。花蕾花 2 种花类型:Ⅰ——①单花具花被片 9 枚,花瓣状,匙-椭圆形,白色,长 5.5~7.0 cm,宽 3.0~3.5 cm,先端钝圆;②单花具花被片 9 枚,外轮花被片 3 枚,狭椭圆形或倒卵圆形,先端钝尖,稀凹缺,肉质,内 2 轮花被片 6 枚,匙-椭圆形,先端钝圆,稀凹缺。Ⅱ——单花具花被片 9 枚,白色,外轮花被片 3 枚,萼状,肉质,条形,反卷,中轮花被片匙-椭圆形,先端钝圆,内轮花被片狭长圆形,先端钝尖。花蕾花离生单雌蕊子房疏被短柔毛。花期 4 月。

产地:河南,郑州有栽培。2014 年 3 月 14 日。赵天榜、陈志秀和赵东欣,No. 2014031410(花);2014 年 8 月 20 日。赵天榜、陈志秀和赵东欣,No. 201407205(枝、叶和雌蕊群不孕圆柱状体)。模式标本,存河南农业大学。

8. 紫玉兰

Yulania liliflora(Desr.)D. L. Fu

亚种:

8.1　紫玉兰　亚种

Yulania liliflora(Desr.)D. L. Fu subsp. **liliflora**

8.2　红花紫玉兰　亚种

Yulania liliflora(Desr.)D. L. Fu subsp. **punicea** T. B. Zhao et Z. X. Chen;赵天榜等主编. 河南玉兰栽培:227. 图59:1~4. 2015。

本亚种花顶生、腋生。花先叶开放。单花具花被片 9 枚,外轮花被片 3 枚,萼状,条形,长 1.0~1.5 cm,宽 3~4 mm,内轮花被片 6 枚,花瓣状,匙-椭圆形,亮红色或紫红色,长 6.5~8.5 cm,宽 3.5~4.5 cm,肉质,先端纯尖;雄蕊多数,花丝亮红色;雌蕊群圆柱状,长 1.5~2.0 cm;子房淡红色,花柱亮红色。

产地:河南,郑州市有栽培。2013 年 4 月 15 日。赵天榜和赵杰,No. 201304151(花);2013 年 8 月 20 日。赵天榜和陈志秀,No. 201308201(枝、叶和玉蕾)。模式标本,存河南农业大学。

8.3　两型花紫玉兰　亚种

Yulania liliflora(Desr.)D. L. Fu subsp. **dimorphiflora** T. B. Zhao et Z. X. Chen;赵天榜等主编. 河南玉兰栽培:227~228. 图60:9~11. 2015。

本亚种 2 种花型:① 单花具花被片 9 枚,萼状,淡黄白色;② 单花具花被片 12 枚,外轮花被片 3 枚,萼状,淡黄白色。2 种花的瓣状花被片匙-椭圆形,雌蕊群显著高于雄蕊群;花梗和缩台枝上密被短柔毛。

产地:河南新郑市。2007 年 3 月 27 日。赵天榜和陈志秀,No. 200703297(花)。模式标本,存河南农业大学。

变种:

8.1　紫玉兰　变种

Yulania liliflora(Desr.)D. L. Fu var. **liliflora**

8.2　白花紫玉兰　变种

Yulania liliflora(Desr.)D. L. Fu var. **alba** T. B. Zhao et Z. X. Chen,赵天榜等主编. 世界玉兰属植物资源与栽培利用:253～254. 2013;赵天榜等主编. 河南玉兰栽培:226. 2015;赵天榜等主编. 世界王兰属植物资源志:61～62. 2013。

本变种单花具花被片9～15枚,内轮花被片6枚,外面白色,基部中间淡粉红色晕。

产地:河南鸡公山有栽培。采集人:赵天榜,8号。模式标本采自鸡公山,存河南农业大学。

9. 望春玉兰

Yulania biondii(Pamp.)D. L. Fu

亚种:

9.1　望春玉兰

Yulania biondii(Pamp.)D. L. Fu subsp. **biondii**

9.2　两型花望春玉兰　亚种

Yulania biondii(Pamp.)D. L. Fu subsp. **dimorhiflora** T. B. Zhao,Z. X. Chen et X. K. Li,赵天榜等主编. 河南玉兰栽培:236～237. 图版7:7～8. 图版67:7～10. 2015。

本亚种与望春玉兰亚种 Yulania biondii(Pamp.)D. L. Fu subsp. biondii 相似,但区别:2种花型:① 单花具花被片9枚,雌蕊群显著高于雄蕊群;② 单花具花被片9枚,雌蕊群与雄蕊群近等高或雄蕊群稍低于雌蕊群。2种花的花被片相似,即:外轮花被片3枚,萼状,变化大,内2轮花被片6枚,长匙-长椭圆形,长6.0～6.5 cm,宽2.3～2.7 cm,外面中部以下暗紫色,中部以上淡白色,常反卷;雄蕊花药淡黄色,花丝紫色;雌蕊群圆柱状;离生单雌蕊子房淡黄绿色,花柱常反曲;花梗与缩台枝上密被白色长柔毛。聚生蓇葖果圆柱状,长10.0～14.5 cm,径3.5～4.0 cm;蓇葖果球状、卵球状,紫红色,表面果点大、少、白色、突起明显,先端具短喙;缩台枝通常无毛;果梗粗壮,密被柔毛。花期3～4月,果实成熟期8月。

产地:河南,郑州市有栽培。2014年3月14日。赵天榜和陈志秀,No. 201403149(花)。模式标本,存河南农业大学。

变种:

9.1　望春玉兰

Yulania biondii(Pamp.)D. L. Fu var. **biondii**

9.2　狭被望春玉兰　变种

Yulania biondii(Pamp.)D. L. Fu var. **angutitepala** D. L. Fu,T. B. Zhao et D. W. Zhao,傅大立等. 河南玉兰属两新变种. 植物研究,27(4):16～17. 2007;赵天榜等主编. 世界玉兰属植物资源与栽培利用:262. 2013;赵天榜等主编. 河南玉兰栽培:235. 2015;赵天榜等主编. 世界王兰属植物资源志:65. 2013。

本变种叶椭圆形,先端钝而具尖头。单花具花被片 9 枚,外轮花被片 3 枚,萼状,条形,早落,内轮花被片 6 枚,花瓣状,长 5.0~6.5 cm,宽 0.8~1.3~1.5 cm,白色,外面近基部微有淡紫色晕。聚生蓇葖果圆柱状,长 14.0~15.0 cm,径 3.0~3.5 cm;蓇葖果球状、卵球状,绿紫色,长 1.2~1.5 cm,径 1.3~1.7 cm;表面果点稀、白色、突起明显,先端具短喙或无喙;缩台枝和果梗灰绿色或灰褐色,密被短柔毛。花期 3 月,果实成熟期 8 月。

产地:河南大别山山区。赵天榜等,模式标本采自鸡公山,存河南农业大学。

9.3 黄花望春玉兰 变种

Yulania biondii(Pamp.)D. L. Fu var. **flava** (T. B. Zhao,J. T. Gao et Y. H. Ren) T. B. Zhao et Z. X. Chen,赵天榜等主编. 世界玉兰属植物资源与栽培利用:262. 2013;赵天榜等主编. 河南玉兰栽培:235. 2015;赵天榜等主编. 世界王兰属植物资源志:65. 2013;*Magnolia biondii* Pamp. var.*flova* T. B. Zhao,J. T. Gao et Y. H. Ren,丁宝章等. 中国木兰属植物腋花、总状花序的首次发现和新分类群. 河南农业大学学报,19(4):362 ~ 363.1985。

本变种叶椭圆形、倒卵圆–椭圆形,长 10.0~13.5 cm,宽 4.0~5.0 cm,先端渐尖,基部楔形,两侧不对称。花杯状,黄色。单花具花被片 9 枚,外轮花被片 3 枚,三角形,膜质,早落,内轮花被片 6 枚,薄肉质,匙–椭圆形。聚生蓇葖果圆柱状,不规则弯曲,长 15.0~22.0 cm,径 3.5~4.0 cm。果梗粗壮,宿存长柔毛。蓇葖果球状、近球状,表面被果点,先端具短喙,基部钝圆。

产地:河南南召县。赵天榜等,模式标本采自南召县,存河南农业大学。

9.4 富油望春玉兰 变种

Yulania biondii(Pamp.)D. L. Fu var. **flava**(T. B. Zhao,J. T. Gao et Y. H. Ren) T. B. Zhao et Z. X. Chen,赵天榜等主编. 世界玉兰属植物资源与栽培利用:262~263. 2013;赵天榜等主编. 河南玉兰栽培:236. 图版 65:7~8. 2015;赵天榜等主编. 世界王兰属植物资源志:65. 2013。

本变种叶倒卵圆–椭圆形,基部楔形,两侧不对称。花杯状。单花具花被片 9~11 枚,外轮花被片 3 枚,萼状,内轮花被片薄肉质,匙–椭圆形。

产地:河南。赵天榜等,模式标本采自郑州市,存河南农业大学。

9.5 紫色望春玉兰 变种

Yulania biondii(Pamp.)D. L. Fu var. **purpurea**(T. B. Zhao,J. T. Gao et Y. H. Ren) T. B. Zhao et Z. X. Chen,赵天榜等主编. 世界玉兰属植物资源与栽培利用:263. 2013;赵天榜等主编. 河南玉兰栽培:236. 图版 10:7 图版 66:1 ~ 8. 2015;赵天榜等主编. 世界王兰属植物资源志:65. 2013;*Magnolia biondiid* Pamp. var. *dpurpuread* T. B. Zhao,S. Y. Wang et Y. C. Qiao,丁宝章等. 河南木兰属新种和新变种. 河南农学院学报,4:10. 1983;*Magnolia biondii* Pamp. f. *purpurascens* Law et Gao,刘玉壶、高增义. 河南木兰属新植物. 植物研究,4 (4):192. 1984。

本变种叶倒卵圆–椭圆形或长椭圆形,基部楔形,两侧不对称。玉蕾顶生,长椭圆体状,中部以上渐尖。单花具花被片 9 枚,瓣状花被片 6 枚,较小,两面紫色或淡紫色;离生单雌蕊、雄蕊及花托均为紫色;花梗和缩台枝被白色柔毛。聚生蓇葖果圆柱状,通常弯曲,长 10.0~14.5~25.3 cm,径 3.5~4.0 cm;蓇葖果球状、椭圆体状,紫色,表面果点大小不等、多、白色、突起明显,先端具短喙或无喙;缩合枝和果梗粗壮,灰绿色或灰褐色,疏被短柔毛。花期 2~4 月,果实成熟期 8 月。

河南:南召和鲁山县。赵天榜等,模式标本采自鲁山县,存河南农业大学。

9.6　白花望春玉兰　变种

Yulania biondii(Pamp.)D. L. Fu var. **alba**(T. B. Zhao et　Z. X. Chen)T. B. Zhao et Z. X. Chen,赵天榜等主编. 世界玉兰属植物资源与栽培利用:263. 2013;赵天榜等主编. 河南玉兰栽培:236. 图版 10:7 图版 66:1~8.2015;赵天榜等主编. 世界王兰属植物资源志:65. 2013;*Magnolia biondii* Pamp. var. *alba* T. B. Zhao et Z. X. Chen,赵天榜榜等编著. 木兰及其栽培:12. 1991。

本变种单花具花被片 9 枚,瓣状花被片 6 枚,白色。

河南:南召县。赵天榜等,模式标本采自南召县,存河南农业大学。

9.7　条形望春玉兰　变种

Yulania biondii(Pamp.)D. L. Fu var. **linearis** T. B. Zhao Z. X. Chen et X. K. Li,赵天榜等主编. 河南玉兰栽培:237~238. 图 9-29:3.2015。

本变种有 2 种花型:①单花具花被片 9 枚,外轮花被片 3 枚,萼状,条形,长 1.5~1.7 cm,宽约 2 mm,不早落,淡白色,先端反卷,2 轮花被片 6 枚,匙-长椭圆形,长 6.0~6.5 cm,宽 2.3~2.7 cm,先端钝圆,外面中部以下暗紫色、亮粉紫色,中部以上淡白色,微有粉色晕,中部暗紫色或淡粉色直达先端;②单花具花被片 12 枚,其花被片形状、大小、颜色与①相同。2 种花雄蕊花药淡黄色,先端背面微有紫晕,花丝长约 2 mm,黑紫色;离生单雌蕊群圆柱状,长 11.7~2.0 cm;离生单雌蕊子房球状,淡黄绿色,花柱极短,花梗被长柔毛,顶端具 1 环状长柔毛;缩台枝上密被白色长柔毛。

产地:河南,郑州市有栽培。2014 年 3 月 14 日。赵天榜和陈志秀,No. 201403145(花)。模式标本,存河南农业大学。

10.武当玉兰

Yulania sprengeri(Pamp.)D. L. Fu

变种:

10.1　武当玉兰

Yulania liliflora(Desr.)D. L. Fu

10.2　拟莲武当玉兰　变种

Yulania sprengeri(Pamp.)D. L. Fu var. **pseudonelumbo** T. B. Zhao,Z. X. Chen et D. W. Zhao;赵天榜等主编. 河南玉兰栽培:159. 图版 2:11　图版 14:1~9.2015;赵天榜等主编. 世界玉兰属植物资源与栽培利用:189. 2013;赵天榜等. 世界王兰属植物资源志:26. 2013。

本变种叶倒卵圆形,较小,先端钝尖,基部楔形。单花具花被片 12~17 枚,狭椭圆形,先端短渐尖,外面亮粉红色,内面乳白色;雄蕊和花丝紫红色;离生单雌蕊柱头和花柱粉红色。聚生蓇葖果圆柱状。

产地:河南,郑州市。湖北有分布。赵天榜等,No. 200304151(花)。模式标本采自郑州市,存河南农业大学。

11. 黄山玉兰　图 230

Yulania cylindrica(Wils.)D. L. Fu,赵天榜等主编. 河南玉兰栽培:264~265. 图 9-34. 2015。

形态特征:落叶乔木。花蕾,先端尖。叶椭圆形、狭倒卵圆-长圆形,长 5.0~6.5 cm,宽 2.0~9.7 cm,最宽处在中部以上,先端渐尖、钝尖、急尖或短尾尖,基部楔形至狭楔形,稀近圆形,边缘全缘,表面深绿色,无毛,主脉凹入,沿脉疏被短柔毛,背面苍白色或淡绿色,沿脉被黄褐色短柔毛;叶柄被短柔毛。花单生枝顶,先叶开放,径 6.0~10.0 cm,芳香。单花具花被片 9 枚,大小不相等,外轮花被片 3 枚,膜质,萼状,条形,长 0.5~1.5 mm,宽

图 230　黄山玉兰

2 mm,开张,多向后曲,早落,内 2 花被片 6 枚,宽-卵圆形、倒卵圆形、宽匙形,长 6.5~10.5 cm,宽 2.5~5.0 cm,基部具爪,初花时淡黄绿色,后白色,外面中部以下中间为亮紫红色、亮淡紫红色,中脉及其两侧紫红色直达先端;雄蕊多数;花丝紫红色,宽于花药,花药淡黄色;雌蕊群圆柱状,绿色;离生单雌蕊多数,子房卵球状,鲜绿色,无毛,花柱浅黄白色。聚生蓇葖果卵球状,长 5.0~16.0 cm;果梗密被灰色柔毛。蓇葖果通常较少,木质,成熟时带亮橙红色,表面有疣状突起。染色体 $2n = 38$。

产地:安徽、浙江、江西、河南等。河南新县有分布。鸡公山国家级自然保护区及郑州市有引种栽培。模式标本,采自安徽黄山。

亚种:

11.1　黄山玉兰　亚种

Yulania cylindrica(Wils.)D. L. Fu subsp. **cylindrica**

11.2　两型花黄山玉兰　亚种

Yulania cylindrica(Wils.)D. L. Fu subsp. **dimorphiflora** T. B. Zhao et Z. X. Chen;赵天榜等主编. 河南玉兰栽培:265. 图版 76:7. 2015。

本亚种:叶狭椭圆形,先端钝尖,基部楔形。2 种类型花:① 单花具花被片 9 枚,花瓣状,匙-椭圆形;② 单花具花被片 9 枚,有萼、瓣状之分,萼状花被片长 5~10 mm,宽约 3 mm。2 种花瓣状花被片匙-椭圆形,白色,外面基部紫红色。

产地:河南,新郑市有栽培。2014 年 4 月 10 日。赵天榜和陈志秀,No. 201404101(花),标本采自河南,存河南农业大学。2014 年 8 月 20 日。赵天榜和陈志秀,No. 201408101(叶和玉蕾),存河南农业大学。

变种:

11.1　黄山玉兰　变种

Yulania cylindrica(Wils.)D. L. Fu var. **cylindrica**

11.2　白花黄山玉兰　变种

Yulania cylindrica(Wils.)D. L. Fu var. **alba** T. B. Zhao et Z. X. Chen,赵天榜等主编. 世界玉兰属植物资源与栽培利用:286. 2013;赵天榜等. 河南玉兰栽培:265~266. 2015;赵天榜等. 世界王兰属植物资源志:77. 2013。

本变种:玉蕾顶生,较大,第 2 枚和以内芽鳞状托叶外面密被黑暗长柔毛。单花具花被片 12 枚,瓣状花被片白色,稀基部外面带粉色晕。

产地:河南鸡公山。2001 年 3 月 20 日。赵天榜和陈志秀,No. 200103205(花)。模式标本,存河南农业大学。

11.3 狭被黄山玉兰 变种

Yulania cylindrica(Wils.)D. L. Fu var. **angustitepala** T. B. Zhao et Z. X. Chen,赵天榜等主编. 世界玉兰属植物资源与栽培利用:287. 2013;赵天榜等主编. 河南玉兰栽培:266~267. 图 9-34.2 2015;赵天榜等主编. 世界王兰属植物资源志:77~78. 2013。

本变种单花具花被片 10~15 枚,瓣状花被片 7~12 枚,长椭圆形及披针形等多变,皱折,长 3.0~6.5 cm,宽 4~25 mm,白色,外面基部水粉色;雌蕊群与雄蕊群近等高。

产地:河南,新郑市有栽培。赵天榜等。模式标本采自新郑市,存河南农业大学。

11.4 狭叶黄山玉兰 变种

Yulania cylindrica(Wils.)D. L. Fu var. **angustifolia** T. B. Zhao et Z. X. Chen,赵天榜等主编. 世界玉兰属植物资源与栽培利用:287. 2013;赵天榜等主编. 河南玉兰栽培:266. 图 9~34.1. 图版 77:5~9. 2015;赵天榜等主编. 世界王兰属植物资源志:77~78. 2013。

本变种幼枝被短柔毛。叶狭椭圆形、披针形,长 10.3~17.3 cm,宽 5.3~8.0 cm,先端渐尖,基部楔形;叶柄长 1.5~ 2.5 cm。单花具花被片 9 枚,外轮花被片 3 枚,萼状,早落,内 2 轮花被片 6 枚,宽匙-倒卵圆形、宽匙形,先端钝圆,基部具爪,白色,外面中部以下中间为亮紫红色。聚生蓇葖果卵球状,长 8.0~11.0 cm,径约 5.0 cm;蓇葖果通常菱状,突起,成熟时红褐色,表面有小果点,先端具喙;果梗和缩台较细,密被柔毛。

产地:河南鸡公山。赵天榜等,模式标本采自河南鸡公山,存河南农业大学。

11.5 卵叶黄山玉兰 变种

Yulania cylindrica(Wils.)D. L. Fu var. **ovata** T. B. Zhao et Z. X. Chen,赵天榜等主编. 河南玉兰栽培:267. 图版 77:4. 2015。

本变种叶卵圆形,先端长渐尖,基部楔形。单花具花被片 9 枚,内轮花被片 6 枚,花瓣状,外面基部紫色。聚生蓇葖果卵球状,长 8.0~11.0 cm,径 3.0~4.0 cm;蓇葖果卵球状,突起,成熟时红褐色,表面有小果点,先端具喙;果梗和缩台枝较细,密被短柔毛。

产地:河南鸡公山。赵天榜等,模式标本采自河南鸡公山国家级自然保护区管理局,存河南农业大学。

12. 杂配玉兰 图 231

Yulania hybrida T. B. Zhao,Z. T. Chen et X. K. Li;赵天榜等主编. 河南玉兰栽培:293~296. 图 9~43 图版 98:1~13. 2015。

形态特征:落叶乔木。小枝紫褐色,上部以上密被密长柔毛,中部以下无毛,具光泽。叶 2 种类型:①椭圆形,薄纸质,长 10.0~16.5 cm,宽 5.0~7.0 cm,先端渐尖或钝尖,基部楔形或狭楔形,边缘全缘,最宽处在叶的中部,表面绿色,微被短柔毛,沿主脉密被短柔毛,背面淡绿色,微被短柔毛,主脉和侧脉明显隆起,沿脉密被柔毛;叶柄长 2.0~3.0 cm,疏被短柔毛。②倒卵圆形,长 8.0~11.0 cm,宽 4.0~5.5 cm,先端短尖或钝尖,基部狭楔形,最宽处在叶的上部,其他特征与①相同。玉蕾和花蕾顶生。玉蕾顶生,长卵球状,长2.5~3.5 cm,径1.2~1.7 cm;芽鳞状托叶4枚,第1枚薄革质,外面黑褐色,密被黑褐色短柔毛,具明显的小叶柄。花先叶开放。单花具花被片9枚,瓣状花被片6枚,匙-椭圆形,长4.0~5.0 cm,宽2.0~2.5 cm,先端钝圆,外面紫色或淡紫色;萼状花被片3枚,条形,长1.3~1.5 cm,宽4~5 mm,先端钝圆,淡黄色,膜质;雄蕊多数,长1.2~1.5 cm,花药长1.0~1.3 cm,花丝浓紫色,微被短柔毛;雌蕊群圆柱状,淡绿白色;离生单雌蕊多数,子房卵体状,淡绿白色;雌蕊群显著高于雄蕊群;花梗密被白色长柔毛;缩台枝密被白色短柔毛。玉蕾顶生,狭卵球状,长2.0~3.5 cm,径1.2~1.5 cm;芽鳞状托叶1枚,薄革质,外面黑褐色,密被黑褐色柔毛;佛焰苞状托叶1枚,纸质,外面灰黄色,密被长柔毛。花后叶开放,花期5月至11月。花2种类型:①单花具花被片9枚,瓣状花被片匙-椭圆形,长3.5~4.5 cm,宽2.0~2.5 cm,先端钝圆,外面中部以上白色,下部紫色或淡紫色;雄蕊花丝浓紫色,微被短柔毛;雌蕊群显著高于雄蕊群;花梗密被白色长柔毛;无缩台枝。②单花具花被片9枚,稀10枚,内1轮瓣状花被片3枚,稀2枚,匙-椭圆形,常内卷,长3.0~3.5 cm,宽2.0~2.5 cm,先端钝圆,外面中部以上白色,中部以下紫色或淡紫色;外1~2轮花被片6枚,稀5或7枚,椭圆形,长1.2~1.5 cm,宽4~5 mm,淡黄色,肉质,先端钝圆,基部截形;雄蕊花丝浓紫色,微被短柔毛;雌蕊群显著高于雄蕊群,雌蕊群与雄蕊群近等高,雌蕊群显著低于雄蕊群;花梗密被白色长柔毛;无缩台枝。聚生蓇葖果圆柱状,长10.0~15.0 cm,径3.0~4.0 cm;蓇葖果椭圆体状,长1.5~2.5 cm,径1.2~1.7 cm,粉红色,先端具喙;果梗和缩台枝粗壮,被柔毛或无毛。花期3~4月,果实成熟期8月。

图231　杂配玉兰

1. 枝、叶与玉蕾;2. 玉蕾;3. 花被片;4~7. 夏花与秋花花被片;8、9. 夏花与秋花外轮花被片;
10. 冬花;11~14. 冬花外轮花被片;15. 冬花内轮花被片;16. 雌雄蕊群(陈志秀绘)。

产地:河南,郑州市有栽培。2014年3月14日。赵天榜等,No. 201403149(花)。模式标本,存河南农业大学;2014年8月20日。赵天榜和陈俊通,No. 201408201(枝、叶与花),模式标本,存河南农业大学;2014年11月11日。赵天榜和李小康,No. 201411111(玉蕾与花),模式标本,存河南农业大学。

13. 华豫玉兰

Yulania huayu T. B. Zhao, Z. X. Chen et J. T. Chen;赵天榜等主编. 河南玉兰栽培:296~297. 2015。

形态特征:落叶乔木。小枝灰褐色,无毛;幼枝淡黄绿色,被较密短柔毛,后无毛。叶倒卵圆形,长 9.0~13.0 cm,宽 6.5~9.5 cm,先端钝尖,基部狭楔形,最宽处在叶的上部。玉蕾顶生,长卵球状,长 2.5~3.0 cm,径 1.7~2.0 cm;芽鳞状托叶 4~6 枚,外面黑褐色,密被黑褐色短柔毛,具明显的小叶柄。花先叶开放。单花具花被片 9~17 枚,内轮花被片匙-长椭圆形,或长圆形,长 7.5~10.0 cm,宽 3.1~5.2 cm,先端钝圆、钝尖,淡黄白色,中间为水粉白色,外轮花被片 3 枚,较小,宽条形,长 4.5~5.2 cm,宽 1.1~2.5 cm,先端钝圆,稀 2 圆裂,淡黄白色;花被片中间有雄蕊 1 枚或 2 枚;雄蕊中间有花被片;雄蕊多数,花丝黑紫色;雌蕊群圆柱状,长 2.5~3.2 cm,淡绿白色,具长约 5 mm 雌蕊柄,淡黄色,无毛;离生单雌蕊子房卵体状,淡绿色,微被短柔毛;花梗长淡绿色,密被白色长柔毛;缩台枝密被白色短柔毛。聚生蓇葖果不详。

产地:河南,郑州市有栽培。2015 年 3 月 14 日。赵天榜、陈志秀,No. 201403149(花)。模式标本,存河南农业大学。

14. 楔叶玉兰　图 232

Yulania cuneatofolia T. B. Zhao, Z. X. Chen et D. L. Fu;傅大立等. 湖北玉兰属两新种. 植物研究,30(6):642~644. 2010;赵天榜等主编. 河南玉兰栽培:191~192. 图 9~8. 图版 34:1~6. 2015;赵天榜等主编. 世界玉兰属植物资源与栽培利用:218~219. 2013;*Y. guifriyulan* D. L. Fu,T. B. Zhao et Z. X. Chen,田国行等主编. 玉兰属植物资源与新分类系统的研究. 中国农学通报,22(5):407. 2006;赵东武等. 河南玉兰属植物种质资源与开发利用的研究. 安徽农业科学,36(22):9489. 2008。

形态特征:落叶乔木。小枝黄绿色,初被短柔毛,后无毛;皮孔椭圆形,白色,明显,稀少,具托叶痕。玉蕾单生枝顶,卵球状,长 2.0~3.5 cm,径 1.2~1.7 cm;芽鳞状托叶 3~5 枚,外面密被褐色长柔毛。叶通常楔形或匙-圆形、宽倒卵圆-匙形,

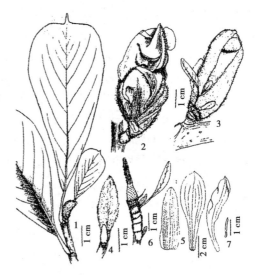

图 232　楔叶玉兰 Yulania cuneatifolia T. B. Zhao et,Z. X. Chen et D. L. Fu
1. 叶、枝和玉蕾;2. 初开花;3. 初开玉蕾、芽鳞状托叶和畸形叶;4. 叶芽和玉蕾;
5. 花被片;6. 雌蕊状和缩短枝、幼叶;
7. 雄蕊(引自傅大立等,2010.《植物研究》)

长 9.5~15.0 cm,宽 5.5~9.5 cm,表面深绿色,具光泽,背面淡绿色,疏被短柔无,主脉和侧脉被较密短柔毛,先端近截-圆形,具长约 1.0 cm 短头尖,基部楔形,边缘全缘;叶柄长 1.3~2.0 cm。花先叶开放,径 12.0~15.0 cm;佛焰苞状苞片大,三角-匙形,长 6.0~7.5 cm,宽 3.5~4.2 cm,外面黑褐色,被极少短柔毛。单花具花被片 9~14 枚,宽卵圆-匙圆形,皱折,长 8.5~11.5 cm,宽 2.5~4.5 cm,亮粉红色;雄蕊多数,暗紫红色,长 1.5~1.7 cm,药室侧向纵裂,药隔先端具长 1.0~1.5 mm 的三角状短尖头,花丝 2.5~3.0 mm,近卵球状,浓紫红色;雌蕊圆柱状,长约 1.5 cm;离生单雌蕊多数,子房浅黄绿色,无毛,花柱和柱头灰白色,花柱内弯;花梗粗壮,长 3~10 mm,密被短柔毛。花期 4 月。聚生果不详。

产地:湖北神农架。河南郑州有栽培。模式标本,采自郑州。2005 年 3 月 24 日。赵天榜等,No. 200503241(花),主模式标本,存河南农业大学。2005 年 9 月 18 日。赵天榜和陈志秀,No. 200509181(叶和玉蕾),存河南农业大学。

异花玉兰组

Yulania Spach sect. **Varians** T. B. Zhao,Z. X. Chen et X. K. Li

本新组混合芽与玉蕾共存。混合芽腋生与顶生。花蕾顶生与顶生。玉蕾顶生与腋生,卵球状、长卵球状。玉蕾花先叶开放;混合芽、花蕾花后叶开放。玉蕾花、混合芽花、3 次与 4 次花蕾花具多种类型。玉蕾花有 5 种花型;单花具花被片 6~18 枚,外面花被片萼状及花瓣状,其大小、形状、质地与颜色等多变;离生单雌蕊子房疏被短柔毛;有时单花内具 2 枚并生雌蕊群或 1 枚玉蕾中有 2 枚小玉蕾,即 2 朵花;雄蕊群中混有离生单雌蕊、许多 2~5 枚呈簇的离生单雌蕊或 2~5 枚雌蕊群,稀有雄蕊瓣化;花丝亮淡红粉色与花药近等长;花梗和缩台枝密被白色长柔毛。球状玉蕾花内的雌雄蕊群相似,但无离生单雌蕊。花蕾花有多类型;单花具花被片 5~12 枚,花被片形状、大小、颜色等有显著多变;稀雄蕊瓣化;离生单雌蕊子房无毛,稀单花内具 2 枚雌雄蕊群;花梗 1~2 节,无毛;无缩台枝。

本新组模式:异花玉兰 Yulania varians T. B. Zhao,Z. X. Chen et Z. F. Ren。

本新组植物有 2 种:异花玉兰、莓蕊玉兰。特产于河南。

15. 异花玉兰　图 233

Yulania varians T. B. Zhao,Z. X. Chen et Z. F. Ren,赵天榜等主编. 世界玉兰属植物资源与栽培利用:289~292. 图 9-34. 2013;赵天榜等主编. 世界玉兰属植物种质资源志:82~84. 图 3-38. 2013;多变玉兰 *Yulania varians* D. L. Fu,T. B. Zhao et Z. X. Chen,sp. nov. ined. 赵东武等. 河南玉兰属植物资源与开发利用研究. 安徽农业科学,36(22):9490. 2008;赵天榜等主编. 河南玉兰栽培:272. 图 9-38,图版 3:9,图版 9:1~8,图版 81:1~13,图阶 82:1~11,图版 83:1~13,图版 84:1~12,图版 85:1~11. 2015。

形态特征:落叶乔木。小枝褐色、灰褐色;幼枝黄绿色,密被短柔毛,后无毛或疏被短柔毛。叶椭圆形或卵圆-椭圆形,长 8.0~10.6 cm,宽 5.0~7.5 cm,先端钝尖或钝圆,基部楔形,表面绿色,通常无短柔毛,稀被短柔毛,主脉疏被短柔毛,背面灰绿色,疏被白色短柔毛,主脉和侧脉显著隆起,沿主脉疏被短柔毛;叶柄长 1.0~2.0 cm,疏被短柔毛,托叶痕为叶柄长度的 1/3。玉蕾顶生,长卵球状,长 1.8~2.5 cm,径 2.0~2.5 cm;芽鳞状托叶 3~4 枚,最外面 1 枚外面密被深褐色短柔毛,薄革质,花前脱落,其余芽鳞状托叶外面疏被长柔毛,膜质。花先叶开放。花 5 种类型:①单花具花被片 9 枚,匙-椭圆形;②单花具花被片 9 枚,有萼、瓣状之分,萼状花被片 3 枚,小型,长约 3 mm,宽约 2 mm;③单花具花被片 9 枚,外轮 3 枚花被片狭披针形,长 3.5~6.5 cm,宽 3~5 mm,膜质;④单花具花被片 12 枚,外轮 3 枚花被片披针形,长 1.5~2.5 cm,宽 2~3 mm,膜质;⑤单花具花被片 11 枚,外轮 3 枚花被片披针形,变化极大,长 0.3~6.5 cm,宽 0.2~2.0 cm,膜质。花 5 种类型的外轮 3 枚花被片形状、大小及质地变化极大;内轮花被片除大小差异外,其形状、质地、颜色均相同,即:匙-椭圆形或匙-长椭圆形,长 5.0~6.5 cm,宽(0.8~)2.0~3.5 cm,先端钝尖或渐尖,基部楔形,外面中部以下中间亮紫红色;雄蕊多数,长 1.0~1.3 cm,外面紫色,花丝长 2~3 mm,紫色,药室长 1.0~1.3 cm,侧向纵裂,药隔先端伸出呈三角状短尖头,紫色;有时单花具 2 枚并生雌蕊群或在雄蕊中混杂有离生单雌蕊,以及花丝亮粉色与花药近等长;离生单雌蕊多数,子房黄白色,疏被短柔毛,花柱淡紫色;花梗和缩台枝密被白色长柔毛。雌雄蕊群两种类型:①雄蕊群与雌雄蕊群近等高;②雌蕊群显著高于雄蕊群。夏季花 3 种类型:①单花具花被片 5 枚,匙-狭披针形,内卷,长 3.0~5.5 cm,宽 4~6 mm,肉质;② 单花具花被片 9 枚,花瓣状,匙-狭披针形,内卷,长 5.0~7.0 cm,宽 4~16 mm,肉质;③ 单花具花被片 12 枚,花瓣状,匙状狭披针形,内卷。3 种花离生单雌蕊多数,子房无毛。聚生蓇葖果未见。花期 3 月。

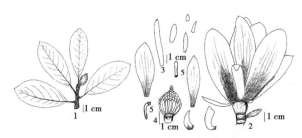

图 233　异花玉兰

1. 枝、叶与玉蕾;2. 花;3. 各种外部花被片;4. 雌雄蕊群;5. 雌蕊(赵天榜绘)。

本种与莓蕊玉兰 Yulania fragarigynandria T. B. Zhao,Z. X. Chen et H. T. Dai 相似,但区别:春季花 5 种类型:①单花具花被片 9 枚,匙-椭圆形;②单花具花被片 9 枚,有萼、瓣状之分,萼状花被片长约 3 mm,宽约 2 mm;③单花具花被片 9 枚,外轮 3 枚花被片狭披针形,长 3.5~6.5 cm,宽 3~5 mm,膜质;④单花具花被片 12 枚,外轮 3 枚花被片披针形,长 1.5~2.5 cm,宽 2~3 mm,膜质;⑤单花具花被片 11 枚,外轮 3 枚花被片披针形,变化极大,长 0.3~6.5 cm,宽 0.2~2.0 cm,膜质。5 种花类型的外轮 3 枚花被片形状、大小及质地变化极大,膜质;内轮花被片匙-椭圆形,或匙-长椭圆形,先端钝尖,或渐尖,基部楔形,外面中部以下中间亮紫红色;离生单雌蕊子房疏被短柔毛;有时单花具 2 枚并生雌蕊群或在离生雄蕊中混杂有离生单雌蕊,以及花丝亮粉色与花药近等长。雌雄蕊群两种类型:①雄蕊群与雌雄蕊群近等高;②雌蕊群显著高于雄蕊群。夏季花 3 种类型:单花具花被片 5 枚、9 枚、12 枚,花瓣状,匙-狭披针形,内曲,肉质;离生单雌蕊多数,子房无毛。

产地:河南,郑州市有引种栽培。2013 年 3 月 22 日。赵天榜和陈志秀,No. 201303221(花)。模式标本,采自河南郑州市,存河南农业大学。

16. 莓蕊玉兰　图 234

Yulania fragarigynandria T. B. Zhao,Z. X. Chen et H. D. Dai;田国行等. 植物属资源与新分类系统的研究. 中国农学通报,22(5):410. 2006;赵天榜等主编. 河南玉兰栽培:270~272. 图 9~37,图版 79:1~10 图版 80:1~8. 2015;赵天榜等主编. 世界玉兰属植物资源与栽培利用:236~238. 2013;戴慧堂等. 河南玉兰两新种. 信阳师范学院学报,自然科学版,22(5):410. 2006;赵天榜等主编. 世界玉兰属植物种资源志:81~82. 图 3-37. 2013。

形态特征:落叶乔木。小枝灰褐色;幼枝淡黄绿色,密被短柔毛,后毛或疏被短柔毛;托叶痕明显。叶椭圆形,长 10.0~15.6 cm,宽 6.0~8.5 cm,先端钝尖,基部圆形或宽楔形,表面绿色,通常无短柔毛,稀被短柔毛,主脉平,疏被短柔毛,背面淡灰绿色,疏被白色短柔毛,主脉和侧脉显著隆起,沿主脉疏被短柔毛,边缘全缘;叶柄长1.5~2.5 cm,疏被短柔毛;托叶痕为叶柄长度的1/2。玉蕾顶生或腋生。玉蕾花先叶放;混合芽花后叶开放,花着于新枝顶端。玉蕾很大,陀螺状或长卵球状,芽鳞状托叶最外面1枚密被深褐色短柔毛,薄革质,花前脱落,其余芽鳞状托叶外面疏被长柔毛,膜质。花先叶开放及花后叶开放。单花具花被片9~18枚,匙-椭圆形,长(4.8~)6.5~7.0 cm,宽(0.8~)2.0~3.5 cm,先端钝圆或渐尖,中部以上皱折,外面中部以下中间亮紫红色或紫红色脉直达先端,有时具1~3枚肉质、条针形、亮紫红色花被片;雄蕊多数,有时很多(336枚),外面亮紫色,花丝粗壮,背面亮紫红色,药隔先端亮紫红色;离生单雌蕊子房淡绿色或黄白色,无毛,

图234 莓蕊玉兰
1.叶;2. 叶、枝和玉蕾;
3、4.玉蕾和缩台枝,5.花;6.花被片;
7.雌雄蕊群和异形花被片;8.雄蕊(陈志秀绘)。

花柱浅黄白色,外卷;雌雄蕊群草莓状而特异,长2.0~2.5 cm,径1.8~2.3 cm,有时具2~5枚雌蕊群;花梗中间具1枚佛焰苞状托叶;花梗和缩台枝密被白色长柔毛。生长期间开的花(夏花),无芽鳞状托叶,无缩台枝,具1枚革质、佛焰苞状托叶,稀有1枚淡黄白色、膜质、萼状花被片和特异肉质、紫红色花被片。聚生蓇葖果圆柱状,长7.5~8.5 cm,径4.5~5.0 cm;蓇葖果卵球状,表面红紫色,疏被疣点;果梗粗壮,密被灰褐色短柔毛。花期4月及8月。

产地:河南长垣县。赵天榜和陈志秀,No.200803115(花)。模式标本,存河南农业大学。

用途:本种花大、花被片多、皱折、变异显著,且有特异花被片,有些单花具多雌蕊群,是优良的观赏树种,并在研究玉兰属植物花的变异理论中具有重要意义。

变种:

16.1 莓蕊玉兰 变种

Yulania fragarigynandria T. B. Zhao,Z. X. Chen et H. T. Dai var. **fragarigynandria**

16.2 变异莓蕊玉兰 变种

Yulania fragarigynandria T. B. Zhao,Z. X. Chen et H. T. Dai var. **variabilis** T. B. Zhao et Z. X. Chen,赵天榜等主编. 世界玉兰属植物资源与栽培利用. 238. 2013;赵天榜等主编. 河南玉兰栽培:271. 2015。

本变种单花具花被片(6~)9~11枚,匙-椭圆形,长5.0~7.0 cm,宽2.0~3.5 cm,外面中部以下中间亮紫红色或紫红色脉直达先端;雄蕊多数,长8~10 mm,花丝长约2 mm,药隔先端及花丝背面亮紫红色,并具有长约1.5 cm,宽约3 mm,背面亮紫红色;1~2枚特异雄蕊,亮紫红色;雌蕊群长1.5~2.0 cm;离生单雌蕊多数,子房淡绿色或黄白色,无毛,

花柱浅黄白色,微有淡粉红色晕;花梗和缩台枝密被白色长
柔毛。

产地:河南,赵天榜等,模式标本采自长垣县,存河南
农业大学。

17. 两型玉兰　图235

Yulania dimorpha T. B. Zhao et Z. X. Chen,戴慧堂
等. 河南鸡公山木本植物图鉴(II)——河南玉兰属两新种.
483~484. 2012;赵天榜等主编. 河南玉兰栽培:209~210.
图9~18. 2015;赵天榜等主编. 世界玉兰属植物资源与栽
培利用. 312~314. 2013;赵天榜等主编. 世界玉兰属植物
种质资源志:87~88. 图3-41. 2013。

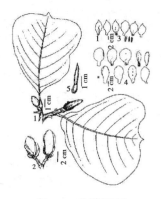

图235　两型玉兰
1. 叶2种类型,玉蕾2种类型;
2. 初花2种类型;
3、4.2种花型的花被片;
5. 雄蕊(陈志秀绘)。

形态特征:落叶乔木。小枝灰褐色,通常无毛;幼枝浅
黄绿色,具光泽,密被短柔毛,后无毛。叶厚纸质或薄革质,
2种类型:①宽倒三角形;②近圆形。玉蕾单生枝顶,2种类
型:①长圆锥状、卵球状,大,中部以上渐小,长渐尖,微弯,长 3.5~4.1 cm,径 1.3 ~1.5
cm,先端钝圆,近基部突然变细。②卵球状,小,长 1.2~1.5 cm,径 1.0 ~ 1.2 cm,先端钝
圆。芽鳞状托叶 3 ~4(~5)枚,外面密被灰黄棕色长柔毛。单花花被片 6~9 枚,2 种类
型:①单花花被片 9 枚,外轮花被片 3 枚,萼状,膜质,早落,条形,长 6 ~ 12 mm,宽 2 ~3
mm,稀长 1.5~2.0 cm,宽 4~6 mm,内轮花被片 6 枚,花瓣状,匙–椭圆形或匙–近圆形,长
4.0~4.5 cm,宽 3.5~4.5 cm,稀 1.2~1.5 cm 宽,先端钝圆,具喙,基部楔形,边缘全缘,边
部稍反卷,基部外面具淡粉红色;②单花花被片 9 枚,匙–椭圆形或匙–近圆形,长 4.0~
4.5 cm,宽 3.5~4.5 cm,稀 1.2~1.5 cm 宽,先端钝圆,无喙。内轮花被片花瓣状,先端钝
圆,无喙,基部截形,边缘微波状,边部稍反卷,基部外面无淡红色晕;雄蕊多数,花丝粉红
色;离生单雌蕊子房无毛,花柱、柱头、药室先端淡粉红色。聚生蓇葖果圆柱状,长 15.0 ~
20.0 cm,径 3.0~5.0 cm。缩台枝和果梗被长柔毛。蓇葖果近球状,长 1.2 ~1.5 cm,径 8~
12 mm,无毛。花期 4 月,果熟期 8~9 月。

产地:河南信阳市。赵天榜等,No. 944251(花)。模式标本采自信阳市,存河南农业
大学。

18. 信阳玉兰　图236

Yulania xinyangensis T. B. Zhao,Z. X. Chen et H. T. Dai;戴慧堂等. 河南鸡公山
木本植物图鉴(Ⅱ)——河南玉兰属两新种. 484~485. 2012;田国行等. 玉兰植物属资源
与新分类系统的研究. 中国农学通报,22(5):410. 2006;赵天榜等主编. 世界玉兰属植物资
源与栽培利用. 240~241. 图9~22,图版5:24~28. 2013;赵天榜等主编. 河南玉兰栽培:
197~198. 图9~12,图版3:6,图版40:1~8. 2015;赵东武等. 河南玉兰植物属种质资源与开
发利用研究. 安徽农业科学研究,36(22):9490. 2008;赵天榜等主编. 世界玉兰属植物种质
资源志:43~44. 图9~16. 2013。

形态特征:落叶乔木。叶倒卵圆形、宽倒三角-卵圆形,长 9.5~20.5 cm,宽 5.2~12.3
cm,表面深绿色,具光泽,微被短柔毛,主脉和侧脉微下陷,密被短柔毛,背面淡绿色,疏被

短柔毛,主脉和侧脉显著隆起,沿主脉密被弯曲短柔毛及疏被白色长柔毛,先端最宽,通常微凹或短尖头,有时2裂或具3裂,呈短三角状尖头,基部楔形,边缘全缘;叶柄长1.5~3.7 cm,浅黄绿色,初疏被短柔毛,后无毛或密被弯曲短柔毛。玉蕾单生枝顶,卵球状或圆柱状,长1.3~1.5 cm,径8~10 mm,先端钝圆。花先叶开放,花喇叭形。单花具花被片6枚或9枚。单株上2种花型:①单花具花被片6枚,花瓣状;②单花具花被片9枚,花瓣状,狭椭圆形,白色,基部外面中基部亮浅紫色,长6.1~11.5 cm,宽2.6~4.5 cm,先端钝尖,基部呈柄状,边缘呈不规则的小齿状或全缘;雄蕊55~72枚,长0.8~1.3 cm,紫色,花丝背面紫色,药隔先端钝圆;离生单雌蕊子房浅绿色,密被短柔毛,花柱长4~6 mm,浅白色,内曲,微有淡紫色晕;花梗和缩台枝密被长柔毛。聚生蓇葖果圆柱状,稍弯曲,长10.5~14.5 cm,径3.0~4.5 cm;果枝和缩台枝密被长柔毛。蓇葖果卵球状,无喙。花期3~4月,果熟期8~9月。

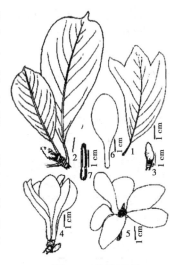

图236　信阳玉兰
1. 叶;2. 叶、枝和玉蕾;3. 玉蕾;
4、5. 花;6. 花被片;7. 雄蕊。

　　产地:河南信阳市。赵天榜和陈志秀,No. 200003251(花)。模式标本采自河南鸡公山,存河南农业大学。

　　变种:

　　18.1　信阳玉兰　变种

Yulania xinyangensis T. B. Zhao, Z. X. Chen et H. T. Dai var. **xinyangensis**

　　18.2　狭被信阳玉兰　变种

Yulania xinyangensis T. B. Zhao, Z. X. Chen et H. T. Dai var. **angutitepala** T. B. Zhao et Z. X. Chen;赵天榜等主编. 世界玉兰属植物资源与栽培利用. 242. 图版:29~31. 2013;赵天榜等主编. 河南玉兰栽培:198. 图:10,图版:40:9~23. 2015;赵天榜等. 世界玉兰属植物种质资源志:43~44. 图9~16. 2013。

　　本变种叶倒卵圆形。花先叶开放。单花具花被片6~9枚。单株上2种花型:① 单花具花被片6枚,花瓣状;② 单花具花被片9枚,花瓣状,狭椭圆-匙形,长10.0~12.5 cm,宽2.5~3.5 cm,先端钝圆或钝尖,基部宽约1.0 cm,淡紫色;雄蕊多数,花丝长5~6 mm,花药长5~7 mm;离生单雌蕊多数;子房长2~3 mm,淡灰绿色,疏被短柔毛,花柱长5~7 mm,弯曲或反卷,淡灰白色;花梗淡灰绿色,密被短柔毛,顶端具环状长柔毛。缩台枝密被长柔毛。

　　产地:河南郑州市。赵天榜和陈志秀,No. 200404011(花)。模式标本,存河南农业大学。

罗田玉兰亚组

Yulania Spach Subsect. **Pilocarpa** D. L. Fu et T. B. Zhao

　　本亚组植物叶薄革质或厚纸质,倒卵圆形或近圆形,先端钝尖、浅裂或深裂。单花具花被片9枚,有萼、瓣之分;离生单雌蕊无毛或被短柔毛。

亚组模式:罗田玉兰 Yulania pilocarpa(Z. Z. Zhao et Z. W. Xie)D. L. Fu。

19. 罗田玉兰

Yulania pilocarpa(Z. Z. Zhao et Z. W. Xie)D. L. Fu。

变种:

19.1　罗田玉兰

Yulania pilocarpa(Z. Z. Zhao et Z. W. Xie)D. L. Fu var. **pilocarpa**

19.2　椭圆叶罗田玉兰　变种

Yulania pilocarpa(Z. Z. Zhao et Z. W. Xie)D. L. Fu var. **ellipticifolia** D. L. Fu,T. B. Zhao et J. Zhao,傅大立等. 河南玉兰属两新变种. 植物研究,27(4):16~17. 2007;赵天榜等主编. 世界玉兰属植物资源与栽培利用:293. 2013;赵天榜等主编. 世界玉兰属植物种质资源志:47~48. 2013;赵天榜等主编. 河南玉兰栽培:204~205. 图9~16.1,图版45:9~11. 2015。

本变种小枝细,弯曲,密被短柔毛,后无毛。叶小,椭圆形,稀倒卵圆形,背面被较密短柔毛。花小,内轮花被片长5.0 ~7.0 cm,宽2.0~3.0 cm,白色。

产地:河南大别山区。赵天榜等,模式标本采自新郑市,存河南农业大学。

20. 奇叶玉兰　图237

Yulania mirifolia D. L. Fu T. B. Zhao et Z. X. Chen;傅大立等. 中国玉兰属两新种. 植物研究,24(3)261~262. 图1. 2004;赵天榜等主编. 世界玉兰属植物资源与栽培利用.239~240. 图9~21,图版5:19~23. 2013;赵天榜等主编. 河南玉兰栽培:197. 图9~11,图版2:10,图版39:1~9. 2015;赵天榜等主编. 世界玉兰属植物种质资源志:42~43. 图3~15. 2013。

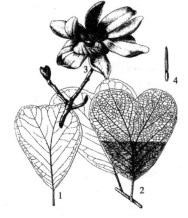

图237　奇叶玉兰
1.叶;2.叶枝;
3. 花枝和玉蕾状叶芽;
4. 雄蕊(引自《植物研究》)

形态特征:落叶乔木。叶不规则倒三角形,长9.2~16.5 cm,宽7.0~11.5 cm,表面黄绿色,后亮绿色,无毛,主脉和侧脉微凹入,沿主脉被短柔毛,背面淡绿色,被较密短柔毛,主脉和侧脉显著隆起,被短柔毛,两面网脉明显,先端不规则形、2圆裂或2宽三角形,基部楔形,通常主脉先端偏向一侧或从基部或在中部分成2叉;叶柄被短柔毛。花蕾顶生,卵球状,小,长5.5~6.5 cm,宽2.5~3.2 cm,先端钝圆,基部狭楔形,外面基部中间微有淡紫色晕;雄蕊多数,花丝外面亮淡紫色;离生单雌蕊子房,密被白色短柔毛,花柱和柱头淡绿色;花梗和缩台枝密被淡黄白色长柔毛。花期3~4 月。聚合蓇葖果不详。

产地:河南。赵天榜筹。模式标本采自河南鸡公山,存河南农业大学。

21. 青皮玉兰　图238

Yulania viridula D. L. Fu T. B. Zhao et Z. X. Chen;傅大立等. 中国玉兰属两新种. 植物研究,24(3)262~263. 图2. 2004;赵天榜等主编. 世界玉兰属植物资源与栽培利用. 227. 2013;赵天榜等主编. 河南玉兰栽培:197. 图9~11,图版2:10,图版39:1~9. 2015;

赵天榜等主编. 世界玉兰属植物种质资源志:39.图3~13.2013。

形态特征:落叶乔木。小枝粗壮,浅黄绿色,具光泽,初疏被短柔毛或密被短柔毛,后无毛,有时宿存;沿托叶两侧具环状密被短柔毛。玉蕾椭圆体状或卵球状,淡黄绿色。叶椭圆形或宽椭圆形,纸质,长15.0~19.5 cm,宽11.5~15.5 cm,先端钝圆,稀具短尖头、凹缺,基部圆形或心形,表面深绿色,无毛,沿主脉疏被短柔毛,背面灰绿色,无毛,主脉显著隆起,沿主脉和侧脉被长柔毛;叶柄疏被短柔毛。花先叶开放。单花具花被片33~48枚,长5.7~7.2 cm,宽1.0~1.5 cm,白色,先端钝圆,基部狭楔形,外面基部中间以下亮桃红色晕;雌蕊群圆柱状:离生单雌蕊子房绿色,无毛,花柱和柱头亮桃红色,花柱向内弯曲;每花具佛焰苞状苞片1枚,黑褐色,外面密被浅褐色长柔毛,膜质;花梗顶端环状密被灰白色长柔毛,中部以下通常无毛或被短柔毛。聚生蓇葖果圆柱状,长15.0~20.0 cm,径4.0~5.0 cm;

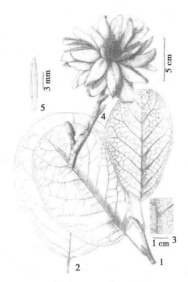

图238 青皮玉兰
1,2.叶;3.叶背面部分放大(示毛及脉);
4.花枝;5.雄蕊(鹰宝绘)

蓇葖果球状、卵球状,长1.5~2.5 cm,径1.8~2.2 cm;深红色,果点小,明显;果爿厚,木质,通常菱状突起,不育者呈菱形;果梗绿色,无毛或疏被短柔毛,顶端具1环状、宽约2 mm密被灰白色长柔毛;缩台枝粗壮,密被灰白色短柔毛。花期3月中、下旬;果实成熟期8~9月。

产地:河南长垣县有栽培。赵天榜等,模式标本采自河南长垣县,存河南农业大学。

变种:

21.1 青皮玉兰 变种

Yulania viridula D. L. Fu,T. B. Zhao et Z. X. var. **viridula**

21.2 琴叶青皮玉兰 变种

Yulania viridula D. L. Fu,T. B. Zhao et Z. X. Chen var. **pandurifolia** T. B. Zhao,Z. X. Chen et D. W. Zhao;赵天榜等主编. 世界玉兰属植物资源与栽培利用:227~228.2013;赵天榜等主编. 河南玉兰栽培:193.2015。

本变种叶琴形,先端钝圆,基部近圆形;叶柄细,通常下垂;幼叶亮紫色,背面脉腋被白色簇状长柔毛。单花花被片18枚,花被片、雄蕊和子房亮粉红色。

产地:河南新郑市。赵天榜和陈志秀,No. 200304201(花)。模式标本采自新郑市,存河南农业大学。

具柄玉兰组

Yulania Spach sect. **gynophora** T. B. Zhao,Z. X. Chen et Y. M. Fan

本组植物叶椭圆形、倒卵圆形、卵圆形;花先叶开放,单花具花被片8~17枚,稀1枚,玉蕾顶生或腋生。雌蕊群具雌蕊群柄,无毛;花梗密被白色柔毛。

本组模式种:具柄玉兰 Yulania gynophora T. B. Zhao,Z. X. Chen et J. Zhao。

本新组3种:具柄玉兰、华丽玉兰和华豫玉兰,特产河南。

22. 具柄玉兰　图 239

Yulania gynophora T. B. Zhao,Z. X. Chen et J. Zhao,*Magnolia gynophora* D. L. Fu et T. B. Zhao,赵天榜等主编. 世界玉兰属植物资源与栽培利用. 288～289. 图 9～33. 2013;赵天榜等主编. 河南玉兰栽培:269～270. 图 9～36,图版78:1～5. 2015。

形态特征:落叶乔木。幼枝淡黄色,被短柔毛,后无毛,宿存。叶椭圆形,纸质,长 6.0～11.5 cm,宽 5.5～7.5 cm,先端钝圆,基部楔形,边缘全缘,具微反卷的狭边,最宽处在叶的中部,表面深绿色,具光泽,无毛,主脉基部被短柔毛,背面淡绿白色,疏被短柔毛;主脉和侧脉明显隆起,沿脉疏被短柔毛;叶柄长 2.0～2.3 cm,被短柔毛;托叶膜质,黄白色,早落;托叶痕为叶柄长度的 1/3～1/2。玉蕾顶生和腋生,卵球状或椭圆-卵球状,长 1.8～4.5 cm,径 8～10 mm;芽鳞状托叶 4 枚,第 1 枚薄革质,外面黑褐色,密被黑褐色短柔毛,具明显的小叶柄,翌春开花前脱落;第 2 枚纸质,没有明显的小叶柄,密被黑褐色长柔毛;第 3 枚膜质,淡绿色,被较密被黑褐色长柔毛,包被着无毛的雏芽、雏枝及雏芽鳞状托叶;第 4 枚膜质,淡绿色,无毛,包被着无毛的雏蕾。花先叶开放;单花具花被片 9 枚,外轮花被片 3 枚,萼状,膜质,长三角形,长 1.2～2.0 cm,宽 1～3

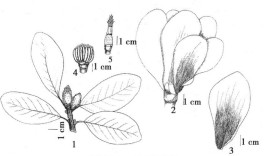

图 239　具柄玉兰
1. 枝、叶与玉蕾;2. 花;3. 花被片;4. 雌雄蕊群;
5. 雌蕊群柄(赵天榜绘)。

mm,淡黄白色,早落,内轮花被片 6 枚,花瓣状,宽卵圆-匙形,长 7.0～8.5 cm,宽 4.0～4.5 cm,先端钝尖或钝圆,通常内曲,内面白色,外面中部以下亮浓紫红色,通常具 4～5 条放射状深紫红色脉纹,直达先端;雄蕊多数,花药长 1.0～1.2 cm,药室长 8～10 mm,侧向长纵裂,背部具紫红色晕,中间有 1 条浓紫红色带,药隔先端具三角状短尖头,长约 1.5 mm,花丝长 2 mm,亮浓紫红色;离心皮雌蕊群圆柱状,淡黄白色,长 1.0～1.5 cm,具长 8～10 mm 的雌蕊群柄,无毛;离生单雌蕊多数,子房卵体状,淡白色,疏被白色短柔毛,花柱长 2～3 mm,背部淡紫红色;雄蕊群包被雌蕊群;花梗和缩台枝细,密被白色短柔毛。聚生蓇葖果未见。

产地:河南新郑市。赵天榜和赵杰,No. 200203131(花)。模式标本,存河南农业大学。

23. 华豫玉兰

Yulania huayu T. B. Zhao,Z. X. Chen et J. T. Chen,赵天榜主编主编. 河南玉兰栽培:296～297. 2015。

形态特征:落叶乔木。小枝灰褐色,无毛;幼枝淡黄绿色,密被短柔毛,后无毛。叶倒卵圆形,长 9.0～13.0 cm,宽 6.5～9.5 cm,先端钝尖,基部狭楔形,最宽处在叶的上部。玉蕾顶生,长卵球状,长 2.5～3.0 cm,径 1.7～2.0 cm,芽鳞状托叶 4～6 枚,外面黑褐色,密被黑褐色短柔毛,具明显的小叶柄。花先叶开放。单花具花被片 9～17 枚,内轮花被片匙-长椭圆形或长圆形,长 7.5～10.0 cm,宽 3.1～5.2 cm,先端钝圆、钝尖,淡黄白色,中间为水粉色,外轮花被片 3 枚,较小,宽条形,长 4.5～5.2 cm,宽 1.1～2.5 cm,先端钝圆,稀 2 圆裂,淡黄白色;花被片中间有雄蕊 1 枚或 2 枚;雄蕊中间有花被片;雄蕊多数,花丝黑紫色;雌蕊群圆柱状,长 2.5～3.2 cm,淡绿白色,具长约 5 mm 雌蕊群柄,淡黄色,无毛;离生单雌蕊子房卵球状,淡绿色,疏被短柔毛;花梗长,淡绿色,密被白色长柔毛。缩台枝密被白色短柔毛。聚生蓇葖果不详。

产地:河南,郑州有栽培。2015年3月14日。赵天榜和陈志秀,No. 201403149(花)。模式标本,存河南农业大学。

24. 华龙玉兰

Yulania hualogyulan T. B. Zhao et Z. X. CHen,赵天榜主编. 赵天榜论文选集:5. 2021。

形态特征:落叶乔木。1年生小枝灰褐色,疏被短柔毛或无毛,无光泽;幼枝鲜绿色,密被短柔毛,后变为淡黄绿色,黄褐色,疏被短柔毛逐渐脱落或宿存;托叶披针形,长5.0~6.0 cm,淡黄白色,外面疏被长柔毛。叶芽椭圆体状,长1.5~1.7 cm,灰褐色,密被短柔毛。玉蕾顶生,稀腋生,卵球体状,小,长1.2~1.7 cm,径约7 mm,上部渐细,基部通常长3~4 mm,呈短柱状,具芽鳞状托叶3~4枚,最外层1枚的外面密被淡黄绿色短柔毛或基部无毛,内面的芽鳞状托叶外面密被淡黄绿色或灰绿色,密被长柔毛,最内层1枚,外面疏被长柔毛,花开前脱落。缩台枝稍粗,灰褐色,密被长柔毛。叶椭圆形,纸质,长7.5~15.0 cm,宽6.5~12.5 cm,先端渐尖,基部圆形,边缘全缘,表面深绿色或绿色,初密被短柔毛,后无毛,主脉和侧脉明显凹入,疏被短柔毛,背面淡绿色或黄绿色,初密被短柔毛,后无毛,主脉和侧脉明显隆起,疏被短柔毛;叶柄长1.0~1.5 cm,密被短柔毛,后无毛;托叶痕小,长35 mm,其长度为叶柄的1/4~1/3。花后叶开放或同时开放,径12.0~17.5 cm。单花具花被片6~9枚,通常7~8枚,宽匙-卵圆形、匙形、舟-匙形,长8.5~10.0 cm,宽(4.6~)5.0~5.5 cm,先端钝圆或渐尖,两侧上翘,呈船形,基部近圆形,宽楔形,宽5~10 mm,花被片通常皱褶,且有深裂、浅裂、叠生及萼状的特异现象,红色,花药淡黄白色,药室侧向长纵裂,药隔先端具短尖头;离心皮雌蕊群圆柱状,长2.0~2.5 cm,径约8 mm;离生单雌蕊多数,嫩绿色,疏被短柔毛,花柱长为子房长度的1.5~2.0倍,淡黄白色,花柱内曲;花梗嫩绿色,密被短柔毛,或无毛;佛焰苞状托叶着生在花梗中部。聚生蓇葖果长圆柱状,长8.0~15.0 cm,径3.0~4.5 cm。蓇葖果圆球状,无喙。

产地:河南,郑州。赵天榜等,No. 00504065(花和叶)。模式标本,存河南农业大学。

25. 贵妃玉兰

Yulania quifeiyulan T. B. Zhao et Z. X. Chen,赵天榜主编. 赵天榜论文选集:5. 2021。

形态特征:落叶乔木。小枝黄褐色,初被短柔毛,后无无;皮孔椭圆形,白色,明显,稀少,具托叶痕。玉蕾单生枝顶,卵球状,长2.0~3.5 cm,径1.2~1.7 cm,芽鳞状托叶3~5枚,外面密被灰褐色长柔毛。单叶,互生,匙-圆形或宽倒卵圆-匙形,长9.5~15.0 cm,宽5.5~9.5 cm,上部最宽,表面绿色,具光泽,沿脉初被短柔毛,后无毛,背面淡绿色,疏被短柔毛,沿脉被较密短柔毛,先端钝尖,基部楔形,边缘全缘,有时波状全缘;叶柄长1.3~2.0 cm。花先叶开放,径12.0~15.0 cm。单花具花被片9枚,花瓣状,宽卵圆匙-圆形,皱褶,长8.5~11.5 cm,宽2.5~4.5 cm,亮粉色,先端钝圆或钝尖,外面中部以上浅粉红色,外面中部以下亮粉红色;雄蕊多数,长1.5~1.7 cm,暗紫红色,花药长1.1~1.5 cm,背面具浅紫红色晕,药室侧向长纵裂,药隔先端具长1~1.5 mm的三角状短尖头,花丝长2.5~3.0

mm 近卵球状,浓紫红色;离生单雌蕊多数;子房淡黄绿色,花柱和柱头灰白色,花柱向外反卷。雄蕊群超过雌蕊群或雌蕊群超过雄蕊群。聚生蓇葖果圆不详。花期 3~4 月。

产地:河南,郑州。赵天榜等,No.00503241(花)。模式标本,存河南农业大学。

26. 伏牛玉兰　图 240

Yulania funiushanensis(T. B. Zhao,J. T. Gao et Y. H. Ren)T. B. Zhao et Z. X. Chen,赵天榜等主编. 世界玉兰属植物资源与栽培利用:222~223. 照片 5. 1985;赵天榜等主编. 河南玉兰栽培:218. 图 9~22　图版 1:6 图版 54:7~11. 2015;赵天榜等. 世界玉兰属植物种质资源志:54. 2013。

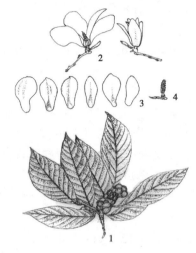

图 240　伏牛玉兰
1.叶、枝和聚生蓇葖果;
2.花;3.花被片;4.幼果序(陈志秀绘)。

形态特征:落叶大乔木,高 10.0~15.0 m。幼枝淡黄绿色,疏被短柔毛,后无毛;小枝圆柱状,绿色或紫色。玉蕾卵球状,较小;芽鳞状托叶外面密被灰白色长柔毛。叶椭圆形、椭圆-长卵圆形,长 7.0~8.0 cm,宽 2.8~7.0 cm,先端渐尖,或长尖,基部窄楔形、近圆形或楔形,边缘全缘,表面淡黄绿色,具光泽,背面浅绿色;叶柄细短,密被短柔毛。花单生枝顶,先叶开放。单花具花被片 9 枚,稀 8、10 枚,长椭圆-披针形,或椭圆形,长 3.5~7.0 cm,宽 1.3~2.3 cm,上端稍宽,先端钝圆,稀短尖,常反卷,下部渐狭,边部波状,两面白色或淡黄色;雌雄蕊多数螺旋状排列于延伸的花托上;雄蕊 53~63 枚,花药长 6~7 mm,先端白色,基部橙黄色,花丝长 2~3 mm,白色;离生雌蕊群长 1.6~2.5 cm。聚生蓇葖果圆柱状,稍弯曲,长 15.0~25.0 cm;蓇葖果多数发育,稀单生。

产地:河南南召县。1985 年 4 月 15 日。赵天榜等,No. 85019(花),模式标本采集河南南召县,存河南农业大学。

27. 宝华玉兰

Yulania zenii(Cheng)D. L. Fu

变种:

27.1　宝华玉兰　变种

Yulania zenii(Cheng)D. L. Fu var. **zenii**

27.2　白花宝华玉兰　变种

Yulania zenii(Cheng)D. L. Fu var. **alba** T. B. Zhao et Z. X. Chen,赵天榜等主编. 世界玉兰属植物资源与栽培利用. 223. 图版 4:12.　2013;赵天榜等主编. 河南玉兰栽培:217. 图版 53:1~4. 2015。

本变种叶卵圆形,先端钝尖,基部圆形。单花具花被片 9 枚,匙-椭圆形,白色,先端钝圆,基部狭楔形。

产地:河南。赵天榜等,No. 200103281(花)。模式标本采自河南南召县,存河南农业大学。

27.3　多被宝华玉兰　变种

Yulania zenii（Cheng）D. L. Fu var. **duobei** T. B. Zhao et Z. X. Chen；赵天榜等主编. 河南玉兰栽培：217. 图 9～21.2 图版 52：8～9. 2015。

本变种单花具花被片 12 枚，匙-椭圆形，白色，先端钝圆或钝尖，基部狭楔形，外面中部以上淡白色，基部中间淡紫色。

产地：河南。新郑市有栽培。2007 年 4 月 20 日。赵天榜、赵杰，No. 2007-04-201。模式标本采集河南新郑市，存河南农业大学。

28. 石人玉兰　图 241

Yulania shirenshanensis D. L. Fu et T. B. Zhao，田国行等. 玉兰属植物资源与新分类系统的研究. 中国农学通报，22（5）：408. 2006；赵东武等. 河南玉兰属植物资源与开发利用研究. 安徽农业科学，36（22）：9490. 2008；赵天榜等主编. 世界玉兰属植物资源与栽培利用：222～223. 2013；赵天榜等主编. 河南玉兰栽培：220～221. 图 9～24　图版 3：5 图版 55：1～8. 2015；赵天榜等主编. 世界玉兰属植物种质资源志：7576. 图 3-33. 2013。

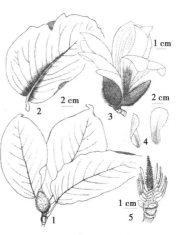

图 241　石人玉兰
1. 叶枝和玉蕾；2. 叶；3. 花；
4. 花被片；5. 雌雄蕊群（陈志秀绘）。

形态特征：落叶乔木。小枝灰褐色，无毛，干后黑色，仅托叶环痕处疏被短柔毛；幼枝淡黄绿色，初疏被柔毛，后脱落。叶纸质，椭圆形、卵圆-椭圆形、圆形，长 12.0～19.5 cm，宽 5.5～9.5 cm，表面深绿色，具光泽，无毛，主脉下陷，沿脉无毛，背面淡绿色，初疏被弯短柔毛，后无毛，主脉和侧脉明显隆起，沿脉疏被弯曲长柔毛，干后两面网脉隆起，先端钝尖或长尾尖，基部宽楔形或近圆形，两侧不对称，边缘波状全缘，边部皱波状起伏最宽；叶柄长 1.5～3.5 cm，淡黄绿色，疏被长柔毛，后无毛或宿存；托叶膜质，疏被淡黄色长柔毛，早落。托叶痕为叶柄长度的 1/5～1/3。玉蕾卵球体状，长 1.5～2.8 cm，径 1.2～1.8 cm，先端钝圆或突尖呈短喙状；芽鳞状托叶 4～6 枚，灰褐色或黑褐色，外面密被灰白色长柔毛。花先叶开放。单花具花被片 9 枚，花瓣状，匙-椭圆形，长 5.0～7.0 cm，宽 2.5～3.5 cm，先端钝圆，具短尖头，基部宽楔形，边缘全缘，外面中部以上白色，中部以下中间亮淡紫色；雄蕊多数，长 1.0～1.5 cm，背面淡粉红色；花药长 8～12 mm，药室侧向长纵裂，药隔先端具三角状短尖头，花丝长 3.5 mm，宽厚，背面淡粉红色；离心皮雌蕊群圆柱状，长 1.5～2.5 cm；离生单雌蕊多数，淡绿白色，无毛，花柱及柱头淡黄白色；花梗和缩台枝密被白色长柔毛。聚生蓇葖果不详。

产地：河南伏牛山区石人山（现尧山）。2000 年 4 月 20 日。赵天榜等，No. 0004201（花）。模式标本，存河南农业大学。

29. 日本辛夷

Yulania kobus（DC）Spach

变种：

29.1　日本辛夷　变种

Yulania kobus(DC)Spach var. **kobus**

29.2　变异日本辛夷　变种

Yulania kobus(DC)Spach var. **variabilis** T. B. Zhao et Z. X. Chen,田国行等. 玉兰属植物资源与新分类系统的研究. 中国农学通报,22(5):408. 2006;赵东武等. 河南玉兰属植物资源与开发利用研究. 安徽农业科学,36(22):9490. 2008;赵天榜等主编. 世界玉兰属植物资源与栽培利用:272. 2013;赵天榜等主编. 河南玉兰栽培:251. 图版 72:5~8. 2015;赵天榜等主编. 世界玉兰属植物种质资源志:67. 2013。

本变种单花具花被片 9 枚,稀 11 枚,外轮花被片 3 枚,萼状,膜质,窄条形,长 0.8~1.2 cm,宽 2 mm,内轮花被片花瓣状,薄肉质,白色,有时外面基部紫红色,沿中脉紫红色直达先端;雄蕊群高于雌蕊群;花梗无毛,仅顶端具 1 环状、白色长柔毛。缩台枝无毛。

产地:河南新郑市。2008 年 3 月 26 日。赵天榜等,No.200803267(花)。模式标本采自新郑市,存河南农业大学。2007 年 7 月 25 日。赵天榜等,No.20077255(枝和叶)。

补充描述:落叶乔木。小枝细弱,绿色,无光泽,无毛;皮孔小,椭圆体状,突起;幼枝嫩绿色,无毛;托叶匙状披针形,嫩绿色,无毛。叶纸质,卵圆形、宽卵圆形,长 5.0~11.0 cm,宽 3.5~6.5 cm,中部最宽,先端急尖,稀钝圆,基部圆形或宽楔形,两侧不对称,表面绿色,稍具光泽,无毛,主、侧脉微下陷,背面绿色,无毛,主、侧脉突起,无毛,侧脉 8~10 对;叶柄细,长 0.8~1.8 cm,无毛;托叶膜质,匙-披针形,嫩绿色,无毛;托叶痕长 2~3 mm。花枝细弱。玉蕾顶生,小,卵球状,长 1.3~1.5 cm;芽鳞状托叶 2~3 枚,膜质,黑褐色,外面密被长柔毛;佛焰苞状托叶黑褐色,外面密被长柔毛。刚萌发幼叶椭圆形,鲜绿色,表面无毛,背面沿脉微有毛。花先叶开放,径 7.0~9.0 cm。单花具花被片 9 枚,稀 11 枚,外轮花被片 3 枚,萼状,淡黄绿色,窄披针形,长 0.8~1.2 cm,宽 2 mm,内轮花被片质薄,6 枚,稀 8 枚,白色,有时外面基部紫红色,沿中脉紫红色直达先端,倒卵圆形,长 4.5~5.0 cm,宽 2.0~2.5 cm,内轮花被片有时稍窄;雄蕊群高于雌蕊群;雄蕊多数,长 8~13 mm,花丝长 1~2 mm,紫红色,花药长 6~10 mm,浅黄色,背部具淡紫色脉纹,药室侧向纵裂或近侧长纵裂,药隔伸出呈三角状短尖头;雌蕊群圆柱状;离生单雌蕊子房绿色,长 1.0~1.2 cm,花柱极短,长约 1 mm,浅黄色;花梗无毛,仅顶端具 1 环状、白色长柔毛。缩台枝无毛。缩台枝与花梗之间具有很短 1 节,其上密被白色柔毛。

30. 安徽玉兰　图 242

Yulania anhueiensis T. B. Zhao, Z. X. Chen, Z. X. Chen et J. Zhao,田国行等. 玉兰属植物资源与新分类系统的研究. 中国农学通报,22(5):410. 2006;赵东武等. 河南玉兰属植物资源与开发利用研究. 安徽农业科学,36(22):9490. 2008;赵天榜

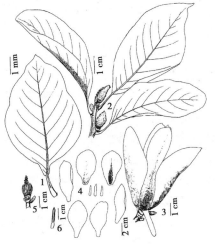

图 242　安徽玉兰

1.叶;2.叶、枝和玉蕾;3.花;4.花被片;
5.雌雄蕊群;6.雄蕊(陈志秀绘)。

等主编. 世界玉兰属植物资源与栽培利用：302～303. 2013；赵天榜等主编. 河南玉兰栽培：251. 图 9-35，图版 78：6～12. 2015；赵天榜等主编. 世界玉兰属植物种质资源志：67. 2013。

形态特征：落叶乔木。叶椭圆形或舟状-椭圆形，通常下垂，纸质，长 9.0～18.0 cm，先端钝尖，基部通常近圆形，稀宽楔形，表面深绿色，疏被短柔毛，主脉和侧脉隆起明显，被短柔毛，背面灰绿色，被短柔毛；主脉和侧脉疏被短柔毛，边缘微波状全缘；叶柄长 1.5～2.0 cm，被短柔毛；托叶痕为叶柄长度的 1/3。叶芽椭圆体状，长 1.0～1.2 cm，灰褐色，被短柔毛。玉蕾顶生和腋生，卵球状，长 1.5～2.0 cm，径 1.0～1.3 cm；芽鳞状托叶 3～4 枚，第 1 枚外面黑褐色密被短柔毛，其余外面黑褐色，密被黑褐色长柔毛，始落期 6 月中下旬开始，至翌春花开前脱落完毕。花先叶开放，径 10.0～15.0 cm；单花具花被片 9 枚，外轮花被片 3 枚，萼状，披针形，长 3.0～3.5 cm，宽 7～10 mm，淡黄白色，外面基部有浅色晕，早落，内轮花被片 6 枚，花瓣状，宽卵圆-匙形，长 6.0～8.5 cm，宽 2.0～4.5 cm，先端钝圆，稀具短尖，内面白色，外面中基部亮紫色，具数条亮紫色脉纹，主脉亮紫红色，直达先端，基部楔形，无爪；雄蕊多数，长 1.2～1.5 cm，花丝长 2～3 mm，全紫红色，花药背部紫红色，腹部淡黄白色，药室侧向长纵裂，药隔先端具短尖头，紫色，长约 1.5 mm；离心皮雌蕊群圆柱状，长 1.3～1.5 cm，稀雌蕊群与雄蕊群等高；离生单雌蕊多数，子房椭圆体状，无毛，花柱长度为子房的 2 倍，子房背面、花柱和花柱紫色；花梗和缩台枝密被短柔毛。聚生蓇葖果未见。

本种与黄山玉兰 Yulania cylindrica(Wils.) D. L. Fu 相似，但区别：叶椭圆形，纸质，表面疏被短柔毛；叶柄无狭沟，托叶痕为叶柄长度的 1/3。玉蕾顶生、腋生，黑褐色，密被黑褐色柔毛。萼状花被片较大，长 3.0～3.5 cm，宽 7～10 mm，瓣状花被片宽卵圆-匙形，外面中基部亮紫红色，主脉亮紫红色直达先端，基部楔形，无爪；雄蕊花丝和花药背部红紫色；稀雌蕊群与雄蕊群等高；花柱长度为子房的 2 倍；花梗和缩台枝粗壮，密被柔毛。

产地：河南，郑州市。赵天榜等，模式标本，存河南农业大学。

31. 大别玉兰（安徽农业科学）　图 243

Yulania dabieshanensis T. B. Zhao, Z. X. Chen et H. T. Dai，田国行等. 玉兰属植物资源与新分类系统的研究. 中国农学通报，22(5)：410. 2006；赵东武等. 河南玉兰属植物资源与开发利用研究. 安徽农业科学，36(22)：9490. 2008；赵天榜等主编. 世界玉兰属植物资源与栽培利用：306～308. 2013；赵天榜等主编. 河南玉兰栽培：275～276. 图 9-40，图版 86：1～2. 2015；赵天榜等主编. 世界玉兰属植物种质资源志：8586. 图 3-40. 2013。

形态特征：落叶乔木。树皮灰褐色，光滑。小枝绿色，无毛；皮孔椭圆形，白色，隆起明显，稀少，具托叶痕。玉蕾单生枝顶，卵球状，长

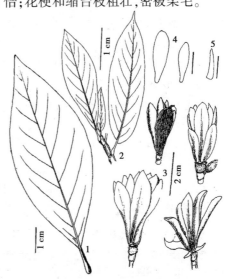

图 243　大别玉兰
1. 叶；2. 短枝、叶；3.4 种花型；
4. 花被片；5. 萼状花被片(陈志秀绘)。

1.5~2.3 cm,径7~13 mm;芽鳞状托叶3~4枚,外面密被灰褐色长柔毛。叶卵圆形,稀椭圆形,长9.0~15.0 cm,宽3.5~5.0 cm,表面绿色,具光泽,沿主脉和侧脉初被疏短柔毛,后无毛,背面淡绿色,沿脉密被短柔毛,先端急尖或渐尖,基部楔形,边缘全缘,有时波状全缘,被缘毛;叶柄长1.5~2.0 cm。花先叶开放,径12.0~15.0 cm;单花具花被片9枚,有4种类型:①花被片9枚,外轮花被片3枚,萼状,膜质,三角形或长三角形,长5~15 mm,宽3~5 mm,淡黄绿色,早落,先端急尖或渐尖,内轮花被片花瓣状,其他与④种花相同;②花被片9枚,外轮花被片3枚,萼状,多形状,肉质,长1.0~1.5 cm,宽0.5~1.2 cm,紫红色、浓紫红色或浅紫红色,内轮花被片花瓣状,其他与④种花相同;③花被片9枚,外轮花被片3枚,花瓣状,长2.5~3.4 cm,宽1.2~2.5 cm,其长度约为内轮花被片长度的2/3,形状和颜色与内轮花被片相同;④花被片9枚,花瓣状,匙-长圆形或匙-宽卵圆形,长5.5~9.0 cm,宽2.5~4.5 cm,上部最宽,先端钝圆或尖,外面中部以上浅紫红色,具明显的浓紫红色脉纹,中部以下浓紫红色,具光泽,内面肉色,脉纹明显下陷,多皱纹;雄蕊多数,长1.2~1.5 cm,花药长9~11 mm,背面具浅紫红色晕,药室侧向长纵裂,药隔先端具长1~1.5 mm的三角状尖头,花丝长2.5~3.0 mm,近卵球状,浓紫红色;离生单雌蕊多数,淡黄绿色,花柱和柱头微紫红色晕,花柱微内卷。

本种与河南玉兰 Yulania honanensis(B. C. Ding et T. B. Zhao)D. L. Fu et T. B. Zha 相似,但区别:花顶生。单花具花被片9枚;花有4种类型:①单花具花被片9枚,外轮花被片3枚,萼状,膜质,淡黄绿色,早落;②单花具花被片9枚,外轮花被片3枚,萼状,肉质,不落,多种形状,先端外面肉色或紫红色,外面中部以下浓紫红色,内面浅紫红色;③单花具花被片9枚,外轮花被片3枚,花瓣状,肉质,其长度为内轮花被片长度的2/3左右,形状和颜色与内轮花被片相同;④单花具花被片9枚,花瓣状,先端钝圆或钝尖,中部最宽,外面中部以上淡紫红色,有浓紫红色脉纹,外面中部以下浓紫红色,内面肉色,脉纹明显下陷,表面多皱纹;雄蕊花药和花丝深紫红色;花柱和柱头具微紫红色晕。

产地:河南鸡公山。1999年2月24日。赵天榜和陈志秀,No.992241(花)。模式标本,存河南农业大学。1999年7月18日。同地。赵天榜和戴慧堂,No.997181(枝、叶和玉蕾)。

32. 罗田玉兰

Yulania pilocarpa(Z. Z. Zhao et Z. W. Xie)D. L. Fu

亚种:

32.1　罗田玉兰　亚种

Yulania pilocarpa(Z. Z. Zhao et Z. W. Xie)D. L. Fu subsp. **pilocarpa**

32.2　肉萼罗田玉兰　亚种　图244

Yulania pilocarpa(Z. Z. Zhao et Z. W. Xie)D. L. Fu subsp. **carnosicalyx** T. B. Zhao et Z. X. Chen,田国行等. 玉兰属植物资源与新分类系统的研究. 中国农学通报,22(5):410. 2006;赵东武等. 河南玉兰属植物资源与开发利用研究. 安徽农业科学,36(22):9490. 2008;赵天榜等主编. 世界玉兰属植物资源与栽培利用:294~295. 2013;赵天榜等主编. 河南玉兰栽培:206. 图9-16.2. 2015;赵天榜等主编. 世界玉兰属植物种质资源志:48. 2013。

形态特征:落叶乔木。小枝赤褐色或灰褐色,圆柱状,被短柔毛或无毛;幼枝被短柔

毛。单叶,纸质,宽卵圆形、倒卵圆形或长倒
卵圆形,长 5.0~13.5 cm,宽 4.0~7.5 cm,先
端短尖,基部楔形,表面绿色,主脉基部常被
短柔毛,背面淡绿色,疏被短柔毛,边缘全缘;
叶柄长 1.0~2.0 cm,被短柔毛。玉蕾卵球
状,单生枝顶。花先叶开放。单花具花被片
9~12 枚,外轮花被片 3 枚,萼状,长 8~13
mm,圆形或不规则形,肉质,内轮花被片较
大,匙–椭圆形或匙–卵圆形,长 5.0~9.0
cm,宽 3.5~7.0 cm,外面白色,基部带淡紫红
色,表面有细沟纹,先端钝圆;雄蕊多数,长

图 244　肉萼罗田玉兰
1.叶、枝和玉蕾;2.花;3、4.萼状花被片;
5、6.瓣状花被片;7.雌雄蕊群(陈志秀绘)。

8~13 mm,花药淡黄白色,药隔伸出呈短尖头,花丝深紫色;雌蕊群圆柱状,长约 2.5 cm;
离生单雌蕊多数,子房无毛;花柱绿色。聚生蓇葖果不详。花期 4 月。

　　本亚种与罗田玉兰原亚种 Yulania pilocarpa(Z. Z. Zhao et Z. W. Xie)D. L. Fu subsp
pilocarpa 近似,但区别:玉蕾卵球状,顶生。花白色。单花具花被片 9~12 枚,外轮花被片
3 枚,萼状,长 8~13 mm,圆形或不规则形,肉质,内轮花被片表面有细沟纹,先端钝圆;雄
蕊花药淡黄白色;离生单雌蕊子房无毛。

　　产地:河南郑州市。2007 年 4 月 10 日,赵天榜和陈志秀,No. 200704109(花)。模式
标本,存河南农业大学。河南长垣县。2008 年 4 月 20 日,赵天榜,No. 200704201(花)。
河南许昌市。2011 年 9 月 10 日,赵天榜,No. 201109101(枝叶和玉蕾)。

　　变种:

32.1　罗田玉兰　变种

Yulania pilocarpa(Z. Z. Zhao et Z. W. Xie)D. L. Fu var. **pilocarpa**

32.2　紫红花肉萼罗田玉兰　变种

Yulania pilocarpa(Z. Z. Zhao et Z. W. Xie)D. L. Fu var. **purpureo-rubra** T. B.
Zhao et Z. X. Chen,赵天榜等主编. 世界玉兰属植物资源与栽培利用:295~296. 2013;赵
天榜等主编. 河南玉兰栽培:206~207. 2015;赵天榜等主编. 世界玉兰属植物种质资源
志:48~49. 2013。

　　本变种叶倒卵圆形。花紫红色。单花具花被片 9 枚,有萼、瓣之分,外轮花被片 3 枚,
萼状,肉质,紫红色,长度 1.0~1.5 cm。

　　产地:河南,长垣县有栽培。2007 年 4 月 7 日。赵天榜和陈志秀,No. 200704075
(花)。模式标本,采自长垣县,存河南农业大学。

32.3　白花肉萼罗田玉兰　变种

Yulania pilocarpa(Z. Z. Zhao et Z. W. Xie)D. L. Fu var. **alba** T. B. Zhao et Z. X.
Chen,赵天榜等主编. 世界玉兰属植物资源与栽培利用:296. 2013;赵天榜等主编. 河南
玉兰栽培:207. 2015;赵天榜等主编. 世界玉兰属植物种质资源志:49. 2013。

　　本变种叶倒卵圆形。花白色。单花具花被片 9 枚,外轮花被片 3 枚,萼状,肉质,圆形
或不规则形,白色,长度和宽度 1.0 cm,内轮花被片 6 枚,白色,匙–长圆形;子房无毛,基

部两侧偏斜。

产地:河南,长垣县有栽培。2007 年 4 月 7 日。赵天榜和陈志秀,No. 200704078(花)。模式标本,采自长垣县,存河南农业大学。

32.4 宽被罗田玉兰 变种

Yulania pilocarpa(Z. Z. Zhao et Z. W. Xie)D. L. Fu var. **latitepala** T. B. Zhao et Z. X. Chen,赵天榜等主编. 世界玉兰属植物资源与栽培利用:294. 2013;赵天榜等主编. 河南玉兰栽培:205. 2015;赵天榜等主编. 世界玉兰属植物种质资源志:48. 2013。

本变种花白色。单花具花被片 9 枚,外轮花被片 3 枚,萼状,内轮花被片花瓣状,匙-卵圆形或匙-圆形,长 4.5~5.0 cm,宽 3.0~4.0 cm。

产地:河南,鸡公山。2008 年 4 月 2 日。赵天榜和陈志秀,No. 200804025(花)。模式标本,采自鸡公山,存河南农业大学。

33. 多型叶玉兰 图 245

Yulania multiformis D. L. Fu,T. B. Zhao et Z. X. Chen,赵天榜等主编. 世界玉兰属植物资源与栽培利用:314~316. 2013;赵天榜等主编. 河南玉兰栽培:276~277. 图 9-14. 图版 2:6,图版 87:1~6. 2015。

形态特征:落叶乔木。小枝灰褐色;幼枝浅黄绿色,密被短柔毛,后无毛。叶纸质,多种类型:① 倒卵圆形,长 9.0~12.0 cm,宽 3.0~5.0 cm,表面绿色,通常无毛,背面淡绿色,密被灰色油点,疏被短柔毛,主脉和侧脉明显隆起,沿脉疏被长柔毛,侧脉 5~6 对,先端通常 1 侧钝圆,另 1 侧三角形,基部楔形,边缘全缘;幼叶密被短柔毛,后脱落;叶柄长 1.0~2.0 cm,浅黄绿色,初密被短柔毛,后无毛,基部楔形;② 近圆形,

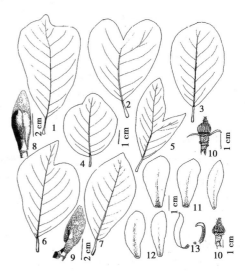

图 245 多型叶玉兰
1~7. 叶;8、9. 玉蕾;10. 雌雄蕊群;
11. 花型Ⅰ花被片;12、13. 花型Ⅱ花被片(陈志秀绘)。

长 5.0~7.0 cm,先端钝圆,基部圆形;③卵圆-椭圆形,即 1 侧半圆形,另 1 侧半椭圆形,长 9.0~12.0 cm,基部圆形;④椭圆形,先端 2 深裂,2 裂片先端钝圆;⑤近倒三角形,先端 2 深裂,裂片长三角形,先端 2 深裂,裂片三角形,1 大,1 小,近等于叶片 1/2 长度,基部楔形。玉蕾单生枝顶,椭圆体状,长 2.3~3.0 cm,径 1.3~1.6 cm,先端钝圆;第 1 枚芽鳞状托叶外面密被灰黑色短柔毛;第 2~3 枚芽鳞状托叶外面密被灰色长柔毛或灰白色长柔毛,有时具极小的小叶;佛焰苞状托叶灰棕褐色,外面疏被灰色长柔毛。花顶生,先叶开放。2 种花型:①单花具花被片 9 枚,外轮花被片 3 枚,萼状,膜质,披针形,长 8~12 mm,宽 2~3 mm,内轮花被片 6 枚,花瓣状,匙-椭圆形或匙-卵圆形,长 4.0~4.5 cm,宽 3.5~4.5 cm,先端钝圆,基部楔形,边缘全缘,基部外面具淡粉红色;雄蕊多数,长 8~15 mm,淡黄白色,花丝长 2~3 mm,紫红色;雌蕊群长圆柱形,淡绿色,长 2.0~2.5 cm;离生单雌蕊多数,花柱和柱头微被粉红色。② 单花具花被片 11~12 枚,花瓣状,外轮花被片匙-椭圆

形或匙-近圆形,长6.0~10.0 cm,宽3.5~4.5 cm,白色,先端钝圆或钝尖,内轮花被片3枚,狭披针形,长3.0~7.0 cm,宽1.2~1.5 cm,向内卷曲呈弓形,先端三角形,基部具爪,白色,外面基部中间亮紫色;雄蕊多数,长8~13 mm,淡黄白色,花丝浓紫红色,花药背面及先端微被淡粉红色晕,具三角状短尖头。雌蕊群长圆柱状,淡绿色,长2.2~2.5 cm;离生单雌蕊多数;花柱和柱头淡绿白色。缩台枝和花梗淡黄绿色,密被灰白色短柔毛。聚生蓇葖果卵球状,长7.0~10.0 cm,径4.0~5.5 cm;蓇葖果近球状,长8~11 mm,浅黄绿色。花期4月,果熟期8~9月。

本种与黄山玉兰原种 Yulania cylindrica(Wils.)D. L. Fu 相似,但区别:短枝叶形多种类型:倒卵圆形、卵圆形、椭圆形、近倒三角形、卵圆-椭圆形等,表面绿色,无毛,背面灰绿色,密被灰色油点,疏被短柔毛,脉上较密。长枝叶倒卵圆形,先端通常1侧钝圆,另1侧三角形。幼叶暗紫色。2种花型:①单花具花被片9枚,外轮花被片3枚,萼状,内轮花被片6枚,花瓣状,基部截形;雄蕊花药淡黄白色。②单花具花被片11~12枚,花瓣状,内轮花被片3枚,披针形,内弯呈弓形;雄蕊花药背面和先端被淡粉色晕。

产地:山东青岛,河南郑州有引栽。2008年4月25日。赵天榜和陈志秀,No. 200208075(花),模式标本,采自河南郑州市,存河南农业大学。山东青岛。1997年8月20日。赵天榜和陈志秀,No. 978201(叶和玉蕾)。新郑市。2008年8月12日。赵天榜,No. 2008121(叶、玉蕾和聚生蓇葖果),存河南农业大学。

变种:

33.1 多型叶玉兰 变种

Yulania multiformis T. B. Zhao,Z. X. Chen et J. Zhao var. **multiformis**

33.2 白花多型叶玉兰 变种

Yulania multiformis T. B. Zhao,Z. X. Chen et J. Zhao var. **alba** T. B. Zhao et Z. X. Chen,赵天榜等主编. 世界玉兰属植物资源与栽培利用:297~298. 316. 2013;赵天榜等主编. 河南玉兰栽培:208~209. 图9-17,1. 2015;赵天榜等. 世界玉兰属植物种质资源志:50. 2013。

本亚种叶型有:①倒卵圆形,中部以上最宽,先端钝圆或凹缺,基部楔形;②倒三角形,先端钝尖,中部以下渐狭呈楔形;③近圆形,先端钝尖,基部圆形;④不规则圆形,先端钝圆、钝尖、凹缺或具短尖头,基部宽楔形或近圆形。玉蕾顶生枝端,卵球状,通常具4~5枚芽鳞状托叶,其外面密被黄褐色长柔毛。单花具花被片9枚,外轮花被片2枚,萼状,长1.0~1.3 cm,宽3~5 mm,白色,膜质,条形,内轮花被片6枚,花瓣状,宽匙-卵圆形,长7.0~9.0 cm,宽4.0~5.0 cm,先端钝圆,白色,外面基部中间微被水粉色晕;雄蕊多数,花丝紫色;离生单雌蕊多数;子房疏被短柔毛或无毛。缩台枝和花梗密被长柔毛。聚生蓇葖果圆柱状,长18.0~20.0 cm,径4.0~5.0 cm;蓇葖果菱-卵球状,长2.0~2.5 cm,径1.2~1.5 cm,背部合缝线稍隆起,果点小,先端具喙,基部渐尖;果梗粗壮,亮绿色,无毛。花期3月中、下旬,果熟期8月。

产地:河南,郑州市有栽培。赵天榜等。模式标本,采自河南郑州市,存河南农业大学。

34. 康定玉兰

Yulania dawsoniana(Rehd. & Wils.)D. L. Fu

亚种:

34.1 康定玉兰 亚种

Yulania dawsoniana(Rehd. & Wils.)D. L. Fu subsp. **dawsoniana**

34.2　两型花康定玉兰　亚种

Yulania dawsoniana(Rehd. & Wils.)D. L. Fu subsp. **dimorphiflora** T. B. Zhao,J. T. Gao et W. X. Tian,赵天榜等主编. 河南玉兰栽培：161. 2015。

本亚种与康定玉兰原亚种 Yulania dawsoniana(Rehd. & Wils.)D. L. Fu subsp. dawsoniana 区别：树皮深褐色,深块状开裂。单花具花被片 9~12(~15)枚,外轮 3 枚披针形,长 3.0~4.5 cm,宽 3~5 mm;2 种花型：①雌蕊群显著高于雄蕊群;②雌蕊群与雄蕊群近等高或略低于雄蕊群。花梗短,长 4~5 mm,密被白色短柔毛,顶端具 1 环状、白色密短柔毛。

产地：河南,南召县有分布。2013 年 4 月 20 日。田文晓和高聚堂,No. 201304201 (花)。模式标本,存河南农业大学。

35.朱砂玉兰

Yulania soulangiana(Soul. -Bod.)D. L. Fu

亚种：

35.1　朱砂玉兰　亚种

Yulania soulangiana(Soul. -Bod.)D. L. Fu subsp. **soulangiana**

35.2　萼朱砂玉兰　亚种

Yulania soulangiana(Soul. -Bod.)D. L. Fu subsp. **èzhushayulan** T. B. Zhao et Z. X. Chen,赵东武等. 河南玉兰属资源与开发利用的研究. 安徽农业科学,36(22)：9490. 2008;赵天榜等主编. 河南玉兰栽培：280. 2015;赵天榜等主编. 世界玉兰属植物种质资源志：91. 2013。

本亚种单花具花被片 9 枚,2 种花型：① 单花具花被片 9 枚,有萼、瓣之分,外轮花被片 3 枚,萼状,小;② 花具花被片 9 枚,花瓣状,外轮花被片长度为内轮花被片 1/3~2/3,白色,外面基部带紫色晕。

产地：河南,郑州市有栽培。2008 年 4 月 10 日。赵天榜和陈志秀,No.10-04-200083 (花)。模式标本,采自郑州市,存河南农业大学。

35.3　变异朱砂玉兰　亚种

Yulania soulangiana(Soul. -Bod.)D. L. Fu subsp. **varia** T. B. Zhao et Z. X. Chen;赵天榜等主编. 河南玉兰栽培：280. 图版90：1~5. 2015;赵天榜等主编. 世界玉兰属植物种质资源志：91. 2013。

本亚种单花具花被片 9 枚,外轮花被片 3 枚,萼状和瓣状,变化极大,内轮花被片花瓣状,初淡黄色,后白色,外面基部中间紫红色。聚生蓇葖果圆柱状,弯曲,长 12.0~14.0 cm,径 3.5~4.0 cm;蓇葖果卵球状,果点大,明显,突起,先端具喙;果梗粗壮,绿色,无毛或无微毛;缩台枝密被短柔毛。花期 4 月;果实成熟期 8 月。

十五、蜡梅科　Calycanthaceae

(一)蜡梅属　Chmonanthus Lindl.

1.蜡梅

Chmonanthus praecox(Linn.)Link

变种：

1.1　蜡梅　变种

Chmonanthus praecox(Linn.)Link var. **praecox**

1.2　白花蜡梅　变种

Chmonanthus praecox(Linn.)Link var. **albus** T. B. Chao(T. B. Zhao)et Z. X. Chen,陈志秀等. 河南蜡梅属植物的研究. 河南农业大学学报,21(4):419. 1987;赵夫榜等主编. 中国蜡梅:19. 1993。

本变种花径 1.0~1.2 cm;中部花被片窄披针形、椭圆形、长椭圆形,白色,先端渐尖或钝尖,反曲、反卷;内部花被片卵圆形,深紫色或具浓紫色条纹。

产地:陕西,河南郑州有栽培。赵天榜和陈志秀。模式标本,采自郑州,存河南农业大学。

1.3　紫花蜡梅　变种

Chmonanthus praecox(Linn.)Link var. **purpureiflorus** T. B. Chao (T. B. Zhao)et Z. B. Lu,赵天榜等. 中国蜡梅:20. 1993。

本变种花紫色或具淡紫色。

产地:河南鄢陵县有栽培。1987 年 12 月 8 日。赵天榜和陆子斌。模式标本,No. 3,采自鄢陵县,存河南农业大学。

2.亮叶蜡梅

Chmonanthus nitens Oliv.

变种：

2.1　亮叶蜡梅

Chmonanthus nitens Oliv. var. **nitens**

2.2　卵亮叶蜡梅　变种

Chmonanthus nitens Oliv. var. **ovatus** T. B. Chao (T. B. Zhao)et Z. Q. Li,赵天榜等.中国蜡梅:22~23. 1993。

本变种与原变种主要区别:叶卵圆形,先端短尖,基部圆形或近圆形。花的中部及内部花被片窄披针形,先端渐尖或尾尖。

产地:河南鄢陵县有栽培。1990 年 16 月 10 日。赵天榜和李振卿等。模式标本,No. 906101,存河南农业大学。

十六、罂粟科　**Papaveraceae**

(一)紫堇属　**Corydalis** DC.

1.紫堇

Corydalis incisa(Thunb.)Pers.

变种：

1.1　紫堇　变种

Corydalis incisa(Thunb.)Pers. var. **incisa**

1.2　白花刻叶紫堇　变种

Corydalis incisa(Thunb.)Pers. var. **alba** S. Y. Wang,丁宝章等主编. 河南植物志

第二册:12.1988。

本变种:茎疏生长柔毛。花白色。

产地:河南大别山区。1978 年 4 月 20 日。商城金岗台、王遂义、张庆连,780027(模式标本 Typus! 存于河南省农林科学院林科所,现存河南农业大学标本馆),采集商城县金岗台。

十七、虎耳草科　Saxifragaceae

(一)金腰属

Chrysosplenium Linn.

1. 伏牛金腰　图 246

Chrysosplenium funiushanensis S. Y. Wang,丁宝章等主编. 河南植物志　第二册:88~89. 图 834. 1988。

图 246　伏牛金腰
1. 植株全部;2. 花
(引自《河南植物志(第二册)》)。

形态特征:多年生草本,高达 11.0 cm。不育枝纤细,由茎生叶腋抽出,匍匐生根。茎直立,上部分枝,疏生硬毛或几无毛。基生叶在花期常枯萎,有长柄;茎生叶互生,近圆形,长 1.0~2.0 cm,宽 1.2~3.0 cm,基部心形,边缘有 6~11 个圆钝齿,齿端微凹,两面无毛,顶端茎生叶较小;叶柄较短,基部宽楔形、截形或浅心形。聚伞花序有叶形苞片。花黄绿色;萼片 4 枚,卵圆形,先端钝,无毛。雄蕊 8 枚,较萼片短。蒴果较萼片稍短,开裂后如菱角。种子细小,淡褐色。花期 7~8 月,果熟期 8~9 月。

本种与蔓金腰 Chrysosplenium flagelliferum Fr. et Schmidt 相似,但不育枝由茎生叶腋抽出。叶光滑,无毛,易于区别。

产地:河南伏牛山区。1962 年 9 月。卢氏县大块地。丁宝章、王遂义, 2414(模式标本,存河南农业大学标本馆)。

十八、海桐花科　Pittosporaceae

(一)海桐花属　Pittosprum Banks

1. 崖花海桐

Pittosprum illicioides Mak.

变种:

1.1　崖花海桐　变种

Pittosprum illicioides Mak. var. **illicioides**

1.2　河南崖花海桐　新组合变种

Pittosprum illicioides Mak. var. **henanensis** T. B. Chao,Z. X. Cnen,var. comis nov. ; *Pittosprum sahnianum* Gowda var. *henanensis* T. B. Chao, Z. X. Cnen et Z. Y. Wang,赵天榜,陈志秀等. 崖花海桐一新变种. 河南科技—林业论文集:45. 1991。

本变种与原变种区别:叶深绿色,表面具金属光泽,先端长渐尖或尾尖,边缘深波状。蒴果 3 瓣裂,其中仅 1 枚,另具一纵带状很明显的、暗黄色短柔毛。

产地:河南内乡县宝天曼自然保护区。海拔 800 m。1989 年 8 月 28 日。赵天榜,No. 898283。模式标本,存河南农业大学。

十九、金缕梅科　Hamamelideceae

(一)蚊母属　Distylium Sieb et Zucc.

1. 小叶蚊母

Distylium buxifolium(Hance) Merr.

变种:

1.1　小叶蚊母

Distylium buxifolium(Hance) Merr. var. **buxifolium**

1.2　三色小叶蚊母　变种

Distylium buxifolium(Hance) Merr. var. **tricolour** T. B. Zhao,H. H. Guo et Y. M. Fan,赵天榜等主编. 郑州植物种子植物名录:113. 2018。

本变种小枝紫红色。叶狭披针形,长 3.0 ~ 6.5 cm,宽 1.3~1.6 cm,表面深绿色,具光泽,无毛;幼叶紫色,后边缘紫色,最后深绿色。

产地:郑州植物园。郭欢欢、范永明和赵天榜,No. 201710251(存河南农业大学)。

1.3　密枝小叶蚊母　变种

Distylium buxifolium(Hance) Merr. var. **densiramula** T. B. Zhao,H. H. Guo et Y. M. Fan,赵天榜等主编. 郑州植物种子植物名录:113. 2018。

本变种小枝短而密。叶狭披针形,长 1.5~3.0 cm,宽 1.3~1.6 cm,表面淡黄绿色,具光泽,无毛。

产地:郑州植物园。郭欢欢、范永明和赵天榜,No. 201710254(存河南农业大学)。

(二)檵木属　Leropetalum R. Br.

1. 冬花檵木　新种　图 247

Leropetalum donghua T. B. Zhao,Z. X. Che et Z. Y. Shi sp. nov.

图 247　冬花檵木

Sp. nov. :ramulis dense pubescentibus et maaculatis parvis purpureis. Foliis supra cinerei-purpureis,purpureis vel cinerei-VIRIDULIS,glabris,subtus cinerei-albis ad costis et nervis lateralibus dense maeulis purpureis parvis. Racemis, 5-floribus rare 2-floribus;4-petalis purpure-rubidis;stylis et ovariis purpureis. Blooming period:Decmber~Janjuary;March.

Henan:Zhengzhou City. 2020-12-29. T. B. Zhao et Z. X. Chen,No. 202019281. typus. HNAC.

形态特征:落叶灌木。小枝灰褐色,密被短柔毛和紫色小瘤点。叶椭圆形、倒卵圆形,稀近方圆形,长 1.2~2.2 cm,宽 1.1~2.2 cm,表面灰紫色、紫色或灰绿色,无毛,背面灰白色,主脉和侧脉隆起,淡紫色,被较密紫色小瘤点,先端钝圆,稀短尖,基部楔形,不对称,稀圆形,边缘微被短缘毛;叶柄短,长 2~3 mm,密被紫色短柔毛。总状花序长 1.0~1.5 cm,具花 5 朵,稀 2 朵,萼片半圆形淡紫色,背面被较密短柔毛,边缘反卷;花梗淡紫色,密被短柔毛。单花瓣花瓣 4 枚,紫红色,长狭披针形,长 1.3~1.5 cm,宽约 1.5 mm,先端渐长尖;萼筒三角状,边缘 5 裂,暗紫色被短柔毛;花柱与子房紫色。花期 12 月至翌年 1 月,果熟期 3 月。

产地:郑州市有栽培。2020 年 12 月 29 日。赵天榜、陈志秀和史志远,No. 202019281。模式标本,存河南农业大学。

二十、七叶树科　Hippocastanaceae

(一)七叶树属　Aesculus Linn.

1. 七叶树

Aesculus chinensis Bunge

变种:

1.1　七叶树　变种

Aesculus chinensis Bunge var. **chinensis**

1.2　毛七叶树　变种

Aesculus chinensis Bunge var. **pubens** Y. M. Fan,T. B. Zhao et H. Wang,赵天榜等主编. 郑州植物园种子植物名录:196. 2018。

本变种叶柄和小叶柄密被很短柔毛。叶背两疏被短柔毛。果序密被很短柔毛。

产地:河南,郑州市,郑州植物园。2017 年 8 月 4 日。范永明、赵天榜和王华,No. 201708041。模式标本,存河南农业大学。

1.3　星毛七叶树　变种

Aesculus chinensis Bunge var. stellato-pilosa X. K. Li,J. T. Chen et H. Wang,赵天榜等主编. 郑州植物园种子植物名录:196. 2018。

本变种小枝疏被短柔毛。叶背面灰绿色,密被星状毛,毛弯曲,边缘具尖锯齿;小叶柄疏被短柔毛。果序及果梗密被很短的柔毛。

产地:河南,郑州市、郑州植物园。2017 年 8 月 4 日。李小康、陈俊通和王华,No. 201708047。模式标本,存河南农业大学。

二十一、蔷薇科　Rosaceae

(一)火棘属　Pyracantha Roem.

1. 匍匐火棘　图 248

Pyraeantha stoloniformis T. B. Chao et Z. X. Chen,赵天榜主编. 赵天榜论文选集. 2021。

形态特征:常绿灌木,丛生,匍匐茎,高 30 cm。小枝纤细,匍匐状,棕褐色,密被茸毛或近光滑,具光泽:刺细长,密被暗褐色茸毛,有时近无毛;幼枝密被暗褐色茸毛。叶长圆形或圆形,革质,很小,长 3~11 mm,宽 2~6 mm,先端钝圆,具 3~5 细尖齿,基部近圆形,偏斜,边缘全缘,表面深绿色,中脉微凹,背面淡绿色,中脉突起,两面无毛,幼时疏生柔毛;叶柄很短,<1 mm,无毛或近无毛,幼时被柔毛。复伞房花序,花序梗长 3~4 mm,无毛;花梗长 2~3 mm,无毛;花径 4~6 mm;萼筒钟状,被柔毛;萼三角形,外被柔毛;花瓣近圆形,白色,长 3.0~4.0 cm,宽 3~4 mm;雄蕊 20 枚,花丝长 2~3 mm,花药黄色;花柱 5,离生,与雄蕊等长;子房被白柔毛。果球状,径 3~4 mm,橘黄色,萼宿存。

本种植株丛生,矮小,茎匍匐,高 30.0 cm。小枝纤细,匍匐状;枝和枝刺密被茸毛。叶长圆形或圆形,很小,长 3~11 mm,宽 2~6 mm,先端钝圆,具 3~5 细尖齿,基部圆形,偏斜,边缘全缘。

产地:河南桐柏县,河南许昌市绿化管理处有引种栽培。1994 年 4 月 15 日。赵天榜等,No. 944158。模式标本,存河南农业大学。

2. 异型叶火棘 图 248

Pyracantha heterophylla T. B. Chao et Z. X. Chen,赵天榜主编. 赵天榜论文选集. 2021

形态特征:常绿灌木,株高>1 m,有部分匍匐茎。直立茎上。小枝纤细,通常拱形下垂,暗褐色,具长细纵皱纹,无毛,有时宿存暗褐色茸毛;幼枝密被白茸毛,枝刺细长。叶 3 型:①长圆形,长 6~15 mm,宽 3~10 mm,表面暗绿色,背面淡绿色,先端钝圆,具小尖头,基部近圆形或心形,边缘具细锯齿,齿端内曲,近基部全缘,两面光滑,幼时疏被柔毛;叶柄长 2~3 mm。②椭圆形,长 4~11 mm,宽 3~5 mm,先端具 5~7 枚细锯齿,边缘全缘,基部圆形;叶柄长 1 mm。③披针形,长 15~25 mm,宽 5~8 mm,表面暗绿色,背面淡绿色,先端钝圆,具小尖头,基部狭楔形,边缘具细小锯齿,齿端不内曲,两面光滑,幼时表面疏生柔毛,背面无毛;叶柄短。复伞房花序,序梗长 3~4 mm;花梗长 2~3 mm,无毛或近无毛;花径 3~4 mm;萼筒钟状,被柔毛;萼三角形,长 1~1.2 mm,被柔毛或近无毛;花瓣圆形,白色,长与宽为 1.8~2.2 mm;雄蕊 20 枚,花丝长 1.5~2 mm,花药淡黄色;花柱 5 枚,离生,与雄蕊等长;子房被白柔毛。果实球状,径 3 mm,橘黄色,萼宿存。

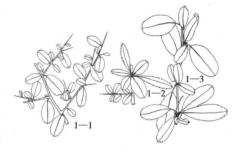

图 248 河南火棘属两新种

1-1. 匍匐火棘;1-2、1-3. 异型叶火棘。

本种与匍匐火棘和细圆齿火棘近似,但区别:茎匍匐状或直立。直立茎上小枝拱形下垂,枝刺细长。叶 3 型:①长圆形,先端钝圆,具小尖头,基部近圆形或心形,边缘细锯齿,齿端内曲;②椭圆形,较小,长 4~11 mm,宽 3~5 mm,先端具 5~7 枚细尖齿,边缘全缘,基部圆形;叶柄长 1 mm。③披针形,先端钝圆,具小尖头,边缘细锯齿,基部狭楔形。

产地:河南桐柏县,河南许昌市绿化管理处有引种栽培。1994 年 4 月 15 日。赵天榜等,No. 9441515。模式标本,存河南农业大学。

3. 银叶火棘　图 249

Pyracanha argenteifolia T. B. Zhao, Z. X. Chen et D. F. Zhao, 赵天榜主编. 赵天榜论文选集:39~40. 2021。

图 249　银叶火棘

形态特征:落叶匍匐灌木,高 50.0 cm。枝细,黑色,无毛;枝刺上具节,先端疏被柔毛,有新枝、叶及花序。叶狭披针形、倒卵圆形,稀带形,银白色,无毛,长 0.7~1.8 cm,宽 0.2~0.6 mm,先端长渐尖或钝圆,基部狭楔形,上部边缘具细锯齿或全缘,无缘毛。花序簇生于新枝顶端,无;花梗极长,具 2 枚苞片,苞片外面被短柔毛。花与果不详。

产地:河南,郑州市有栽培。2020 年 5 月 30 日。赵天榜、陈志秀等,No. 202005301。模式标本,存河南农业大学。

（二）山楂属　**Crataegus** Linn.

1. 山楂

Crataegus pinnatifida Bunge

变种:

1.1　山楂　变种

Crataegus pinnatifida Bunge var. **pinnatifida**

1.2　木质果山楂　变种

Crataegus pinnatifida Bunge var. **ligne-carpa** T. B. Zhao, H. Wang et Z. Y. Wang, 赵天榜主编. 赵天榜论文选集:39~40. 2021。

本变种果实倒椭圆体状,暗黄色;果点密,淡黑色。

产地:河南,郑州植物园。2016 年 9 月 10 日。玉华、王珂和赵天榜,No. 201609101。模式标本,存河南农业大学。

1.3　黄果山楂　变种

Crataegus pinnatifida Bunge var. **flavicarpa** T. B. Zhao, H. Wang et Z. Y. Wang,赵天榜主编. 赵天榜论文选集:39~40. 2021。

本变种果实球状,黄色,具光泽。

产地:河南,郑州植物园。2016 年 9 月 10 日。玉华、王珂和赵天榜,No. 2016091013。模式标本,存河南农业大学。

1.4　羽裂叶山楂　变种

Crataegus pinnatifida Bunge var. **pinnatiloba** T. B. Zhao, H. Wang et Z. Y. Wang,赵天榜主编. 赵天榜论文选集:39~40. 2021。

本变种叶边缘深裂。果扁球状,暗橙黄色。

产地:河南,郑州植物园。2016 年 9 月 10 日。玉华、王珂和赵天榜,No. 2016091015。模式标本,存河南农业大学。

（三）白鹃梅属　Exochorda Lindl.

1. 白鹃梅

Exochorda serratifolia S. Moore

变种：

1.1　白鹃梅　变种

Exochorda serratifolia S. Moore var. **serratifolia**

1.2　多毛白鹃梅　变种

Exochorda serratifolia S. Moore var. **polytricha** C. S. Zhu,朱长山. 河南齿叶白鹃梅一新变种. 植物分类学报,32(4):15. 2002。

本变种当年生小枝、花序轴、花梗、叶柄和叶片下面均密被白色曲柔毛,而不同于齿叶白鹃梅原变种 var. serratifolia。

产地:河南济源市。1962 年 8 月 23 日。H. M. Shi,　无号。模式标本,存河南农业大学植物标本室。

木瓜族

Pseudochaenomelieae T. B. Zhao,Z. X. Chen et Y. M. Fan,赵天榜等主编. 中国木瓜族植物资源与栽培利用研究:40~41. 2019。

形态特征:落叶乔木、灌木,稀常绿灌木。枝无枝刺或具枝刺。单叶互生或簇生,边缘有锯齿或圆锯,稀全缘,具缘毛。花单生新枝顶端或多枚簇生 2~3 年生以上枝上。花后叶开放或先叶开放、同时开放,稀多次开花。花两性;萼筒钟状、近柱状、碗状。单花具花瓣 5 枚,10~40 枚以上, 形状多样;有单色花、2 色花及多色花;雄蕊 40~60 枚,有瓣化雄蕊为多形状花瓣。果实多形状,大小差异非常悬殊。

木瓜族植物有:木瓜属 Pseudochaenomeles Carr. ,贴梗海棠属 Chaenomoles Lindl. ,假光皮木瓜属× Jiaguangpimugua T. B. Zhao,Z. X. Chen et Y. M. Fan,西藏木瓜属× Cydochaenomeles T. B. Zhao,Z. X. Chen et Y. M. Fan。

（四）木瓜属

Pseudochaenomeles Carr. ,Revue Hort. 1882:238. t. 52~55. 1882;赵天榜等主编. 中国木瓜族植物资源与栽培利用研究:41~44. 2019。

形态特征:落叶乔木,高 5.0~20.0 cm;树干具钝纵棱与深沟,以及多数突起的木瘤或光滑;树皮灰褐色、深绿色、黄褐色、褐色,呈片状剥落,落痕云片状。小枝有长枝、短枝、缩短枝及果台枝之分,具枝刺或无枝刺。幼枝密被茸毛或柔毛,后无毛。芽有顶生叶芽、腋生叶芽、休眠芽、混合芽。混合芽有枝、有叶、无叶、有托叶、休眠芽,稀有极短枝、无叶、无托叶及休眠芽。叶大型、卵圆形、椭圆形、近圆形等,稀菱-卵圆形及畸形小叶,边缘具淡黄白色窄边及尖锯齿,齿端具腺点或重尖锯齿;幼叶淡黄绿色,背面密被茸毛;叶柄密被弯曲长柔毛及腺点、具毛柄腺点及分枝毛柄腺点。花后叶开放。花单生于当年枝顶端,无腋生花。花两性,有不孕两性花及可孕两性花 2 种。单花具花瓣 5 枚,匙状椭圆形,稀 1~3 枚雄蕊瓣化,粉红色、白色、红色等;萼片反折,边缘具缘毛、刺芒状尖锯齿及腺点与腺齿。果实大型,稀小型,具多种类型:长椭圆体状、球状及棒状等。果肉木质。

本属模式种:木瓜 Pseudochaenomeles　sinensis (Thouin)Carr. = *Chaenomeles　sinensis* (Thouin)E. Koehne。

1. 木瓜

Pseudochaenomeles sinensis(Thouin)Carr.

近年来,在调查研究木瓜种质资源与品种资源形态特征时,发现木瓜一些尚末记载的新形态特征,如木瓜树形有塔状、帚状、球状等,无中央主干;侧枝有平展与弓形下垂。树干具钝纵棱与深沟,以及多数突起的木瘤或光滑;树皮灰褐色、深绿色、黄褐色、橙黄色,呈片状剥落,落痕云片状。粗枝上具枝刺,或分枝刺。小枝有长枝、短枝、缩短枝及果台枝之分。小枝又有无叶、有托叶小枝,有有叶、有托叶小枝,有有叶、有托叶、无托叶小枝。小枝无毛或密被茸毛。芽有顶芽(叶芽、混合芽)和腋芽。混合芽有腋生、顶生,稀着生于多年生枝干上。混合芽有叶混合芽、无叶混合芽及两者兼有混合芽,稀无叶、无芽,少托叶(托叶1~3对)混合芽4种。叶绿色或淡黄色;叶柄被弯曲长茸毛,有无柄黑色腺体、有柄黑色腺体。有柄腺体又分多细胞柄黑色腺体及枝状柄黑色腺体。花单生于当年生新枝顶端,花两性,有2种:不孕两性花及可孕两性花。单花具花瓣5枚,稀10枚或具畸形瓣3~10枚,花色有淡粉红色、白色、红色,及白色与粉红色;稀4月中旬有2次花,其单花具花瓣5~10枚,具畸形花瓣3~10枚,淡粉红色,爪白色,无雌雄蕊群。萼筒有2种类型:① 钟状(不孕两性花),其内花柱通常不发育;② 卵-圆柱状(可孕两性花),其内花柱通常与雄蕊等高或显著高于雄蕊。2种花的萼片先端渐尖,反折,边缘具腺齿及缘毛,内面密被浅褐色茸毛,外面无毛;雄蕊多数,花丝长短不等;花柱5枚,稀3枚,中部合生处被短柔毛,基部无毛;柱头头状,有不明显分裂;花梗短,密被长茸毛。果实大型,稀小型,具多种类型:长椭圆体状、球状及棒状等。

产地:河南,郑州市有很多栽培。

亚种:

1.1　木瓜　亚种

Pseudochaenomeles sinensis(Thouin)Carr. subsp. **sinensis**

1.2　枝刺木瓜　亚种

Pseudochaenomeles sinensis(Thouin)Carr. subsp. **ramuli-spina** T. B. Zhao,Z. X. Chen et Y. M. Fan;赵天榜等主编. 中国木瓜族植物资源与栽培利用研究:81. 图版2:12. 2019。

本亚种树干、粗枝、小枝及幼枝均有枝刺。枝刺具2~3节,节上有小枝刺。枝刺上有叶芽、混合芽。

产地:河南,郑州市有栽培。2017年4月25日。赵天榜、陈志秀和赵东方,No. 201704251。模式标本,存河南农业大学。

1.3　红花木瓜　亚种

Pseudochaenomeles sinensis(Thouin)Carr. subsp. **rubriflora** T. B. Zhao,Z. X. Chen et Y. M. Fan;赵天榜等主编. 中国木瓜族植物资源与栽培利用研究:84. 2019。

本亚种单生当年生新枝顶端。单花具花瓣5枚或5~10枚,稀有5~10枚畸形花瓣,匙-椭圆形,外面深粉红色,内面粉红色,爪白色。

产地:河南,郑州市有栽培。2018年4月20日。赵天榜、陈志秀和赵东方,No. 201704201(枝,叶和花)。模式标本,存河南农业大学。

1.4　白花木瓜　亚种

Pseudochaenomeles **sinensis**(Thouin)Carr. subsp. **albiflora** T. B. Zhao，Z. X. Chen et Y. M. Fan，赵天榜等主编. 中国木瓜族植物资源与栽培利用研究:86. 2019。

本亚种单花具花瓣 5 枚、10～15 枚，匙-圆形或多形状，白色，爪白色。

产地:河南，郑州市有栽培。2018 年 4 月 20 日。赵天榜、陈志秀和范永明，No. 201804201。模式标本,存河南农业大学。

变种:

1.1　木瓜　变种

Pseudochaenomeles **sinensis**(Thouin)Carr. var. sinensis

1.2　白花木瓜　变种

Pseudochaenomeles **sinensis**(Thouin)Carr. subsp. **albiflora** T. B. Zhao，Z. X. Chen et D. W. Zhao，路夷坦等. 中国木瓜属植物资源的研究. 安徽农业科学，46（33）:49. 2018;赵天榜等主编. 中国木瓜族植物资源与栽培利用研究:86. 2019。

本亚种单花具花瓣 5 枚，白色，爪白色。

产地:河南，郑州市、长垣县有栽培。2018 年 4 月 20 日。赵天榜、陈志秀和范永明，No. 201804201。模式标本,存河南农业大学。

1.3　白花多瓣木瓜　变种

Pseudochaenomeles **sinensis**(Thouin)Carr. subsp. **albiflora** T. B. Zhao，Z. X. Chen et D. W. Zhao，路夷坦等. 中国木瓜属植物资源的研究. 安徽农业科学，46（33）:49. 2019;赵天榜等主编. 中国木瓜族植物资源与栽培利用研究:86. 2019。

本亚种单花具花瓣 10～15 枚，白色。

产地:河南，郑州市、长垣县有栽培。2018 年 4 月 20 日。赵天榜、陈志秀和范永明，No. 201804201。模式标本,存河南农业大学。

1.4　白花异瓣木瓜　变种

Pseudochaenomeles **sinensis**(Thouin)Carr. subsp. **albi-heterogenei-petala** T. B. Zhao，Z. X. Chen et Y. M. Fan，赵天榜等主编. 中国木瓜族植物资源与栽培利用研究:86～87. 2019。

本亚种单花具花瓣 10～15 枚，白色，花瓣多形状。

产地:河南，郑州市有栽培。2018 年 4 月 20 日。赵天榜、陈志秀和范永明，No. 201804201。模式标本,存河南农业大学。

1.5　小叶毛木瓜　变种

Pseudocydonia sinensis (Touin)Soehned. var. **parvifolia** T. B. Zhao，H. Wang et Y. M. Fan，赵天榜等主编. 郑州植物种子植物名录:123～124. 2018。

本变种具枝刺和分枝刺。小枝、幼枝淡黄绿色，密被弯曲长柔毛。叶小，长 4.4～5.5 cm，宽 2.8～3.2 cm，背面沿脉密被弯曲长柔毛，稀无毛。果实 2 种类型:① 长球状，长 8.5 cm，径 6.0 cm;②长椭圆体状，长 8.0 ～11.0 cm，径 5.5～6.0 cm。

产地:河南，郑州植物园。2017 年 7 月 19 日。赵天榜、范永明和陈俊通，No. 2017071914。模式标本,存河南农业大学。

1.6 大叶毛木瓜 变种

Pseudocydonia sinensis（Touin）Soehned. var. **magnifolia**[*] T. B. Zhao, H. Wang et Y. M. Fan, 赵天榜等主编. 郑州植物种子植物名录:124. 2018。

本变种具枝刺和分枝刺,具小圆叶。小枝褐色,具光泽,密被弯曲长柔毛。叶椭圆形,稀圆形,长 2.5~8.0 cm,宽 3.0~6.0 cm,表面浓绿色,无毛,具光泽,背面淡灰绿色,无毛,沿主脉密被弯曲长柔毛;叶柄被,稀弯曲长柔毛及黑色腺体、具长柄黑色腺体。果实椭圆体状,长 11.0~12.0 cm,径 9.0 cm,淡黄绿色,具光泽,不平滑,具瘤突及小凹,无纵钝棱与浅沟;萼洼浅,萼片脱落,四周具微浅沟纹及纵宽钝棱;梗洼浅,四周具微浅沟纹及纵宽钝棱。单果重 400.0~450.0 g。

产地:河南,郑州市、郑州植物园。2017 年 8 月 22 日。赵天榜、陈志秀和赵东方, No. 201708224。模式标本,存河南农业大学。

1.7 帚状木瓜 变种

Pseudochaenomeles sinensis（Thouin）Carr. var. **fastigiata** T. B. Zhao, Z. X. Chen et Y. M. Fan; *Pseudocyydonia sinensis*（Thouin）Schneider var. *fastigiata* T. B. Zhao, Z. X. Chen et Y. M. Fan;赵天榜等主编. 中国木瓜族植物资源与栽培利用研究:70~71. 2019;赵天榜等主编. 郑州植物园种子植物名录:124. 2018;路夷坦等. 中国木瓜属植物资源的研究. 安徽农业科学,2018,51。

本变种帚状树冠;侧枝直立斜展。单花具花瓣 5 枚,两面淡粉红色,爪白色;萼片 5 枚,反折,表面密被白色茸毛,背面无毛,边缘无缘毛;雄蕊多数,花丝长短悬殊。

形态特征补充描述:落叶乔木;侧枝直立斜展,呈帚状树冠。树干无钝纵棱与深沟;树皮片状剥落。小枝直立生长,紫褐色,微被短柔毛。单叶互生,卵圆形、宽卵圆形、长椭圆形,稀近圆形,长 4.0~6.0 cm,宽 3.0~6.0 cm,表面深绿色,无毛,具光泽,背面淡绿色,沿主脉及其两侧疏被长柔毛,先端短尖,稀钝圆,基部楔形、宽楔形,稀圆形,两侧上翘,边缘具长短不齐尖齿,齿淡黄色,先端具浅黄色腺休;叶柄淡黄色,表面具 2 行高低不等的具柄腺体,腺柄无毛,腺体谈褐色,表面疏被柔毛,背面无毛。单花具花瓣 5 枚,匙-椭圆形,长 1.7~2.0 cm,宽 1.0~1.5 cm,两面淡粉红色,爪长 2~3 mm、白色;萼筒狭圆筒状,外面无毛;萼片 5 枚,反折,表面密被长茸毛,背面无毛,边缘无缘毛;雄蕊多数,花丝长短悬殊,浅白色;花柱 5 枚,长于雄蕊为可孕花;不孕花花柱仅高 2~3 mm。果实长椭圆体状、倒纺锤体状,长 10.0~11.5 cm,径 7.0~8.0 cm,橙黄色,具光泽,表面平滑,果点极少、不明显,先端钝圆,萼洼极小而浅,四周无钝棱与沟,萼脱落,柱基宿存,长约 2 mm,基部渐细或钝圆,梗洼中深,四周具钝棱与浅沟;果梗枝粗壮,紫褐色,无毛;果梗不明显。单果重 165.0~220.0 g。

产地:河南郑州市,郑州植物园有栽培。2017 年 4 月 25 日。赵天榜、陈志秀和范永明, No. 201704255(枝、叶与花)。模式标本,存河南农业大学。2017 年 8 月 25 日。赵天榜、陈志秀和范永明, No. 20170256(枝、叶与果实)。模式标本,存河南农业大学。

1.8 塔状木瓜 变种

Pseudocydonia sinensis（Touin）Carr. var. **pyramidalis** T. B. Zhao, Z. X. Chen et Y. M. Fan; *Pseudocyydonia sinensis*（Thouin）Schneider var. *fastigiata* T. B. Zhao, Z. X. Chen et

Y. M. Fan;赵天榜等主编.中国木瓜族植物资源与栽培利用研究:71~72. 2019;赵天榜等主编.郑州植物园种子植物名录:125. 2018;路夷坦等.中国木瓜属植物资源的研究.安徽农业科学,2018,46(33):50~51,60。

本变种树冠塔状。小枝平展。单花具花瓣5枚,匙-椭圆形,外面粉色,内面白色,爪白色;雄蕊多数,花丝长短悬殊,浅白色;花柱5枚,长于雄蕊为可孕花;不孕花,花柱仅高2~5 mm。

形态特征补充描述:落叶乔木;树冠卵球状;树皮灰褐色,片状剥落。小枝平展或斜长,紫褐色,光滑,无毛或疏被长柔毛。单叶互生,卵圆形,稀倒卵圆形,长4.0~9.0 cm,宽3.0~6.0 cm,表面深绿色,无毛,具光泽或谈黄绿色,无毛,背面淡绿色,沿主脉基部疏被长柔毛,先端渐尖、短尖,基部楔形,边缘具长短不齐尖齿,齿淡黄色,先端具腺体;叶柄淡黄色,表面具2行高低不等的具柄腺体,腺柄无毛,腺体谈褐色。单花具花瓣5枚,匙-椭圆形,长1.7~2.0 cm,宽1.0~1.5 cm,外面粉色,内面白色,爪白色;萼筒狭圆筒状,外面无毛;萼片5枚,反折,表面密被白色茸毛,背面无毛,边缘无缘毛;雄蕊多数,花丝长短悬殊,浅白色;花柱5枚,长于雄蕊为可孕花;不孕花花柱仅高2~5 mm。果实大型,长椭圆体状、长圆柱状,长9.0~15.0 cm,径8.0~15.0 cm,绿色、淡黄绿色,具光泽,表面平滑,果点不明显,先端凹;萼片脱落,柱基脱落,稀宿存,萼洼深,四周具明显、不明显钝纵棱与沟纹,基部钝圆,凹入,四周偏斜;梗洼浅或深,四周具明显、不明显钝纵棱与沟纹,果梗枝粗壮,紫褐色,无毛。单果重600.0~800.0 g。

产地:河南郑州市,郑州植物园有栽培。2017年4月25日。赵天榜、陈志秀和范永明,No. 201704255(枝、叶与花)。模式标本,存河南农业大学。2015年9月10日。赵天榜等,No. 201509105(枝、叶与果实)。

1.9 小果木瓜 变种

Pseudocydonia sinensis(Touin) Carr. var. **multicarpa** T. B. Zhao, Z. X. Chen et D. W. Zhao;*Pseudocyydonia sinensis*(Thouin)Schneider var. *fastigiata* T. B. Zhao, Z. X. Chen et Y. M. Fan;赵天榜等主编.中国木瓜族植物资源与栽培利用研究:71~72. 2019;赵天榜等主编.郑州植物园种子植物名录:125. 2018;路夷坦等.中国木瓜属植物资源的研究.安徽农业科学,2018,46(33):51。

本变种叶小,长1.5~8.6 cm,稀长10.5 cm,宽0.9~4.9 cm,稀宽6.6 cm,背面沿主脉疏被弯曲长柔毛。果实小,多类型。

形态特征补充描述:落叶乔木;树皮片状剥落。小枝灰褐色、红褐色,光滑,无毛。叶互生,卵圆形、倒卵圆形,稀近圆形、椭圆形,小型,长1.5~8.6 cm,稀长10.5 cm,宽0.9~4.9 cm,稀宽6.6 cm,表面深绿色、绿色、黄绿色,无毛,具光泽,背面淡黄色、淡绿色,沿脉密被茸毛,沿主脉疏被弯曲长柔毛或无毛,先端渐尖,小型叶先端钝圆或凹缺,基部楔形、宽楔形,稀圆形,边缘具长短不齐尖齿,齿淡黄色,先端具黑色腺体,具柄腺体;叶柄淡黄色,表面具2行高低不等的具柄腺体,腺体黑褐色,疏被弯曲长柔毛。果实小型,球状、短柱状、椭圆体状,长4.9~8.0~10.0 cm,径3.6~6.0~6.5 cm,淡绿色、淡黄绿色,具光泽,表面平滑或有12条纵棱,果点不明显,先端钝圆;萼凹小,萼片脱落或宿存;梗洼浅;果梗褐色,无毛,稀疏被短柔毛。单果重30.0~78.0~103.0 g。

产地:河南,郑州植物园有栽培。2017 年 7 月 19 日。赵天榜、陈志秀和范永明, No. 201707191(枝、叶与花)。模式标本,存河南农业大学。

1.10　垂枝木瓜　变种

Pseudochaenomeles sinensis(Thouin)Carr. var. **pendula** T. B. Zhao, Z. X. Chen et Y. M. Fan;赵天榜等主编. 中国木瓜族植物资源与栽培利用研究:72~73. 图版 1:9~11. 2019;赵天榜等主编. 郑州植物园种子植物名录:125. 2018;路夷坦等. 中国木瓜属植物资源的研究. 安徽农业科学,2018,46(33):51。

本变种叶小,长 1.5~8.6 cm,稀长 10.5 cm,宽 0.9~4.9 cm,稀宽 6.6 cm,背面沿主脉疏被弯曲长柔毛。果实小,多类型。

形态特征补充描述:落叶乔木;树皮片状剥落。小枝灰褐色、红褐色,光滑,无毛。叶互生,卵圆形、倒卵圆形、稀近圆形、椭圆形,小型,长 1.5~8.6 cm,稀长 10.5 cm,宽 0.9~4.9 cm,稀宽 6.6 cm,表面深绿色、绿色、黄绿色,无毛,具光泽,背面淡黄色、淡绿色,沿脉密被茸毛,沿主脉疏被弯曲长柔毛或无毛,先端渐尖,小型叶先端钝圆或凹缺,基部楔形、宽楔形,稀圆形,边缘具长短不齐尖齿,齿淡黄色,先端具黑色腺体,具柄腺体;叶柄淡黄色,表面具 2 行高低不等的具柄腺体,腺体黑褐色,疏被弯曲长柔毛。果实小型、球状、短柱状、椭圆体状,长 4.9~8.0~10.0 cm,径 3.6~6.0~6.5 cm,淡绿色、淡黄绿色,具光泽,表面平滑或有 12 条纵棱,果点不明显,先端钝圆;萼凹小,萼片脱落或宿存;梗洼浅;果梗褐色,无毛,稀疏被短柔毛。单果重 30.0~78.0~103.0 g。

产地:河南,郑州植物园有栽培。2017 年 7 月 19 日。赵天榜、陈志秀和范永明, No. 201707191(枝、叶与花)。模式标本,存河南农业大学。

1.11　红花木瓜　变种

Pseudochaenomeles sinensis(Thouin)Carr. var. **bicolorflora** T. B. Zhao, Z. X. Chen et D. W. Zhao,赵天榜等主编. 郑州植物园种子植物名录:124. 2018;赵天榜等主编. 中国木瓜族植物资源与栽培利用研究:84~86. 图版 3:13~14. 2019。

本变种单花具花瓣 5~6 枚,稀有 1~2 枚畸形花瓣,匙-椭圆形,外面深粉红色,内面粉红色,爪白色;萼筒狭圆筒状,无毛;萼片 5 枚,表面密被白色茸毛,背面无毛,边缘无缘毛或疏被缘毛,无小腺齿。

形态特征补充描述:落叶乔木;树皮灰褐色,片状剥落。小枝棕褐色、紫褐色,具光泽,无毛或上部疏被柔毛;幼枝淡黄绿色,密被弯曲长柔毛。单叶,互生,卵圆形、宽卵圆形,稀倒卵圆形,畸形小叶近圆形,长 3.0~5.0~10.0 cm,宽 2.0~3.5~7.0 cm,表面深绿色、绿色,无毛,具光泽,背面淡绿色,无毛,沿主脉疏被长柔毛,先端渐尖、短尖、钝圆,稀微凹,基部楔形,边缘具很狭淡黄色边,具长短不等尖齿,齿淡黄色,先端具腺体,无缘毛,局部边缘全缘,无淡黄色狭边,无缘毛;叶柄淡黄色,表面具 2 行高低不等的具柄腺体,腺体黑褐色,同时疏被弯曲长柔毛;托叶有狭椭圆形、椭圆形、卵圆形等,淡黄绿色,两面无毛,边缘具柄腺体,无缘毛。短枝上混合芽顶生、长枝上顶生。花单生新枝顶端,大型。单花具花瓣 5~6 枚,稀 1~2 枚畸形花瓣,匙-椭圆形,长 1.7~2.0 cm,宽 1.0~1.5 cm,两面深粉红色,爪长 2~3 mm,白色;萼筒狭圆筒状,长 1.0~1.2 cm,径 4~5 mm,无毛;萼片 5 枚,反折,表面密被白色茸毛,背面无毛,边缘无缘毛或疏被缘毛,无小腺齿;雄蕊多数,两轮着生在萼筒内面上部,花丝长短悬殊,浅白色;花柱 5 枚,长于雄蕊为可孕花;不孕花花柱仅高 2 ~ 5 mm。果实卵球状、长椭圆体状、椭圆体状,长 9.0 ~ 11.0 cm,径 5.5 ~ 7.0 cm,淡黄色,具光泽,表面不平,稀具瘤突,果点小,先端平或微凹、钝圆;萼宿存或脱落,脱落痕黑褐色,柱基宿存,密被短毛;基部稍细或钝圆,四周具不明显钝棱与沟或四周偏斜;梗洼浅;果梗极短,粗壮褐色,无毛。单果重 230.0 ~ 250.0 g。

产地:河南,郑州植物园、河南农业大学等有栽培。2013 年 4 月 21 日。赵天榜和陈志秀, No. 201304217(枝、叶与花)。模式标本,存河南农业大学。2017 年 7 月 29 日。赵天榜和陈志秀, No. 201707296(枝、叶与果实),存河南农业大学。

1.12　白花木瓜　变种

Pseudochaenomeles sinensis(Thouin)Carr. var. **alba** T. B. Zhao,Z. X. Chen et D. W. Zhao,路夷坦等. 中国木瓜属植物资源的研究. 安徽农业科学,2018,46(33):51;赵天榜等主编. 中国木瓜族植物资源与栽培利用研究:86. 图版 4:11 ~ 12. 2019。

木变种单花具花瓣 5 枚,白色,爪白色。

产地:河南郑州市、长垣县。2016 年 4 月 18 日,赵天榜、陈志秀和赵东武, No. 201604185(枝、叶与花)。模式标本,存河南农业大学。

1.13　双色花木瓜　变种

Pseudochaenomeles sinensis(Thouin)Carr. var. **bicolorflora** T. B. Zhao,Z. X. Chen et D. W. Zhao;赵天榜等主编. 中国木瓜族植物资源与栽培利用研究:73 ~ 74. 2019;路夷坦等. 中国木瓜属植物资源的研究. 安徽农业科学,2018,46(33):49。

本变种与木瓜原变种 Pseudochaenomeles sinensis(Thouin)Carr. var. sinensis 区别:花有 2 种颜色,即白色和粉色。单花具花瓣 5 枚,稀有雄蕊瓣化。萼筒有 2 种类型:① 钟状(不孕两性花),其内花柱 5 枚,通常不发育;② 圆柱状(可孕两性花),上部较粗,中部稍凹,基部稍粗,其内花柱通常与雄蕊等高或显著高于雄蕊;雌蕊具花柱 5 枚,合生处被白色长柔毛。

产地:河南郑州市绿博园、长垣县。2015 年 4 月 15 日,赵东武、赵天榜和陈志秀,No. 201504157。模式标本,存河南农业大学。

1.14　棱沟干木瓜　变种

Pseudochaenomeles sinensis(Thouin)Carr. var. **anguli-sulcata** T. B. Zhao,Z. X. Chen et D. W. Zhao;赵天榜等主编. 中国木瓜族植物资源与栽培利用研究:74 ~ 75. 图版 2:5 2019;,路夷坦等. 中国木瓜属植物资源的研究. 安徽农业科学,2018,46(33):49

本变种与木瓜原变种 Pseudochaenomeles sinensis(Thouin)Carr. var. sinensis 区别:树干具显著钝纵棱与较深沟。单花具花瓣 5 ~ 8 枚,稀有 2 ~ 3 枚畸形花瓣,粉红色,爪白色,其上具粉红色线纹。2 次花 4 月中旬。单花具花瓣 5 ~ 10 枚,具畸形花瓣 3 ~ 10 枚,淡粉红色,爪白色,无雌雌蕊群。

形态特征补充描述:落叶乔木;树冠宽大;侧枝开展;树干具多数钝棱与沟;树皮片状剥落。小枝紫褐色,具光泽,无毛或疏被长柔毛。单叶,互生,长 5.0 ~ 12.0 cm,宽 4.5 ~ 12.0 cm,卵圆形、倒卵圆形,稀近圆形,表面深绿色,无毛,具光泽,背面灰绿色,疏被长柔毛,沿主脉疏被弯曲长柔毛,先端短尖,稀近圆形,基部楔形、宽楔形,稀圆形,边缘具长短不等尖齿,齿淡黄色,先端具黑色腺体及疏缘毛;叶柄淡黄色,表面具 2 行高低不等的具柄腺体,腺体黑褐色;托叶有狭椭圆形、椭圆形、卵圆形等,淡黄绿色,两面无毛,边缘具柄腺体,无缘毛。花单生当年生新枝顶端。单花具花瓣 5~8 枚,稀 2~3 枚畸形花瓣,匙-椭圆形,长 2.0~3.0 cm,宽 1.5~2.0 cm,粉红色,爪长 2~3 mm,白色,其上具放射线;萼筒狭圆筒状,长 1.0~1.2 cm,径 4~5 mm,无毛;萼片 5 枚,反折,表面密被白色茸毛,背面无毛,边缘无缘毛或疏被缘毛,具小腺齿;雄蕊多数,两轮着生在萼筒内面上部,花丝长短悬殊,浅水粉色;花柱长于雄蕊;不发育花花柱长于雄蕊,仅高 2~5 mm。无叶枝上有可育花或不育花与金叶木瓜相同。果实椭圆体状,长 10.0~12.0 cm,径 8.0~10.0 cm,淡青绿色,具光泽,表面不平,稀具瘤突,果点不明显,先端微凹,四周具 4~5 条钝棱与沟;萼脱落或不脱落,柱基宿存,基部浅凹,四周偏斜,具突起钝棱与沟;梗洼深;果梗枝粗壮,褐色,无毛。单果重 400.0~500.0 g。

产地:河南,郑州市有栽培。2015 年 4 月 15 日。赵东武和赵天榜,No. 201504157(枝,叶和花)。模式标本,存河南农业大学。2017 年 7 月 23 日。赵天榜、范永明和陈志秀,No. 280420171(枝,叶和果实),存河南农业大学。

1.15 金叶木瓜

Pseudochaenomeles sinensis(Thouin)Carr. var. **aurea** T. B. Zhao,Z. X. Chen et Y. M. Fan,赵天榜等主编. 中国木瓜族植物资源与栽培利用研究:74~75. 图版1:7 图版5:3,6,7, 图版9:1,2019;路夷坦等. 中国木瓜属植物资源的研究. 安徽农业科学,2018,46(33):37:40。

本变种与木瓜原变种 Pseudochaenomeles sinensis(Thouin)Carr. var. sinensis 区别:树皮片状剥落,落痕呈橙黄色、淡黄色、金黄色,叶脉为绿色,无毛,背面密被茸毛,后无毛,沿主脉疏被弯曲长柔毛。

形态特征补充描述:落叶乔木;树冠宽大;侧枝开展;树干具多数钝棱与沟;树皮片状剥落,落痕呈橙黄色。小枝紫褐色、红褐色,光滑,无毛。1 年生小枝棕色、褐色,具光泽,无毛,稀被疏柔毛。单互生,卵圆形、宽卵圆形、倒卵圆形,稀近圆形、椭圆形,小型叶卵圆形,长 4.5~12.0 cm,宽 3.0~7.5 cm,表面淡黄色或黄色,叶脉绿色,无毛,具光泽,背面淡黄绿色,密被茸毛,后无毛,沿主脉疏被弯曲长柔毛,先端短尖,小型叶钝圆,基部楔形、宽楔形,稀圆形,边缘具长短不等斜尖齿,齿淡黄色,先端具柄黑色腺体,具柄腺点;叶柄长 1.0~2.0 cm,淡黄色,表面具 2 行高低不等的具柄腺体,腺体黑褐色,疏被弯曲长柔毛。单花具花瓣 5 枚,稀 2~3 枚畸形花瓣。果实椭圆体状、圆柱状,长 6.7~8.5~14.0 cm,径 4.0~6.0~7.0 cm,淡青绿色,具光泽,表面平滑,果点不明显,先端钝圆,萼洼微凹,四周具不明显钝棱与沟;萼脱落,柱基宿存,基部浅凹,四周具多条明显突起钝棱与沟;梗洼浅;果梗枝粗壮,褐色,无毛,稀疏被短柔毛。单果重 168.0~258.0~350.0 g。

产地:河南,郑州市有栽培。2017 年 7 月 23 日。赵天榜、范永明和陈志秀,No. 201707234(枝,叶和花)。模式标本,存河南农业大学。2017 年 7 月 23 日。赵天榜、范永明和温道远,No. 2017070823(枝,叶和果实),存河南农业大学。

1.16 瘤干木瓜 变种

Pseudochaenomeles sinensis（Thouin）Carr. var. **lignosi-tumor** T. B. Zhao Z. X.

Chen et D. W. Zhao,赵天榜等主编. 中国木瓜族植物资源与栽培利用研究:76~77. 图版
2:3、11. 2019;路夷坦等. 中国木瓜属植物资源的研究. 安徽农业科学,2018,46(33):
49~50。

本变种与木瓜原变种 Pseudochaenomeles sinensis(Thouin) Carr. var. sinensis 区别:树
冠宽大;侧枝开展;树干上具很多突起木瘤。1 年生小枝褐色,疏被弯曲长柔毛;幼枝密被
弯曲长柔毛。

形态特征补充描述:落叶乔木;树冠宽大;树干上具很多突起木瘤。皮灰褐色,片状剥
落。1 年生小枝褐色,具光泽,疏被弯曲长柔毛;2 年生小枝黑褐色,具光泽,无毛;幼枝密
被弯曲长柔毛。叶互生,宽卵圆形,稀近圆形,长 5.0~11.0 cm,宽 3.5~7.0 cm,表面绿
色,无毛,具光泽,背面淡绿色,微被柔毛,沿脉疏被较密弯曲长柔毛,先端短尖,稀钝圆,基
部楔形,边缘具柄腺点,缘毛很少;叶柄长 1.0~1.5 cm,淡黄色,表面具 2 行高低不等的具
柄腺体及无柄腺点,腺体黑褐色,疏被弯曲长柔毛。单花具花瓣 5 枚,匙-椭圆形,两面粉
红色,爪长白色,其上具放射性粉红色线纹。①果实椭圆体状,长 7.5~11.0 cm,径 5.0~
7.0 cm,淡青绿色,具光泽,表面平滑,果点不明显,先端钝圆;萼洼微凹,四周无明显钝棱
与沟;萼脱落,柱基宿存、短,被较密短柔毛;基部半球状,梗洼浅,四周具较明显突起钝棱
与沟;果梗枝粗壮,褐色,被较密长毛。单果重 95.0~156.0 g。②畸型果实椭圆体,长 6.5
cm,径 5.5 cm,淡青绿色,具光泽,表面平滑,具明显浅凹沟,果点不明显,先端钝圆;萼洼
微凹,四周具明显钝棱与沟;萼脱落,柱基宿存、短,被较密短柔毛;梗洼浅,稀偏斜,四周无
明显突起钝棱与沟,稀具 2 条钝棱;果梗枝粗壮,褐色,疏被柔毛。单果重 85.0~188.0 g。

产地:河南,郑州市、郑州植物园有栽培。2015 年 4 月 15 日。赵东武、赵天榜和陈志
秀,No. 201504155。模式标本,存河南农业大学。

1.17　球果木瓜　变种　图 250

Pseudochaenomeles sinensis(Thouin)
Carr. var. **globosa** T. B. Zhao,Z. X. Chen et
Y. M. Fan,赵天榜等主编. 中国木瓜族植物
资源与栽培利用研究:78~79. 图版 6:3.　图
版 9:6. 2019;路夷坦等. 中国木瓜属植物资源
的研究. 安徽农业科学,2018,46(33):50。

本变种与木瓜原变种 Pseudochaenomeles

图 250　球果木瓜

sinensis(Thouin) Carr. var. sinensis 相似,但区别:果实大,球状、近球状,长 17.0~19.0
cm,径 12.0~18.0 cm。单果重 890.0~1 330.0 g。

形态特征补充描述:落叶乔木;树冠宽大:侧枝、小枝开屏;树皮灰褐色,片状剥落。小
枝紫褐色,光滑,无毛或疏被长柔毛。单叶,互生,长 3.5~11.0 cm,宽 5.0~7.0 cm,卵圆
形、倒卵圆形,表面深绿色,无毛,具光泽,背面淡黄绿色,无毛,沿主脉基部疏被较弯曲长
柔毛,先端渐尖、短尖,基部楔形,稀圆形,边缘具长短不等的尖角,齿淡黄色,先端具黑色
腺点及疏缘毛;叶柄淡黄色,表面具 2 行高低不等的具柄腺体,腺体黑褐色,疏被弯曲长柔
毛。果实球状,长 17.0~19.0 cm,径 15.0~18.0 cm,黄绿色,具光泽,表面平滑,果点不明
显,先端凹或钝圆;萼洼极深,四周具钝棱与沟;萼片脱落,柱基宿存;基部钝圆、凹入,四周

偏斜,具突起;梗洼浅;果梗粗壮,褐色,无毛。单果重 890.0～1 330.0 g。

产地:河南郑州市、郑州植物园、长垣县。2015 年 8 月 28 日。赵天榜、陈志秀和范永明,No. 201508281。模式标本,存河南农业大学。

1.18　柱果木瓜　变种

Pseudochaenomeles sinensis(Thouin)Carr. var. **cyliricarpa** T. B. Zhao,Z. X. Chen et Y. M. Fan,赵天榜等主编. 中国木瓜族植物资源与栽培利用研究:79～80.　图版 9:9. 2019;路夷坦等. 中国木瓜属植物资源的研究. 安徽农业科学,2018,46(33):50。

本变种与木瓜原变种 Pseudochaenomeles sinensis(Thouin)Carr. var. sinensis 相似,但主要区别:果实长圆柱状,长 10.0～10.5 cm,径 6.5～7.0 cm。单果重 250.0 g。

形态特征补充描述:落叶乔木。小枝红褐色,具光泽,无毛。单叶,互生,长 3.4～11.7 cm,宽 3.0～7.7 cm,卵圆形、倒卵圆形、圆形有畸形小叶,表面绿色,无毛,具光泽,背面淡绿色,微被柔毛,沿主脉疏被柔毛,先端渐尖、短尖、凹缺,边缘具长短不等尖齿,齿谈黄色,稀部分边缘全缘,先端具黑色腺体及疏缘毛;叶柄淡黄色,表面具 2 行高低不等的具柄腺体,稀无柄腺体,腺体黑褐色,稀被弯曲长柔毛。果实圆柱状,中型较大,长 10.0～10.5 cm,径 6.5～7.0 cm,淡绿色,具光泽,表面平滑或具明显平滑的瘤突,先端钝圆;萼洼平浅,四周无钝棱与沟;萼脱落,萼洼浅,不明显或明显呈深褐色,柱基宿存;梗洼浅,四周无钝棱与沟。单果重 253.0 g。

产地:河南郑州市、郑州植物园、长垣县。2015 年 8 月 28 日。赵天榜、陈志秀和范永明,No. 201508285。模式标本,存河南农业大学。

1.19　两色叶木瓜　变种

Pseudochaenomeles sinensis(Thouin)Carr. var. **bicolorfolia** T. B. Zhao Z. X. Chen et F. D. Zhao,赵天榜等主编. 中国木瓜族植物资源与栽培利用研究:80～81. 2019;路夷坦等. 中国木瓜属植物资源的研究. 安徽农业科学,2018,46(33):50。

本变种与木瓜原变种 Pseudochaenomeles sinensis(Thouin)Carr. var. sinensis 相似,但主要区别:小枝棕褐色,密被弯曲长柔毛。叶淡黄绿色、绿色。果实长圆柱状,长 7.0～11.0 cm,径 6.0～8.0 cm。

形态特征补充描述:小枝棕褐色,具光泽,密被弯曲长柔毛。叶宽椭圆形、卵圆形,长 2.5～7.5 cm,宽 2.5～5.0 cm,表面淡黄绿色、绿色,主脉两侧绿色,无毛,背面淡黄色,无毛,沿主脉两侧绿色,疏被弯曲长柔毛,稀无毛,边缘具腺齿,无缘毛;叶柄具柄腺体,疏被长柔毛。果实圆柱状,长 7.0～11.0 cm,径 6.0～8.0 cm,淡黄色,具光泽,无棱与沟纹;萼脱落,萼洼浅平或较深,四周具不明显或明显纵棱与沟纹,柱基宿存或脱落;梗洼较深,四周具不明显或明显钝棱与沟纹。单果重 150.0～330.0 g。

产地:河南,郑州市有栽培。2017 年 10 月 7 日。赵天榜、陈志秀和赵东方,No. 201710074。模式标本,存河南农业大学。

1.20　细锯齿木瓜　变种

Pseudochaenomeles sinensis(Thouin)Carr. var. **serrulatisa** T. B. Zhao,Z. X. Chen et Y. M. Fan,赵天榜等主编. 中国木瓜族植物资源与栽培利用研究:81. 2019;路夷坦等. 中国木瓜属植物资源的研究. 安徽农业科学,2018,46(33):51。

本变种与木瓜原变种 Pseudochaenomeles sinensis(Thouin)Carr. var. sinensis 相似,但区别:叶 2 种类型:① 椭圆形,先端钝圆;② 狭椭圆形,先端渐尖。背面密被短柔毛,边缘细锯齿,无缘毛、无小腺体。单花具花瓣 5 枚,白色,边缘波状起伏。

产地:河南,长垣县有栽培。2017 年 4 月 24 日。赵天榜、陈志秀和范永明,No. 201704245。模式标本,存河南农业大学。

1.21 大畸果木瓜 新变种 图 251

Pseudochaenomeles sinensis (Thouin) Carr. var. **carpa** T. B. Zhao,Z. X. Chen var. nov.

var. nov:carpis globosis, 10.0~12.0 cm longis,diam. 10.0~12.0 cm, 1 longitudinaliter sulcatis.

图 251 大畸果木瓜

该新变种果实球状,畸形,长、径 10.0~12.0 cm,淡黄色,具光泽,具 1 条纵浅沟。

产地:河南郑州市、郑州植物园。2017 年 8 月 22 日。赵天榜和陈志秀,No. 201708224。模式标本,存河南农业大学。

(五) 贴梗海棠属

1. 贴梗海棠

Chaenomeles speciosa (Sweet) Nakai

亚种:

1.1 贴梗海棠 亚种

Chaenomeles speciosa (Sweet) Nakai subsp. **speciosa**

1.2 多瓣白花贴梗海棠 亚种

Chaenomeles Lindl. subsp. **multipetala** T. B. Zhao,Z. X. Chen et D. F. Zhao,赵天榜等主编. 中国木瓜族植物资源与栽培利用研究:124~125. 2019。

本亚属单花具花瓣 10~15 枚,稀 5~12 枚;雄蕊通常无瓣化,稀 3~5 枚瓣化。

产地:河南,郑州市有栽培。2018 年 3 月 25 日。赵天榜和陈志秀,No. 201803251(枝、叶与花)。模式标本,存河南农业大学。

1.3 多瓣红花贴梗海棠 亚种

Chaenomeles Lindl. subsp. **multipetalirubra** T. B. Zhao,Z. X. Chen et D. F. Zhao,赵天榜等主编. 中国木瓜族植物资源与栽培利用研究:125~126. 图版 15:1~5. 2019。

本亚属单花具花瓣 10~45 枚,稀 5~12 枚;雄蕊通常无瓣化,稀 3~5 枚瓣化。花红色。

产地:河南,郑州市有栽培。2018 年 3 月 28 日。赵天榜、陈志秀和赵东方,No. 2018032801(枝、叶与花)。模式标本,存河南农业大学。

1.4 橙黄色花贴梗海棠 亚种

Chaenomeles Lindl. subgen. **citronella** T. B. Zhao,Z. X. Chen et D. F. Zhao,赵天榜等主编. 中国木瓜族植物资源与栽培利用研究:127. 图版 15:6~9. 2019。

本亚属单花具花瓣 10~25 枚或 5 枚;雄蕊通常无瓣化。花橙黄色。

产地:河南,郑州市有栽培。2018 年 4 月 20 日。赵天榜和陈志秀,No. 2018004201(枝、叶与花)。模式标本,存河南农业大学。

变种:

1.1　贴梗海棠　变种

Chaenomeles speciosa(Sweet)Nakai var. **speciosa**

1.2　异果贴梗海棠　变种

Chaenomeles speciosa(Sweet)Nakai var. **triforma** T. B. Zhao et Z. X. Chen,赵天榜等主编. 中国木瓜族植物资源与栽培利用研究:121~122. 2019。

本变种与贴梗海棠原变种 Chaenomeles speciosa(Sweet)Nakai var. speciosa 主要区别:果实 3 种类型:① 球状,② 卵球状,③ 倒椭圆体状。黄绿色,具明显纵钝棱。

形态特征补充描述:落叶丛生灌木,高达 2.0 m。叶卵圆形,长 2.0~3.5 cm,宽 1.5~2.0 cm,先端钝圆,基部楔形。花先叶井放。花白色,单生或 3~5 朵簇生于 2 年生枝上。单花具花瓣 5 枚,倒卵圆形,长 1.0~1.7 cm,宽 8~12 mm,红色。果实 3 种类型:①球状,②卵球状,3 倒椭圆体状。黄绿色,具明显钝纵棱。

产地:河南,郑州市有栽培。2015 年 4 月 5 日。赵天榜和陈志秀,No. 201504159(枝、叶与花)。模式标本,存河南农业大学。2015 年 8 月 25 日。赵天榜和陈志秀,No. 201708251(枝、叶与果实)。模式标本,存河南农业大学。

1.3　小果贴梗海棠　变种

Chaenomeles speciosa(Sweet)Nakai var. **parvicarpa** T. B. Zhao et Z. X. Chen,赵天榜等主编. 中国木瓜族植物资源与栽培利用研究:122~123. 2019。

本变种与贴梗海棠原变种 Chaenomeles speciosa(Sweet)Nakai var. speciosa 主要区别:果实近球状,长 2.0~3.0 cm,径 2.0~3.5 cm,深绿色,具明显钝纵棱与浅沟纹。单果重 5.0~10.0 g。

形态特征补充描述:落叶丛生灌木,高达 2.5 m。小枝褐色,无毛。叶宽椭圆形、卵圆形,长 2.0~4.0 cm,宽 1.5~2.2 cm,表面绿色,无毛,背面浅绿色,沿脉疏被短柔毛,先端钝圆,基部楔形,边缘具尖锐细锯齿,齿间具腺体;畸形小叶半圆形、倒卵圆形,表面深绿色,无毛,边缘具细锯齿,齿间具小腺体,先端深凹或钝圆,基部边缘全缘;小叶柄具疏毛。花先叶开放。花单生或 3~5 朵簇生于 2 年生枝上。单花具花瓣 5 枚,倒卵圆形,长 1.0~1.7 cm,宽 8~12 mm,红色。果实近球状,长 2.0~3.0 cm,径 2.0~3.5 cm,深绿色,具明显的钝纵棱与浅沟纹,果点白色,小,明显;萼洼圆形,深凹,四周具明显的钝棱与浅沟,萼脱落,宿柱基部膨大,淡黄白色,基部具宽纵钝棱;贴枝处浅黄白色;梗洼深凹,四周无明显亮棱与沟纹或稍明显。单果重 5.0~10.0 g。

产地:河南,郑州市有栽培。2017 年 8 月 25 日。赵天榜、陈志秀和范永明,No. 201708251(枝、叶与果实)。模式标本,存河南农业大学。

1.4　常绿贴梗海棠　变种

Chaenomeles speciosa(Sweet)Nakai var. **sempervirens** T. B. Zhao,Z. X. Chen et Y. M. Fan,赵天榜等主编. 中国木瓜族植物资源与栽培利用研究:123.　图版 10:4. 2019。

本变种与贴梗海棠原变种 Chaenomeles speciosa(Sweet)Nakai var. speciosa 主要区别:植株为常绿灌丛,高约 1.5 m。丛生枝通常细,斜弯曲。叶椭圆形,卵圆形,长 3.0~5.0 cm,宽 2.5~3.0 cm,表面深绿色,无毛,背面浅绿色,先端钝圆,基部楔形,边缘具尖锯齿。花先叶开放。花单生。单花具花瓣 5 枚,匙-圆形,红色。

产地:河南,郑州市有栽培。2017 年 4 月 20 日。赵天榜、陈志秀和范永明,No. 201704201(枝、叶与花)。模式标本,存河南农业大学。

1.5　密毛贴梗海棠　变种

Chaenomeles speciosa(Sweet)Nakai var. **densivillosa** T. B. Zhao,Z. X. Chen et D. F. Zhao,赵天榜等主编. 中国木瓜族植物资源与栽培利用研究:123~124. 2019。

本变种与贴梗海棠原变种 Chaenomeles speciosa(Sweet)Nakai var. speciosa 主要区别:小枝褐色,疏被长柔毛;幼枝褐色,密被褐色长柔毛。叶椭圆形、狭椭圆形,长 2.5~5.5 cm,宽 1.7~2.2 cm,表面绿色,疏被长柔毛,背面浅绿色,密被长柔毛,先端钝尖、渐尖,基部楔形,边缘具钝重锯齿。花先叶开放。花单生。单花具花瓣 5 枚,匙-圆形,红色。果实球状,长 3.0~4.0 cm,灰白色,表面凸凹不平,具明显的 5 条钝纵棱;萼脱落或宿存。

产地:河南,郑州市有栽培。2012 年 5 月 24 日。赵天榜、陈志秀和赵东方,No. 201205245(枝、叶与花)。模式标本,存河南农业大学。

1.6　绿花贴梗海棠　变种

Chaenomeles speciosa(Sweet)Nakai var. **chloroticflora** T. B. Zhao,Z. X. Chen et D. F. Zhao,赵天榜等主编. 中国木瓜族植物资源与栽培利用研究:124. 2019。

本变种为落叶丛生灌木。花先叶开放、花叶同时开放。花单生,或 3~5 朵簇生于 2 年生枝或枝刺上。单花具花瓣(3~)5(~6)枚,长 8~10 mm,宽 6~8 mm,匙-圆形,淡绿色;萼筒倒钟状,淡绿色,无毛,具光泽;花柱 5 枚,具纵棱,合生处无毛;雄蕊多数,2 轮排列;萼片 5 枚,先端钝圆,外面无毛,内面疏被短柔毛,边缘疏被缘毛;花梗具环状钝棱。

产地:河南,郑州市有栽培。2012 年 4 月 5 日。赵天榜、陈志秀和赵东方,No. 201204051(枝、叶与花)。模式标本,存河南农业大学。

1.7　大叶贴梗海棠　变种

Chaenomeles speciosa(Sweet)Nakai var. **megalophylla** T. B. Zhao,H. Wang et Y. M. Fan,赵天榜等主编. 郑州植物园种子植物名录:127. 2018;赵天榜等主编. 中国木瓜族植物资源与栽培利用研究:118~119. 2019。

本变种主干少。小枝稀少,平展。叶大型,宽倒椭圆形。7 月有 2 次花。单花具花瓣 5 枚,红色。果实长椭圆体状,较大,表面深绿色,具光泽,果点白色。单果重 82.0~110.0 g。果肉翠绿色,质细、汁多、味酸。

形态特征补充描述:落叶灌丛,主干少;侧枝稀少,平展。2 年生枝具短尖枝刺。叶大型,宽倒椭圆形,长 6.0~8.0 cm,宽 4.0~6.0 cm,深绿色,先端钝圆,基部狭楔形,下延,边缘具尖锐重锯齿;托叶肾形,先端尖。花单生或 2~5 朵簇生于 2 年生枝上。7 月有 2 次花。花径 3.5~4.5 cm。单花具花瓣 5 枚,匙-椭圆形,深红色,不平展,具短爪。花有不孕两性花及可孕两性花 2 种;萼筒有 2 种类型:①钟状(不孕两性花),其内花柱通常不发育;②长圆柱状(可孕两性花),阳面深红色,外面无毛,上部较粗,中部稍凹,基部稍膨大。

花内雄蕊、雌蕊均发育。果实长椭圆体状,较大,长 5.5~6.5 cm,径 6.0~6.5 cm,表面绿色,具光泽,果点白色,明显,先端钝圆;萼洼较深,四周微具钝纵棱与沟纹;萼片脱落,萼洼深,黑褐色,柱基宿存,密被白色短毛;或萼片、雄蕊干枯,花丝宿存,基部钝圆;梗洼较深,四周无钝纵棱与沟纹。单果重 82.0~110.0 g。果肉汁多、质脆、味酸,翠绿色。

产地:河南,郑州市、郑州植物园有栽培。2015 年 4 月 5 日。赵天榜和陈志秀,No. 201504159(枝、叶与花)。模式标本,存河南农业大学。2017 年 8 月 25 日。赵天榜、陈志秀和范永明,No.201708251(枝、叶与果实)。模式标本,存河南农业大学。

1.8 小叶贴梗海棠 变种

Chaenomeles speciosa(Sweet)Nakai var. **parvifolia** T. B. Zhao,H. Wang et Y. M. Fan,赵天榜等主编. 郑州植物园种子植物名录:127. 2018;赵天榜等主编. 中国木瓜族植物资源与栽培利用研究:119~120. 2019。

本变种为丛生灌丛。小枝很多,直立,很短。叶小型,卵圆形、圆形。单花具花瓣 5 枚,深红色。果实近球状,长 4.0~5.0 cm,径 4.5~5.0 cm,表面淡黄白色,具光泽,无棱,果点白色,明显。单果重 10.0~15.0 g。

形态特征补充描述:落叶灌丛,主枝多,小枝黑褐色,直立,短。叶小型,卵圆形、圆形,长 1.0~3.0 cm,宽 1.0~2.0 cm,表面绿色,无毛,背面淡绿色,无毛,先端钝圆,基部楔形,边缘具钝锯齿,无缘毛;托叶肾形,先端尖。花单生或 2~5 朵簇生于 2 年生枝上。7 月有 2 次花。花径 3.5~4.5 cm。单花具花瓣 5 枚,匙-椭圆形,深红色,不平展,具短爪。花有不孕两性花及可孕两性花 2 种;萼筒有 2 种类型:①钟状(不孕两性花),其内花柱通常不发育;②圆柱状(可孕两性花),上部较粗,中部稍凹,基部稍膨大。其内雄蕊、雌蕊均发育。单花具花瓣 5 枚,红色。果实近球状,长 4.0~5.0 cm,径 4.5~5.0 cm,表面淡黄白色,果点白色,明显,先端钝圆;萼洼较深,四周微具钝纵棱与沟纹;萼片脱落,萼洼深凹,四周无明显钝棱与沟,黑褐色,柱基宿存,密被白色短毛或无毛;基部钝圆;梗洼较深,四周微具钝纵棱与沟纹。单果重 10.0~15.0 g。

产地:河南,郑州市、郑州植物园有栽培。2017 年 8 月 4 日。赵天榜、陈志秀和范永明,No.2017080431(枝、叶与果实)。模式标本,存河南农业大学。2016 年 4 月 15 日。赵天榜、陈志秀和范永明,No.201604151(枝、幼叶与花)。模式标本,存河南农业大学。

1.9 棱果贴梗海棠 变种

Chaenomeles speciosa(Sweet)Nakai var. **angulicarpa** T. B. Zhao,Z. X. Chen et H. Wang,赵天榜等主编. 郑州植物园种子植物名录:128. 2018;赵天榜等主编. 中国木瓜族植物资源与栽培利用研究:120~121. 2019。

本变种小枝褐色,无毛。果实近球状,长 2.0~3.0 cm,径 2.0~3.5 cm,表面深绿色,具明显的钝纵棱与纵沟纹。单果重 5.0~10.0~20.0~26.0 g。

形态特征补充描述:落叶丛生灌木,高达 2.5 m。干、枝少,平展。小枝褐色,无毛。叶宽椭圆形,长 2.0~5.0~7.0 cm,宽 1.5~2.5~4.5 cm,表面深绿色,无毛,背面淡绿色,沿脉疏被短柔毛,先端钝圆、短尖,基部楔形或宽楔形,两侧不对称,边缘具细锯齿,齿间具腺体;托叶半圆形、肾形,表面深绿色,无毛,边缘具细锯齿,齿间具小腺点,基部边缘全缘,具褐色缘毛;畸形小叶半圆形、倒卵圆形,表面深绿色,无毛,边缘具细锯齿,齿间具小腺点,先端深凹,基部边缘全缘;小叶柄具疏毛。托叶柄具褐色短柔毛。花先叶开放。

花单生或3~5朵簇生于2年生枝上。单花具花瓣5枚,倒卵圆形,长1.0~1.7 cm,宽8~12 mm,红色。果实近球状,先端稍细,长3.5~4.0 cm,径3.5~4.0 cm,表面深绿色,具明显的钝纵棱与浅沟纹,果点白色,小,明显;萼洼小,偏斜,稍深凹,四周无明显宽棱与沟纹。单果重5.0~10.0~20.0~26.0 g。

产地:河南,郑州市、郑州植物园有栽培。2017年8月27日。赵天榜、陈志秀和王华,No.201708279(枝、幼叶与果实)。模式标本,存河南农业大学。2017年4月20日。赵天榜和陈志秀,No.201704204(枝、叶与花),存河南农业大学。

1.10 亮粉红花贴梗海棠 变种

Chaenomeles speciosa(Sweet)Nakai var. **mult-subrosea** T. B. Zhao et Z. X. Chen ,赵天榜等主编. 郑州植物园种子植物名录:128. 2018;赵天榜主编. 中国木瓜族植物资源与栽培利用研究:126~127. 2019。

本变种单花具花瓣5~12枚,匙-近圆形,稀畸形,亮粉红色,畸形多样。

形态特征补充描述:落叶丛生灌木,高1.5 m。小枝直立生长,紫褐色,无毛,疏被深紫色小点;具枝枝。枝芽萌发多枚畸形小叶。叶卵圆形、椭圆形,长2.0~3.0 cm,宽1.0~1.5 cm,表面绿色,无毛,具光泽,背面淡绿色,无毛,先端钝圆、短尖,基部楔形,边缘具弯曲钝锯齿,齿间具芒尖。花单生或3~5朵簇生在短枝上。花两型:①可孕花,萼筒圆筒状,阳面紫红鱼,无毛,长约2.0 cm,萼筒内面基部淡紫色;萼片5枚,近圆形,边缘紫红色,疏被缘毛。②不可孕花,萼筒倒锥状,其他与①相同。萼单花具花瓣5~12枚,近匙-圆形,稀畸形,亮粉红色,花瓣长2.0~2.3 cm,宽1.0~1.3 cm,花瓣形态多样,具4~8 mm长爪。可孕花雄蕊多数,两轮着生在萼筒内面上部,花丝无毛,高于雄蕊或与雄蕊齐平。不可孕花雄蕊多数,两轮着生在萼筒内面上部,花柱极短,不发育。花期3月下旬。

产地:河南,郑州市碧沙岗公园有栽培。2017年4月7日。赵天榜、陈志秀和赵东方,No.201704075(枝、幼叶与花)。模式标本,存河南农业大学。

1.11 多瓣白花贴梗海棠 多瓣贴梗海棠 变种

Chaenomeles speciosa(Sweet)Nakai var. **multi-petala** T. B. Zhao,Z. X. Chen et H. Wang,赵天榜等主编. 郑州植物园种子植物名录:128. 2018;赵天榜主编. 中国木瓜族植物资源与栽培利用研究:125. 图版12:1~12,图版13:2~6,8~11. 2019。

本变种单花具花瓣15枚,匙圆形等多形壮,淡白色;雄蕊有瓣化;花丝淡黄白色;萼筒倒钟状,绿色;花柱5枚,合生处密被短柔毛;萼片5枚,边缘疏被缘毛。

形态特征补充描述:落叶丛生灌木。干、小枝褐色,无毛。叶宽椭圆形、卵圆形,长3.0~5.0 cm,宽12.5~3.0 cm,表面深绿色,无毛,背面淡绿色,沿脉疏被短柔毛,先端钝圆,基部楔形,边缘具钝锯齿。花先叶开放。花单生或3~5朵簇生于2年生枝上。单花具花瓣15枚,长1.5~2.0 cm,宽1.2~1.5 cm,匙-圆形等多形状,淡白色;雄蕊有瓣化,花丝淡黄白色;萼筒倒钟状,绿色;花柱5枚,合生处密被短柔毛;萼片5枚,边缘疏被缘毛。果实近球状,长4.5 cm,径6.0 cm,深绿色,稍具明显的钝纵棱与浅沟纹,果点白色,小,明显;萼洼圆形,四周具明显钝棱与沟;萼脱落,柱基宿存;梗洼四周元明显宽棱与沟纹。单果重55.0 g。

产地:河南,郑州市碧沙岗公园有栽培。2018 年 3 月 10 日。赵天榜、陈志秀和赵东方,No. 201803181(枝、叶与花)。模式标本,存河南农业大学。

1.12　五瓣橙黄色花贴梗海棠　变种

Chaenomeles speciosa(Sweet) Nakai var. **pentapetala** T. B. Zhao, Z. X. Chen et D. F. Zhao,赵天榜等主编. 中国木瓜族植物资源与栽培利用研究:127. 2019;

本变种单花具花瓣 5 枚;雄蕊通常无瓣化。花橙黄色。

产地:河南,郑州市有栽培。2018 年 4 月 20 日。赵天榜和陈志秀,No. 201804203(枝、叶与花)。模式标本,存河南农业大学。

2. 雄蕊瓣化贴梗海棠

Chaenomeles stamini-petalina T. B. Zhao,Z. X. Chen et Y. M. Fan,赵天榜等主编. 中国木瓜族植物资源与栽培利用研究:148. 图版 19:1~12,图版 20:1~10. 2019。

本种单花雄蕊几乎全瓣化,瓣化数达 40 枚以上,瓣化形态多变,稀有雄蕊 1~3 枚不瓣化。雌蕊不发育。

产地:河南,长垣县。2018 年 3 月 22 日。赵天榜、陈志秀和赵东武,No. 2018032210(枝与花)。模式标本,存河南农业大学。

亚种:

2.1　雄蕊瓣化贴梗海棠　亚种

Chaenomeles stamini - petalina T. B. Zhao, Z. X. Chen et D. F. Zhao subsp. **stamini-petalina**

2.2　多瓣少瓣化贴梗海棠　亚种

Chaenomeles stamini - petalina T. B. Zhao, Z. X. Chen et D. F. Zhao subsp. **multipetali-pauciptalina** T. B. Zhao,Z. X. Chen et Y. M. Fan,赵天榜等主编. 中国木瓜族植物资源与栽培利用研究:150. 2019。

本亚种单花具花瓣 5~12~18 枚,匙-圆形;雄蕊有少数瓣化者。

产地:河南,郑州市、长垣县有栽培。2017 年 4 月 25 日。赵天榜、陈志秀和赵东方,No. 201704259(枝与花)。模式标本,存河南农业大学。

2.3　多瓣化贴梗海棠　亚种

Chaenomeles stamini - petalina T. B. Zhao, Z. X. Chen et Y. M. Fan subsp. **multipetali-petaloidea** T. B. Zhao,Z. X. Chen et Y. M. Fan,赵天榜等主编. 中国木瓜族植物资源与栽培利用研究:151. 2019。

本亚种单花具花瓣 10~30 枚;雄蕊通常花瓣 10~15 枚。

产地:河南,郑州市有栽培。2018 年 4 月 20 日。赵天榜、陈志秀和范永明,No. 201804201(枝与花)。模式标本,存河南农业大学。

变种:

2.1　雄蕊瓣化贴梗海棠　变种

Chaenomeles stamini - petalina T. B. Zhao, Z. X. Chen et D. F. Zhao, var. **stamini-petalina**

2.2　小花雄蕊瓣化贴梗海棠　变种

Chaenomeles stamini - petalina T. B. Zhao, Z. X. Chen et D. F. Zhao, var. **parviflori-petalina** T. B. Zhao, Z. X. Chen et D. F. Zhao, 赵天榜等主编. 中国木瓜族植物资源与栽培利用研究:148~149. 2019。

本变种与雄蕊瓣化贴梗海棠原变种 Chaenomeles stamini-petalina T. B. Zhao, Z. X. Chen et D. F. Zhao var. stamini-petalina 主要区别:小枝条细,枝刺短、细。花径约 2.0 cm。单花具雄蕊全瓣化,瓣化形态多变。雌蕊不发育。

产地:河南,长垣县。2018 年 3 月 22 日。赵天榜、陈志秀和赵东方,No. 2018032215(枝与花)。模式标本,存河南农业大学。

2.3　多瓣雄蕊瓣化贴梗海棠　变种

Chaenomeles stamini - petalina T. B. Zhao, Z. X. Chen et D. F. Zhao, var. **multi-stamini-petalina** T. B. Zhao, Z. X. Chen et D. F. Zhao, 赵天榜等主编. 中国木瓜族植物资源与栽培利用研究:149. 2019。

本变种与雄蕊瓣化贴梗海棠原变种 Chaenomeles stamini-petalina T. B. Zhao, Z. X. Chen et D. F. Zhao, var. stamini-petalina 主要区别:花径 4.0~5.0 cm。单花具花瓣 10~15 枚,匙-近圆形,白色,具粉红色晕;雄蕊瓣化 2~3 枚,形态多变;雌蕊花柱 5 枚,中部合生处被短柔毛。

产地:河南,长垣县。2018 年 3 月 22 日。赵天榜、陈志秀和赵东方,No. 2018032218(枝与花)。模式标本,存河南农业大学。

2.4　小花碎瓣贴梗海棠　变种

Chaenomeles stamini - petalina T. B. Zhao, Z. X. Chen et D. F. Zhao var. **parviflori-petalina** T. B. Zhao, Z. X. Chen et D. F. Zhao, 赵天榜等主编. 中国木瓜族植物资源与栽培利用研究:149. 2019。

本变种与雄蕊瓣化贴梗海棠原变种 Chaenomeles stamini-petalina T. B. Zhao, Z. X. Chen et D. F. Zhao, var. stamini-petalina 主要区别:花径 2.0~2.5 cm。单花具花瓣 5 枚,多色;雄蕊瓣化 45 枚以上,不瓣化雄蕊 3~5 枚。

形态特征补充描述:落叶丛生小灌木,高约 1.5 m。小枝灰褐色,无毛。叶椭圆形,长 3.5~5.0 cm,宽 1.0~1.3 cm,先端钝尖,边缘具尖锯齿;叶柄长 0.5~1.0 cm。花径 2.0~2.5 cm。花单朵或 2~4 朵簇生于短枝上。单花具花瓣 5 枚,匙-圆形,有畸形花瓣,长 7~10 mm,宽 6~11 mm,白色、粉红色或白色具粉红色晕;雄蕊瓣化 45 枚以上,不瓣化雄蕊 3~5 枚;雌蕊花柱 5 枚,合生处无毛;萼筒倒钟状,长约 5 mm;萼片 5 枚,阳面紫色,边缘疏被缘毛。

产地:河南,长垣县有栽培。2018 年 3 月 22 日。赵天榜、陈志秀和赵东方,No. 201832220。模式标本,存河南农业大学。

3. 木瓜贴梗海棠

Chaenomeles cathayensis(Hemsl.)Schneid.

亚种:

3.1　木瓜贴梗海棠　亚种

Chaenomoles cathayensis(Hemsl.)Schneid. subsp. **cathayensis**

3.2　多瓣木瓜贴梗海棠　亚种

Chaenomoles cathayensis(Hemsl.)Schneid. subsp. **multipetala** T. B. Zhao, Z. X. Chen et D. W. Zhao,赵天榜等主编. 中国木瓜族植物资源与栽培利用研究:164~165. 图版22:3. 2019。

本亚种与木瓜贴梗海棠 Chaenomoles cathayensis(Hemsl.)Schneid. subsp. cathayensis 相似,但区别:幼枝疏被弯曲柔毛。叶椭圆形、长椭圆形,幼时具紫色晕。单花具花瓣15~65 枚,橙红色、粉红色、白-粉色或淡红色,瓣化雄蕊撕裂状条形、不规则形;花柱5 枚,合生处无毛。

产地:河南郑州市、长垣县。2017 年 4 月 15 日。赵天榜、陈志秀和赵东武,No. 201704153(花)。模式标本,采自河南郑州市,存河南农业大学。

3.3　碎瓣木瓜贴梗海棠　亚种

Chaenomeles cathayensis(Hemsl.)Schneid. subsp. **frustilli-petala** T. B. Zhao,Z. X. Chen et D. W. Zhao,赵天榜等主编. 中国木瓜族植物资源与栽培利用研究:166~167. 2019。

本亚种与木瓜贴梗海棠原亚种 Chaenomoles cathayensis(Hemsl.)Schneid. subsp. cathayensis 相似,但区别:单花具花瓣15~45 枚,橙红色、粉红色、白粉色或淡红色,瓣化雄蕊撕裂状带形、不规则形。

产地:河南郑州市。2017 年 4 月 15 日。赵天榜、陈志秀和赵东武,No. 201704153(花)。模式标本,采自河南郑州市,存河南农业大学。

变种:

3.1　木瓜贴梗海棠

Chaenomeles cathayensis(Hemsl.)Schneid. var. **cathayensis**

3.2　球瘤果木瓜贴梗海棠　变种

Chaenomeles cathayensis(Hemsl.)Schneid. var. **tumorifructa** T. B. Zhao, Z. X. Chen et J. T. Chen,赵天榜等主编. 郑州植物园种子植物名录:129~130. 2018;赵天榜等主编. 中国木瓜族植物资源与栽培利用研究:157. 2019。

本变种落叶、半常绿丛生灌木或小乔木。小枝紫褐色,密被长柔毛。枝刺通常具2~5 节,节上无叶,稀有叶、无芽、无花蕾;长壮枝刺上有叶、芽,稀有花蕾。叶长椭圆形,长 7.0~11.5 cm,宽 2.5~3.5 cm,表面疏被短柔毛,主脉基部密被长柔毛,背面淡绿色,被长柔毛,主脉密被长柔毛,先端急尖,基部楔形,边缘具钝锯齿或重钝锯齿;叶柄密被丝状长柔毛,具紫色晕。花单生或2~3~5~7 朵簇生于2 年生以上枝及枝刺上。单花具花瓣5 枚,匙-圆形,水粉红色及白色,先端钝圆,基部具三角形爪,边缘波状;萼筒2 种类型:①短圆筒状,上部呈碗状,下部圆锥状;萼筒与萼片相连处具1 环状钝棱;花柱5 枚,白-水粉色,合生处无毛。② 萼筒圆锥三角状,上部钟状,中部从下渐细,其中间稍凹入,基部稍粗;萼片钝三角形,先端钝圆,边缘密具缘毛,外面淡绿色,无毛,内面微被短柔毛;雄蕊着生萼筒内下部亮紫红色或亮紫色;花柱5 枚,棒状,水粉色,合生处微被短柔毛。果实球状,表面淡绿色,具亮光泽;萼筒宿存,肉质化,膨大,呈球状,表面具多枚突起小瘤;萼筒与萼片间具 1 环状钝棱。果梗极短,长约 4 mm,无毛。单果重 108.0 g。

产地:河南,郑州市、郑州植物园有栽培。2012 年 4 月 20 日。赵天榜、陈志秀,No. 201204201(花)。模式标本,采自河南郑州市,存河南农业大学。2013 年 7 月 5 日。赵天榜、陈志秀,No. 201307058(果实)。采自河南郑州市,河南农业大学。

3.3　大果木瓜贴梗海棠　变种

Chaenomeles cathayensis (Hemsl.) Schneid. var. **magnicarpa** T. B. Zhao, Z. X. Chen et D. F. Zhaso;赵天榜等主编. 中国木瓜族植物资源与栽培利用研究:163.　图版 22:10、11. 2019。

本变种与木瓜贴梗海棠原变种 Chaenomoles cathayensis (Hemsl.) Schneid. var. cathayensis 相似,但区别:单花具花瓣 5 枚,匙-椭圆形,纸质,平展,淡白色。果实大型,卵球状,基部最粗,长 7.0~10.0 cm,径 5.5~7.5 cm,橙黄色,具光泽;萼宿存,肉质呈瘤突。

产地:河南,郑州市有栽培。2017 年 4 月 25 日(花枝)。2017 年 10 月 25 日。赵天榜、陈志秀和赵东方,No. 2011704251(果实)。模式标本,存河南农业大学。

3.4　小花木瓜贴梗海棠　变种

Chaenomeles cathayensis(Hemsl.)Schneid. var. **parviflora** T. B. Zhao, Z. X. Chen et Y. M. Fan,赵天榜等主编. 郑州植物园种子植物名录:130. 2018;赵天榜主编. 中国木瓜族植物资源与栽培利用研究:159. 2019。

本变种叶椭圆形,小,长 1.0~1.2 cm,宽 1.2~1.5 cm。花小,径 1.2~1.5 cm,白色,带粉色晕。

产地:河南,郑州市、郑州植物园有栽培。2017 年 3 月 14 日。赵天榜、陈志秀和范永明,No. 2017031451。模式标本,存河南农业大学。

3.5　紫花木瓜贴梗海棠　变种

Chaenomeles cathayensis(Hemsl.)Schneid. var. **purlleflora** T. B. Zhao, Z. X. Chen et D. W. Zhao,赵天榜等主编. 郑州植物园种子植物名录:130~131. 2018;赵天榜主编. 中国木瓜族植物资源与栽培利用研究:158. 2019。

本变种叶长椭圆形,两面无毛。单花具花瓣 5 枚,稀 4 枚,紫色,内面白色;萼筒 2 种类型:①萼筒圆柱状,上部碗状,中部稍凹,基部稍膨大,内面疏被褐色柔毛,花柱与花丝粉红色,花柱柱头分裂;②萼筒钟状,稍短,其他与①筒状萼筒相同。2 种花形:萼片 5 枚,稀 7 枚,外面粉红色或紫红色,内面紫红色,微被短柔毛;花柱 5 枚,粉红色,呈短圆柱状,其高度低于内轮雄蕊基部,合生处无毛。果实长纺锤状,具 5~10 枚显著或不显著纵钝棱与沟,先端明显呈瘤状(长 1.0~1.5 cm)突起,其边部具多枚圆球状瘤。

产地:河南,郑州市、郑州植物园、长垣县有栽培。2012 年 3 月 2 日。赵天榜、赵东武和陈志秀,No. 2012030205(花)。模式标本,存河南农业大学。2013 年 7 月 5 日。赵天榜、赵东武和陈志秀,No. 201307058(果实),采自河南郑州,存河南农业大学。

3.6　棱果木瓜贴梗海棠　变种

Chaenomeles cathayensis(Hemsl.)Schneid. var. **anguli-carpa** T. B. Zhao, Y. M. Fan et Z. X. Chen,赵天榜等主编. 郑州植物园种子植物名录:131~132. 2018;赵天榜主

编.中国木瓜族植物资源与栽培利用研究:157.2019。

本变种果实球状,长 5.5~7.0 cm,径 5.0~6.0 cm,表面不平,淡黄绿色,果点黑色,多;具多条钝纵棱与沟;萼片脱落;萼洼深,四周具明显钝纵棱与沟,稀有 2 个圆形萼凹,柱基宿有,突起,无毛;梗洼深,四周具明显钝纵棱与沟。单果重 122.0~130.0 g。

产地:河南,郑州市、郑州植物园、长垣县有栽培。2017 年 8 月 22 日。范永明、陈志秀和赵天榜,No.201708225(果实)。模式标本,存河南农业大学。

3.7　白花异瓣木瓜贴梗海棠　变种

Chaenomoles cathayana(Hemsl.)Schneid. var. **alba** T. B. Zhao, Z. X. Chen et Y. M. Fan,赵天榜等主编.中国木瓜族植物资源与栽培利用研究:157~158.图版 21:3~4.2019。

本变种与 Chaenomoles cathayana(Hemsl.)Schneid. var. cathayana 相似,但区别:单花具花瓣 5 枚,乳白色;萼筒圆柱状,外面微被短柔毛;萼片 5 枚,边缘密具缘毛,内面无毛。

产地:河南,郑州市、郑州植物园有栽培。2015 年 4 月 5 日。赵天榜、陈志秀和范永明,No.201504053。模式标本,存河南农业大学。

3.8　柳叶木瓜贴梗海棠　变种

Chaenomeles cathayensis(Hemsl.)Schneid. var. **salicifolia** T. B. Zhao, Z. X. Chen et D. W. Zhao,赵天榜等主编.中国木瓜族植物资源与栽培利用研究:157~158.图版 21:1~2.2019。

本变种与木瓜贴梗海棠 Chaenomeles cathayensis(Hemsl.)Schneid. var. cathayensis 相似,但区别:叶狭披针形似柳叶(旱柳 Salix matsudana Koidz.),长 5.0~8.0 cm,宽 1.0~2.5 cm,表面深绿色,无毛,背面淡绿色,微被短柔毛或无毛,先端长渐尖,基部窄楔形,下延。单花具花瓣 5 枚,红色或粉红色,先端钝圆,边缘全缘,基部心形,具爪;雄蕊花丝水粉色或白色,不等长;萼筒 2 种类型:① 钟状,② 圆柱状;萼筒宿存,肉质化,不膨大,具多枚明显瘤凸。果实卵球状或圆柱状。单果重 85.0~115.0 g。

产地:河南,郑州市有栽培。2011 年 4 月 15 日。赵天榜、陈志秀和赵东武,No.201104154(花)。模式标本,存河南农业大学。2013 年 7 月 5 日。赵天榜和陈志秀,No.201307053(果实)。模式标本,采自河南郑州市,存河南农业大学。

3.9　密毛木瓜贴梗海棠　变种

Chaenomoles cathayensis(Hemsl.)Schneid. var. **densivillosa** T. B. Zhao, Z. X. Chen et Y. M. Fan,赵天榜等主编.中国木瓜族植物资源与栽培利用研究:158~159.2019。

本变种与木瓜贴梗海棠原变种 Chaenomoles cathayensis (Hemsl.) Schneid. var. cathayensis 相似,但区别:叶与枝密被白色长柔毛。叶椭圆形,长 2.0~3.0 cm,宽 1.2~1.5 cm。花小,径 1.2~1.5 cm,白粉色晕。

产地:河南,长垣县有栽培。2015 年 4 月 5 日。赵天榜、陈志秀和范永明,No.201604101(幼枝和幼叶)。模式标本,存河南农业大学。

3.10　两色花木瓜贴梗海棠　变种

Chaenomeles cathayensis (Hemsl.) Schneid. var. **bicoloriflora** T. B. Zhao, Z. X. Chen et D. W. Zhao,赵天榜等主编.中国木瓜族植物资源与栽培利用研究:159.图版

21:57、图版 22:4、7、13、14. 2019。

本变种与木瓜贴梗海棠原变种 Chaenomoles cathayensis (Hemsl.) Schneid. var. cathayensis 相似,但区别:花色 2 种类型:①白色类型,单花具花瓣 5 枚,白色,近圆形,长 2.0~2.5 cm,宽 2.0~2.5 cm,先端钝圆,稀凹裂,基部爪白色。②淡红色类型,单花具花瓣 5 枚,淡红色,匙-近圆形,长 1.5~2.0 cm,宽 1.2~1.7 cm,先端钝圆,基部爪浅粉红色。萼筒有 2 种类型:圆柱状和钟状。

产地:河南,郑州市有栽培。2013 年 4 月 14 日。赵天榜、陈志秀和赵东武,No. 201304149(幼枝、幼叶和花)。模式标本,存河南农业大学。

3.11　粉花木瓜贴梗海棠　变种

Chaenomeles cathayensis(Hemsl.)Schneid. var. **subrosea** Y. M. Fan,T. B. Zhao et Z. X. Chen,赵天榜等主编. 中国木瓜族植物资源与栽培利用研究:159~160. 图版 22:1. 2019。

本变种与木瓜贴梗海棠原变种 Chaenomoles cathayensis (Hemsl.) Schneid. var. cathayensis 相似,但区别:单花具花瓣 5 枚,粉红色,近圆形,长 2.2~2.7 cm,宽 2.0~2.5 cm,先端钝圆,基部两面和爪粉红色。

产地:河南,郑州市、郑州植物园有栽培。2017 年 3 月 28 日。赵天榜、范永明和陈志秀,No.201703281(枝、叶与花)。模式标本,存河南农业大学。

3.12　无毛木瓜贴梗海棠　变种

Chaenomoles cathayana(Hemsl.)Schneid. var. **glabra** Y. M. Fan,Z. X. Chen et T. B. Zhao,赵天榜等主编. 中国木瓜族植物资源与栽培利用研究:159~160. 图版 22:1. 2019。

本变种与木瓜贴梗海棠原变种 Chaenomoles cathayensis (Hemsl.) Schneid. var. cathayensis 相似,但区别:小枝、幼枝无毛。叶狭披针形,纸质,长 5.0~7.0 cm,宽 1.5~2.5 cm,两面无毛;叶柄无毛。幼叶淡紫色或紫色,两面无毛。

形态特征补充描述:本变种幼枝阳面紫色,具光泽,背面绿色,具淡紫色晕,无毛。小枝紫褐色,无毛,具枝刺,刺粗壮。叶披针形、椭圆形,具畸形小叶,长 2.5~7.5 cm,宽 1.0~1.5 cm,表面深绿色,无毛,具光泽,背面淡绿色,无毛,先端短尖或钝圆,基部楔形,边缘具尖锐锯齿,无缘毛;叶柄长 5~17 mm;托叶披针形,长约 3 mm,紫红色,边缘具尖锐锯齿。密被丝状长柔毛,具紫色晕。叶披针形、椭圆形,具畸形小叶,长 2.5~7.5 cm,宽 1.0~1.5 cm,表面深绿色,无毛,具光泽,背面淡绿色,无毛,先端短尖或钝圆,基部楔形,边缘具尖锐锯齿,无缘毛;叶柄长 5~17 mm;托叶披针形,长约 3 mm,紫红色,边缘具尖锐锯齿。长枝叶狭披针形、狭椭圆形,长 6.5~7.5 cm,宽 1.0~1.7 cm,表面暗绿色,无毛,背面灰绿色,无毛,先端渐尖,基部狭楔形,边缘具尖锯齿,无缘毛,幼时具紫色狭边;叶柄长 1.5~2.0 cm,无毛;托叶半心形,长 1.5 cm,两面绿色,具淡紫色晕,无毛,边缘具尖锯齿或重锯齿,无缘毛。花期 4 月上旬。花单生或 2~4 朵簇生。单花具花瓣 5 枚,匙-圆形,两面粉紫色,爪长约 2 mm,粉紫色。可育花萼筒圆筒状,长 1.5~1.7 cm,径 5~7 mm,上部及 5 枚萼片阳面深紫色,背面淡绿夹,具光泽,边缘被缘毛;雄蕊多数,着生于萼筒内面上部;花丝亮粉紫色;雌蕊花柱 5 枚,分裂外下部无毛,中部长约 3 mm 处被柔毛,下部稍粗,无毛;不孕花萼筒上部钟状,长约 8 mm,径约 8 mm,下部短柱状,长约 5 mm,无毛;萼片与可孕花相同;雌蕊花柱不发育,长约 5 mm,淡黄色。

产地:河南长垣县。2016 年 4 月 22 日。赵天榜、陈志秀和范永明,No. 201604221(枝、叶与花)。模式标本,存河南农业大学。

3.13　多色木瓜贴梗海棠　变种

Chaenomeles cathayensis(Hemsl.)Schneid. var. **multicolora** T. B. Zhao,Z. X. Chen et D. F. Zhao,赵天榜等主编. 中国木瓜族植物资源与栽培利用研究:163. 2019。

本变种与木瓜贴梗海棠原变种 Chaenomoles cathayensis (Hemsl.) Schneid. var. cathayensis 相似,但区别:单花具花瓣 5 枚,稀有雄蕊瓣化,匙-圆形,稀基部边缘有小裂片。花白色、亮粉红色、淡粉色或淡粉色,具粉红色不同形状斑块;花柱 5 枚,稀 7 枚,粉白色,基部无毛。

产地:河南,郑州市有栽培。2017 年 4 月 25 日。赵天榜、陈志秀和和赵东方,No. 201704255。模式标本,存河南农业大学。

3.14　多瓣白花木瓜贴梗海棠　变种

Chaenomeles cathayensis(Hemsl.)Schneid. var. **multipetalialba** T. B. Zhao,Z. X. Chen et Y. M. Fan,赵天榜等主编. 中国木瓜族植物资源与栽培利用研究:165. 2019。

本变种与木瓜贴梗海棠原变种 Chaenomoles cathayensis (Hemsl.) Schneid. var. cathayensis 相似,但区别:单花具花瓣 15 枚,花白色,外面先端带粉色晕;萼筒圆柱状,基部具纵棱,内面密被短柔毛;萼筒与萼片间具 1 环状钝棱;花柱 5~11 枚,合生处密被白色短柔毛。果实长椭圆体状;萼筒宿存,肉质,膨大,呈球状,表面具多枚突起小瘤。单果重100. 0 g。

产地:河南,郑州市、郑州植物园有栽培。2013 年 4 月 14 日。赵天榜、陈志秀和范永明,No. 201304149(花)。模式模本,存河南农业大学。

3.15　披针叶木瓜贴梗海棠　变种

Chaenomeles cathayensis(Hemsl.)Schneid. var. **lanceolatifolia** T. B. Zhao,Z. X. Chen et D. F. Zhao,赵天榜等主编. 中国木瓜族植物资源与栽培利用研究:165~166. 2019。

本变种与木瓜贴梗海棠原变种 Chaenomoles cathayensis (Hemsl.) Schneid. var. cathayensis 相似,但区别:幼枝疏被弯曲长柔毛。幼叶紫红色,边缘锯齿齿端、齿间具腺体。叶披针形,表面绿色,无毛,背面淡绿色,无毛,先端长渐尖,基部狭楔形,边缘锯齿齿端、齿间具腺体。单花具花瓣 15 枚,近圆形、多畸形,白色、乳白色、粉红色,先端钝圆、凹裂等多形状,基部楔形;萼筒 2 种类型:① 钟状,② 圆柱状;萼筒无毛,边缘具缘毛。

产地:河南,郑州市有栽培。2018 年 3 月 22 日。赵天榜、陈志秀和赵东方,No. 201803221(枝、叶和花)。模式标本,存河南农业大学。

3.16　小花多色多瓣木瓜贴梗海棠　变种

Chaenomeles cathayensis(Hemsl.)Schneid. var. **parviflori-multicolori-multipetala** T. B. Zhao,Z. X. Chen et D. F. Zhao,赵天榜等主编. 中国木瓜族植物资源与栽培利用研究:166~167. 2019。

本变种与木瓜贴梗海棠原变种 Chaenomoles cathayensis（Hemsl.）Schneid. var. cathayensis 相似,但区别:幼叶紫色。花小,径小于 2.0 cm。单花具花瓣 40 枚,撕裂状条形、不规则形。花白色、淡黄色、淡粉色。

产地:河南,郑州市有栽培。2017 年 4 月 20 日。赵天榜、陈志秀和赵东方,No. 201704205。模式标本,存河南农业大学。

3.17　大花碎瓣木瓜贴梗海棠　变种

Chaenomeles cathayensis（Hemsl.）Schneid. var. **grandiflori-petalina** T. B. Zhao,Z. X. Chen et D. F. Zhao,赵天榜等主编. 中国木瓜族植物资源与栽培利用研究:167. 2019.

本变种与木瓜贴梗海棠原变种 Chaenomoles cathayensis（Hemsl.）Schneid. var. cathayensis 相似,但区别:幼枝、小枝无毛。单花具花瓣 5 枚;雄蕊多数,瓣化 10~55 枚,撕裂状条形、不规则形。花白色或白色-粉红色;萼筒 2 种类型:① 倒钟状,长约 5 mm;② 圆柱状。

形态特征补充描述:本变种落叶丛生小灌木,高约 2.5 m。幼枝淡绿色,无毛。小枝灰褐色,无毛。叶长椭圆形、椭圆形,长 3.5~5.5 cm,宽 1.2~1.6 cm,先端钝尖或钝圆,边缘具三角形钝尖锯齿,齿端、齿间具腺点;叶柄长 5~10 mm。花单生或 2~5 朵簇生于短枝上。单花具花瓣 5 枚,匙-圆形,有畸形花瓣,长 2.5~3.0 cm,宽 1.0~1.7 cm,白色或粉红色,爪长 1.0~1.5 cm;花径 2.5~3.0 cm;雄蕊多数,瓣化 10~55 枚;花拄 5 枚,合生处无毛;萼筒 2 种类型:①倒钟状,长约 5 mm;②圆柱状,中间微凹,长 1.5~2.0 cm;无毛;萼片 5 枚,阳面紫色,边缘疏被缘毛。

产地:河南,长垣县有栽培。2018 年 3 月 22 日。赵天榜、陈志秀和赵东方,No. 201803225。模式标本,存河南农业大学。

3.18　多萼碎瓣木瓜贴梗海棠　变种

Chaenomeles cathayensis（Hemsl.）Schneid. var. **multicalyx-petalinia** T. B. Zhao,Z. X. Chen et D. F. Zhao,赵天榜主编. 中国木瓜族植物资源与栽培利用研究:167~168. 2019.

本变种与木瓜贴梗海棠原变种 Chaenomoles cathayensis（Hemsl.）Schneid. var. cathayensis 相似,但区别:单花具花瓣 10 枚,匙状圆形,白色;2 次花—单花具花瓣 10~15 枚,白色,具萼片 15~20 枚,呈花瓣状。

产地:河南,郑州植物园、长垣县有栽培。2018 年 3 月 22 日。赵天榜、陈志秀和赵东方,No. 201803225。模式标本,存河南农业大学。

4. 无子贴梗海棠

Chaenimoles sine-semina T. B. Zhao,Z. X. Chen et Y. M. Fan,赵天榜等主编. 中国木瓜族植物资源与栽培利用研究:146~148. 2019.

本种与贴梗海棠 Chaenomeles speciosa（Sweet）Nakai 相似,但区别为:丛生直立枝纤细,拱状下垂。叶椭圆形、狭椭圆形,薄纸质,先端钝圆或渐尖,基部狭楔形,其边缘下延,边缘具钝锯齿或重钝锯齿,齿端及钝锯齿之间具针刺状黑色小腺点。短枝上叶无托叶;长枝上叶无托叶半圆形。单花具花瓣 5 枚,淡黄白色,疏被水粉色晕;雄蕊 80 枚以上,散生于萼筒内,花丝不等长,授粉期不一致;花柱中部合生处膨大,密被白色短柔毛,基部极小而无毛;萼片宽三角形,先端钝圆,内面被短柔毛,边缘无缘毛。果实通常多种类型。白花不孕。果实无种子。

　　形态特征补充描述:落叶丛生灌木,高 2.0~2.5 m,冠径 2.0~3.0 m。丛生直立枝细,灰褐色或紫褐色,无毛,拱形下垂。小枝细短,灰褐色或紫褐色,无毛,无枝刺。小枝上无叶;长枝上托叶半圆形或肾形,长 5~10 mm,宽 8~21 mm,表面绿色,两面微被短柔毛,边缘具钝锯齿,齿端具针状刺,其先端具黑色小腺点;托叶宽而短,两面被短柔毛。叶椭圆形、狭椭圆形,薄纸质,长 3.5~8.5 cm,宽 2.0~4.5 cm,表面绿色,微被短柔毛,主脉凹入,通常无毛,背面淡绿色,微被短柔毛,主脉显著突起,微被短柔毛,侧脉明显,先端钝圆或渐尖,基部狭楔形,边缘下延,边缘具钝锯齿或重锯齿,齿端具针状刺,其先端具黑色小腺点;钝锯齿两边具针状刺,其先端具黑色小腺点;叶柄长 5~15 mm,表面具细纵槽,无毛或疏短柔毛。花先叶开放或花叶同时开放。花单生或 2~5 朵簇生于 2 年生枝叶腋。单花具花瓣 5 枚,匙-圆形,长 2.0~2.7 cm,宽 1.5~2.5 cm,淡黄白色、白色、粉红色,微被淡色晕或外面花瓣白色,内面花瓣粉红色,先端钝圆,内曲,边缘全缘,有时皱折,基部狭楔形或圆形,具长 2~5 mm 粉色爪;雄蕊 80 枚以上,散生于萼筒内上部,淡黄色,花丝长短不等,上面水粉色,下面亮粉色,有瓣化雄蕊;药室撒粉期不一致;雄蕊群与雌蕊群近等高或雄蕊群显著高于雌蕊群;萼筒 2 种:①上部碗状,下部倒三角锥状,两者近等长,微被毛,或无毛,淡绿色,具有等长的细柄,柄上具节,基部稍膨大,具环痕,外面淡绿紫色,无毛,内面疏被短柔毛,花柱干高于雄蕊,花柱合生处长 5~6 mm,下部无毛,稀具长柔毛;②钟状,淡绿色,具短柄,柄上无节,基部稍膨大,具环痕,外面淡绿紫色,无毛,内面疏被短柔毛;萼筒具萼片 5 枚,宽三角形,长 4~6 mm,先端钝圆,外面微被毛或无毛,内面密被短柔毛,边缘具缘毛两者近等长,微被毛或无毛,淡绿色,具有等长的细柄,柄上具节,基部稍膨大,具环痕,外面淡绿紫色,无毛,内面疏被短柔毛,花柱干高于雄蕊,花柱合生处长 5~6 mm,下部无毛,稀具长柔毛部紫红色,边缘全缘,具片缘毛;花柱 5 枚,柱头头状膨大,长 2.0 cm,上部无毛,合生处膨大达 2/3,被白色短柔毛,基部突细呈短柱状,无毛;雄蕊群与雌蕊群近等高或雄蕊群显著高于雌蕊群;花梗短,长约 1.0 cm,具环棱,无毛。果实通常分 4 类型:① 果实卵球状、扁球状、长圆柱-球状,长 5.0~6.0 cm,径 4.0~5.0 cm,淡绿色、淡黄色或黄色,具光泽,无蜡质,果点不明显;宿存萼增厚,边缘深波状,外面无毛;雄蕊与花柱凋存;萼洼浅,萼痕显著,径 3~4 mm,四周具多条不显箸钝棱及多条小纵沟;梗洼小而显著,四周具多条显箸钝棱及多条小纵沟。果实小,无种子。单果重 18.0~33.0 g,稀 45.0 g。② 果实卵球状、长圆柱状,长 4.0~6.0~7.5 cm,径 3.0~4.0 cm,淡绿色、淡黄绿色或黄色,具光泽,无蜡质,果点不明显;萼脱落或宿存。果实重 18.0~53.0 g,稀 45.0 g。③ 果实卵球状,长 4.0~4.5 cm,径 3.0~3.5 cm,淡黄绿色或黄色,无光泽,无蜡质,果点不明显。④其他类型有 2 种,如扁球状、不规则体状。其果实形态特征与①类型相同。自花不孕;果实无种子。

　　产地:河南,郑州碧沙岗公园有栽培。2012 年 4 月 25 日。赵天榜和陈志秀,No. 201204251。2011 年 10 月 30 日。赵天榜和王建郑,No.201110303(果实无种子),存河南农业大学。

5. 雄蕊瓣化贴梗海棠

Chaenimoles stamina-petalina T. B. Zhao, Z. X. Chen et D. F. Zhao, 赵天榜等主编. 中国木瓜族植物资源与栽培利用研究:148. 图版 19:1~12　图版 20:1~10　2019。

本种单花具雄蕊几乎全瓣化,瓣化数达 40 枚以上,瓣化形态多变,稀有雄蕊瓣 1~3 枚。雌蕊不发育。

产地:河南,长垣县有栽培。2018 年 3 月 22 日。赵天榜、陈志秀和赵东方,No. 2018032210(枝与花)。模式标本,存河南农业大学。

亚种:

5.1　雄蕊瓣化贴梗海棠　亚种

Chaenimoles stamina-petalina T. B. Zhao, Z. X. Chen et D. F. Zhao subsp. **stamina-petalina**

5.2　多瓣少瓣化贴梗海棠　亚种

Chaenimoles stamina - petalina T. B. Zhao, Z. X. Chen et D. F. Zhao subsp. **multipetali-paucipetalina** T. B. Zhao, Z. X. Chen et Y. M. Fan, 赵天榜等主编. 中国木瓜族植物资源与栽培利用研究:150. 2019。

本亚种单花花瓣 5~12~18 枚,匙-圆形;雄蕊有少数瓣化者。

产地:河南,长垣县有栽培。2017 年 4 月 25 日。赵天榜、陈志秀和赵东方,No. 201704259(枝与花)。模式标本,存河南农业大学。

5.3　多瓣瓣化贴梗海棠　亚种

Chaenimoles stamina - petalina T. B. Zhao, Z. X. Chen et D. F. Zhao subsp. **multipetali-petaloidea** T. B. Zhao, Z. X. Chen et Y. M. Fan, 赵天榜等主编. 中国木瓜族植物资源与栽培利用研究:151. 2019。

本亚种单花花瓣 10~30 枚;雄蕊通常瓣化 10~15 枚。

产地:河南,郑州市有栽培。2018 年 4 月 20 日。赵天榜、陈志秀和范永明,No. 201804201(枝、叶与花)。模式标本,存河南农业大学。

变种:

5.1　雄蕊瓣化贴梗海棠

Chaenimoles stamina-petalina T. B. Zhao, Z. X. Chen et D. F. Zhao var. **stamina-petalina**

5.2　小花碎瓣瓣化贴梗海棠　变种

Chaenimoles stamina-petalina T. B. Zhao, Z. X. Chen et D. F. Zhao, var. **parviflori-petalina** T. B. Zhao, Z. X. Chen et D. F. Zhao, 赵天榜等主编. 中国木瓜族植物资源与栽培利用研究:148~149. 2019。

本变种与雄蕊瓣化贴梗海棠 Chaenimoles stamina-petalina T. B. Zhao, Z. X. Chen et D. F. Zhao, var. stamina-petalina 主要区别:花径 2.0~2.5 cm。单花具花瓣 5 枚,多色;雄蕊瓣化 45 枚以上,不瓣化雄蕊 3~5 枚。

形态特征补充描述:落叶丛生小灌木,高约 1.5 m。小枝灰褐色,无毛。叶椭圆形、狭椭圆形,薄纸,长 3.5~5.0 cm,宽 1.0~1.3 cm,先端钝圆,边缘具尖锯齿;叶柄长 5~10

mm。花径 2.0~2.5 cm。花单生或 2~4 朵簇生于短枝上。单花具花瓣 5 枚,匙-圆形,有畸形花瓣,长 7~10 mm,宽 6~11 mm,粉红色或白色,具粉红色晕;雄蕊 80 瓣化 45 枚以上,不瓣化雄蕊 35 枚;雌蕊花柱 5 枚,合生处无毛;萼筒倒钟状,长约 5 mm;萼片 5 枚,阳面紫色,边缘疏被缘毛。

产地:河南,长垣县有栽培。2018 年 3 月 22 日。赵天榜、陈志秀和赵东方,No. 2018032220(枝与花)。模式标本,存河南农业大学。

5.3 多瓣雄蕊瓣化贴梗海棠 变种

Chaenimoles stamina-petalina T. B. Zhao,Z. X. Chen et D. F. Zhao,var. **multi-stamini-petalina** T. B. Zhao,Z. X. Chen et D. F. Zhao,赵天榜等主编. 中国木瓜族植物资源与栽培利用研究:149. 2019。

本变种与雄蕊瓣化贴梗海棠 Chaenimoles stamina-petalina T. B. Zhao,Z. X. Chen et D. F. Zhao,var. stamina-petalina 主要区别:花径 4.0~5.0 cm。单花花瓣 10~15 枚,匙-近圆形,白色,具粉色晕;雄蕊瓣化 2~3 枚,形态多变。雌蕊花柱 5 枚,中部合生处被短柔毛。

产地:河南,长垣县有栽培。2018 年 3 月 22 日。赵天榜、陈志秀和赵东方,No. 2018032218(枝与花)。模式标本,存河南农业大学。

5.4 白花多瓣瓣化贴梗海棠 变种

Chaenimoles speciosa(Sweet)**Nakai var. alba** T. B. Zhao,Z. X. Chen et Y. M. Fan,赵天榜等主编. 中国木瓜族植物资源与栽培利用研究:152. 2019。

本变种单花花瓣 10~20 枚,白色;雄蕊通常瓣化 10~15 枚。

产地:河南,郑州市有栽培。2018 年 4 月 20 日。赵天榜、陈志秀和范永明,No. 201804201(枝、叶与花)。模式标本,存河南农业大学。

5.5 两色多瓣瓣化贴梗海棠 变种

Chaenimoles stamina-petalina T. B. Zhao,Z. X. Chen et D. F. Zhao var. **bicolor** T. B. Zhao,Z. X. Chen et Y. M. Fan,赵天榜等主编. 中国木瓜族植物资源与栽培利用研究:152. 2019。

本变种单花花瓣 10~20 枚,白色及橙黄色;雄蕊通常瓣化 10~25 枚,多种类型。

产地:河南,郑州市有栽培。2018 年 4 月 20 日。赵天榜、陈志秀和范永明,No. 201804205(枝、叶与花)。模式标本,存河南农业大学。

5.6 红花多瓣瓣化贴梗海棠 变种

Chaenimoles stamina-petalina T. B. Zhao,Z. X. Chen et D. F. Zhao var. **rubriflora** T. B. Zhao,Z. X. Chen et Y. M. Fan,赵天榜等主编. 中国木瓜族植物资源与栽培利用研究:152. 2019。

本变种单花花瓣 20~30 枚,白色;雄蕊通常瓣化 20~30 枚,多种类型。

产地:河南,郑州市有栽培。2018 年 4 月 20 日。赵天榜、陈志秀和范永明,No. 201804207(枝、叶与花)。模式标本,存河南农业大学。

6. 日本贴梗海棠

Chaenomeles japonica(Thounb.)Lindl. ex Spach

变种：

6.1　日本贴梗海棠

Chaenomeles japonica（Thounb.）Lindl. ex Spach var. **japonica**

6.2　序花匍匐日本贴梗海棠　变种

Chaenomeles japonica（Thounb.）Lindl. ex Spach var. **florescentia** T. B. Zhao, Z. X. Chen et Y. M. Fan, 赵天榜等主编. 中国木瓜族植物资源与栽培利用研究:186. 图版 24:2~4. 2019。

本变种 2 次花呈花序状, 花梗长 1.0~2.5 cm。2 次果呈果序状, 果序梗长 5.0~10.0 cm。果实椭圆体状, 灰绿色。

产地:河南郑州市。2015 年 4 月 20 日。范永明、陈志秀和赵天榜, No. 201504206（枝与花）。模式标本, 存河南农业大学。

7. 碗筒杂种贴梗海棠　无性杂种

Chaenomeles + crateriforma T. B. Zhao, Z. X. Chen et Y. M. Fan, 赵天榜等主编. 中国木瓜族植物资源与栽培利用研究:186. 图版 29. 2019。

本无性杂交种单花具花瓣 10~15 枚, 鲜红色; 萼筒碗状, 淡灰绿色, 表面具钝棱与沟; 花梗长 2.0~3.5 cm, 无毛。

产地:河南郑州。2015 年 4 月 20 日。范永明、陈志秀和赵天榜, No. 201504215（花枝）。模式标本, 存河南农业大学。

变种：

7.1　碗筒杂种贴梗海棠　变种

Chaenomeles + crateriforma T. B. Zhao, Z. X. Chen et Y. M. Fan var. **crateriforma**

7.2　白花碗筒杂种贴梗海棠　变种

Chaenomeles + crateriforma T. B. Zhao, Z. X. Chen et Y. M. Fan var. **alba** T. B. Zhao, Z. X. Chen et Y. M. Fan, 赵天榜等主编. 中国木瓜族植物资源与栽培利用研究:211. 2019。

本变种单花具花瓣 15~20 枚, 白色, 常有畸形花瓣。

产地:河南郑州。2016 年 4 月 25 日。范永明、陈志秀和赵天榜, No. 201604251（花）。模式标本, 存河南农业大学。

8. 畸形果贴梗海棠

Chaenomeles + deformicarpa T. B. Zhao, Z. X. Chen et Y. M. Fan, 赵天榜等主编. 中国木瓜族植物资源与栽培利用研究:211~212. 图版 7:2. 2019。

本无性杂种叶椭圆形, 长 3.0~5.0 cm, 宽 1.5~2.0 cm, 表面深绿色, 先端钝圆, 基部楔形, 边缘具锐锯齿。花先叶开放。花单朵着生于 2 年生枝上。单花具花瓣 10~15 枚, 匙-圆形, 鲜红色。果实短柱状, 长 4.5~5.0 cm, 径 3.5~4.0 cm, 表面凸凹不平, 具短钝棱与沟, 果点白色, 显著; 花干后宿存; 花梗长 2.0 cm, 无毛。

地点:河南郑州。2017 年 10 月 20 日。范永明、陈志秀和赵天榜, No. 201710205（枝, 叶与果实）。模式标本, 存河南农业大学。

（六）梨属　**Pyrus** Linn.

1. 太行梨　图 252

Pyrus taihangshanensis S. Y. Wang et C. L. Chang，丁宝章等主编. 河南植物志　第二册：192. 图 978. 1988。

形态特征：落叶乔木，高达 9.0 m。树冠宽卵球状，枝开展。小枝淡褐色，无毛。冬芽卵球状，黑褐色，无毛。叶卵圆形，长 3.5~5.5 cm，宽 2.5~4.5 cm，先端突尖，基部圆形，表面无毛，主脉明显，背面稍有白粉，有时沿脉基部有稀疏茸毛，边缘有细钝圆锯齿；叶柄细，长 1.5~4.5 cm，无毛。伞房花序。花白色。果实卵球状，直径 1.0~1.5 cm，褐色，有斑点，通常 5 室，宿存萼片向外反曲；果梗长约 2.5 cm。花期 5 月，果熟期 9~10 月。

本种与木梨 Pyrus xerophila Yu 相似，但叶背面沿主脉基部疏生茸毛，并有白粉；果萼宿存反曲，可以视别。

产地：河南太行山。1978 年 6 月 14 日。济源县邵源公社黄背角大队坳背山。王遂义、张庆连，780236。模式标本 Typus var.！存河南省农业科学院，现存河南农业大学。

图 252　太行梨
1. 枝叶；2. 果枝。

2. 白梨

Pyrus bretschneideri Rehd.

变种：

2.1　白梨

Pyrus bretschneideri Rehd. var. **bretschneideri**

2.2　金叶白梨　变种

Pyrus bretschneideri Rehd. var. **aurifolia** T. B. Zhao et Z. X. Chen，赵天榜主编. 赵天榜论文选集：39~40. 2021。

本变种小枝灰褐色，无毛。幼枝淡黄色，密被短柔毛。叶淡黄色或金黄色，两面无毛，表面主脉上有少数紫色棒状体，边缘细锯齿，疏被长缘毛；叶柄仅顶端疏被短柔毛。展叶期 3 月中旬，比梨树展叶期早 15~20 天。

产地：河南，西峡县有栽培。2016 年 7 月 7 日。赵天榜等，No. 201607072（枝和叶）。模式标本，存河南农业大学。

3. 西洋梨

Pyrus commuis Linn.

变种：

3.1　西洋梨　变种

Pyrus commuis Linn. var. **commuis**

3.2　多瓣西洋梨　变种

Pyrus commuis Linn. var. **multitepala** T. B. Zhao，Z. X. Chen et X. K. Li，赵天榜主

编．赵天榜论文选集:39~40. 2021。

本变种花后叶开放,白色。单花具花瓣5~8枚,瓣匙-椭圆形,多皱折,先端钝圆,微凹。展叶期3月中旬。

产地:河南,郑州植物园有栽培。2015 年 4 月 3 日。赵天榜和陈志秀等,No. 201504031(枝和叶)。模式标本,存河南农业大学。

(七)海棠属　Malus Mill.

1. 垂丝海棠

Malus halliana Anon.

变种:

1.1　垂丝海棠　变种

Malus halliana Anon. var. **halliana**

1.2　多瓣垂丝海棠　变种

Malus halliana Anon. var. **multipetalia** T. B. Zhao et Z. X. Chen,赵天榜主编. 赵天榜论文选集:39~40. 2021。

本变种单花具花辫10枚,粉色。

产地:河南郑州市。2014 年 9 月 20 日。赵天榜和陈志秀,No. 201409201。模式标本,存河南农业大学。

1.3　白花垂丝海棠　变种

Malus halliana Anon. var. **alba** T. B. Zhao et Z. X. Chen,赵天榜主编. 赵天榜论文选集:39~40. 2021。

本变种单花具花瓣5枚,白色。

产地:河南郑州市。2014 年 9 月 20 日。赵天榜和陈志秀,No. 201409203。模式标本,存河南农业大学。

1.4　小果垂丝海棠　变种

Malus halliana Anon. var. **parvicarpa** T. B. Zhao et Z. X. Chen,赵天榜主编. 赵天榜论文选集:39~40. 2021。

本变种果实球状,小,径3 mm;果梗长2.0~2.5 cm。

产地:河南郑州市。2014 年 9 月 20 日。赵天榜和陈志秀,No. 201409205。模式标本存河南农业大学。

2. 海棠

Malus spectabilis(Ait.) Borkh

变种:

1.1　海棠　变种

Malus spectabilis(Ait.) Borkh var. **spectabilis**

1.2　黄皮海棠　变种

Malus spectabilis(Ait.) Borkh var. **flava** T. B. Zhao, Z. X. Chen et D. F. Zhao,赵天榜主编. 赵天榜论文选集:39~40. 2021。

本变种树皮橙黄色。果实黄色。

产地:河南郑州市、郑州植物园。2014 年 9 丹 20 日。赵天榜、陈志秀和赵东方,No. 201409201。模式标本,存河南农业大学。

(八)杏属　Armeniaca Mill.

1. 山杏

Armeniaca vulgaris Lam.

变种:

1.1　山杏　变种

Armeniaca vulgaris Lam. var. **vulgaris**

1.2　小叶山杏　变种

Armeniaca vulgaris Lam. var. **parvifolia** T. B. Zhao,Z. X. Chen et Y. M. Fan,赵天榜主编. 赵天榜论文选集:39~40. 2021。

本变种叶卵圆形,长 3.5~7.0 cm,宽 2.5~4.0 cm,先端长渐尖,基部近圆形,表面深绿色,无毛,背面淡绿色,无毛,脉腋具疏柔毛,边缘具腺锯齿,基部边缘具 1~3 枚腺点及疏短柔毛。果实椭圆体状,稍扁,长 2.5~3.0 cm,宽 1.2~1.5 cm,厚约 2.0 cm,密被短柔毛。果熟期 6 月中旬。

产地:河南,郑州市有栽培。2015 年 5 月 15 日。赵天榜、陈志秀和范永明,No. 20150153(枝、叶与果实)。模式标本,存河南农业大学。

1.3　红褐色山杏　变种

Armeniaca vulgaris Lam. var. **rubribrunea** T. B. Zhao et Z. X. Chen,赵天榜主编. 赵天榜论文选集:39~40. 2021。

本变种幼枝红褐色,被穹曲长柔毛。叶圆形,长 3.5~5.0 cm,宽 3.5~5.0 cm,先端长渐尖,基部浅心形,表面黄绿色,无毛,背面淡绿色,沿主脉和侧脉疏弯曲柔长毛,边缘具不等的腺圆齿和缘毛;叶柄红褐色,被长柔毛,中间有 2 个黑色圆球状瘤或无球状瘤。

产地:河南,郑州市有栽培。2020 年 4 月 30 日。赵天榜、陈志秀,No. 202004305(枝与叶)。模式标本,存河南农业大学。

(九)苹果属　Malus Mill.

1. 海棠

Malus komarovii Rehd.

变种:

1.1　海棠　变种

Malus komarovii Rehd. var. **komarovii**

1.2　伏牛海棠　变种

Malus komarovii Rehd. var. **funiushanesis** S. Y. Wang,丁宝章等主编. 河南植物志　第二册:201~202. 图 994. 1988。

本变种为落叶小乔木,高 3.0~5.0 m。小枝红褐色,无毛或幼时具柔毛。叶宽卵圆形或宽心形,长 6.0~8.0 cm,宽 8.0~12.0 cm,3~5 裂,中间裂片常 3 裂,裂片卵圆形,先端尖,基部心形,无毛或沿脉散生柔毛;叶柄长 2.0~5.0 cm。果实椭圆体状,红褐色,长约 1.1 cm,直径约 8 mm,有少数斑点;萼片脱落。果熟期 9 月。

本变种与山楂叶海棠 Malus komarovii Rehd. 相似,但叶较大,宽卵圆形或宽心形,长 6.0~8.0 cm,宽 8.0~12.0 cm。果柄长 4.0 cm,可以区别。

产地:河南伏牛山区,栾川县老君山。采集人不详,14080。模式标本 Typus var. ! 现存河南农业大学。

2. 河南海棠

Malus honanensis Rehd.,丁宝章等主编. 河南植物志 第二册:203. 图 997. 1988。

形态特征:灌木或小乔木,高 5.0~7.0 m。小枝细弱,幼时有毛;老枝红褐色,无毛。叶宽卵圆形至长椭圆-卵圆形,长 4.0~7.0 cm,宽 3.5~6.0 cm,先端急尖,基部圆形、心形或截形,常 7~13 浅裂,边缘有尖锐重锯齿,背面疏生短柔毛;叶柄长 1.5~2.5 cm,疏生柔毛。伞房花序 5~10 朵花;花梗长 1.5~3.0 cm,幼时被毛,后脱落。花粉红色,直径约 1.5 cm;萼筒疏生柔毛,裂片三角-卵圆形,较萼筒短。花瓣近圆形;雄蕊 20 枚,比花瓣短,花柱 3~4 个,无毛。果实近球状,直径约 8 mm,红黄色;萼裂片宿存;果梗长 2~3 mm。花期 4~5 月,果熟期 8~9 月。

产地:河南太行山和伏牛山区。

(十)石楠属

1. 石楠

Photinia serrulata Lindl.

变种:

1.1 石楠 变种

Photinia serrulata Lindl. var. **serrulata**

1.2 披针叶石楠 新变种

Photinia serrulata Lindl. var. **lanceolata** Z. T. Zhao et Z. X. Chen,var. nov.

A var. nov. foliis lanceolatis glabris.

Henan:Zhengzhou City. 17-01-2021. Z. T. Zhao et Z. X. Chen, No. 202110173. Typus HNAC.

本新变种灌丛状,高 20.0~30.0 cm。小枝绿色,光滑,无毛。叶对生,披针形,2.0~4.7 cm,宽 1.3~1.9 cm,表面深绿色,无毛,背面微黄绿色,无毛,先端渐尖,基部楔形,边缘具钝锯齿;叶柄长约 4 mm,无毛。

产地:河南郑州市。2021 年 1 月 17 日。赵天榜和陈志秀,No. 202110173。模式标本,存河南农业大学。

1.3 金叶石楠 新变种

Photinia serrulata Lindl. var. **anrata** Z. T. Zhao et Z. X. Chen,var. nov.

A var. nov. ramulis luteis grabris. foliis et ramulus auratis, interdum cinere-viridibus, glabris.

Henan:Zhengzhou City. 17-01-2021. Z. T. Zhao et Z. X. Chen, No. 202110175. Typus HNAC.

本新变种灌丛状,高 20.0~30.0 cm。小枝黄色,光滑,无毛。叶对生,椭圆形、长圆形,2.3~3.3 cm,宽 1.3~2.3 cm,表面金黄色,稀沿中脉有绿色斑块,皱折,无毛,背面金黄色,无毛,先端渐尖、钝圆,基部楔形,边缘具钝锯齿;叶柄长约 4 mm,无毛。

产地:河南郑州市。2021 年 1 月 17 日。赵天榜和陈志秀,No. 202110175。模式标本,存河南农业大学。

1.4　金边石楠　新变种

Photinia serrulata Lindl. var. **anratimargo** Z. T. Zhao et Z. X. Chen,var. nov.

A var. nov. ramulis luteolis vel dilute viridibus grabris. margine foliis et ramulus auratis,interduncinere-viridibus,glabris.

Henan:Zhengzhou City. 17-01-2021. Z. T. Zhao et Z. X. Chen, No. 202110178. Typus HNAC.

本新变种灌丛状,高 20.0~30.0 cm。小枝淡黄色、淡绿色,光滑,无毛。叶对生,稀互生,椭圆形、长圆形,2.3~4.0 cm,宽 1.3~3.0 cm,表面绿色,皱折,稀沿中脉有绿色斑块,皱,无毛,背面浅黄绿色,无毛,先端渐尖、钝圆,基部楔形,边部具金黄色斑块或边部金黄色,边缘具金黄色钝锯齿;叶柄长 6~10　mm,无毛。

产地:河南郑州市。2021 年 1 月 17 日。赵天榜和陈志秀,No. 202110178。模式标本,存河南农业大学。

1.5　红叶石楠　新变种　图 253

Photinia serrulata Lindl. var. **ruhbrifolia** Z. T. Zhao et Z. X. Chen,var. nov.

A var. nov. ramulis juvencis et foliis juvencis rutilis,glabris.

Henan:Zhengzhou City. 17-01-2021. Z. T. Zhao et Z. X. Chen. No. 20210310. Typus HNAC.

图 253　红叶石楠

本新变种:幼枝和幼叶鲜红色,无毛。

产地:河南郑州市。2021 年 1 月 17 日。赵天榜和陈志秀。No. 20210310。模式标本,存河南农业大学。

二十二、苏木科　Leguminosae

(一)紫荆属　Cercis Linn.

1. 伏牛紫荆　图 254

Cercis funiushanensis S. Y. Wang et T. B. Chao(T. B. Zhao),丁宝章等主编. 河南植物志　第二册:286~287. 图 1106. 1988。

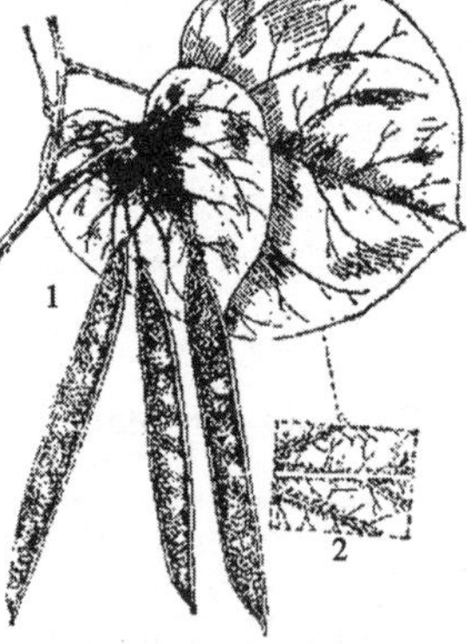

形态特征:落叶乔木,高达 15.0 m。小枝深灰色,当年生小枝暗褐色,无毛,有隆起小皮孔。叶圆形或宽卵圆形,长 7.0~11.0 cm,宽 8.0~11.5 cm,先端急尖而微钝,基部心形或近心形,掌状 7 出脉,表面稍隆起,无毛,沿腹缝线有宽 1~1.5 mm 的狭翅,有 5~8 粒种子;果柄纤细,长

图 254　伏牛紫荆
1. 果枝;2. 叶一部分放大
(引自《河南植物志(第二册)》)。

2.0~2.5 cm。花期4~5月,果熟期9月。

本种与云南紫荆 Cercis yunanensis Hu et Cheng 相似,但叶圆形或宽卵圆形,背面沿脉有褐色茸毛。荚果有种子5~8粒,可以区别。

产地:河南伏牛山区。1978年8月14日。栾川县龙峪湾。王遂义、张庆连,780378。模式标本 Typus! 现存河南农业大学。

2. 毛紫荆　图255

Cercis pubescens S. Y. Wang,丁宝章等主编. 河南植物志　第二册:287~288. 图1107. 1988。

形态特征:落叶乔木或灌木,高3~10 m。小枝淡褐色,密被淡褐色短柔毛。叶近圆形,长6.0~8.5cm,宽6.0~8.0cm,先端短尖,基部心形,掌状5~7出脉,表面叶脉稍凹下,几光滑或沿脉有少数散生柔毛,背面密生短柔毛,沿脉较密;叶柄长2.0~3.5 cm,密生短柔毛。花紫色,簇生。荚果带状,长5.0~7.0 cm,宽1.0~1.2 cm,先端光,具喙,基部渐狭如柄,沿腹缝线有宽约1 mm的狭翅,无毛;果柄长1.0~1.5 cm。花期4月,果熟期9月。

本种与紫荆 Cercis chinensis 相似,但小枝、叶柄及叶背面均归密生短柔毛。

产地:河南伏牛山区。1978年8月10日。栾川龙峪湾。王遂义、张庆连,无号。模式标本 Typus! 现存河南农业大学。

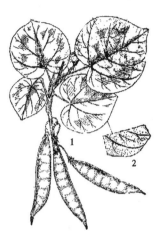

图255　毛紫荆
1. 果枝;2. 叶一部分放大
(《引自〈河南植物志(第二册)〉》)。

(二)香豌豆属　Lathyrus Linn.

1. 河南香豌豆　图256

Lathyrus henanensis S. Y. Wang,丁宝章等主编. 河南植物志　第二册:347~348. 图1204. 1988。

形态特征:多年生草本,高达1 m。茎圆柱状,具细棱线,近直立或稍攀缘,无毛。偶数羽状复叶,叶轴先端有叉状卷须;小个6~12枚,椭圆形、长卵圆形或卵圆-椭圆形,长3.0~6.5 cm,宽1.0~3.0 cm,先端渐尖,或稍钝,有小尖头,基部宽楔形,边缘全缘,无毛,背面稍有白粉;托叶斜披针形,长7~15mm,宽2~3 mm,先端长尖,边缘全缘,无毛。花序腋生,有4~7~10朵花;花梗长2~3 mm,与总花梗均无

图256　河南香豌豆
(引自《河南植物志(第二册)》)

毛。花黄色,长1.5~2.0 cm;萼钟状,无毛,上萼齿三角形,较短,下萼较长;旗瓣中上部缢缩,先端微凹,翼瓣与尤骨瓣近等,均较旗瓣较短;子房无毛,花柱稍扭转。荚果线形,微弯,长5.0~6.5 cm,宽5~6 mm。花期6月,果熟期8~9月。

本种与东北香豌豆 Lathyrus vaniotii Lèvl. 相似,但叶轴先端有明显皎叉状卷须。花黄色,子房无毛,可以区别。

产地:河南伏牛山区。1957 年 8 月。栾川老君山。时华民、丁宝章、于善同等,无号。模式标本 Typus! 现存河南农业大学植物标本室。

(三)岩黄蓍属　Hedysarum Linn.

1. 河南岩黄蓍　图 257

Hedysarum honanensis P. K. Hsiao,丁宝章等主编. 河南植物志　第二册:385. 图 1267. 1988。

形态特征:草本, 高达 1 m。根淡褐色。枝褐色,有疏毛。奇数羽状复叶, 长约 16.0 cm;小叶 19~25 枚,卵圆形或卵圆-披针形,长 1.5~3.2 cm,宽 6~14 mm,先端尖,基部圆形,无毛或几无毛,叶轴基部与托叶有毛。总状花序腋生,较叶稍短,花序轴疏生白色柔毛;花梗细, 有毛;萼钟状,有毛;花紫红色。荚果 3~4 节,长 1.5~2.5 cm,宽 7~11 mm,浅褐色,有刺及白色柔毛,边缘有牙齿状翅。花期 6 月,果熟期 9 月。

产地:河南伏牛山区灵宝、栾川、嵩县、卢氏、洛宁、西峡、南召等县。

图 257　河南岩黄蓍
1. 枝、叶;2. 果序;3. 根的一段
(引自《河南植物志(第二册)》)。

(四)杭子梢属　Campylotropis Bunge

1. 杭子梢

Campylotropis macrocarpa(Bunge) Rehd.

变种:

1.1　杭子梢　变种

Campylotropis macrocarpa (Bunge)Rehd. var. **macrocarpa**

1.2　白花杭子梢　变种

Campylotropis macrocarpa Rehd. var. **alba** S. Y. Wang,丁宝章等主编. 河南植物志　第二册:401. 1988。

本变种花白色, 较小;子房仅沿腹缝线有毛。

产地:河南伏牛山区,栾川县龙峪弯。1978 年 8 月 12 日。王遂义、张庆连,780356。模式标本 Typus var.! 现存河南农业大学植物标本室。

二十三、豆科　Leguminosae

(一)槐属　Sophora Linn.

1. 槐树

Sophora japonica Linn.

变种:

1.1　槐树

Sophora japonica Linn. var. **japonica**

1.2　二次花果槐树　变种

Sophora japonica Linn. var. **biflori-carpica** T. B. Zhao,Z. X. Chen et D. F. Zhao

本变种一年开 2 次花;结 2 次果。

产地:河南郑州市。赵天榜、陈志秀和赵东方,No. 201710041(枝与叶)。模式标本,存河南农业大学。

（二）野豌豆属　**Vicia** Linn.

1. 确山野豌豆　图 258

Vicia kioshanica Bailey ,丁宝章等主编. 河南植物志　第二册:343. 图 1196. 1988。

多年生草本,高 30.0～70.0 cm。茎圆有棱,多分枝,无毛。羽状复叶,有发达卷须;小叶 6～14 枚,长圆形、线–长圆形,长 16～35 mm,宽 5～14 mm,两端圆形或顶端微凹,具细尖,两面无毛;托叶半箭头状或线–披针形,有 1～3 个齿牙。总状花序长于叶,具花 8～16 枚;萼钟状,外面有很少柔毛。花紫色;萼钟状,长（连齿）4 mm;旗瓣倒卵圆形,长 9.5 mm,宽 5 mm,先端圆形、微凹,有细尖;子房无毛,有短柄;花柱顶部周围有短毛。荚果长圆形,长 20～25 mm,无毛。花期 6～9 月,果熟期 8～10 月。

图 258　确山野碗豆
1. 花枝;2. 果序;
3. 旗瓣;4. 翼瓣;5. 龙骨瓣
（引自《河南植物志（第二册）》)。

产地:河南伏牛山、大别山和桐柏山区。

（三）锦鸡儿属　**Caragana** Fabr.

1. 锦鸡儿

Caragana sinica(Buc'hoz) Rehd.

变种:

1.1　锦鸡儿　变种

Caragana sinica(Buc'hoz) Rehd. var. **sinica**

1.2　长柄锦鸡儿　变种

Caragana sinica(Buc'hoz) Rehd. var. **longipedunculata** C. W. Chang,丁宝章等主编. 河南植物志　第二册:362～363. 1988。

本变种小叶 2 对,几掌状排列。花梗长 10.0～20.0 cm,密被短柔毛,中部以上具关节。

产地:河南灵宝、陕县、卢氏、栾川、洛宁等县。

二十四、苦木科　**Simaroubaceae**

（一）臭椿属

Ailanthus Desf.

1. 臭椿

Ailanthus altissima(Mill.) Swingle

变种:

1.1　臭椿　变种

Ailanthus altissima(Mill.) Swingle var. **altissima**

1.2　千头臭椿　变种

Ailanthus altissima(Mill.) Swingle var. **myriocephala** B. C. Ding et T. B. Chao(T. B. Zhao) , 丁宝章等主编. 河南植物志　第二册:447. 1988。

本变种与臭椿(原变种)Ailanthus altissima(Mill.) Swingle var. altissima 主要区别:树冠浓密。小枝很多、直立为显著特征。

产地:河南,睢县、卢氏、郑州市等地有栽培。1977 年 8 月 14 日。卢氏县。赵天榜, 778142(模式标本 Typus var. ! 存河南农学院)。

该变种具有适应性很强、耐干旱、耐瘠薄、耐高温、抗污染、生长较快、病虫害少等特性。因树姿优美,是城乡园林化建设和庭院置景的优良观赏品种。

1.3　白材臭椿　白椿　变种

Ailanthus altissima(Mill.) Swingle var. **leucoxyla** B. C. Ding et T. B. Chao, 丁宝章等主编. 河南植物志　第二册:447. 1988。

本变种与臭椿(原变种)Ailanthus altissima(Mill.) Swinge 的主要区别:小枝稀少,细长,近轮状着生。叶稀;小叶腺点无臭味;幼叶不具苦味,俗称"甜椿"。翅果较大,黄白色。木材白色,又称"白椿"。

产地:河南西部卢氏、洛宁等县栽培极多。1978 年 8 月日。卢氏县城关公社。赵天榜、兰战和金书亭(模式标本 Typus var. ! 存河南农业大学)。

该变种树干通直、生长快、材质好,是臭椿中一个速生、材优的良种。因木材细致、耐用,俗语有"白椿气死槐"之说。

2. 刺臭椿

Ailanthus vilmoriniana Dode

变种:

2.1　刺臭椿　变种

Ailanthus vilmoriniana Dode var. vilmoriniana

2.2　赤叶刺臭椿　变种

Ailanthus vilmoriniana Dode var. **henanensis** J. Y. Chen et L. Y. Jin,丁宝章等主编. 河南植物志　第二册:447. 1988。

本变种幼叶红色为显著特点。

产地:河南内乡县有栽培。

二十五、棟科　Meliaceae

(一)香椿属

Toona(Endl.) Roem.

1. 香椿

Toona sinensis(A. Juss.) Roem.

变种:

1.1　香椿　变种

Toona sinensis(A. Juss.)Roem. var. sinensis

1.2　油香椿　变种

Toona sinensis(A. Juss.)Roem. var. **carmesinixylon** D. C. W. ,丁宝章等主编. 河南植物志　第二册:401. 1988。

本变种幼枝、幼叶及幼叶柄无毛;幼叶紫红色,表面密被油质状光泽,香味特浓。生长慢。木材细致、坚实,红褐色,具光泽为显著特征。

产地:河南各地均有栽培。河南农业大学教学实验农场。赵天榜,806(模式标本 Typus! 存河南农业大学)。该新变种材质优良,嫩芽幼叶香味浓,是香椿种一个材蔬两用的良种,应大力发展和推广。

1.3　毛香椿　变种

Toona sinensis(A. Juss.)Roem. var. **schensis** D. C. W. ,丁宝章等主编. 河南植物志　第二册:401. 1988。

本变种小叶两面被柔毛,背面脉上尤密。花序被柔毛。

产地:河南各地均有栽培。河南农业大学教学实验农场。赵天榜,806。模式标本 Typus! 存河南农业大学。

注:D. C. W. 系D 丁宝章、C 赵天榜、W 王遂义代号。

1.4　垂枝香椿　变种

Toona sinensis(A. Juss.)Reom. var. **pendula** T. B. Zhao,Z. X. Chen et J. T. Chen,赵天榜等主编. 郑州植物种子植物名录:177. 2018。

本变种枝和偶数羽状复叶下垂。

产地:河南郑州市。赵天榜、陈志秀和陈俊通,No. 201510055。模式标本,存河南农业大学。

2. 密果香椿

Toona densicapsula T. B. Zhao,Z. X. Chen et D. F. Zhao,赵天榜等主编. 郑州植物种子植物名录:177. 2018。

本种树皮片状剥落。幼枝被柔毛。小枝被白粉层, 后亮黑紫色, 无毛;叶痕三角-心形。芽鳞黑紫色, 先端外面及边部被较密柔毛。叶为偶数羽状复叶, 长 28.0~70.0 cm;叶轴无毛, 仅顶端异形节上疏被柔毛。小叶 8~18 枚, 长狭椭圆形、长圆形至狭披针形,纸质,长 5.0~18.0 cm,宽 2.5~3.5 cm,先端渐尖,基部宽楔形,两面无毛,主脉两边侧脉不对称,背面脉腋簇生短柔毛,边缘基部全缘,中部边缘具疏圆波状齿,上部边缘具疏锯齿,有时齿端具腺体。果序短, 长 20.0~25.0 cm。蒴果长小于 2.0 cm,密集,褐色。

产地:河南,郑州市有栽培。赵天榜等,No. 201710053。模式标本,存河南农业大学。

二十六、大戟科　Euphorbiaceae

(一)叶底珠属　Securinega Comm. ex Juss.

1. 小果叶底珠　图 259

Securinega microcarpa B. C. Ding et S. Y. Wang,丁宝章等主编. 河南植物志　第

二册:462. 图 1367. 1988。

形态特征:落叶灌木,高约 2.0 m。小枝褐色,有钝棱,无毛。叶椭圆形或长圆形,长 1.5～3.5 cm,宽 1.0～2.0 cm,先端短尖,基部楔形,边缘全缘,表面绿色,背面淡绿色,叶脉在背面隆起,两面无毛,干后带褐色;叶柄长 2～5 mm。花单生,雌雄异株! 无花瓣。花 3～19 朵簇生叶腋;雄花梗长 3～8 mm,纤细,无毛;萼片 5 枚,卵圆形,长约 1 mm,无毛;雄蕊 5 枚;退化子房小;雌花未见。蒴果扁球状,直径约 2 mm;果柄长 2～5 mm,无毛。种子褐色,稍有光泽。花期 6～7 月,果熟期 8～9 月。

本种与叶底珠 Securinega suffuticosa(Pall.)Rehd. 相似,但小枝褐色。果较小,直径约 2 mm;果梗长 2～5 mm,可以区别。

产地:河南大别山、鸡公山大茶沟、河南农学院, 无号。模式标本 Typus! 存河南农业大学植物标本室。

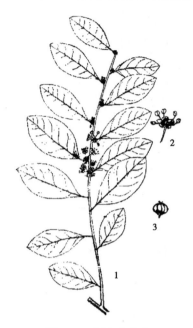

图 259　小果叶底珠
1. 雄花枝;2. 雄花;3. 果实
(引自《河南植物志(第二册)》)。

(二)乌桕属　Sapium P. Br.

1. 乌桕

Sapium sebiferum(Linn.)Roxb.

变种:

1.1　乌桕　变种

Sapium sebiferum(Linn.)Roxb. var. **sebiferum**

1.2　复序乌桕　变种

Sapium sebiferum(Linn.) Roxb. var. **multiracemosum** Ding ex S. Y. Wang et T. B. Chao(T. B. Zhao),丁宝章等主编. 河南植物志　第二册:462. 图 1394. 1988。

形态特征:落叶乔木,高 7～15 m。树皮灰色,浅纵裂。小枝浅褐色,无毛。叶互生,纸质,菱-卵圆形,长 4.0～8.0～10.0 cm,宽与长近等,先端渐尖或尾尖,基部楔形,边缘全缘,两面无毛;叶柄长 2.0～5.0 cm,无毛,顶端常有 2 枚腺体。花序二型,顶生穗状总状花序全部为雄花,开花早,脱落后由雄花序基部侧芽抽出数个具有叶或无叶(果期叶脱落)穗状总状花序,基部为雌花,上部为雄花。

产地:河南大别山、鸡公山大茶沟、河南农学院,无号。模式标本 Typus! 存河南农业大学植物标本室。

1.3　小果乌桕　变种

Sapium sebiferum(Linn.)Roxb. var. **magnicarpa** T. B. Zhao,Z. X. Chen et J. T. Chen,丁宝章等主编. 河南植物志　第二册:480. 1988。

本变种小枝细而短。叶菱形,长 3.5～5.0 cm,宽 3.0～6.0 cm。果实球状,小,1.0 cm。

产地:河南郑州市。2015 年 10 月 5 日。赵天榜、陈志秀和陈俊通,No. 201510057,模式标本,存河南农业大学。

1.4　心果乌桕　变种

Sapium sebiferum(Linn.) Roxb. var. **cordatum** S. Y. Wang ,丁宝章等主编. 河南植物志　第二册:480. 1988。

本变种与乌桕原变种 Sapium sebiferum(Linn.) Roxb. var. sebiferum 的主要区别:蒴果倒心脏状,室脊具粗糙隆起的裂纹。

产地:河南大别山。商城县伏山公社。1978 年 10 月。王遂义,无号。模式标本 Typus var.！现存河南农业大学植物标本室。

1.5　大别乌桕　变种

Sapium sebiferum(Linn.) Roxb. var. **dabeshanensis B. C. Ding** et T. B. Chao(T. B. Zhao),李淑玲等主编. 林木良种繁育学:316. 1996。

本变种与乌桕原变种 Sapium sebiferum(Linn.) Roxb. var. sebiferum 的主要区别:叶三角形,大,先端突长尖,基部圆形,表面深绿色。蒴果大。

产地:河南大别山,商城县有栽培。赵天榜,无号。模式标本 Typus var.！现存河南农业大学植物标本室。

1.6　垂枝乌桕　变种

Sapium sebiferum(Linn.) Roxb. var. **pendulum** B. C. Ding et T. B. Chao(T. B. Zhao),丁宝章等主编. 河南植物志　第二册:316. 1988。

本变种与乌桕原变种 Sapium sebiferum(Linn.) Roxb. var. sebiferum 的主要区别:小枝细长而下垂。蒴果小。

产地:河南鲁山县有栽培。赵天榜,无号。模式标本 Typus var.！现存河南农业大学植物标本室。

二十七、葡萄科　Vitaceae

(一)葡萄属　Vitis Linn.

1. 华北葡萄

Vitis bryoniaefolia Bunge

变种:

1.1　华北葡萄　变种

Vitis bryoniaefolia Bunge var. **bryoniaefolia**

1.2　多裂华北葡萄　变种

Vitis bryoniaefolia Bunge var. **multilobata** S. Y. Wang et Y. H. Hu,丁宝章等主编. 河南植物志　第二册:597. 1988

本变种与华北葡萄原变种 Vitis bryoniaefolia Bunge var. bryoniaefolia 的区别:叶 3~5 深裂,每裂片又羽状深裂,有时几达主脉。

产地:河南伏牛山及太行山区。1978 年。嵩县,胡玉华,无号。模式标本 Typus var.！现存河南农业大学植物标本室。

二十八、猕猴桃科　Actinidiaceae

(一)猕猴桃属　Actinidia Lindl.

1. 河南猕猴桃

Actinidia henanensis C. F. Liang，丁宝章等主编. 河南植物志　第三册:23. 图 1586:8~11. 1997。

形态特征:大型落叶木质藤本。小枝红褐色,髓心小,片层状。叶圆形、宽卵圆形或倒卵圆形,长 9.0~13.0 cm,宽 3.5~8.5 cm,先端稍向后弯,尾状急渐尖,基部圆形,边缘具软骨质锐锯齿,表面无毛,背面略被霜粉,呈浅粉绿色,侧脉腋处有髯毛,余处无毛;侧脉 6~7 对;叶柄长 3.0~4.0 cm。聚伞花序,具花 3~5 枚,无毛;花径 2.5~3.0 cm;萼片 5 枚,黄绿色,卵圆形,边缘具缘毛;花瓣 5 枚, 黄绿色,瓢状,倒卵圆形,长约 12 mm;雌花具退化雄蕊约 30 枚,花柱约 20 枚,柱头略后弯。果实圆柱状,长约 4.5 cm,直径达 3.7 cm,顶端具不显著的喙, 初黄绿色,成熟时暗红色,无毛、无斑点(皮孔)。种子褐色,近长圆体状,长 3 mm,宽 2 mm。花期 6 月上旬,果熟期 9 月中旬。

产地:河南伏牛山区卢氏、栾川、嵩县、内乡等县。

二十九、杜鹃花科　Ericaceae

(一)杜鹃花属　Rhododendron Linn.

1. 河南杜鹃花　图 260:1~4

Rhododendron henanense Fang,丁宝章等主编. 河南植物志　第三册:194~195. 图 1586~1739:1~4. 1997。

形态特征:灌木,高 3~5 m。枝粗壮,幼枝绿色,无毛。芽卵球状,近无毛。叶厚纸质,常在小枝顶部密集,椭圆形,或长圆-椭圆形,长 7.0~9.0 cm,宽 3.0~4.0 cm,先端常圆形,并有小短尖头,基部近圆形或近心形,边缘近全缘,干燥时反卷,表面暗绿色,中脉微下陷,网脉不明显;叶柄粗壮,无毛,长 1.5~2.0 cm。总状聚伞花序,具花 12 ~ 13 朵;花序轴长 1.0 ~ 1.5 cm,被淡黄色丛状卷毛;花梗长 1.5~2.0 cm,被淡黄色丛状卷毛;萼片小,长 2 mm;花冠钟状,长 3.0 cm,径 2.5 cm,白色,两面无毛;裂片 5 枚,内面有黄色斑点;雄蕊 10 枚,花丝近基部具白色疏柔毛;子房密被腺体,花柱无毛。蒴果长圆-柱状,微弯曲,暗褐色,长 1.5~2.0 cm,直径 5~6 mm。

图 260
河南杜鹃花:1. 花枝;2. 果实;3. 雄蕊;4. 雌蕊。
太白杜鹃:5. 花枝;6. 雌蕊;7. 雄蕊
(引自《河南植物志(第二册)》)。

产地:河南伏牛山区卢氏、嵩县有分布。列入河南省重点保护植物名录(2005)。

亚种:

1.1　河南杜鹃　亚种

Rhododendron henanense Fang subsp. **henanens**

1.2　灵宝杜鹃　亚种

Rhododendron henanense Fang subsp. **lingbaoense** Fang in Act. Fhytotax. Sin. 21:459. 1983.

本亚种:叶片薄革质,椭圆形或倒卵圆-椭圆形,长 5.0~9.0 cm,宽 2.5~4.5 cm。花冠没有黑点,约 2.5 cm。花小,花冠长仅 2.5 cm,无深色斑点等。花期 6 月。

本亚种与河南杜鹃花的区别:叶为薄革质,椭圆形或倒卵圆-椭圆形,5.0~9.0 cm,宽2.5~4.5 cm。花小,花冠长仅 2.5 cm,无深色斑点等。花期 6 月。

产地:河南西部灵宝县。模式标本,采自河南灵宝(老鸦山)。

2.太白杜鹃　图 260:5~7

Rhododendron purdomii Rehd. et Wils. ,丁宝章等主编. 河南植物志　第三册:195.图 1739:5~7. 1997。

形态特征:常绿灌木或小乔木,高 2.0~5.0 m。幼枝被微毛或近无毛。叶革质,长圆-披针形或长圆形,长 5.0~9.5 cm,宽 2.5~4.5 cm,先端钝圆形,有突尖,基部圆形或楔形,边缘反卷,表面暗绿色,背面灰白色,无毛,有光泽,微皱;背面淡绿色,无毛,中脉突起,网脉明显;叶柄粗壮,初被微毛,长 8~20 mm。短总状伞形花序,顶生;总花梗长 5~13朵,花序轴长 5~10 mm,被淡褐色柔毛;花冠钟状,长 2.5~3.5 cm,淡粉红色或近白色;裂片 5 枚,圆形;雄蕊 10 枚,稍外露,花丝下部具白色柔毛;子房锥状,密被白色长柔毛或有疏短柔毛;花柱无毛。蒴果长圆锥体状,微弯曲,长 1.0~3.5 cm,有红褐色柔毛或近无毛;果梗长 1.0~2.5 cm,被红褐色柔毛。花期 4 月下旬至 6 月中旬,果实成熟期 7~8 月。

产地:河南伏牛山区有分布。列入河南省重点保护植物名录(2005)。

3.两色杜鹃　新种　图 261

Rhododendron dicolor T. B. Zhao,Z. X. Chen et M. Y. Fan,sp. nov. fing 1

Sp. nov. :Small evergreen shrubs. The leaves have yellowish-white bands. 15 flowers grow in clusters on the tops of branches;Flower purple, Flower tube is light purple, light green, glabrous, about 5 mm long; 4 petals, purple outside, light green, greenish yellow inside; 10 stamens;The pistil is globose, tapering above the middle, bright green, and glabrous. Flowering in early and late February.

Small evergreen shrub, plant height 25. 0~30. 0 cm. Branchlets brown, glabrous, shiny. The leaves are narrowly oblong, oval, sparsely lanceolate, thin leathery, 2.1~4.3~8.2 cm long, 0.7~1.5~2.0 cm wide, apex acuminate, sparsely curled back, narrowly wedge-shaped at the base. The edge is entire, with

图 261　两色杜鹃

light yellow-white bands, the surface is dark green, shiny, thc back is light green, glabrous, the main vein is obviously raised, glabrous, and the edge is entire;The petiole is short, glabrous, about 2 mm long. 15 flowers grow in clusters on the tops of branches;Flower purple, Flower tube is light purple, light green, glabrous, about 5 mm long;4 petals, ovoid, oblong oval, 4~5 mm long, blunt tip, purple outside, sparse green, greenish yellow inside;10 stamens, filaments 1 mm long;The pistil is globose, acuminate above the middle, bright green, glabrous;The pedicel is about 1 mm long and glabrous. Flowering in early and late February; The fruit is unknown.

Origin:Zhengzhou City. Henan Province. February 4, 2021. Zhao Tianbang and Chen Zhixiu, No. 2102041. The type specimens were collected from Zhengzhou City, Henan Province and kept in the Herbarium of Henan Agricultural University.

形态特征:常绿小灌木,株高 25.0~30.0 cm。小枝褐色,无毛,具光泽。叶狭长圆形、椭圆形,稀披针形,薄革质,长 2.1~4.3~8.2 cm,宽 0.7~1.5~2.0 cm,先端渐尖,稀向后卷,基部狭楔形,边缘全缘,有淡黄白色条带,表面暗绿色,具光泽,背面浅绿色,无毛,主脉明显突起,无毛,边缘全缘;叶柄很短,无毛,长约 2 mm。花 15 朵簇生于枝顶;花紫色,花管筒淡紫色、淡绿色,无毛,长约 5 mm;花瓣 4 枚,卵圆形,长卵圆形,长 4~5 mm,先端钝尖,外面紫色,稀淡绿色,内面微绿黄色;雄蕊 10 枚,花丝长 1 mm;雌蕊球状,中部以上渐尖,亮绿色,无毛;花梗长约 1 mm,无毛。花期 2 月上、下旬;果不详。

产地:河南郑州市。2021 年 2 月 4 日。赵天榜和陈志秀,No. 2102041。模式标本,采自河南郑州市,存河南农业大学标本馆。

(二)冬花杜鹃属　新属

Donghua T. B. Zhao ,Z. X. Chen et M. Y. Fan,gen. nov.

Gen. nov.:fruticibus sempervirentibus. Innovationibus dense breviter pubescentibus albis et villosis nigris. Corollis tubis salmonaceis, apice 5-lobis, intus 5 rotundis semotis manifeste rugatis;tepalis 1/2 rotundis atro-carneis dilutis,1-staminis ca. 2.0 cm;ovariis dense breviter pubescentibus albis et　sparse villosis brunneis.

Efflorescemtis:Docembri et Januario.

Henan:Zhengzhou City. 2020-12-30.

Gen. typus sp.:Rhododendron donghua T. B. Zhao,Z. X. Chen et M. Y. Fan。

形态特征:本新属为常绿小灌木。幼枝密被白色短柔毛及黑色长柔毛。叶小,卵圆形、椭圆形,长 0.5~3.0 cm,宽 0.4~1.5 cm,表面暗绿色,无毛,背面与叶柄密被白色短柔毛及疏被褐色长毛。花粉白色及粉色,外面花管筒粉色,先端 5 裂,裂片半圆形;花冠筒内面具 5 枚皱褶的离生花瓣,花瓣先端凹裂,花瓣半圆形,长 2.0~2.5 cm,深粉色,微皱,先端 2 裂,裂口处着生 1 枚长约 2.0 cm 的雄蕊。子房密被白色短柔毛及疏被褐色长毛;花柱长 2.5~3.0 cm,粉色,无毛。花期 12 月上、中旬。

新属模式种:冬花杜鹃 Rhododendron donghua T. B. Zhao,Z. X. Chen et M. Y. Fan。

产地:本新属河南郑州市有栽培。

1.冬花杜鹃　新种　图262

Rhododendron donghua T. B. Zhao, Z. X. Chen et M. Y. Fan, sp. nov. fing 17:3~4

Sp. nov. : Small evergreen shrub, plant height 20. 0~25. 0 cm. Branchlets dark brown, glabrous; young branches gray–white, densely covered with white pubescent and black pilose. Leaves are oval, elliptical, papery, 0. 5~3. 0 cm long, 0. 4~3. 3 cm wide, round apex, blunt tip, narrowly wedge–shaped base, entire margin, dark green on the surface, glabrous, light green on the back, along The veins are densely white and short, and sparsely brown and long–haired; The petiole is densely covered with white pubescent hairs and sparsely brown hairs, about 2 mm long. Flowers 1~2 are born on the top of branches, pinkish white and pink, the outside of the flower tube is pink, glabrous, 4. 0~5. 0 cm long, 5–lobed apex, semicircular lobes; 5 sepals, oblong, densely covered with white pilose, and densely covered with white pilose at the margin; pedicel is about 5 mm long, densely covered with light yellow pilose; Calyx spoon–oval, about 7 mm long, densely covered with white pubescent hairs and sparsely brown hairs; In the corolla tube, there are 5 wrinkled free petals, 2 deep–lobed apex of the petal, and 1 stamen in the center of the slit, about 1. 5 cm long, pink; Inner ring petals are separated from each other, 5, semicircular, 2. 0~2. 5 cm long, 2. 0~2. 3 cm wide, dark pink, wrinkled, apex 2–lobed, 1 stamen about 2 cm long in the slit, base wedge. Ovary oblong ellipsoid, densely covered with white pubescent hairs and sparse brown hairs; The style is 2. 5~3. 0 cm long, pink, glabrous. The fruit is unknown.

Origin: Cultivated in Zhengzhou City, Henan Province. December 12, 2020. Zhao Tian-bang and Chen Zhixiu, No. 202012125. Type specimens are kept in the Herbarium of Henan Agricultural University.

形态特征:常绿小灌木,株高 20.0~25.0 cm。小枝黑褐色,无毛;幼枝灰白色,密被白色短柔毛及黑色长柔毛。叶卵圆形、椭圆形,纸质,长 0.5~3.0 cm,宽 0.4~3.3 cm,先端圆形、钝尖,基部狭楔形,边缘全缘,表面暗绿色,无毛,背面浅绿色,沿脉密被白色短无及疏被褐色长毛;叶柄密被白色短柔毛及疏被褐色长毛,长约 2 mm。花 1~2 朵生于枝顶,粉白色及粉色,花管筒外面粉色,无毛,长 4.0~5.0 cm,先端 5 裂,裂片半圆形;萼片 5 枚,长椭圆形,密被白色长柔毛,边缘密被白色长柔毛;花梗长约 5 mm,密被淡黄色柔毛;花萼匙-椭圆形,长约 7 mm,密被白色短柔毛及疏被褐色长毛;花冠筒内面具 5 枚皱褶离生花

图 262　冬花杜鹃
1. 花、叶枝;2. 花型;3. 杯状花冠及内面花被片及雄蕊。

瓣,花瓣先端 2 深裂,裂口中央着生 1 枚雄蕊,长约 1.5 cm,粉色;内轮花瓣离生,5 枚,半圆形,长 2.0~2.5 cm,宽 2.0~2.3 cm,深粉色,皱褶,先端 2 裂,裂口处着生 1 枚长约 2 cm 的雄蕊,基部楔形;子房长椭圆体状,密被白色短柔毛及疏被褐色长毛;花柱长 2.5~3.0 cm,粉色,无毛。果实不详。

产地:河南郑州市有栽培。2020 年 12 月 12 日。赵天榜和陈志秀,No. 202012125。模式标本,存河南农业大学植物标本馆。

2. 两型冬花杜鹃　新种　图 263

Rhododendron biforma T. B. Zhao et Z. X. Chen,sp. nov.

Sp. nov.:This new species two leaf types:① The leaves are large, oblong, leathery, 3.0~4.0 cm long, 1.5~2.0 cm wide, rounded at the apex, with entire edges, and the surface is dark green and shiny. ② The leaves are small, oblong, leathery, 1.5~2.0 cm long, 1.0~1.2 cm wide, rounded at the tip, slightly pointed, with entire edges, dark green on the surface and dull. Two types of flowering:①The outside of the flower tube is white, glabrous, 2.0~2.5 cm long, 5-lobed at the apex, semicircular lobes; 5 sepals, ob-

图 263　两型冬花杜鹃

long, densely covered with white pilose, margin densely covered with white pilose;The pedicel is about 5 mm long, densely covered with light yellow pilose;Calyx spoon-oval, about 7 mm long, densely covered with white pubescent hairs and sparsely brown hairs;②In the corolla tube, there are 5 wrinkled free petals, the apex of the petal is 2 deep-lobed, and 1 stamen is inserted in the center of the slit, about 1.0 cm long, pinkish white; The inner ring petals are free, 5, semicircular, 1.0~1.5 cm long, 1.0~1.3 cm wide, dark pink, wrinkled, 2-lobed apex, 1 stamen about 1.0 cm long, wedge-shaped at the crack; The ovary is long ellipsoid, densely covered with white pubescent and sparsely brown hairy; style is 2.5~3.0 cm long, pink, glabrous. ① Flowering in early October; ② Early and mid February: the fruit ripening period is unknown.

Origin:Cultivated in Zhengzhou City, Henan Province. December 12, 2020. Zhao Tianbang and Chen Zhixiu, No. 202012128. Type specimens are kept in the Herbarium of Henan Agricultural University.

形态特征:本新种叶两型:① 叶大,长椭圆形,革质,长 3.0~4.0 cm,宽 1.5~2.0 cm,先端圆形,边缘全缘,表面深绿色,具光泽。② 叶小,长椭圆形,革质,长 1.5~2.0 cm,宽 1.0~1.2 cm,先端圆形,具微尖头,边缘全缘,表面深绿色,无光泽。花两型:①花管筒外面粉白色,无毛,长 2.0~2.5 cm,先端 5 裂,裂片半圆形;萼片 5 枚,长椭圆形,密被白色长柔毛,边缘密被白色长柔毛,花梗长约 5 mm,密被淡黄色柔毛;花萼匙-椭圆形,长约 7 mm,密被白色短柔毛及疏被褐色长毛;②花冠筒内面具 5 枚皱褶离生花瓣,花瓣先端 2 深裂,裂口中央着生 1 枚雄蕊,长约 1.0 cm,粉白色,内轮花瓣离生,5

枚,半圆形,长 1.0~1.5 cm,宽 1.0~1.3 cm,深粉色,皱褶,先端 2 裂,裂口处着生 1 枚长约 1.0 cm 的雄蕊,基部楔形。子房长椭圆体状,密被白色短柔毛及疏被褐色长毛;花柱长 2.5~3.0 cm,粉色,无毛。花期两型:①花期 10 月上旬;② 2 月上、中旬。果熟期不详。

产地:河南郑州市有栽培。2020 年 12 月 12 日。赵天榜和陈志秀,No. 202012128。模式标本,存河南农业大学植物标本馆。

三十、玄参科　Scrophulariaceae

(一)玄参属　Scrophularia Linn.

1. 太行玄参　图 264

Scrophularia taihangshanensis C. S. Zhu et H. W. Yang,朱长山等. 中国玄参属一新种. 植物分类学报 35(1):76~78. 1997。

形态特征:多年生草本,株高 20.0~45.0 cm。茎四棱状,和叶柄均被扁平节毛及短腺毛。基生叶卵圆形或三角–卵圆形,长 3.5~5.0 cm,宽 2.5~3.0~4.5 cm,基部心形或浅心形;基生叶对生,中部叶椭圆形或卵圆–椭圆形,长 5.0~8.0 cm,宽 3.5 cm,基部微心形、圆形或宽楔形,先端钝或急尖,两

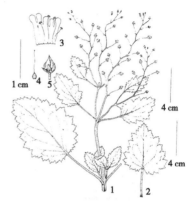

图 264　太行玄参
1. 植株上部;2. 基生叶;3. 花冠剖开;
4. 雌蕊;5. 果实。

面被粉粒状微毛,背面沿主脉和侧脉被平展短毛,边缘具浅裂片状的正三角形重锯齿;叶柄扁平,长 4.0~6.0 cm。圆锥花序顶散生,松散;花序分枝,长 8.0~15.0 cm,具 8~10~25 花;花序轴及花序分枝纤细,之字形曲折;花梗纤细,长 1.0~2.0 cm;花序轴、花梗、苞片和花萼背面均被扁平节毛和短腺毛。苞片披针形或线形,长 2~2.5 mm。花萼5 深裂至近基部,裂片狭卵圆形至长圆–披针形,长 2.5~3 mm,先端税尖或渐尖。花冠黄绿色,二唇形,长 6~8 mm;筒长 4~5 mm,直径 2~2.5 mm;上唇长于下唇 0.5~1 mm;上唇 2 裂,裂片倒卵圆–长圆形,长 2~2.5 mm,宽约 1.5 mm;下唇 3 裂,中裂片较小,近长圆形,长 2~2.5 mm,宽 1~1.5 mm,侧裂片倒卵圆–长圆形,长约 3 mm,宽1.5~2 mm。能育雄蕊 4 枚,与花冠近等长,后对雄蕊稍短于前对雄蕊,花丝无毛;退化雄蕊的花药长圆体状,微小而不明显。子房卵球状,长约 1.2 mm,花柱长 5.5~6 mm。蒴果卵球状,连喙长 4~5 mm。种子多数,长圆体状,长 0.4~0.5 mm,直径约 0.3 mm,具棱。

本种接近大果玄参 S. macrocarpa Tsoong,但圆锥花序由长 8.0~15.0 cm 的总状花序组成,花序轴和花序分枝纤细,之字形曲折;花萼较小,长 2.5~3 mm;花冠裂片长圆形或长圆–倒卵圆形;退化雄蕊的花药长圆体状;花柱长为子房的 4~5 倍。蒴果较小,连喙长 4~5 mm。与大果玄参易于区别。

产地:河南沁阳县白松岭。1995 年 7 月 30 日。H. W. Yang et al.,No. 95018。模式标本,存河南农业大学。

（二）马先蒿属

Pedicularis Linn.

1. 河南马先蒿　　图 265

Pedicularis henanensis Tsoong, 丁宝章等著. 河南植物志　第三册:449. 图 1968. 1997。

形态特征:多年生草本。茎高 20.0~60.0 cm,近无毛,干时稍变黑,主根圆锥状,粗壮,肉质,长约 7.0 cm,根颈被三角形鳞片。茎单生或自根颈生 3~4 枝,枝中空,上部稍具棱,被短毛,茎有分枝。基生叶早落;茎生叶互生,长圆形至卵圆-长圆形,长 3.0~5.0 cm,宽 1.5~1.7 cm,羽状全裂,裂片 7~9 对,边缘具羽状疏锯齿,齿端渐尖,有胼胝质小刺尖,表面无毛,背面疏被白色肤屑状物;叶柄扁平,长 2.0 cm,基部及边缘被短腺毛。总状花序顶生,长约 10.0 cm,极稀疏,苞叶叶状;花梗长 2.0 cm;萼筒卵球状,长 4~5 mm,外面被短茸毛;萼齿 3 裂,叶形,掌状 3 深裂,其上有锯齿;花冠紫红色,长 1.0 cm,喙短粗,有鸡冠状突起,下唇长约 7 mm,3 裂,有缘毛,中裂片较小,一半凸出于侧裂之前,前部为横椭圆-长方形,侧裂为纵置肾形,花丝全被长柔毛。蒴果斜球状,长约 8 mm,顶端有小凸尖,基部包于宿存萼内。花期 7 月,果熟期 8 月。

产地:河南伏牛山区卢氏、灵宝、内乡、嵩县、栾川、西峡等县有分布。

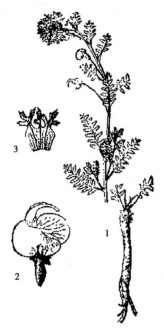

图 265　河南马先蒿
1. 植株;2. 花;3. 花萼展开
（引自《河南植物志(第三册)》）。

三十一、柿树科　Ebenaceae

（一）柿树属　Diospyros Linn.

1. 柿树

Diospyros kaki Thunb.

亚种:

1.1　柿树　亚种

Diospyros kaki Thunb. subsp. **kaki**

1.2　特异柿　亚种

Diospyros kaki Thunb. subsp. **insueta** T. B. Zhao, Z. X. Chen et J. T. Chen,赵天榜等主编. 河南省郑州市紫荆山公园木本植物志谱. 370. 图版 47;11~12. 2017。

本亚种枝下垂, 无毛。幼枝黄绿色,密被长柔毛。晚秋枝紫褐色,具光泽,密被长柔毛。秋季果小,扁球状,长约 1.5 cm,径 1.5~1.8 cm;萼裂片向后反,外面疏被柔毛,内面密被长柔毛。果周具 48 枚肉瘤状突起, 边缘分成多个扁瘤突,表面疏被柔毛。

产地:河南,郑州市紫荆山公园有栽培。2015 年 9 月 24 日。赵天榜和米建华,No. 201509241(枝、叶和秋果)。模式标本,存河南农业大学。

形态特征补充记述:落叶乔木;树皮灰黑色,鳞片状开裂。小枝下垂,紫褐色,具光泽,无毛;皮孔小而密,黄色突起,具顶芽。晚秋枝紫褐色,具光泽,密被长柔毛;皮孔小而密,紫红色突起,具亮光泽。顶芽密被橙黄色长柔毛。单叶,互生,革质,椭圆形、椭圆-卵圆形等,边缘全缘,被缘毛,表面绿色,具光泽,疏被柔毛,沿脉密被橙黄色长柔毛,背面绿色,密被橙黄色长柔毛。雌花梗、萼筒密被柔毛。果实浆果,扁球状,长、径约 5.0 cm,肉质,外面常被白蜡层,基部具增大宿存花萼 4 枚。第 2 次果生于 2 次枝顶部叶腋。果小,扁球状,长约 1.5 cm,径 1.5~1.8 cm;花柱小,黑色;萼 4~5 裂,裂片长、宽 1.0~1.5 cm,向后反,表面疏被柔毛,背面密被柔毛。果周具 4~8 枚肉瘤状突起,花盘边缘分裂成扁瘤突,表面疏被柔毛;果梗长 1.0~1.5 cm,密被黄锈柔毛。

2. 君迁子

Diospyros lotus Linn.

变种:

2.1　君迁子　变种

Diospyros lotus Linn. var. **lotus**

2.2　多籽君迁子　新变种

Diospyros lotus Linn. var. **multi-nuclea** T. B. Zhao et Z. X. Chen var. nov.

Var. nov:5~8 species in/fructu.

Henan:Changyuan. T. B. Zhao et Z. X. Chen,No. O. HANC.

本新变种果实具种子5~8 粒。

产地:河南长垣县。赵天榜和陈志秀,无号。模式标本,存河南农业大学。

2.3　无核君迁子　新变种

Diospyros lotus Linn. var. **a-nuclea** T. B. Zhao et Z. X. Chen var. nov.

Var. nov. :a-species in/fructu.

Henan:Changyuan. T. B. Zhao et Z. X. Chen,No. O. HANC.

本新变种:果实无核。

产地:河南商城县。1987 年 9 月 10 日。赵天榜,无号。模式标本,存河南农业大学。

三十二、唇形科　Labiatae

(一)黄芩属　Scutellaria Linn.

1. 河南黄芩　图 266

Scutellaria honanensis C. Y. Wu et H. W. Li,丁宝章等主编. 河南植物志　第三册:343. 图 1889 1~3. 1997。

形态特征:多年生草本,高 70.0~100.0 cm。根茎横生,密被须根。茎直立,四棱状,多呈紫红色,上部分枝,被节状短柔毛。叶卵圆形或卵圆-长圆图形,向上渐小,长 2.5~7.5 cm,宽 1.0~3.5 cm,先端尾形渐尖,基部

图 266　河南黄芩
1. 花枝;2. 花萼;3. 花冠展开
(引自《河南植物志(第三册)》)。

圆形或宽截形,边缘具不整齐的粗齿牙,表面散生节状短柔毛,背面疏生节状短柔毛和密被红色腺点;叶柄长 5~30 mm,被短柔毛。总状花序多数,从茎上部叶腋抽出,总状花序片 3.0~9.0 cm,密被节毛状腺毛和短节毛;小苞片卵圆-披针形,较花萼短,两面均密被短无;花萼黄绿色,盾片暗绿色,密被节状毛和节毛状头状腺毛;花冠紫色,长 15~20 mm;冠筒基部一侧稍膨大,外密被节毛和节毛状头状腺毛;上唇盔状,先端微凹,下唇 3 裂,中裂片较大,近圆形,2 侧裂片微三角形;雄蕊 4 枚,2 强,长雄蕊外侧花药败育;花药长圆柱状,裂口周围被髯毛;花丝中部有长柔毛,互相结合而使雄蕊和花柱聚合;花柱中部有微毛;子房无毛,有小瘤,有柄。小坚果有瘤。花期 6~7 月,果熟期 8~9 月。

产地:河南伏牛山区南部及信阳。

(二)鼠尾草属　Salvia Linn.

1. 河南鼠尾草　图 267

Salvia honania L. H. Bailey,丁宝章等主编. 河南植物志第三册:367~368. 图 1912:1~3. 1997。

形态特征:一年生或二年生草本,高 40.0~55.0 cm。根纤维状,簇生。茎直立,密被具腺长柔毛。叶为单叶或由 3 小叶组成。单叶卵圆形,长 5.0~7.0 cm,宽 4.0~5.5 cm,先端渐尖或钝,基部心形,边缘具粗锯齿或圆齿状锯齿,两面被长柔毛或疏毛,边缘具缘毛;复叶的顶生小叶较侧生小叶大数倍,长 5.0~10.5 cm,宽 4.5~8.0 cm;叶柄长 3.0~11.0 cm,基部略宽大呈鞘状;小叶柄长 1.0~4.3 cm,被短柔毛。轮状花序具多 5~9 朵,疏离,组成总状花序或总状圆锥花序;苞片小,披针形或匙形,先端渐尖或圆,基部渐狭,边缘全缘具长柔毛和腺毛;花梗长 2~6 mm,与花序轴密被具节长柔毛;花萼筒状,长 7~8 mm,外沿脉被具腺长柔毛,内面喉部有一白色长柔毛的毛环;二唇形,上唇三角形,长约 1.7 mm,全缘或近全缘,具缘毛,下

图 267　河南鼠尾草
1. 植株上部;2. 花萼展开;
3. 花冠展开
(引自《河南植物志(第三册)》)。

唇较大,2 齿裂,齿三角形,先端渐尖;花冠伸出,外面在冠筒中部以上被短柔毛,内面近中部有毛环;冠筒长 6~7 mm;冠檐二唇形,开展,上唇长圆形,长 4.7 mm,先端微缺,下唇 3 裂,中裂片最大,基部狭小,顶端宽大,微凹,分成 2 小裂片,小裂片边缘流苏状,侧裂片较小,卵圆形;能育雄蕊 2 枚,外伸;花丝长约 1 mm,伸出花冠筒,药隔线形,长约 14 mm,上臂长约 10 mm,下臂短而扁,药室不发育,药室顶端联合;退化雄蕊较小;花柱伸升,柱头 2 裂不相等,后裂片较短;花盘前广略膨大。小坚果长圆-椭圆体状,光滑。花期 5~6 月,果熟期 6~7 月。

产地:河南大别山区信阳鸡公山、罗山、新县、商城等。

(三)香薷属　Elsholtzia Willd.

1. 河南香薷　图 268

Elsholtzia ciliate(Thunb.) Hytland.,丁宝章等主编. 河南植物志　第三册:387. 图 1927. 1997。

形态特征:一年生草本,高 30.0~50.0 cm。茎自中部以合分枝,无毛或被疏柔毛。叶

卵圆形或卵圆-披针形,长3.0~9.0 cm,宽1.0~4.0 cm,先端渐尖,基部楔状下延成狭翅,圆形,边缘具锯齿,表面疏被硬毛,背面有橙黄色发亮的亮点,沿脉疏被硬毛;叶柄长0.5~3.5 cm。轮伞花序聚集生于茎顶或侧枝端偏向一侧的穗状花序;苞片宽卵圆形或扁圆形,先端具刺状芒尖,外面近无毛,具橙黄色腺点;花萼钟状,长约2 mm,外面被短柔毛和节毛状头状橙色腺点,先端5裂,下唇2裂较长,先端具芒尖;花冠谈蓝紫色,较花萼长3倍,外面被短柔毛,内面喉部有长柔毛,上唇直立,先端微凹,下唇开展,中裂片半圆形,2侧裂片弧形,较中裂片短;雄蕊4枚,2强,外露;花柱内藏;柱头2裂。小坚果长圆体状,长约1 mm,光滑。花期7~9月,果熟期9~11月。

图268 河南香薷

产地:河南伏牛山等山区均有分布。

三十三、木樨科 Oleaceae

(一)木樨属 Osmanthus Lour.

1. 木樨

Osmanthus fragrans(Thunb.)Lour.

变种:

1.1 木樨

Osmanthus fragrans(Thunb.)Lour. var. **fragrans**

1.2 多型叶桂花 新变种 图269

Osmanthus fragrans(Thunb.)Lour. var. **multiformis** T. B. Zhao et Z. X. Chen, var. nov.

A. var. nov. subfoliis, ellipticis, lanceolata vel. longe ellipticis apice longe acuminatis.

Henan: Yuzhaoushi. T. B. Zhao et Z. X. Chen, typus HENA.

本新变种叶近圆形,椭圆形,披针形,先端长渐尖。

产地:河南禹州市。赵天榜和陈志秀,无号。模式标本。存河南农业大学。

图269 多型叶桂花

（二）马先蒿属　**Pedicularis** Linn.

1. 河南马先蒿　图 270

Pedicularis honanensis Tsoong，丁宝章等主编. 河南植物志　第三册:449. 图 1986. 1997。

形态特征:多年生草本,高 20.0~60.0 cm,近无毛,干时稍变黑。主根圆锥状, 粗壮,肉质,长约 7.0 cm,根颈被三角形鳞片。茎单生或自根颈生 3~4 枝,中空,直立,上部稍具棱,被短毛。茎有分枝。基生叶早枯。茎生叶互生,长卵圆形至卵圆-长圆形,长 3.0~5.0 cm,宽 1.5~17 mm,羽状全裂,裂片 7~9 对,边缘具羽状疏锯齿,齿端渐尖,有胼胝质小刺尖,表面无毛,背面疏被白色肤屑状物;叶柄长 2.0 cm,扁平,基部及边缘被短腺毛。总状花序顶生,长约 10.0 cm,极稀疏;苞片叶形;花梗长 2.0 cm;萼筒卵球状,长 4~5 mm,外被短茸毛;萼齿 3 裂,叶状,掌状 3 深裂,其上有锯齿;花冠红紫色,长 1.0 cm,盔的直立部分短而硬,在含雄蕊部分的转角处有小耳状凸起 1 对,喙短粗,有鸡冠状突起,下唇长约 7 mm,3 裂,有缘毛,中裂片较小,一半凸出于侧裂之前,前部为横的椭圆-长方形,侧裂为纵置肾脏状;花丝全被长柔毛。蒴果斜球状,长约 8 mm,顶端具小凸光,基部包于宿存萼内。花期 7 月,果熟期 8 月。

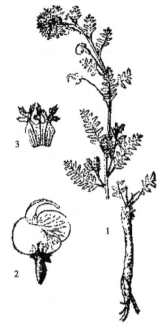

图 270　河南马先蒿
1. 植株;2. 花;3. 花萼展开
（引自《河南植物志（第三册）》）。

产地:河南伏牛山区卢氏、灵宝、内乡、嵩县、栾川、西峡等。

（三）白蜡树属　**Fraxinus** Linn.

裸芽白蜡树亚组　新亚组

Fraxinus Linn. subsect. **Gymwogemma** T. B. Zhao et Z. X. Chen,subsect. nov.

Subsect. nov. foliis parvis margine integris. Gemmis a-squamis. Inflorescentiis apicibus et axillaribus in one ramulis. Remanentibus foliis bracteis in ramulis inflorescentiis.

Subsect. typus sp. ;Froxinus griffithii C. B. Clarke.

本新亚组小叶边缘全缘。裸芽。花序顶生及腋生当年枝上。花序枝上苞状叶片宿存。

本新亚组模式种:光蜡树 Froxinus griffithii C. B. Clarke。

本新亚组植物 3 种、1 变种。中国均产。河南引栽有 1 种、1 变种。

1. 白蜡树

Fraxinus chinensis Roxb.

变种:

1.1　白蜡树　变种

Fraxinus chinensis Roxb. var. **chinensis**

1.2　狭齿白蜡树　变种

Fraxinus chinensis Roxb. var. **augustisamara** T. B. Zhao,Z. X. Chen et J. T. Chen,

赵天榜等主编. 河南省郑州市紫荆山公园木本植物志谱:376. 2017。

本变种与白蜡树原变种 Fraxinus chinensis var. chinensis 主要区别:果翅狭带状,先端短尖。

产地:河南,郑州市有栽培。2015 年 10 月 5 日。赵天榜等,No. 201510052(枝、叶和果序)。模式标本,存河南农业大学。

2. 光蜡树

Fraxinus griffithii C. B. Clark

变种:

2.1　光蜡树　变种

Fraxinus griffithii C. B. Clarke var. **griffithii**

2.2　密果光蜡树　变种

Fraxinus griffithii C. B. Clarke var. **densi‐fructus** T. B. Zhao, X. K. Li et H. Wang,赵天榜等主编. 郑州植物种子植物名录:248. 2018。

本变种果序很短。翅果小;果梗很短。

产地:河南,郑州植物园。2015 年 8 月 4 日。赵天榜与王华,No. 201508205。模式标本,存河南农业大学。

3. 象蜡树

Fraxinus platypoda Oliv.

变种:

3.1　象蜡树　变种

Fraxinus platypoda Oliv. var. **platypoda**

3.2　卷叶象蜡树　新变种

Fraxinus platypoda Oliv. var. **volutifolia** T. B. Zhao,Z. X. Chen et J. T. Chen,var. nov.

Var. nov. foliis involutis. Anguste taeniis alis,apice breviteracutis.

Henan:Zhengzhou City. 2015. 10. 5. T. B. Zhao et al,No 201510052. HANC.

本新变种叶内卷曲。果翅狭带状,先端短尖。

产地:河南,郑州市有栽培。2015 年 10 月 5 日。赵天榜等,No. 201510052(枝、叶和果序)。模式标本,存河南农业大学。

4. 垂枝白蜡树　新种

Fraxinus pendula T. B. Zhao et Z. X. Chen,sp. nov.

Sp. nov. :comis rotundis,a‐medianis truncis;lateri‐ramis reclinats pendulis. Ramulis pendu. is glabris. 7‐foliis parvis rare 3‐ foliis parvis. Gemmis nigris,globosis,glablis。

Henan:Zhengzhou City. T. B. Zhao et Z. X. Chen, No. 201909185. HANC.

本新种树冠球状,无中央主干;侧枝弓形下垂。小枝下垂,灰褐色,无毛;皮孔小,点形,白色。芽黑色,球状,无毛。叶为奇数羽状复叶,对生,长 25.0~39.0 cm,叶轴无毛,上面具浅沟。小叶 7 枚,稀 3 枚,长椭圆形,长 5.0~13.0 cm,宽 2.2~4.2 cm,顶生小叶大,长 11.0~13.0 cm,宽 4.2~5.0 cm,稀无顶生小叶,表面绿色,无毛,背面淡绿色,无毛,先端长渐尖,基部宽楔形,边缘中部以下全缘,以上疏细锯齿,无缘毛;小叶柄长 2~5 mm,淡绿色,无毛。果序着生于 2 年生枝上,果序长 5.0~12.0 cm。翅果长 2.2~3.8 cm,宽 5~6 mm,种子长度 1.0~2.0 cm。

产地:河南,郑州市有栽培。赵天榜和陈志秀,No. 201909185(枝、叶与果序)。模式标本,存河南农业大学。

(四)连翘属　Forsythia Vahl

1.连翘

Forsythia suspensa(Thunb.)Vahl

变种:

1.1　连翘　变种

Forsythia suspensa(Thunb.)Vahl var. **suspensa**

1.2　耐冬连翘　变种

Forsythia suspensa(Thunb.)Vahl var. **frigida** T. B. Zhao,Z. X. Chen et X. K. Li,赵天榜等主编.郑州植物园种子植物名录:249. 2018。

本变种花期 2 次:1 次 4 月,2 次 12 月。花金黄色。

产地:河南,郑州植物园有栽培。2015 年 12 月 4 日。赵天榜、陈俊通和王华,No. 201512041。模式标本,存河南农业大学。

1.3　二色花连翘　变种

Forsythia suspensa(Thunb.)Vahl var. **bicolour** T. B. Zhao,Z. X. Chen et X. K. Li,赵天榜等主编.郑州植物园种子植物名录:249. 2018。

本变种花金黄色,并有红色带。

产地:河南,郑州市、郑州植物园有栽培。2015 年 4 月 15 日。赵天榜、陈俊通和王华,No. 201504151。模式标本,存河南农业大学。

三十四、泡桐科　Paulowniaceae

(一)泡桐属　Paulownia Sieb. & Zucc.

1.兰考泡桐　图 271

Paulownia elongata S. Y. Hu,范永明著. 泡桐科植物种质资源志:82~83. 图 6-1-2. 2019。

形态特征:落叶乔木,高达 17 m,胸径 1.0 m。树皮灰褐色至灰黑色,不裂或浅裂。树冠卵球状或扁球状,侧枝分枝角度较大,即 60°~70°角。小枝粗,髓腔大;节间较长;叶痕近圆形;皮孔明显,黄褐色,圆形或长圆形,微突起。叶卵圆形或宽卵圆形,厚纸质,长 15.0~30.0 cm,宽 10.0~20.0 cm,边缘全缘或 3~5 浅裂;幼叶两面密被分枝短柔毛,后表面毛渐脱落;成熟叶表面绿色或淡绿色,几无毛,微有光泽,背面淡黄色或淡灰色,被白色

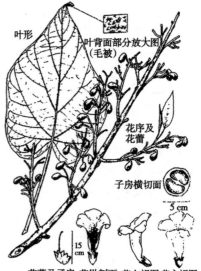

图 271　兰考泡桐
(引自《泡桐科植物种质资源志》)。

或淡灰色短毛;叶柄长 10.0~18.0 cm,初有毛,后渐脱落。蕾序或花序狭圆锥状,长 40.0~60.0~153.0 cm,分枝角度 45°左右,最下 1~2 对分枝较小;第 3~4 对分枝最长。聚伞花序梗长 8~16 mm;花梗长 1.0~2.4 cm,均被淡黄色分枝短柔毛。花蕾洋梨状,长 1.2~1.5 cm,径 8~11 mm,密被淡黄色分枝短柔毛。花大,长 8.0~10.0 cm;花萼倒圆锥-钟状,长 1.5~2.2 cm,深裂约 1/3,上部一裂片卵圆-宽三角形,先端钝,其他四裂片卵圆-三角形,先端尖,齿端不外曲、微外曲,外部毛易脱落。花冠漏斗状,长 7.5~9.8 cm,未开前深紫色,开后向阳面紫色,背阴面淡紫色,外被短腺毛及分枝毛,基部径 4~6 mm,中部径 2.0~2.5 mm,口部径 3.5~4.0 cm,冠幅 4.5~5.0 cm,里面无毛,上壁淡紫青色,有少数紫斑,下壁近白色,密生紫斑及紫线,有黄色条纹;雄蕊长 1.6~2.2 cm;雌蕊长 3.8~4.8 cm,柱头较花药高 5~12 mm。蒴果卵球状,长 3.0~5.0 cm,径 2.0~3.0 cm;二瓣裂;果皮中厚,外部有细毛;宿萼钟状裂齿三角形,先端尖,裂底圆。花期 4~5 月,果实成熟期 9~10 月。

产地:河南兰考县。

2. 山明泡桐　图 272

Paulownia lamprophylla,范永明著. 泡桐科植物种质资源志:85~86. 图 6-13. 2019。

形态特征:落叶乔木,高达 18 m,胸径 1.0 m。树皮灰褐色至灰黑色,浅纵裂。树冠宽卵球状。小枝初有毛,后脱落光滑。叶长椭圆-卵圆形或长卵圆形、卵圆形,厚革质,长 14.0~33.0 cm,宽 12.0~20.0 cm,边缘全缘,先端长渐尖或锐尖,基心形,稀圆形或楔形;表面初有毛,后脱落变光滑,表面深绿色、光亮,背面黄绿色,密被白色分枝毛,毛无柄,排列紧密;叶柄长 8.0~20.0 cm。花序短小,圆筒状或狭圆锥状,长 10.0~30.0~45.0 cm,下部分枝长约 10.0 cm,分枝角度 45°左右,花序轴及分枝初被毛,后无毛。聚伞花序梗长 5~18 mm,密被黄色分枝短柔毛,毛易脱落。花蕾洋梨状,长 1.4~1.8 cm,径约 10 mm,密被黄色分枝短柔毛,毛易脱落。

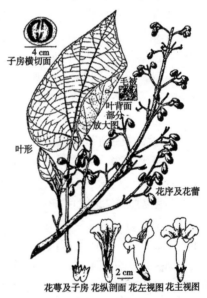

图 272　山明泡桐
(引自《泡桐科植物种质资源志》)。

花大,近漏斗状,长 8.0~10.0 cm,向阳面浅紫色,背阴面近白色,外面、里面无毛,沿下唇二裂处隆起,有黄色条纹,下壁有清晰的紫色虚线及少数细紫斑点外,全部秃净;花萼倒圆锥-钟状,肥大而厚,长 1.8~2.6 cm,基部钝尖,中部直径 1.0~1.2 cm,上部直径 1.4~2.0 cm,外部毛易脱落,萼裂深达 1/3~1/4,裂片外曲或不外曲,上方裂片大,舌状,先端圆,下部两裂片较小,三角形,先端尖,侧方两裂片先端钝。雄蕊长 2.0~2.5 cm,花药长 3~4 mm,未开前紫褐色,有的为白色,均无花粉;雌蕊长 4~8 mm,花柱微带紫色;子房卵球状,长约 8 mm。蒴果长卵球状,长 5.0~6.0 cm,径 3.0~3.5 cm,先端喙长 3~4 mm;二瓣裂;果皮木质,中厚,宿萼光滑,无毛,裂齿尖,向外反曲。花期 4 月,果实成熟期 9~10 月。

产地:河南内乡县。

3. 楸叶泡桐　图 273

Paulownia lamprophylla，范永明著. 泡桐科植物种质资源志：90~92. 图 6-17. 2019。

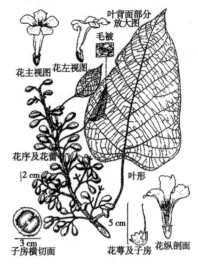

图 273　楸叶泡桐
（引自《泡桐科植物种质资源志》）

形态特征：落叶乔木，高达 20 m，胸径 1.0 m。树干端直；树皮幼时浅灰褐色，老时灰黑色，浅裂或深裂，有时甚粗糙，似楸树（Catalpa bungei C. A. mey）皮。树冠长卵球状或宽卵球状；侧枝角度小，常有明显中心主干。小枝节间较短，幼枝被白色或微黄色分枝柔毛，后渐脱落；幼枝绿褐色，老枝赤褐色；皮孔明显，圆形或长圆形，黄褐色，稍突起；叶痕近圆形；髓心较小。叶长卵圆形，叶片下垂，长 12.0 ~ 28.0 cm，宽 10.0 ~ 18.0 cm，边缘全缘，先端长渐尖或渐尖，基心形，表面深绿色，初被毛，后光滑，稍有光泽，背面密被白色或淡灰黄色毛，排列紧密。初生叶为狭长卵圆形，长为宽的 2~3 倍，基部圆形；冠内叶及树冠的下部叶常较宽，为卵圆形或宽卵圆形，色亦较淡，边缘全缘或偶有裂；叶柄长 10.0 ~ 18.0 cm，初有毛，后脱落。花序圆筒状或狭圆锥状，长 10.0 ~ 30.0~90.0 cm，下部分枝长 7.0~10.0 ~40.0 cm，分枝角度 45° 左右，花序轴及分枝初被毛，后无毛。聚伞花序梗长 8~20 mm，花梗片 1.0~2.7 cm，均密被黄色分枝短柔毛，毛易脱落。花蕾洋梨-倒卵球状，长 1.4~1.8 cm，径 8~10 mm，密被黄色分枝短柔毛；花萼狭倒圆锥-钟状，长 1.4~2.3 cm，基部尖，中部直径 0.8~1.0 cm，上部直径 1.4~1.5 cm，萼裂深达 1/3，上方一裂片较大，舌状，先端圆，下部两裂片狭三角形，先端尖，两侧裂片先端钝，萼外毛易脱落；花冠筒细长，管-漏斗状，长 7.0~9.0 cm，基部径 4~5 mm，中部径 1.2~1.6 cm，口部径 2.0~2.8 cm，冠幅 4.0~4.8 cm，外部淡紫白色，被短柔毛，里面白色，无毛，全部密被小紫斑及紫线，下壁更显著，微显黄色条纹。雄蕊长 2.0~2.4 cm，花粉极少或无花粉；雌蕊长 4.0~4.3 cm，花柱较花药高 1.4~1.8 cm。蒴果细小，椭圆体状或稍卵球-椭圆体状，长 3.5~6.0 cm，径 1.8~2.4 cm，先端短尖，微歪，二瓣裂；果皮木质，中厚，成熟前被黄色短柔毛，后渐脱落；宿萼钟状。花期 4~5 月，果实成熟期 10 月。

产地：河南伏牛山、太行山区有分布。

杂种泡桐组

Paulownia Sieb. & Zucc. Sect. hybrida Y. M. Fan et T. B. Zhao，范永明著. 泡桐科植物种质资源志：101. 2019。

本组系泡桐亚属内种间杂种。其形态特征有 2 个或 3 个以上显著与两亲本相区别。

4. 圆冠泡桐

Paulownia × henanensis C. Y. Zhang et Y. H. Zhao，张存义等. 泡桐属一新天然杂交种——圆冠泡桐. 植物分类学报，33（5）：503~505. 1995。

形态特征：落叶乔木。树冠近球状。主干直。树皮灰褐色，幼时绿色，有规则浅裂。叶长心形或近圆形，长 17.0~28.0 cm，宽 15.0~24.0 cm，边缘全缘，背面被树枝毛；叶柄长 8.0~16.0 cm。花序窄圆锥状,长 15.0~35.0 cm。聚伞花序梗长 13~18 mm。花蕾洋梨状,均匀而小。花萼筒倒圆锥钟状,长 1.8~1.9 cm,浅裂。花较大,花冠漏斗状,长 6.5~7.8 cm,腹部有明显纵褶,内面黄色,无毛,有清晰的紫色斑点组成窄线 12~13 条,背部黄色,无斑点。蒴果很少椭圆体状,长 4.5~5.5 cm,径 2.5~3.0 cm,先端喙长 3~4 mm。

产地:河南内乡县。

5. 豫杂一号泡桐

Paulownia × yuza(J. P. Jiang et R. X. Li)Y. M. Fan,范永明著. 泡桐科植物种质资源志:102. 2019。

形态特征:本杂种树冠卵球状;侧枝粗壮,较疏,枝角稍小。树皮灰褐色至淡褐色,幼时黄褐色。叶卵圆形或宽卵圆形,绿色或浅绿色,幼叶两面密被腺状毛。花序枝圆筒状或窄圆锥状。聚伞花序梗与花梗近等长。花蕾倒卵球状。花萼裂片长为萼筒的 2/5~1/2。花较大,紫色或淡紫色,内面有紫色斑或紫线。蒴果卵球状。

产地:河南各县有栽培。

6. 豫选一号泡桐

Paulownia × yuxuan(J. P. Jiang et R. X. Li)Y. M. Fan,,范永明著. 泡桐科植物种质资源志:102~103. 2019。

形态特征:本杂种树冠长卵球状,冠幅较窄;侧枝较短,枝角较小。叶长卵圆形,浓绿色,具光泽。花序枝圆筒状或窄圆锥状。聚伞花序梗与花梗近等长。花蕾倒卵球状。花萼裂片长为萼筒的 1/3。花冠钟状漏斗状,紫色,内面密有爪紫斑,长 4.0~5.0 cm,径 2.5~3.0 cm。蒴果卵球状。

产地:河南各县有栽培。

7. 豫林一号泡桐

Paulownia × yulin(J. P. Jiang et R. X. Li)Y. M. Fan,范永明著. 泡桐科植物种质资源志:103~104. 2019。

形态特征:本杂种叶宽卵圆形,背面被短柄树枝状毛。花冠淡紫色,长 6.0~7.0 cm,腹部有明显褶皱,内部有纵横排列的细紫斑点。蒴果长椭圆体状,长 4.0~5.0 cm,径 2.2~2.4 cm;果萼肥大,裂深 2/5~1/3。

产地:河南各县有栽培。

三十五、小檗科　Berberidaceae

(一)八角莲属　Dysosma R. E. Woodson

1. 八角莲

Dysosma versigellis(Hance)M. Chang,丁宝章等主编. 河南植物志　第一册:502. 1981。

形态特征:多年生草本,植株高 20.0~30.0 cm。根状茎横生,粗壮。茎直立,不分枝,无毛。茎生叶 1 或 2 枚,有时 2 枚,圆形,直径达 30.0 cm,4~9 浅裂,裂片宽三角-卵圆形或卵圆-矩圆形,长 2.0~4.0 cm,基部宽 5.0~7.0 cm,背面疏生柔毛或无毛,边缘有针刺状细齿;叶柄长 10.0~15.0 cm。花 5~9 朵簇生于叶柄顶部离叶基不远处,下垂;花深红色;萼片外面疏生长柔毛;花瓣6枚,长2.0 cm。浆果椭圆体状或卵球状。种子多数。花期4~5月,果熟期7~8月。

产地:河南大别山区商城、新县及桐柏山区桐柏县。

三十六、槭树科　Aceraceae

(一)槭属　Acer Linn.

1. 三角枫

Acer buergerianum Miq.

变种:

1.1　三角枫　变种

Acer buergerianum Miq. var. **buergerianum**

1.2　垂枝三角枫　变种

Acer buergerianum Miq. var. **pendula** J. T. Chen,T. B. Zhao et J. H. Mi,赵天榜等主编. 河南省郑州市紫荆山公园木本植物志谱:293. 2017。

本变种小枝细,灰紫色,无毛;幼枝灰绿色,密被短柔毛。叶倒三角-卵圆形,长3.5~5.0 cm,宽1.5~5.0 cm,先端不裂或三裂,边缘全缘,背面淡绿色,密被短柔毛;叶柄无毛。总果梗长1.5~2.0 cm,密被短柔毛。

产地:河南,郑州市紫荆山公园有栽培。陈俊通和赵天榜,No. 201606235。模式标本(枝、叶和果实),存河南农业大学。

1.3　两型叶三角枫　变种

Acer buergerianum Miq. var. **biforma** T. B. Zhao,Z. X. Chen et H. Wang,赵天榜等主编. 河南省郑州市紫荆山公园木本植物志谱:292~293. 2017。

本变种:① 叶边缘全缘,② 叶边缘具3枚裂片。

产地:河南,郑州市。赵天榜和陈志秀,No. 201510101。模式标本,存河南农业大学。

1.4　大翅三角枫　新变种

Acer buergerianum Miq. var. **magniala** T. B. Zhao et Z. X. Chen,var. nov.

Var. nov. :① foliis longe ovatis apice longi-acuminatis martgine integris,② foliis rhombeis,2lobis,lobis in medioaliquantus magnis,deltoideis,basi deltoideis martgine integris. Fructibus alatis magnis,alatis 2.0 cm longis, 9 mm latis.

Henan:T. B. Zhao et Z. X. Chen, Typus, No. 201510101,HANC.

本新变种:① 叶长卵圆形,先端长渐尖,边缘全缘;② 叶似菱形,3裂,中裂片稍大,三角形,基部三角形,边缘全缘。果翅大,翅长2.0 cm,宽9 mm。

产地:河南。赵天榜和陈志秀,No. 201510101。模式标本,存河南农业大学。

2. 鸡爪槭

Acer palmatum Thunb.

变种:

2.1　鸡爪槭　变种

Acer palmatum Thunb. var. **palmatum**

2.2　三红鸡爪槭　变种

Acer palmatum Thunb. var. **trirufa** J. T. Chen, T. B. Zhao et J. H. Mi, 赵天榜等主编. 河南省郑州市紫荆山公园木本植物志谱:297. 2017。

本变种小叶长、宽约 4.0 cm, 5 掌状裂。小枝、叶柄和果翅淡红色。

产地:河南各地有栽培,郑州市紫荆山公园有栽培。陈俊通和赵天榜, No. 201606239。模式标本(枝、叶和果实),存河南农业大学。

2.3　密齿鸡爪槭　变种

Acer palmatum Thunb. var. **densi‑serrata** Y. M. Fan, T. B. Zhao et Z. X. Chen, 赵天榜等主编. 河南省郑州市紫荆山公园木本植物志谱:194. 2017。

本变种叶裂片边缘密具细锯齿。

产地:河南,郑州市。范永明、赵天榜和陈志秀, No. 201708101。模式标本,存河南农业大学。

2.4　金叶葛萝槭　新变种　图 274

Acer grosseri Pax. var. **auratifolia** T. B. Zhao, Z. X. Chen et D. F. Zhao, var. nov.

Var. nov. : ramulis juvenlibus purpurei‑brunneis. Foliis aureis.

Henan:T. B. Zhao, Z. X. Chen et D. F. Zhao, Typus, No. 201510101, HANC.

本新变种幼枝紫褐色。叶金黄色。

产地:河南。赵天榜和陈志秀等, No. 201510101。模式标本,存河南农业大学。

图 274　金叶葛萝槭

2.5　两色叶葛萝槭　新变种　图 275

Acer grosseri Pax. var. **bicolorifolia** T. B. Zhao, Z. X. Chen et D. F. Zhao, var. nov.

Var. nov. : Foliis dilute flavidi‑albis et viridibus.

Henan:T. B. Zhao, Z. X. Chen et al. , Typus, No. 201510105, HANC.

本新变种叶 2 种颜色:淡黄白色和绿色。

产地:河南。赵天榜和陈志秀等, No. 201510105。模式标本,存河南农业大学。

3.元宝槭

Acer truncatum Bunge

变种:

图 275　两色叶葛萝槭

3.1　元宝槭　变种

Acer truncatum Bunge var. **truncatum**

3.2　红褐色边元宝槭　新变种

Acer truncatum Bunge var. **rubribrunnea** T. B. Zhao, Z. X. Chen et D. F. Zhao, var. nov.

Var. nov. : ramulis juvenilibus purpurei－brunneis glabris. Foliis dilute flavidi－albis et viridibus, nervis rubr-brunneis. petiolis rubr-brunneis grabris.

Henan: T. B. Zhao, Z. X. Chen et al. , Typus, No. 202004151, HANC.

本新变种幼枝紫褐色,无毛。叶表面2种颜色:淡黄白色和草绿色,叶脉红褐色;叶柄红褐色,无毛。

产地:河南,郑州。赵天榜和陈志秀等,No. 202004151。模式标本,存河南农业大学。

4. 梣叶槭

Aces negundo Linn.

变种:

4.1　梣叶槭　变种

Aces negundo Linn.

4.2　长花序三叶梣叶槭　新变种

Aces negundo Linn. var. **longiinflorescentia** T. B. Zhao, Z. X. Chen et D. F. Zhao, var. nov.

Var. nov. : ramulis et ramulis juvenilibus viridibus glabris. 3-microfoliis rare 1-foliis 3 lobis. glabris. Floribus viridibus, dilute rnbellis grabris.

Henan: T. B. Zhao, Z. X. Chen et al. , Typus, No. 20200415120, HANC.

本新变种小枝及幼枝绿色,无毛。叶具3小叶,稀单叶,3裂。小叶椭圆形,无毛,长3.0~7.0 cm,宽2.0~4.0 cm,先端长渐尖,基部楔形或不对称,边缘全缘,疏被弯曲长缘毛;背面沿主脉疏被短柔毛;叶柄疏被弯曲长柔毛。花序顶生或着生于无叶短枝上,长5.0~15.0 cm,绿色、粉红色,无毛。花苞片被柔毛。幼果果翅无毛。花期4月中旬。

产地:河南。赵天榜和陈志秀等, No. 20200415120。模式标本,存河南农业大学。

4.3　三小叶梣叶槭　新变种　图276

Aces negundo Linn. var. **trifoliola** T. B. Zhao, Z. X. Chen et D. F. Zhao, var. nov.

Var. nov. : ramulis et ramulis juvenilibus viridibus glabris. 3-microfoliis rare 1-foliis 3 lobis. glabris. Inflorescentiis, 5.0~12.0 cm longis. Flori-

图276　三小叶梣叶槭

bus viridibus, dilute rnbellis grabris.

Henan：T. B. Zhao,Z. X. Chen et al. , Typus, No. No. 20200415120,HANC.

本新变种小枝及幼枝绿色,无毛。叶具 3 小叶,稀单叶,3 裂。小叶卵圆形,长 3.0~7.0 cm,宽 2.0~4.0 cm,先端长渐尖,基部楔形或不对称,边缘上部具圆锯齿,被疏长弯曲缘毛;两面沿主脉被较密长柔毛;叶柄无毛。小叶柄密长柔毛。花序顶生或着生于无叶短枝上,长 5.0~12.0 cm,绿色、粉红色,无毛。花期 4 月中旬。

产地:河南。赵天榜和陈志秀等,No. 20200415125。模式标本,存河南农业大学。

4.4　瘤花梗三小叶梣叶槭　新变种

Aces negundo Linn. var. **papill-pedicella** T. B. Zhao,Z. X. Chen et D. F. Zhao,var. nov.

Var. nov. ：ramulis et ramulis juvenilibus viridibus glabris. 3−microfoliis ovatis,ob−deltoideis. ellipticis,6.5~11.5 cm,3.5~7.0 cm latis. Inflorescentiis apicalibus vel breviter ramulis aphyllis, glabis.

Henan：T. B. Zhao,Z. X. Chen et al. , Typus, No. 20200415128,HANC.

本新变种小枝及幼枝绿色,无毛。叶具 3 小叶。小叶卵圆形、倒三角形、椭圆形,长 6.5~11.5 cm,宽 3.5~7.0 cm,先端长渐尖、短尖,基部楔形、近圆形或不对称,边缘上部具钝锯齿,被疏长弯曲缘毛;两面沿主脉密被长柔毛;叶柄疏被柔毛。花序顶生或着生于无叶短枝上,长 11.0~11.5 cm,绿色、粉红色,无毛。花期 4 月中旬。

产地:河南。赵天榜和陈志秀等,No. 20200415128。模式标本,存河南农业大学。

5.权叶槭

Aces robustum Pax

变种:

5.1　权叶槭　变种

Aces robustum Pax var. **robustum**

5.2　河南权叶槭　变种

Aces robustum Pax var. **honanense** Fang,丁宝章等主编. 河南植物志　第二册:543. 1988。

本变种小枝被蜡质白粉。叶较窄小,长 7.0~9.0 cm,常 9 裂,裂片卵圆形或三角-卵圆形,边缘具紧贴锯齿。翅果较小,长 3.0~3.2 cm。

产地:河南栾川、嵩县、卢氏、宜阳、新县等。

三十七、漆树科　Anacardiaceae

(一)黄栌属　**Cotinus** Miller

1.黄栌

Cotinus coggyria Scop.

变种:

1.1　黄栌　变种

Cotinus coggyria Scop. var. **coggyria**

1.2　紫序黄栌　变种

Cotinus coggyria Scop. var. **purple-inflorescentia** T. B. Zhao,Z. X. Chen et Y. M. Fan,赵天榜等主编. 郑州植物种子植物名录:186. 2018。

本变种花序密被淡紫色长柔毛。幼果淡紫色。

产地:河南郑州市。赵天榜、陈志秀和陈俊通,No. 2015100511。模式标本,存河南农业大学。

1.3　紫毛黄栌　新变种

Cotinus coggyria Scop var. **purpureo-villosa** T. B. Zhao,Z. X. Chen et D. W. Zhao, var. nov.

Var. nov:inflorescentiis pedunculis et pedicellis pedicellis dense villosis purpureis vel dilute villosis. villosis multi-brevi-pubescentiis molto multi-ramosis.

Henan:Wenxian. T. B. Zhao et al. ,No. 201604212. HANC.

本新变种花序梗、花梗密被紫色或紫粉色长柔毛。长柔毛具多分枝短柔毛。

产地:河南温县宝泉风景游览区。赵天榜等,No. 201604212(枝、叶、花序和果实)。模式标本,存河南农业大学。

1.4　小叶黄栌　新变种

Cotinus coggyria Scop var. **parvifolia** T. B. Zhao,Z. X. Chen et D. W. Zhao, var. nov.

Var. nov:ramulis et foliolis juvenilibus sparse pubescentiis dilute albis. foliis parvis rotundatis, 2.0~2.5 cm longis,2.0~2.5 cm latis. inflorescentiis pedunculis et pedicellis rare pubescentiis albidis pallidis.

Henan:Wenxian. T. B. Zhao et al. , No. 2016042125. HANC.

本新变种幼枝、幼叶疏被淡灰白色短柔毛。叶小,圆形,长 2.0~2.5 cm,宽 2.0~2.5 cm。花序梗、花梗疏被淡灰白色短柔毛。雄株!

产地:河南温县宝泉风景游览区。赵天榜等,No. 2016042125(枝、叶、花序)。模式标本,存河南农业大学。

三十八、冬青科　Aquifoliaceae

(一)冬青属　Ilex Linn.

1. 枸骨

Ilex cornuta Lindl. ex Paxt.

变种:

1.1　枸骨　变种

Ilex cornuta Lindl. ex Paxt. var. **cornuta**

1.2　紫枝枸骨　变种

Ilex cornuta Lindl. ex Paxt. var. **purpureoramula** T. B. Zhao et J. Y. Chen,赵天榜主编. 赵天榜论文选集:2021。

本变种小枝紫色,具棱和光泽,无毛。叶基部宽楔形,边缘通常硬齿牙 6 枚,稀 4 枚,顶端 1 枚,反折呈 90°角开展,中部 2 枚,长 3~5 mm,反射> 90 °角开展。齿牙先端、边缘和刺金亮红色或亮紫红色,两侧中脉红色;叶柄紫红色。

产地:河南大别山区有分布,河南长垣县有栽培。赵天榜等,No. 20071171。模式标本,存河南农业大学。

1.3 紫序枸骨 变种

Ilex cornuta Lindl. ex Paxt. var. **trispinoso-duris** T. B. Zhao et J. Y. Chen,赵天榜主编. 赵天榜论文选集:2021。

本变种小枝淡绿色,具棱,无毛。叶基部圆形,边缘全缘,稀具 1~2 枚小刺,刺长约 1 mm,平伸,顶端具硬的齿牙 3 枚,长 8~10 mm,宽 6~8 mm,中间 1 枚,反折呈 45°角开展,刺黄白色;叶柄淡绿色。花序簇生在当年生枝和去年生的枝上,亮紫色或亮红色。

产地:河南大别山区有分布,河南长垣县有栽培。赵天榜等,No. 20071177。模式标本,存河南农业大学。

1.4 刺齿枸骨 变种

Ilex cornuta Lindl. ex Paxt. var. **spina** T. B. Zhao,赵天榜主编. 赵天榜论文选集:2021。

本变种小枝扁柱状,淡绿色,具棱,无毛。叶基部宽楔形,边缘具 2~4 枚硬的齿牙,不反折,中间具 12 枚刺,刺长约 1 mm,稀无刺,顶端具 3 枚硬齿牙,稀 1 枚,长 8~13 mm,宽 8~13mm,中间 1 枚较小,反折呈 45°~90°角或不反折,稀无刺,顶端具硬的齿牙 3 枚,长 8~13 mm,宽 8~13 mm,中间 1 枚反折约 45°角,刺黄白色;叶柄淡黄白色,其下棱特别突出。叶稀有椭圆形,长约 4.5 cm,宽约 2.3 cm,先端钝圆,具刺,基部具 2 枚刺。

产地:河南大别山区有分布,郑州、许昌有栽培。赵天榜等,No. 200711713。模式标本,存河南农业大学。

1.5 多刺枸骨 变种

Ilex cornuta Lindl. ex Paxt. var. **multraspins** J. Y. Chen et T. B. Zhao,赵天榜主编. 赵天榜论文选集:2021。

本变种小枝略呈四棱状,淡紫红色,具棱,无毛(幼枝条微被毛)。叶长椭圆形,深绿色,长 5~8 cm,宽 3~ 3.6 cm,基部楔形或长楔形,叶尖具刺齿,叶缘反卷,具 8~14 对硬的刺齿,每隔 1 刺齿向叶背反折> 90°角,其他刺齿不反折,反折刺齿较短小,叶尖的刺齿比较狭长,反射<45°角。叶面光滑,无毛,叶背微被茸毛及疏被白色毛刺,叶背主脉黄绿色,近叶柄部分淡红紫色;侧脉 6~10 对,于叶缘与主脉中间附近网结,在叶面及背面均凸起;叶柄长 4~6 mm,紫红色,具纵棱。

产地:河南嵩县有分布。低山丘陵,海拔 350 m。登封、许昌有栽培。陈建业等,No. 2009110501。模式标本,存河南农业大学。

1.6 三齿枸骨 变种

Ilex cornuta Lindl. et Paxt. var. **trispinoso-duris** T. B. Zhao et D. W. Zhao,赵天榜主编. 赵天榜论文选集.2021。

本变种小枝淡绿色,具棱。叶基部圆形, 边缘全缘,稀具 1~2 枚小三角形针状刺,刺长约 1 mm,先端具 3 枚硬的三角形刺齿,长 8~10 mm,宽 6~8 mm,中间 1 枚,向背面与叶片呈约 45°角开展,刺齿黄白色;叶柄淡黄白色。花序簇生,亮紫色或亮红色。

产地:河南,郑州、开封、许昌、长垣县有栽培。赵天榜,No. 20071177。模式标本,存河南农业大学。

1.7　长叶枸骨　变种

Ilex cornuta Lindl. et Paxt. var. **longofolia** T. B. Zhao et D. W. Zhao,赵天榜主编. 赵天榜论文选集.2021。

本变种小枝淡绿色,具棱。叶长方形,淡绿色,长 4.8~8.5 cm,基部楔形,边缘两侧具 4~6 枚三角状针状刺,平展,稀反折,先端具 3 枚硬的三角形刺齿,中间 1 枚反折约呈 90°角,刺齿黄白色;叶柄淡绿色。

产地:河南,郑州、开封、许昌、长垣县有栽培。赵天榜,No. 20071191。模式标本,存河南农业大学。

1.8　皱叶枸骨　变种

Ilex cornuta Lindl. et Paxt. var. **rugosifolia** T. B. Zhao et Z. X. Chen,赵天榜主编. 赵天榜论文选集.2021。

本变种小枝淡绿色,具棱。叶长方形,淡绿色,表面侧脉下陷,多皱,两侧反卷,基部宽楔形或圆形,边缘两侧具 2~3 枚三角形针状刺,平展,稀反折,先端具 3 枚硬的三角形刺齿,中间 1 枚反折约呈 90°角,刺齿黄白色;叶柄淡绿色。

产地:河南,郑州、开封、许昌、长垣县有栽培。赵天榜,No. 20071175。模式标本,存河南农业大学。

1.9　全缘枸骨　变种

Ilex cornuta Lindl. et Paxt. var. **integrifolia** Z. X. Chen et T. B. Zhao,赵天榜主编. 赵天榜论文选集:2021。

本变种叶全缘,基部圆形。

产地:河南,郑州、开封、许昌等有栽培。赵天榜,No. 200711095。模式标本,存河南农业大学。

1.10　两型叶枸骨　变种

Ilex cornuta Lindl. et Paxt. var. **biformifolia** T. B. Zhao,Z. X. Chen et J. T. Chen,赵天榜等主编. 郑州植物种子植物名录:188. 2018。

本变种叶 2 种类型:①叶边缘具硬刺,②叶边缘全缘。

产地:河南郑州市。赵天榜、陈志秀和陈俊通,No. 201510101。模式标本,存河南农业大学。

三十九、黄杨科　Buxaceae

(一)黄杨属　Buxus Linn.

异雄蕊黄杨亚属

Buxus Linn. **Subgenus Heterostaminae** T. B. Zhao,Z. X. Chen et G. H. Tian,赵天榜主编. 赵天榜论文选集.2021。

本亚属叶形多变,总状花序,有 3 种类型:①雄花总状花序,②雌花总状花序,③雌雄花总状花序。发育雌花单朵,稀2朵或3朵着生花序顶端或着生于枝端或叶腋内,有时同雄花或雌花混生。雌花有发育雌花和不育雌花2种。发育雌花花柱极开展,柱头膨大,反卷,花柱和子房微被疏细短柔毛。雄花中具雄蕊4~5枚或2、3、6枚,稀7枚;发育雌花单生时萼片较多;雄花中不育雌蕊为萼片长度的1~4倍。

本亚属模式:河南黄杨 B. henanensis T. B. Zhao,Z. X. Chen et G. H. Tian。

河南黄杨特产于中国,河南大别山山区有分布,郑州市有栽培。本亚属仅河南黄杨1种。

1. 河南黄杨 图277

Buxus henanensis T. B. Zhao,Z. X. Chen et G. H. Tian,赵天榜主编. 赵天榜论文选集:2021。

形态特征:常绿灌木,高0.5~1.5 m。小枝细,密集,绿色,近四棱状,疏被短柔毛。叶厚革质,形状多变,有:①匙-宽椭圆形,②长圆形,③菱-卵圆形,④披针形,⑤狭椭圆-披针形,⑥近圆形,⑦倒卵圆-三角形。叶长1.2~4.5 cm,宽1.0~2.8 cm,先端钝圆或微缺或平截,稀钝圆,具膜质短尖头或长渐尖,表面浓绿色,具光泽,沿中脉疏被短柔毛,背面淡绿

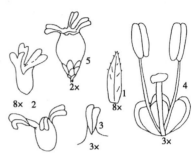

图277 河南黄杨
1. 萼片;2. 雌蕊;3. 柱头;
4. 不发育雌花;5. 蒴果

色,沿隆起中脉密被白色钟乳体,幼时疏被短柔毛,干后表皮层明显隆起,具皱纹,边缘全缘,反卷,基部楔形、狭楔形;叶柄长1~2 mm,被短柔毛。总状花序,腋生和顶生;每花序具花9~11朵;总状花序有3种类型:①雄花总状花序,②雌花总状花序,③雌雄花总状花序。雌花有2种:发育雌花和不发育雌花。发育雌花通常单朵,稀2朵或3朵着生花序顶端或枝顶或腋生;苞片三角-狭卵圆形,长2~3 mm,先端渐尖,淡棕黄色,背面疏被短柔毛;每花具萼片4~6枚,稀8枚;发育雌花单朵着生时萼片较多,匙状-圆形,长1~2 mm,先端钝圆,内曲,边缘薄膜质,背面疏被黄白色或淡棕黄色短柔毛;子房长1~3 mm,被微细短柔毛;花柱极开展,疏被微细短柔毛,花柱与子房近等长或为子房长度的1/2;柱头狭沟状,先端膨大,反卷;雄花具雄蕊4~5枚,稀2、3、6枚,罕有7枚;花萼片长2~3 mm。雄花中不育雌蕊长6~10 mm,先端明显膨大,其高度为萼片长度的1~4倍。蒴果近球状,长1.2~1.5 cm,径1.0~1.2 cm,宿存花柱长3~4 mm,极开展,疏被微细短柔毛,后无毛。

产地:河南,大别山区有分布,郑州市有栽培。赵天榜等,No. 199803124。模式标本,存河南农业大学。

2. 黄杨

Buxus sinica(Rehd. et Wils.)Cheng ex M. Cheng

变种:

2.1 黄杨 变种

Buxus sinica(Rehd. et Wils.)Cheng ex M. Cheng var. **sinica**

2.2 雌花黄杨 变种

Buxus sinica(Rehd. et Wils.)Cheng ex M. Cheng var. **femineiflora** T. B. Zhao et Z. X. Chen,赵天榜主编. 赵天榜论文选集. 2021。

本变种叶厚革质,椭圆形,较小,长 1.0~1.5 cm,宽 8~10 mm。冬季叶两面紫色。雌性!雌花序具花 2~5 朵;发育雌花通常 1 朵,腋生或顶生,稀 2 朵或 3 朵着生于花序顶端;子房球状,长 1~1.5 mm,绿色,无毛;花柱长约 1 mm,直立,先端膨大;每花具萼片 6 枚或 8 枚;雌花中不育雌蕊通常为 2 心皮、2 花柱,花柱舌状,有时 2 深裂或 1 心皮、1 花柱,花柱很小。蒴果近球状,较小,无毛。

此外,作者还观察和解剖了雌花黄杨 835 朵花,其结果是:发育雌花 475 朵,占总花数的 56.89 %;雌花中不育雌蕊 2 心皮、2 花柱的花有 173 朵,占总花数的 20.72 %;1 心皮、1 花柱的不育雌蕊花有 187 朵,占总花数的 22.40 %;没有发现雄花的花朵。

产地:本变种在河南大别山山区有分布,郑州市有栽培。赵天榜等,No. 199803122。模式标本,存河南农业大学。

四十、凤仙花科 Balsaminaceae

(一)凤仙花属 Impatiens Linn.

1.异萼凤仙花 图 278

Impatiens heterosepala S. Y. Wang,丁宝章等主编. 河南植物志 第二册:569~570. 图 1516. 1988; *Impatiens paradoxa* C. S. Chu et H. W. Yang, in Bull. Bot. Res. 14 (3):243. fig. 1. 1994。

本种与窄萼凤仙花 **Impatiens stenosepala** Pritz. ex Diels 相似,但叶基部圆形或心形。花粉红色,翼瓣与唇瓣下部黄色,花药尖,可以区别。

形态特征:一年生草本,高 30.0~65.0 cm。全株无毛。茎肉质,直立或基部斜升,有分枝,干时具条纹,下部节膨大,具多数纤维状根。叶互生,具柄,在茎上部较密集膜质,椭圆形或卵状椭圆形,长 6.0~12.0 cm,宽 3.0~5.8 cm,顶端短尖或渐尖,基部楔形,两侧具 2~4 对具柄腺体,边缘具粗圆齿或圆齿状锯齿,齿端具小尖,侧脉 5~6 对,弧状弯,上面深绿色,下面浅绿色。花单生于上部叶腋;花梗细,长 1.0~1.5 cm,果期略伸长,中上部具 2 苞片,下方的线形,长 1.5~2.5 mm,上方的卵圆形,长 4~5.5 mm,

图 278 异萼凤仙花
1. 植株一部分;2、3. 大小不等萼片;
4. 旗瓣;5. 翼瓣;6. 唇瓣
(引自《河南植物志(第二册)》)。

先端渐尖,宿存。花黄色,长 2.5~3.0 cm;侧生萼片 2 枚,斜卵圆形或近圆形,长 8~10 mm,宽 8~9 mm,不等侧,顶端急尖,背面有紫色斑,中脉增厚,具宽龙骨状突起,边缘一侧近全缘,另一侧具 4 ~(5)尖齿;旗瓣近圆形,长 10~12 mm,宽 13~14 mm,顶端圆形,基部宽楔形,背面中肋增厚,中部以上具鸡冠状突起,顶端喙尖。翼瓣具柄,长 2.8~3.0 cm,2 裂,基部裂片小,长圆形,长 4.5~6 mm,宽约 4 mm,顶端圆形,具伸长达 6~7 mm 的细丝,上部裂片斧形,长 22~25 mm,宽 11~13 mm,顶端尖,但无细丝。背部具宽小耳;唇瓣囊状,长 3.0 cm,口部斜上,长 18~20 mm,先端渐尖,基部圆形或近截形,急狭成 2~3 距,每个距又 2 分裂,状似 4~6 距。距稍内弯,长 3.5~5 mm。花丝线形;花药卵圆形,顶端钝;子房纺锤状,长 4~5 mm,顶端喙尖。蒴果线-圆柱状,长 3.0~4.0 cm,喙尖。种子多数,长圆-球状,长约 2 mm,褐色,具疣状突起。花果期 8~10 月。

产地:河南桐柏山、大别山和伏牛山区有分布。桐柏县太白顶,时华异,333。卢氏县熊耳山,时华民,4031。模式标本 Typus!存河南农业大学。

四十一、五加科 Araliaceae

(一)常春藤属 Hedera Linn.

1. 河南常春藤

Hedera henanensis T. B. Zhao,Z. X. Chen et Y. M. Fan,赵天榜等主编. 郑州植物种子植物名录:237~238. 2018。

本种小枝黑紫色,具光泽,无毛,无鳞片。叶圆形,厚肉质,长、宽 4.0~5.0 cm,黑紫色,具光泽,散生金黄色小斑块,无毛,无鳞片。

产地:河南郑州市、郑州植物园。2015 年 8 月 12 日。赵天榜和陈志秀,No. 201508123。模式标本,存河南农业大学。

四十二、旋花科 Convolvulaceae

(一)打碗花属 Calystegia R. Br.

1. 河南打碗花 图 279

Calystegia henanensis T. B. Zhao, H. T. Dai et Z. X. Chen ex T. B. Zhao et F. M. Fan,赵天榜等主编. 郑州植物种子植物名录:260~262. 2018。

形态特征:草本植物。茎圆柱状,纤细,缠绕,淡黄绿色;幼时被长柔毛,后无毛或宿存;托叶三角状卵圆形,宿存,疏被柔毛。叶三角形,长 6.0~9.0 cm,宽 4.0~7.0 cm,先端长渐尖,边缘全缘,具缘毛,基部楔-戟形,通常两侧具 4 枚裂片;裂片三角形,较大,表面绿色,背面淡绿色,通常无毛,幼时疏被长柔毛,后无毛,主脉凸起,疏被柔毛;叶柄纤细,长 2.5~4.5 cm,通常叶柄短于叶片或与叶片等长,疏被柔毛。聚伞花序,花 2 朵,着

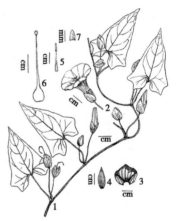

图 279 河南打碗花
1.聚伞花序、叶和茎;2.花;3.花苞片;
4.萼片;5.雄蕊;6.雌蕊;7.托叶
(陈志秀绘)。

生在叶腋内;花序梗长 1~2 mm,疏被长柔毛;花梗纤细,长 2.0~4.0 cm,具细条纹或狭翅,疏被柔毛;花苞片 2 枚,叶状,绿色,宽卵圆-圆形,长 2.0~2.5 cm,宽 1.8~2.3 cm,先端急尖,边缘全缘、波状起伏或具细圆锯齿,疏生缘毛;萼片 5 枚,长匙-卵圆形或长椭圆形,被短柔毛,长 1.2~1.8 cm,宽 2~3 mm,先端长渐尖,边缘中部以上具缘毛;花冠漏斗状,长 5.0~8.0 cm,淡紫色或紫色,长 5.0~8.0 cm;雄蕊 5 枚,花丝中部以下膨大,被短柔毛和密被小鳞片,花药长卵球状或长椭圆体状,花粉粒球状,花盘环形;子房近球状,无毛,花柱线状,很长,长 2.2~3.7 cm,先端微被短柔毛;柱头头状,径约 1 mm,2 裂,裂片半球

状,疏被短柔毛。

本种与篱打碗花 Calystegia sepium(Linn.)相似,但区别:聚伞花序,花 2 朵,着生在叶腋内;花序梗长 1~2 mm,疏被长柔毛;花梗纤细,长 2.0~4.0 cm,具细条纹或狭翅,疏被柔毛;花苞片 2 枚,叶状,绿色,宽卵圆-圆形,长 2.0~2.5 cm,宽 1.8~2.3 cm,先端急尖,边缘全缘、波状起伏或具细圆锯齿,疏生缘毛;萼长匙-卵圆形或长椭圆形,被短柔毛,先端长渐尖;花柱线状,很长,长 2.2~3.7 cm,先端微被短柔毛;柱头头状,疏被短柔毛。

产地:河南鸡公山。1990 年 7 丹 20 日。戴慧堂等,No.199007202(叶和花)。模式标本,存河南农业大学。

四十三、紫葳科　Bignoniaceae

(一)梓树属 Catalpa Scop.

1.楸树

Catalpa bungei C. A. Mey.

变种:

1.1　楸树　变种

Catalpa bungei C. A. Mey. var. **bungei**

1.2　褶裂楸树　新变种

Catalpa bungei C. A. Mey. var. **plicata** T. B. Zhao,Z. X. Chen et J. T. Chen,var. nov.

Var. nov.:comia albis,5 lobis rugosis.

Henan:Zhengzhou City. 2016.4.15. T. B. Zhao et Z. X. Chen, No. 201604155. HANC.

本新变种花白色,冠筒上面被很少水粉色微粒,下面水粉色;喉部 5 枚裂片皱褶,下面中部裂片基部具 2 枚白色小裂片;喉部具 2 枚淡黄色斑块,且有淡紫色和粉红色线纹。花期 4 月中旬。

产地:河南,伏牛山区有分布,郑州市有栽培。2016 年 4 月 15 日。赵天榜、陈志秀等,No.201604155(枝、叶与花序)。模式标本,存河南农业大学。

1.3　密毛楸树　新变种

Catalpa bungei C. A. Mey. var. **densipubescens** T. B. Zhao et Z. X. Chen,var. nov.

Var. nov.:ramulis juvenilibus dense pubescentibus.

Henan:Zhengzhou City. T. B. Zhao et Z. X. Chen, No. 201505035. HANC.

本新变种幼枝密被短柔毛。叶对生,稀 3 枚近轮生,近圆形,长 5.0~11.0 cm,宽 6.0~10.0 cm,表面深绿色,无毛,具亮腺点,主脉被很少短柔毛,背面绿色,很少短柔毛,先端短尖、长渐尖、长尾尖,具长约 1.0 cm 尖头,偏向一侧,基部圆形、平截,稀宽楔形或近柄处两侧,具黑色腺斑;其基部脉腋具 2~3 枚腺体,边缘波全缘;叶柄长 4.0~8.0 cm,淡绿色,密被短柔毛。花序顶生,长 8.0~15.0 cm,花序梗淡绿色,无毛,其上具 1~2 枚、膜质、淡灰白色、无毛、条形苞片长。花序具花 5~7 朵,花白色,外面微有水粉点晕,旗瓣内面白色,其他有紫色线条、紫色斑点及 2 块淡黄色斑块;雄蕊 4 枚,2 强、2 弱;子房绿色,无毛。

产地:河南,郑州市有栽培。赵天榜和陈志秀,No. 201505035(枝、叶、花与花序)。模式标本,存河南农业大学。

1.4 紫红花楸树 新变种

Catalpa bungei C. A. Mey. var. **purpureorubra** T. B. Zhao,Z. X. Chen et J. T. Chen,var. nov.

Var. nov.:floribus purpurei-rubris.

Henan:Zhengzhou City. T. B. Zhao et al., No. 201604151. HANC.

本新变种花紫红色,冠筒上面密被紫红色纵线纹,下面水粉色;喉部5枚裂片皱折,并具2枚淡黄色,或黄色班块,且有淡紫色线纹。花期4月上旬。

产地:河南,郑州市有栽培。赵天榜等,No. 201604151(枝、叶和花序)。模式标本,存河南农业大学。

2. 灰楸

Catalpa farghesii Bureau

变种:

2.1 灰楸 变种

Catalpa farghesii Bureau var. **farghesii**

2.2 白花灰楸 变种

Catalpa farghesii Bureau var. **alba** T. B. Zhao,Z. X. Chen et J. H. Mi,赵天榜等主编. 河南省郑州市紫荆山公园木本植物志谱:426. 2017。

本变种叶三角形,长7.0~10.0 cm,宽5.5~6.0 cm,先端渐尖,基部楔形,三出脉,背面被较密分枝毛,腋间具褐色腺斑;叶柄长4.0~8.0 cm。花白色,冠筒上面被很少水粉色微粒,下面白色;喉部具2枚淡黄色斑块,且有淡紫色线纹。

产地:河南,伏牛山区有分布,郑州市有栽培。陈俊通、赵天榜、米建华,No. 20160472(枝、叶与花序)。模式标本,存河南农业大学。

3. 河南楸 图280

Catalpa honanensis Q. K. Pan ex T. B. Zhao,Z. X. Chen,潘厌凯等. 楸树:33~34. 图3-11. 1991。

形态特征:落叶乔木,高20 m。树冠卵球状或卵球-椭圆体状;树皮暗灰色,长片状深纵裂。1年生小枝黄褐色,具光泽,2年生枝灰褐色,3年生枝浅灰色。叶卵圆形或广卵圆形,长8.0~20.0 cm,宽6.0~15.0 cm,先端渐尖,基部圆形或宽楔形,基部边缘上翘呈匙形,先端2/3处下垂扭曲,边缘全缘或具裂齿,表面暗绿色,无光泽,背面浅绿色,基部脉腋间有2~3枚浅绿褐色腺斑;叶柄长7.0~15.0 cm,淡绿色。总状花序伞房状,长6.0~9.0 cm,由3~9朵花组成;花梗绿色,长2.5~3.5

图280 河南楸
1. 花、叶枝;2. 花冠剖开示雄蕊及斑纹;
3. 雌蕊;4. 苞片(楸树)。

cm,着生 2 枚大苞片,梭形,长 4.0~4.5 cm,宽 1.5~2.0 cm,浅绿色;序梗基部苞片更大,长 5.0~6.0 cm,宽 3.5~4.0 cm。花蕾绿色;花冠初开时淡绿色,后变白色,略带红晕,3.5~4.0 cm,花筒外部被紫色斑点,腹部内侧白色,有 7~15 条粗细不等的紫色条纹斑点和 2 条浅黄色条带;雌蕊长 2.2~2.4 cm,柱头舌状 2 裂;雄蕊 5 枚,发育雄蕊 2 枚,长 1.7~1.9 cm,半发育雄蕊 2 枚,退化 1 枚,花丝白色,花药黄白色。果实长柱状,浅棕色,长 38.0~52.0 cm,粗 3~4 mm,表面具明显细条纹。种子条形,带毛长 6.3~6.9 cm。花期 5 月,果熟期 9 月。

产地:河南西部黄土丘陵区有栽培。潘厌凯等。模式标本,存洛阳地区林科所。

4. 槐皮楸　图 281

Catalpa huaipi Q. K. Pan ex T. B. Zhao et Z. X. Chen,潘厌凯等. 楸树:22~23. 图 3-3. 1991。

形态特征:落叶乔木,高 20 余 m。树冠长卵球状;树皮暗灰色,深纵裂。1 年生小枝灰绿色;2 年生枝灰褐色。短枝叶三角-卵圆形,长 4.0~13.0 cm,宽 2.5~11.0 cm,先端渐尖,基部平截或近楔形,3 出脉,边缘常有 2~5 个突出的牙齿状裂齿,表面深绿色,背面粉绿色,基部脉腋间有 2 枚灰褐色腺囊;叶柄长 2.0~9.0 cm,淡绿色,幼时略带红晕。长枝叶宽卵圆形,3 裂,中裂片较大,两侧裂片较小。总状花序伞房状,长 5.0~7.0 cm,二唇形五瓣裂,唇瓣长 1.3~1.5 cm,下唇瓣中裂片较长,略向前挺伸,两侧瓣向外卷,花筒外部密被红色小点,腹部内侧有 10~

图 281　槐皮楸(楸树)

15 条粗细不等的粉红色线条和 2 条橘黄色条带;雌蕊长 2.1~2.3 cm;子房圆柱状,淡黄绿色;花柱扁球状,白色,略带红晕,柱头舌状 2 裂,略带红色;雄蕊 5 枚,发育 2 枚,退化 3 枚,长 1.9~2.0 cm,花丝白色,长 1.4~1.7 cm;花药长 6 mm,宽 2 mm,竖直 2 裂。蒴果长 30.0~60.0 cm,黄褐色。花期 4 月下旬,果熟期 9~10 月。

产地:河南西部黄土丘陵区有栽培。潘厌凯等。模式标本,存洛阳地区林科所。

5. 密枝楸

Catalpa mizhi Q. K. Pan ex T. B. Zhao et Z. X. Chen,潘厌凯等. 楸树:23~25. 图 3-4. 1991。

形态特征:落叶乔木,高 15 m。树冠宽圆锥状;侧枝斜生而密集;树皮灰色,浅裂片呈细长条状。1 年生小枝黄褐色;2 年生枝黄灰褐色。短枝叶卵圆形,长 5.0~12.0 cm,宽 4.0~10.0 cm,先端圆形有突尖,基部楔形,3 出脉,边缘全缘,表面绿色,背面浅绿色,两面光滑,无毛,基部脉腋间有 2 枚淡紫色腺囊;叶柄长 5.0~9.0 cm,黄绿色。长枝叶卵圆形,常有 5~7 浅裂齿。总状花序,长 5.0~8.0 cm,由 3~7 朵花组成;花冠粉白色,二唇形五瓣裂,长 2.3~2.5 cm。冠管背部密布紫红色小点,腹部白色,微有红晕,内侧有间断的 10~15 条紫红色线条和斑点;喉部至基部有 2 条鲜黄色条带;雌蕊长 2.1~2.4 cm,花柱淡黄白色,柱头舌状,2 裂等长,略带红色晕;雄蕊 5 枚,发育 2 枚,半发育雄蕊 1~2 枚,退化雄蕊 1~2 枚;花药"个"字形,元宝状,黄白色。蒴果长 29.0~40.0 cm,粗 3~4 mm,淡黄褐色被灰白色斑点。花期 4 月下旬,果熟期 9~10 月。

产地:河南西部黄土丘陵区有栽培。潘厌凯等。模式标本,存洛阳地区林科所。

6. 光叶楸　图 282

Catalpa guangye Q. K. Pan ex T. B. Zhao et Z. X. Chen,潘厌凯等. 楸树:25~26. 图 3-5. 1991。

形态特征:落叶乔木,高 20 m。树冠长卵球状;侧枝细而开展;树皮暗灰色,深纵裂,裂片呈长片状。1 年生小枝黄褐色,光滑,无毛;2 年生枝灰褐色;3 年生枝暗褐色。短枝叶长卵圆形,长 7.0~16.0 cm,宽 4.0~12.0 cm,先端渐尖,鲜叶时常扭曲,基部圆形或截形,边缘全缘或具裂点,并具明显的波状皱折,表面暗绿色,长 12.0~19.0 cm,宽 8.0~14.0 cm,3~5 裂,中裂片三角形,长为叶片的 1/2 以上。总状花序,长 5.0~7.0 cm,由 3~9 朵花组成;花梗绿色,长 2.0~2.5 cm;萼片卵圆形,绿褐色,长 1.3~1.5 cm;

图 282　光叶楸
1. 花、叶枝;2. 果实;3. 种子(楸树)。

苞片黄绿色,线形,长 0.7~1.2 cm;花初淡黄色,长 4.0~4.5 cm,冠幅 3.7~4.2 cm;二唇形五瓣裂,各裂略等,长 1.5~1.8 cm,被有淡紫色小点;喉部无黄色条带或斑点;花筒 1/3 处有 4~5 条间断面较粗的紫红色条纹,从瓣裂处至花筒基部有 3~5 条紫红色线条或斑点,尤以基部最多;雌蕊长 1.7~2.4 cm;子房柱状,淡黄色,柱头舌状,2 裂,不等长,长者先端钝圆,有突尖,短者先端呈槽状 2 裂;雄蕊 5 枚,发育雄蕊 2 枚,长 1.3~1.5 cm,花丝白色,花药淡黄色,"个"字形,微被紫色斑点。蒴果棒状,成熟时棕褐色,长 35.0~42.0 cm,粗 3.5~4.5 mm。花期 4 月下旬,果熟期 9~10 月。

产地:河南西部黄土丘陵区有栽培。潘厌凯等。模式标本,存洛阳地区林科所。

7. 长叶楸　图 283

Catalpa zhangye Q. K. Pan ex T. B. Zhao et Z. X. Chen,潘厌凯等. 楸树:27~28. 图 3-6. 1991。

形态特征:落叶乔木,高 20 m。树冠宽卵球状;树皮灰褐色,片状浅裂。小枝灰褐色,无毛。叶长卵圆-三角形或披针形,边缘全缘,长 9.0~14.0 cm,宽 5.0~8.0 cm,长为宽的 2 倍以上,先端长尖或渐尖,基部圆形或截形,表面深绿色,背面淡绿色,无毛。

图 283　长叶楸(楸树)

总状花序,由 6~12 朵花组成;花冠紫红色;序梗、花梗、花蕾绿褐色,无毛。花期 4 月下旬至 5 月初,果熟期不详。

产地:河南西部黄土丘陵区有栽培。潘厌凯等。模式标本,存洛阳地区林科所。

8. 长果楸　图 284

Catalpa zhangguo Q. K. Pan ex T. B. Zhao et Z. X. Chen,潘厌凯等. 楸树:27~28.

图 3-6. 1991。

　　形态特征:落叶乔木,高 20 余 m。树冠长卵球状;树皮暗灰色,薄片状翘裂。1 年生小枝黄灰色;2 年生枝黄褐色;3 年生枝浅灰色。短枝叶长卵圆-梭形,长 8.0~17.0 cm,宽 4.0~9.0 cm,先端长渐尖或尾尖,基部楔形,表面绿色,背面粉绿色,边缘全缘,基脉 3 出,背面脉腋处具有两块紫色腺斑;叶柄长 6.0~11.0 cm,叶片扭曲下垂。伞房总状花序,由 6~12 朵花组成;花浅红色,花形较大,花冠幅度 4.5~5.5 cm;花瓣边缘重叠,呈波状皱褶;花筒外背部白色,被有紫红色腺点,腹部内侧壁火有 18~20 个紫红色条纹;雌蕊长 2.7~2.9 cm;子房柱状,淡绿色,柱头舌状,2 裂,淡红色。蒴果长 80.0~120.0 cm,粗 4.5~5 mm。花期 4~5 月,果熟期 9 月。

　　产地:河南西部黄土丘陵区有栽培。潘厌凯等。模式标本,存洛阳地区林科所。

　　变种:

8.1　长果楸

Catalpa zhangguo Q. K. Pan ex T. B. Zhao et Z. X. Chen var. zhangguo

8.2　圆基长果楸　变种　图 285

Catalpa zhangguo Q. K. Pan ex T. B. Zhao et Z. X. Chen var. **yuanjizhangguo** Q. K. Pan ex T. B. Zhao et Z. X. Chen,潘厌凯等. 楸树:31~32. 图 3-9. 1991。

　　本变种主要形态特征:叶基部圆形或宽楔形,叶片较大,常下垂,不扭曲。

　　产地:河南西部黄土丘陵区有栽培。潘厌凯等。模式标本,存洛阳地区林科所。

　　9. 心叶楸　图 286

Catalpa xinye Q. K. Pan ex T. B. Zhao et Z. X. Chen,潘厌凯等. 楸树:32~33. 图 3-10. 1991。

　　形态特征:落叶乔木,高 17 m,干形较直。树皮暗灰色,长片状翘裂;皮孔纺锤形,幼树皮灰白色。树冠长圆球状或倒卵球状;侧枝疏生,枝角大,下部侧枝略下垂,似成层分布。1 年生小枝黄绿色;2 年生枝黄褐色。短枝叶对生或 3 叶轮生,三角-心形,边缘全缘。幼树叶浅裂,三出脉较明显,先端渐尖,基部心形,叶长 8.0~17.0 cm,宽 9.0~

图 284　长果楸(楸树)

1. 叶、花枝;2. 花冠;3. 雌蕊;4. 果实;5. 种子

图 285　圆基长果楸

1. 叶、花枝;2. 果实;3. 种子(楸树)。

图 286　心叶楸

1. 叶、花枝;2. 果实;3. 种子(楸树)。

14.0 cm;叶柄长 5.0~9.0 cm;叶表面深绿色,背面及叶脉偶有稀疏短茸毛或茸毛,后脱落,而脉腋处有 2 枚紫色腺斑。总状花序顶生,有 6~10 朵钟状花,花长 2.5~3.5 cm,花瓣粉红色,五裂二唇状,内侧密布紫色微小斑点及小斑点组成的辐射状条纹;花萼片黄绿色,上端紫褐色,具突尖,2 裂,长 0.8~1.0 cm;花梗长 1.5~2.1 cm;花柱线形,长达裂片处,顶端圆舌状,稍尖;完全雄蕊 2 枚,较花柱稍短;花药黄色,2 裂,退化雄蕊 3 枚,花丝长为完全雄蕊的 1/3。蒴果细长,圆柱棒状,长 37.0~77.0 cm,粗 3.5 mm。花期 4~5 月,果熟期 9~10 月。

产地:河南西部黄土丘陵区有栽培。潘庆凯等。模式标本,存洛阳地区林科所。

10. 南阳楸　图 287

Catalpa nanyang Q. K. Pan ex T. B. Zhao et Z. X. Chen,潘庆凯等. 楸树:35~36. 图 3-12. 1991。

形态特征:落叶乔木,高 15~20 m。树冠卵球状;树皮暗灰色浅纵裂,裂片略翘起。1 年生小枝绿色;2 年生枝灰色。短枝叶三角-卵圆形,先端急尖,略扭曲,基部心形、截形或楔形,边缘全缘,表面叶脉凹陷,背面叶脉凸起,基部脉腋间有 1 对褐绿色腺斑;叶柄长 4.5~10.0 cm,淡绿色。花序圆锥状,大型顶生,直立,7~9 层,由 20~32 朵花组成,长 17.0~21.0 cm,宽 12.0~16.0 cm;花白色略带红晕,长 3.8~4.2 cm;花冠幅度 4.0~4.2 cm;雌蕊长 2.3~2.5 cm,白色,柱头舌形,2 裂,白色;花药黄白色,竖直开裂;雌雄蕊同长。蒴果长 38.0~47.0 cm,灰褐色。花期 5 月,果熟期 9~10 月。

图 287　南阳楸
1.叶、花枝;2. 果实(楸树)。

产地:河南西南部黄土丘陵区有栽培。潘庆凯等。模式标本,存洛阳地区林科所。

11. 窄叶灰楸　图 288

Catalpa zhaiye Q. K. Pan ex T. B. Zhao et Z. X. Chen,潘庆凯等. 楸树:44~45. 图 3-19. 1991。

形态特征:落叶乔木,高 15 m。树皮灰色,长片状翘裂。1 年生小枝灰色,被黄锈色枝状毛。短枝叶卵圆-披针形,长 7.0~13.0 cm,宽 3.0~6.0 cm,先端渐尖,有时尾尖,基部楔形或圆形,有时偏斜,表面深绿色,被黄锈色枝状疏毛,主脉常下陷,密被枝状毛,背面毛密,基部脉腋处通常有 1~3 枚紫色三角形腺

图 288　窄叶灰楸(楸树)

囊;叶柄长 3.5~9.5 cm,被黄灰毛。长枝叶卵圆形,边缘全缘,或 2~3 浅裂,两面无毛,深绿色。伞房总状花序长 5.0~9.0 cm,由 3~12 朵花组成;花梗、苞片、萼片密生毛;梗上苞片多 2 枚,披针形,近对生,长 3~5 mm,宽 12 mm;萼片 2 裂;花梗紫红色,较小,长 2.4~3.0 cm,径 2.0~2.6 cm;花冠筒长 1.5~1.7 cm;花瓣不整齐,具波状皱褶,上唇瓣较短,平展,四曲,下唇瓣较长,中瓣向前挺伸,边缘内曲,背部被有较深的紫红色斑点,腹部外侧白

色,微带黄绿色有紫红色斑点,内侧密布红色斑点和条纹,喉部白色,有黄色条带;雌蕊长1.7~2.0 cm;子房圆柱状,淡黄色,柱头长1.2~1.4 cm,舌状2裂,裂片不等长,先端钝尖或平截;雄蕊5枚,发育雄蕊2枚,长1.3~1.5 m,花丝白色;花药淡黄色,"个"字形。

产地:河南西部黄土丘陵区有栽培。潘厌凯等。模式标本,存洛阳地区林科所。

12. 密毛灰楸　图 289

Catalpa mimao Q. K. Pan ex T. B. Zhao et Z. X. Chen,潘厌凯等. 楸树:45~46. 图 3-20. 1991。

形态特征:落叶乔木,高 15~20 m。树干稍弯;树冠卵球状,侧枝开展,稀疏;树皮长条状深裂,暗灰色。1 年生小枝黄绿色,2 年生小枝灰色,3 年生枝暗灰色;小枝密被灰白色枝状毛,长期不落。短枝叶三角-卵圆形或心形,长 5.0~12.0 cm,宽 4.0~9.0 cm,先端渐尖,基部心形,与叶柄相接处略后伸,呈楔形,全缘无裂,基部 3 出脉明显,背面脉腋间多有 1~3 枚紫褐色腺斑;叶柄长 3.0~7.0 cm,黄绿色,密被毛。长枝叶宽卵圆形,掌状深裂,密被灰白色枝状毛。伞房总状花序长 6.0~12.0 cm,由 3~12 朵花组成;花

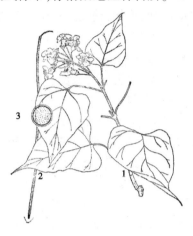

图 289　密毛灰楸
1.叶、花枝;2.果实;3.叶毛(楸树)。

梗暗紫色,密被毛;苞片线形,早脱落;萼片紫褐色,倒卵圆形,无光泽,密生毛;花冠紫红色,花长 2.5~4.0 cm,宽 3.1~4.2 cm;花瓣波状皱褶,不整齐略向外反卷,花筒背部红色,密生紫红色小斑点,内侧白色,腹部淡黄绿色,略有紫红色斑点,内侧有间断的紫红色线条和两块鲜黄色带;雌蕊长 1.7~2.2 cm;子房圆柱状,淡黄色,花柱长 1.5~1.7 cm,白色,略扁,柱头舌状 2 裂,先端钝形或平截。蒴果长 20.0~47.0 cm,粗 4~5 mm,暗灰褐色。花期 4~5 月,果熟期 9~10 月。

产地:河南西部黄土丘陵区有栽培。潘厌凯等。模式标本,存洛阳地区林科所。

13. 细皮灰楸　图 290

Catalpa xipi Q. K. Pan ex T. B. Zhao et Z. X. Chen,潘厌凯等. 楸树:47~48. 图 3-21. 1991。

形态特征:落叶乔木,高 12~15 m。树冠卵球状或球状;树皮片状浅裂,灰褐色。1 年生小枝灰绿色,被枝状毛。短枝叶三角-卵圆形,长 5.0~13.0 cm,宽 4.0~12.0 cm,先端渐尖,基部心形,边缘全缘无裂,表面绿色,背面粉绿色,被枝状毛,背面脉腋间多有 2 枚紫褐色腺斑;叶柄长 4.0~8.0 cm,黄绿色,被毛。总状花序长 8.0~13.0 cm,由 3~12 朵花组成;花梗暗紫褐色,密被毛;苞片披针形,长 3~8 mm,宽 1~3 mm。花蕾紫红色,被毛,有光泽。花冠紫红色或黄褐色,长 3.8~4.2 cm,宽 3.5~4.0 cm;花瓣整齐,无皱褶,下唇瓣之中瓣向前伸,其余

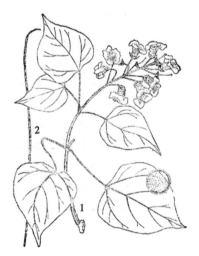

图 290　细皮灰楸
1.叶、花枝;2.果实(楸树)。

各瓣向外反卷,花筒外面部黄褐色,有大而稀的红褐色斑点,内侧黄白色,有粗细不等的紫色线条 15~18 条,并有 2 条黄色条带;雄蕊长 2.3~2.6 cm,淡黄绿色;柱头舌状 2 裂,先端钝;内雄蕊长 2.2~2.4 cm;略与雌蕊等长;花丝白色;花药竖直,与花丝平行。蒴果长 30.0~70.0 cm,暗棕色。花期 4~5 月,果熟期 9~10 月。

产地:河南西部黄土丘陵区有栽培。潘厌凯等。模式标本,存洛阳地区林科所。

四十四、忍冬科　Capriifoliaceae

(一) 接骨木属　Sambucus Linn.

1. 河南接骨木　图 291

Sambucus henanensis J. T. Chen,J. M. Fan et X. K. Li ex J. M. Fan et T. B. Zhao,赵天榜等主编. 郑州植物种子植物名录:281~285. 图 3. 2018。

形态特征:落叶灌丛,高 2.0~ 3.0 m。当年生小枝第一节、第二节疏被短柔毛,其余节无毛。芽无毛。叶为羽状复叶,可分 23 类。每类具小叶 5 枚或 7 枚,稀 6 枚。

小叶有 23 种类型:①椭圆形,无毛,先端短尖,基部楔形,边缘具点状齿、细锯齿、三角形长尖齿及三角形弯长尖齿;②狭椭圆形,无毛,先端长渐尖、长尾尖,基部圆形或楔形,边缘具大小不等的小锯齿;③狭椭圆形,无毛,先端长渐尖、长尾尖,基部圆形或楔形,边缘具大小不等的重钝锯齿;④窄椭圆形、带形,无毛,先端长渐尖、短尖,基部圆形或楔形,边缘具大小不等的小锯齿或叶中、基部全缘;⑤椭圆形,无毛,先端长渐尖,基部楔形,边缘具大小不等的弯钝锯齿,基部边缘全缘;⑥椭圆形、狭椭圆形,无毛,先端长渐尖,基部楔形,不对称,边缘具点状齿、大小及长短不等的弯钝锯齿,基部

图 291　河南接骨木(部分叶形叶片)
(引自《郑州植物种子植物名录》)。

边缘全缘;⑦椭圆形、狭椭圆形,无毛,先端长渐尖,基部楔形,不对称,边缘具点状齿、大小及长短不等的弯钝锯齿,稀重锯齿,基部边缘全缘;⑧狭长椭圆形,无毛,先端长渐尖,基部楔形,不对称,边缘具点状齿、大小及长短不等的弯钝锯齿,稀重锯齿,基部边缘全缘或裂片呈带状小叶,边缘全缘,稀具 3~5 枚小细齿;⑨狭长椭圆形,无毛,先端长渐尖,基部楔形,稀近圆形,边缘具点状齿、大小及长短不等的弯钝锯齿,稀重锯齿,基部边缘全缘;⑩狭长椭圆形,无毛,先端长渐尖,基部楔形,不对称,边缘具点状齿、大小及长短不等的弯钝锯齿,稀重锯齿,基部边缘全缘或长带形,锯齿裂片通常近达中脉或呈带状、全缘小叶;⑪狭椭圆形,无毛,先端长渐尖,其边缘全缘,基部楔形,边缘具点状齿、大小及长短不等的弯钝锯齿,基部边缘裂片全缘,呈带形,通常近达中脉;中部小叶基部裂片呈带状、小叶边缘全缘,稀具小锯齿;⑫狭椭圆形,无毛,先端长渐尖,其边缘全缘,基部小楔形,边缘具点状齿、

大小及长短不等的弯钝锯齿,稀重弯钝锯齿,基部边缘裂片全缘,呈带形,通常近达中脉;中部小叶基部裂片呈带状,长 1.0~2.0 cm,具畸形小叶,长 1.5~2.0 cm,边缘具小细锯齿;⑬狭椭圆形,具小叶 6 枚,无毛,先端长渐尖,其边缘具点状齿,基部小楔形,边缘具点状齿、大小及长短不等的弯钝锯齿,稀重弯钝锯齿,锯齿基部边缘裂片全缘,呈带形,通常近达中脉基部,基部裂片呈带状,长 1.0~2.0 cm,具畸形小叶,长 1.5~2.0 cm,边缘具小细锯齿裂片全缘,呈带形,通常近达中脉,中部小叶基部裂片呈带状,长 2.5~4.5 cm,边缘无锯齿;⑭椭圆形,无毛,先端长渐尖,其边缘具细锯齿,基部楔形,边缘具大小及长短不等的弯钝锯齿,基部边缘裂片全缘,呈带形,通常近达中脉基部,基部裂片呈带状,长 1.5~2.5 cm,边缘裂片全缘;⑮椭圆形、卵-椭圆形,长 5.0~11.0 cm,无毛,先端渐尖,其边缘全缘,基部楔形,边缘具细齿,大小及长短不等的弯钝锯齿,基部边缘裂片全缘,呈带形,通常近达中脉基部,基部裂片呈带状,通常达中脉,基部裂片带睑微弯,长 1.5~2.0 cm,边缘无锯齿;⑯椭圆形,长 12.0~16.0 cm,无毛,先端渐尖,其边缘全缘,基部楔形,边缘具大小及长短不等的弯钝锯齿,稀重锯齿,基部边缘裂片全缘,中部小叶特异,先端与上部边缘具尖锯齿,稀弯曲锯齿,基部裂片呈带形,长 5.5~6.0 cm,宽 5~8 mm,全缘;⑰狭椭圆形、带形,无毛,先端渐尖,其边缘全缘,边缘具大小及长短不等的弯钝锯齿、长带形裂片,基部边缘全缘,稀弯曲尖长裂片,中部小叶特异,先端与上部边缘全缘,稀具尖重锯齿,基部裂片呈带形,长 5.0~6.0 cm,宽 5~6 mm,全缘;⑱狭椭圆形,无毛,先端渐尖,其边缘全缘,基部楔形,边缘具大小及长短不等的弯钝锯点、长带形锯齿,其边缘全缘;⑲狭椭圆形、带形,先端渐尖,其边缘全缘,边缘具大小及长短不等的弯钝锯齿、长带形裂片,基部边缘全缘;中部小叶菱形,先端长渐尖,边缘具点状齿、尖重锯齿,基部裂片呈带形,长 1.0~2.5 cm,宽 2~3 mm,边缘全缘;⑳宽椭圆形,无毛,先端长渐尖,其边缘全缘,中、基部边缘具大小及长短不等的弯带形裂片,裂片边缘全缘;㉑宽椭圆形,无毛,先端长渐尖,其边缘全缘,中、基部边缘具大小及长短不等的弯带形裂片,裂片深达 1/2,边缘全缘,中部小叶特异,先端边缘全缘,上、中部边缘具大小及长短不等的弯带形裂片点状齿、尖重锯齿,基部裂片呈带形,弯,长 5.0~6.0 m,宽 5~7 mm,边缘全缘;㉒具小叶 6 枚,小叶椭圆形,无毛,先端渐尖,中部边缘具大小及长短不等的弯锯齿,稀重锯齿,基部不对称,边缘全缘或具细小齿;㉓叶椭圆形,无毛,先端渐尖,中部边缘具大小及长短不等的弯锯齿,稀重锯齿、细重锯齿,基部不对称,边缘全缘或具细小齿;中部小叶先端及中部边缘具大小及长短不等的弯带形裂片,裂片深达中脉,边缘全缘,基部裂片呈带形,长 5.0~6.0 cm,宽 5~7 mm。

产地:河南。2017 年 8 月 15 日。陈俊通、范永明和赵天榜,No. 201708155。模式标本,存河南农业大学。

(二)忍冬属 Lonicera Linn.

1. 忍冬

Lonicera japonica Thunb.

变种:

1.1 忍冬

Lonicera japonica Thunb. var. japonica

1.2 紫叶忍冬 变种

Lonicera japonica Thunb. var. purpurascens T. B. Zhao, Z. X. Chen et D. F.

Zhao,赵天榜等主编.郑州植物园种子植物名录:288. 2018。

本变种枝、叶紫色及淡紫色。

产地:河南,郑州市、郑州植物园。赵天榜、陈志秀和赵东方,No. 201508103。模式标本,存河南农业大学。

四十五、葫芦科　Cucurbitaceae

(一)赤瓟属　Thladiantha Bunge

1.赤瓟

Thladiantha maculathata Bunge

亚种:

1.1　赤瓟　亚种

Thladiantha maculathata Bunge subsp. maculathata

1.2　河南赤瓟　亚种　图292

Thladiantha maculathata Bunge subsp. henanensis T. B. Zhao,Z. X. Chen et D. F. Zhao,赵天榜主编. 赵天榜论文选集.2021。

图292　河南赤瓟

　　本亚种茎纤细,具细棱与沟纹,密被白色短柔毛。叶宽卵圆-心形,长 8.0~10.0 cm,宽 6.0~8.0 cm,表面绿色,被银白色斑点和斑块,先端长渐尖,基部心形,边缘具细锯齿及缘毛;叶柄纤细,长 4.0~6.0 cm,被短柔毛。卷须纤细,被短柔毛。雄株! 雄花 3~5 朵着生于短枝上。花萼筒碗状,长 4~5 mm,花黄色,具光泽,裂片 4 枚,半圆形,先端钝尖,向外反折,外面被短柔毛,内面无腺点;雄蕊花丝合生,极短;花药卵球状。雌花不详。

　　产地:河南嵩县天池山自然保护区。赵天榜和陈志秀,No. 201907285。模式标本,存河南农业大学。

四十六、桔梗科　Campanulaceae

(一)异檐花属　Triodanis Rafinesque Linn.

1. 异檐花

Triodanis perfoliata(Linn.)Nieuwland

亚种:

1.1　异檐花　亚种

Triodanis perfoliata(Ruiz & Pav.)Nieuwland subsp. perfoliata

1.2　卵叶异檐花　亚种

Triodanis perfoliata(Ruiz & Pav.)Nieuwland subsp. biflora(Ruiz & Pav.)Lammers in novon 16(1):72. 2006;*Pentagonia biflora*(Ruiz & Pav.)Kuntze Rivisio Generum Plantarum 2:381. 1891;刘瑶等. 河南桔梗科一新记录种——卵叶异檐花. 河南农业大学学报,第 51 卷 第 6 期:825~826. 2017。

　　形态特征:一年生草本,矮小,高 10.0~20.0 cm。根细小,纤维状。茎基部 2~5 分枝,具细纵棱,密被短柔毛。单叶互生,无柄,卵圆形,长 8~18 mm,宽 5~12 mm,先端急尖,表面光滑无毛,背面密被长短 2 种柔毛,边缘具 4~5 个腺齿;叶脉近基出 3~5 条,弧形,互不接连。花萼长圆柱状,绿色,近喉部处两侧有黄绿色椭圆形块斑。开花授粉花常着生于茎端;花萼 5 裂;闭花授粉花常生于茎下的叶腋;花萼 3~6 裂;花 1~3 朵呈簇,腋生及顶生,无梗或近无梗;花不完全同期开;花冠蓝紫色,5~6 裂,深达基部;花径 0.8~1.2 cm;雄蕊 5 枚,花丝基部扩大;子房下位,柱头 3 枚。蒴果近圆柱状,长 0.5~1.0 cm,具细纵棱,上端近萼筒喉部两侧面 2 孔裂。种子多数,黄褐色,卵球状、卵圆-球状或球状,色亮。花、果期 4~7 月。

　　河南:新县、光山县有分布。

四十七、菊科　Compositae

(一)蒿属　Artemisia Linn.

1. 艾

Artemisia argyi Lévl. et Van.

变种:

1.1　艾　变种

Artemisia argyi Lévl. et Van. var. **argyi**

1.2 密毛艾 新变种

Artemisia argyi Lévl. et Van. var. **densivillosa** T. B. Zhao et Z. X. Chen, var. nov.

A var. nov. caulibus dense velutinis. Foliis pinnatipartitis vel lobatis, bifrontibus, margine et petiolis dense cinerei-albis villosis pandis. supra glandulis dense albis vel sparse glandulis.

Henan: Yuzhou City. 01 - 05 - 2018. Z. X. Chen et T. B. Zhao, No. 201805011 (HANC).

本新变种主要形态特征:茎密被短茸毛。叶羽状深裂或浅裂,两面、边缘及叶柄密被灰白色弯曲长柔毛。表面有白色密腺点或疏腺点。

产地:河南禹州市有栽培。2018 年 5 月 1 日。陈志秀和赵天榜, No. 201805011。模式标本,存河南农业大学。

1.3 紫茎艾 新变种

Artemisia argyi Lévl. et Van. var. **purpureicaulis** T. B. Zhao et Z. X. Chen, var. nov.

A var. nov. caulibus purpureis sparse pubescentibus. Foliis glabris, margine et petiolis laxe pubescentibus eglandulis.

Henan: Yuzhou City. 01 - 05 - 2018. Z. X. Chen et T. B. Zhao, No. 201805015 (HANC).

本新变种主要形态特征:茎紫色,疏被短柔毛。叶无毛、边缘及叶柄被疏短柔毛,无腺点。

产地:河南禹州市有栽培。2018 年 5 月 1 日。陈志秀、赵天榜, No. 201805015。模式标本,存河南农业大学。

四十八、特异草科 **Proprieticeae**

Proprieticeae Y. M. Fan, T. B. Zhao et Z. X. Chen, 赵天榜主编. 赵天榜论文选集:2021。

本科形态特征:1 年生直立草本。茎纤细,粗 3~5 mm,具细纵棱、无毛。叶为二回奇数羽状复叶。每节上着生 2 枚复叶:上面复叶具小叶 5~7 枚,下面具 1 对 3 枚小叶;小叶先端 3-裂片,中间裂片大。圆锥花序,5~7 枚,着生在点花梗上。圆锥花序长 7.0~13.0 cm,花序梗下部具 1 对小复叶 2~3 枚,小复叶先端 2~3 裂,稀 4 裂。花单生,具雄蕊 8~10 枚,圆柱状,无毛;无花瓣;苞片 4 枚,膜质,透明,无毛;子房球状,无毛,2 裂,深凹入。

模式属:特异草属 **Proprietas** Y. M. Fan, T. B. Zhao et Z. X. Chen。

产地:河南嵩县。

(一)**特异草属** **Proprietas** Y. M. Fan, T. B. Zhao et Z. X. Chen

形态特征与新科相同。

属模式种:河南特异草 **Proprietas henanensis** Y. M. Fan, T. B. Zhao et Z. X. Chen

产地:河南嵩县。

1. 河南特异草 图 293

Proprietas henanensis Y. M. Fan, T. B. Zhao et Z. X. Chen, 赵天榜主编. 赵天榜论

文选集. 2021。

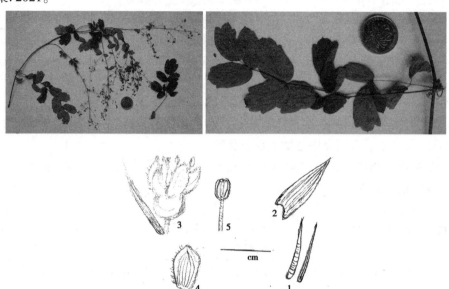

图 293　河南特异草 Henania henanensis　Y. M. Fan，T. B. Zhao et Z. X. Chen
1. 花瓣；2、3. 雄蕊；4. 雌蕊；5. 大型圆锥花序及复叶；6. 2 回奇数羽状复叶；7. 花。

形态特征:本种为 1 年生直立草本,株高 70.0 cm;茎纤细,粗 3~5 mm,褐色,具细棱、无毛。叶二回奇数羽状复叶,长 6.0~15.0 cm。每节上着生 2 枚复叶:上面复叶具小叶 5~7 枚,小叶椭圆形、宽椭圆形,长 2.2~3.2 cm,宽 1.0~2.3 cm,表面深绿色,无毛,背面灰绿色,无毛,先端 3 裂,中间裂片大,半圆形,先端具短尖,基部半圆形,边缘全缘,无缘毛;下面复叶具 1 对 3 枚小叶,椭圆形,长约 3.0 cm,宽约 1.0 cm,表面深绿色,无毛,背面灰绿色,无毛,先端 3 裂:两侧小叶长椭圆形,先端钝圆或 3 浅裂,基部圆形,边缘全缘,无缘毛。圆锥花序,5~7 枚,着生在点花梗上。圆锥花序长 7.0~13.0 cm,花序下部具 1 对小复叶;小复叶 2~3~5 叶,小椭圆形,长 1.5~2. 0 cm,先端 2~3 裂,稀 4 裂,基部圆形,边缘全缘,无缘毛;中部花序通常具 2 枚花序着生在 1 节上,其中上面 1 枚花序长 4.0~8.0 cm、1 枚短花序长 1.0~2.0 cm 和 1~2 枚小叶,小叶先端 3 裂或不裂。花单生,具雄蕊 8~10 枚,圆柱状,先端具短尖头,花丝细长,无毛;花瓣 4 枚,匙-长椭圆形,膜质,透明,无毛;子房球状,无毛,2 裂。果实未见。

产地:河南嵩县。2018 年 8 月 20 日。赵天榜、陈志秀和范永明,No. 201808205。模式标本,存河南农业大学。

四十九、石竹科　Caryophyllaceae

（一）繁缕属　Stellaria Linn.

1. 中国繁缕

Stellaria chinensis Regel

变种:

1.1　中国繁缕　变种

Stellaria chinensis Regel var. **chinensis**

1.2　缘毛中国繁缕　变种

Stellaria chinensis Regel var. **ciliatea** C. S. Zhu et H. M. Li,朱长山等. 中国繁缕
(**Stellaria chinensis** Regel)一新变种. 植物研究,22(4):12. 2002。

本变种与原变种不同在于:叶片下面沿中脉密被柔毛,叶缘全部及叶柄两侧边缘密被
缘毛。幼茎连同花序梗、花梗或多或少被柔毛,后脱落变无毛。

产地:河南内乡县宝天曼。1986 年 8 月 23 日。王冬毅,86495。模式标本,存河南农
业大学植物标本室。

五十、鳞毛蕨科　Dryopteridaceae

(一)耳蕨属　Polystichum Roth.

1.亮叶耳蕨

Polystichum lanceolatum (Bak.)Diels. in Engl. Jahrb. 29. 193. 1900;*Aspidium lan-
ceolatum* Bak. in Gard. Cdron. n. s. 14. 1880;Polystichum nanum Christ. in bull. Acad.
Gèogr. Bot. Mans. 14:114. Cum f. 1904;Polystichum nanum Christ. in bull. Acad. Gèogr.
Bot. Mans. 16:238. 1906。

形态特征:小型石生植物,植株高 4.0~10.0 cm,根状茎短而直立,连同叶柄基部直径
3~5 mm,顶端被深棕色、卵圆形渐尖头,边缘有疏齿的小鳞片。叶簇生;叶柄浅棕禾秆色,有
时浅绿禾秆色,长 3~10 mm,直径不足 0.5 mm,表面有沟槽,疏被与根状茎上相同的鳞片。
叶线-披针形,长 4.0~9.0 cm,宽 0.5~1.2 cm,顶端羽裂短渐尖或近钝头,基部不缩狭或略
缩狭,一回羽状,羽片 15~20 对,互生或对生,平展或略向上伸展,彼此接或覆瓦状密接,有短
柄,矩圆形,先端截形,有 1~3 个具短刺头的牙状齿,两侧不对称,有时近钝头,外侧近截形,
与叶轴平行,凸起以上的边缘有 1~2 个顶端芒刺状或具短硬刺的牙状齿,下侧近截形,与叶
轴平行、平截,全缘;叶脉羽状,少而稀疏两面可略见,侧脉单一或二叉状,几达齿端。叶厚纸
质或近革质,干后通常呈浅棕绿色,有时呈灰绿色,两面同色;叶轴浅棕禾秆色,有时浅绿禾
秆色,上面有沟槽,下面疏被卵圆形,尾状长渐尖头,边缘有疏长齿的棕色小鳞片;羽片有光
泽,上面光滑,下面疏被浅棕色短节毛。孢子囊群小,生长较短的小脉分枝顶端,主脉上侧
1~3 个,中生,主脉下侧不育或偶有 1 个,圆盾形的囊群盖深棕色,全缘,易脱落。

产地:江西、湖北、河南等。

五十一、蹄盖蕨科　Athyiaveae

(一)蹄盖蕨属　Athyium Roth.

1.河南蹄盖蕨

Athyium honanense Ching,河南植物志　第一册:55. 1981。

形态特征:根状茎短而直立斜生,顶部与叶柄基部密被宽披针形或卵圆-披针形的鳞
片。叶簇生;叶草质,长圆形,二回羽状分裂;羽片无柄,下部羽片略缩短,羽轴下部两侧无
翅,小羽片先端急尖或钝尖。孢子囊群沿叶脉一侧着生。

产地:河南伏牛山区的灵宝、卢氏、栾川等县。

五十二、禾本科　Gramineae

竹亚科　Bambusiodeae

（一）刚竹属　Phyllostachys Sieb. et Zucc.

1. 淡竹

Phyllostachys glauca MeClure

变种：

1.1　淡竹

Phyllostachys glauca MeClure var. **glauca**

1.2　变竹　变种

Phyllostachys gtlauca McClure var. **variabilis** J. L. Lü,卢炯林等编著. 河南竹谱:44. 2020。

本变种与淡竹不同点:新杆无白粉,节下有白粉环,杆稍呈中粗下细,分枝以下杆箨具长条形紫褐色斑纹。

产地:博爱、沁阳县。

（二）矢竹属　Pseudosasa Makino ex Nakai

1. 鸡公山茶秆竹　图 294

Pseudosasa maculifera J. L. Lü,卢炯林等编著. 河南竹谱:69~70. 图 20. 2020;丁宝章等主编. 河南植物志第四册:65~66. 图 2334.1998。

形态特征:株高2~4 m,直径0.5~1.5 cm。新秆绿色,微被白粉,节下粉环明显,无茸毛;老秆黄绿色,节间长21.0~31.0 cm,竿环高于箨环;箨环常具箨鞘基部的残留物;纹竿每节3枚分枝,稀仅1枚分枝,基部贴竿。箨鞘淡绿色,略被白粉,有绿色条纹和棕褐色的斑点或环纹,背部无毛,或其上部两侧散生浅褐色贴伏疣基刺毛,毛易脱落,鞘基部有一圈浅黄褐色茸毛,边缘有短纤毛,无箨耳和有易脱的少数鞘口縫毛;箨舌拱形,高1.5~4 mm,背面被厚白粉,近基部具微毛,边缘具极短纤毛,但易脱落而全缘;箨片三角-披针形,外翻或直立。小枝具2~4片叶;叶鞘背面无毛,在叶鞘下方被较厚的粉,边缘具纤毛;叶耳椭圆形或镰

图 294　鸡公山茶秆竹
1.部分秆及分枝;2.花枝;
3.箨鞘背面;4.小花;5.外稃;
6.内稃(卢炯林绘)

形,边缘具放射状伸展的弯曲燧毛;叶舌拱形,高2~5 mm,背部具白粉,先端膜质,全缘。叶片椭圆-披针形,长7.0~14.0 cm,宽1.2~2.2 cm,下面近基部有稀疏微毛,其余部分具极细的瘤点状而粗糙,次脉5~9对,边缘之一侧具稀细齿,小横脉明显。总状花序着生于侧枝顶端,仅有小穗1枚或2枚;小穗绿黄色,通常长3.0~5.0 cm,具5~7朵小花,排列疏松,顶端1枚小花不孕;小穗轴节间长约6 mm,一侧扁而有2棱,上部具向上微,尤以棱上明显呈纤毛状;颖片2片,背面及边缘无毛,第一颖长卵圆-披针形,长0.8~1.4 cm,先端

长渐尖,几呈短芒状,第二颖长 1.0~1.6 cm,具 11~13 条脉,小横脉模糊;外稃长卵圆形,长 1.0~1.8 cm,边缘下部生微毛,基部有茸毛,先端渐尖或钝圆;内稃舟形,长 0.9~1.6 cm,先端钝或 2 裂,先端和边缘被微毛,脊上部具易脱落的短纤毛;鳞被 3 片,膜质,几等大,边缘具纤毛;花药黄色;子房先端具密毛;花柱 1 枚,柱头 3 裂,羽毛状。颖果长圆球状,有纵腹沟,顶端有毛,长 0.9~1.3 cm。花期 5 月上、中旬。

产地:河南鸡公山和新县周河乡。卢炯林,无号。模式标本,采自鸡公山大东沟,存河南农学院。

(三) 箭竹属　Sinarundinaria Franch

1. 伏牛山箭竹　图 295

Sinarundinaria funiushanensis Yi,卢炯林等编著. 河南竹谱:78~709. 图 26. 2020

形态特征:合轴散生型竹类。秆高 1.2~2.5 m,直径 0.3~1.5 cm。秆柄长 6.0~12.0 cm。竹秆在地面散生。笋全体无毛,黄绿色,新秆被白粉。箨环显著突出,并常留残箨,秆环不显。箨鞘具明显紫色脉纹;背面无毛,边缘无纤毛。箨舌弧形,淡紫色,高 0.5~0.7 mm,箨片瓦达 5.0 cm,宽达 3.5 mm,直立或开展。小枝具 2~4 片叶;叶柄短;叶片带-披针形,长 5.0~13.0 cm,次脉 4 对;叶鞘通常紫色,具脱落性淡黄色夜毛;叶鞘长达 4.0 cm。叶舌高约 1 mm。叶片小横脉呈方格子状。笋期 8 月中、下旬。

图 295　伏牛山箭竹
1. 花枝;2. 分枝;3. 箨鞘(卢炯林绘)

五十三、百合科　Liliaceae

(一) 延龄草属　Trilium Linn.

1. 延龄草　图 296

Trilium tschonoskii Maxin.,丁宝章等主编. 河南植物志　第四册:425~426. 图 2805. 1998。

形态特征:根状茎细弱,匍匐。假鳞茎在根状茎上彼此相距 4~10 mm,卵球状,长约 5 mm,径 2~4 mm,常具纵棱,顶生叶 1 枚。叶革质,卵圆-矩圆形,长 8~12 mm,宽 5~8 mm,顶端凹缺或稍钝,基部渐狭呈短柄。花葶侧生于假鳞基部,斜展,长约 4 mm,与假鳞茎等长;花序伞形,具花 2 朵;花小,萼片黄色,背萼片卵圆形,凹陷,长 8~3.5 mm,宽 2.5 mm,先端稍钝,具 3 条脉,背面基部和边缘具长柔毛,侧萼片线-长圆形、舟状,向前伸上举,长约 1.0 cm,宽 1.5 mm,具脉 1 条,边缘无毛,先端稍钝,基部与蕊柱足贴生,内侧边缘除顶端外均黏合在一起;花瓣紫红色,倒卵圆-长圆形,长约 2 mm,前部宽 1 mm,先端钝圆,具 3 条脉,边缘具长柔毛;唇瓣紫红色,肉质,三角-披针形,对折,无

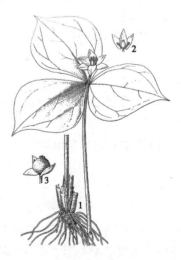

图 296　延龄草
1. 植株;2. 部分花被片及雄蕊展开;
3. 果实(引自《河南植物志(第四册)》)。

毛,长 3.5 mm,靠近基部宽 1.5 mm,向先端渐尖,先端稍钝,基部近心形,着生于蕊柱足上;蕊柱粗壮,长 1.2 mm,基部延伸成长 2 mm 的足,在蕊柱中部扩大成钝三角形,蕊柱齿在蕊柱先端为狭披针形;药帽倒卵圆形。

产地:河南伏牛山嵩县、西峡、内乡、南召等县。

五十四、兰科　Orchidaceae

(一)独花兰属　Changnienia Chien

1. 独花兰　图 297

Changnienia amoena Chien,丁宝章等主编. 河南植物志　第四册:542～543. 图 2940. 1998。

形态特征:植株高 10.0～18.0 cm。假鳞茎卵圆-长圆体状或宽卵球状,具长 2～4 节,直径约 1.0 cm,肉质,顶生叶 1 枚。叶近圆形、宽椭圆形、椭圆-长圆形,长 7.0～11.0 cm,宽 4.5～8.0 cm,先端急尖至渐尖,基部圆形,边缘全缘,下面紫红色,具 9～11 条脉;叶柄长 5.5～9.5 cm。花葶仆假鳞茎顶端伸出,直立,长 8～11 cm,具 2～3 枚退化叶,顶生花 1 朵;苞片小,早落;花淡紫色,直径 4.0～5.0 cm;萼片长圆-披针形,先端钝,具腺体;唇瓣生于蕊柱基部,横椭圆形,长约 2.5 cm,基部圆形,具浅紫色和带深红色斑点,先端 3 裂,侧裂片直立,斜卵圆-三角形,中裂片斜出,近肾形,边缘具皱波状圆齿,唇盘上具 5 枚附属物,具短而宽的爪,距粗壮,角状,稍弯曲;蕊柱有宽翅,背面紫红色,长约 2.2 mm;蕊喙侧面具 2 个三角形小齿;子房短,圆柱状,长 7～8 mm。花期 4～5 月。

产地:河南大别山区商城、新县、罗山、信阳及伏牛山区南坡淅川、西峡、内乡、南召县。

图 297　独花兰
1. 植株;2. 花
(引自《河南植物志(第四册)》)。

(二)石豆兰属　Bulbophyllum Thou.

1. 河南卷瓣兰　图 298

Bulbophyllum henanense J. L. Lu in Bull. Bot. Res. 12(4):332～333(t). 1992;丁宝章等主编. 河南植物志第四册:542～543. 图 2940. 1998。

形态特征:根状茎匍匐,细长。假鳞茎在根状茎上彼此相距 4～10 mm,卵球状,长约 5 mm,径 2～4 mm,常具纵条棱,顶生叶 1 枚。叶革质,卵圆-长圆形,长 8～12 mm,宽 5～8 mm,先端稍钝或凹缺,基部渐狭呈短柄。花葶从假鳞茎基部发出,斜立,长约 4 mm,与假鳞茎近等长;花序伞形,具花 2 朵;花小,萼片黄色,中萼片卵圆形,凹陷,长 3.5 mm,宽 2.5 mm,先端稍钝,具 3 条脉,背面基部和边缘具长柔毛;侧萼片狭-长圆形,

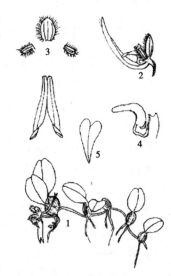

图 298　河南卷瓣兰
1. 植株;2. 花;3. 背萼片、花瓣和侧萼片;4. 唇瓣和蕊柱;5. 唇瓣正面
(引自《河南植物志(第四册)》)。

长约 1.0 cm,宽 1.5 mm,具 1 条脉,边缘全缘,先端稍钝,基部贴生在蕊柱足上,基部上方扭转而两侧萼片的下侧边缘除顶端处彼此黏合在一起;花瓣紫红色,倒卵圆-长圆形,长约 2 mm,上中部宽 1 mm,先端钝圆,具 3 条脉,边缘具长缘毛;唇瓣紫红色,肉质,三角-披针形,长 3.5 mm,靠近基部宽 1.5 mm,中下部两侧对折,向先端渐尖,基部与蕊柱足末端连接成关节;蕊柱粗短,长 1.2 mm,蕊柱翅在蕊柱中部扩大呈三角形,蕊柱足长的 2 mm;蕊柱齿狭而尖;药帽近半球状。花期 5~6 月。

产地:河南伏牛山区西峡等县。

(三) 石斛属　Dendrobium Sw.

1. 伏牛石斛　图 299

Dendrobium funiushanense T. B. Chao, Z. X. Chen et Z. K. Chen,丁宝章等主编. 河南植物志　第四册:533~534. 图 2927. 1998。

形态特征:附生植物;茎丛生,粗厚,不分枝,高 5 ~7 cm,具 5~7 节,基部上方较粗,径 5~18 mm,近顶端突变细,径约 1 mm,淡黄绿色,有时淡紫色,具光泽,无毛,顶端着生 2~3 叶,节间长 3~7 mm;叶鞘膜质,抱茎,无毛,具光泽,早落。叶条状矩圆形,长 9 ~21 mm,宽 5~7 mm,先端 2 圆裂,不对称,表面深绿色,具光泽,背面黄绿色,全缘,中脉在表面凹陷。单花,着生于茎近顶部叶腋内;花序梗长 2.2~2.7 cm,近直立,淡黄绿色,具光

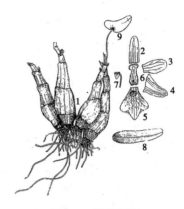

图 299　伏牛石斛
1. 植株;2. 背萼片;3. 花瓣;4. 侧萼片;
5. 唇瓣;6. 雌蕊及蕊足;7. 雄蕊;8. 叶片
(引自《河南植物志(第四册)》)。

泽,有时微有紫晕,基部覆以数枚呈瓦状排列的苞片;苞片三角-卵圆形,长约 3.2 mm,基部宽 2 mm,淡灰褐色,先端急尖;花中等大小,中萼片长卵-椭圆形,长 I.2~1.3 cm,宽约 6.5 mm,先端钝,具内曲小尖头,初淡黄色或淡黄白色,后变白色;侧萼片宽卵圆形,长 1.2~1.5 cm,宽约 7 mm,先端几钝圆,近基部处合生萼囊;萼囊短矩圆形,长 5~7 mm,径 5~6 mm,顶端呈平头状钝圆,淡黄绿色,无毛;花瓣长椭圆形,长 1.7~2.2 cm,宽 5~9 mm,淡黄白色,略带绿晕,先端边缘内曲呈弓形,边缘内卷,无毛;唇瓣宽三角-菱形,长约 1.5 cm,宽 8~10 mm,基部近楔形,上部 3 裂,裂缺凹口具缘毛;侧裂片近圆形,很小,长宽约 2 mm,全缘;中裂片三角形,长约 7 mm,宽 5~6 mm,先端钝圆,具突短尖内曲小尖头,边缘全缘,内卷;长约 4 mm,唇盘橙黄色,其中央具淡紫色、横椭圆形斑块,斑内具紫色枝状毛,近基部中央具 1 个淡黄白色胼胝体;蕊柱短淡黄绿色;药帽球状,稍乳状突起,很小,淡白色。

产地:河南南召县。1986 年 5 月 18 日。赵天榜和陈占宽,No. 865181。模式标木,存河南业大学。

2. 崤山石斛

Dendrobium xiaoshanense Z. X. Chen,T. B. Chao et Z. K. Chen,陈志秀、赵天榜等. 河南石斛属一新种——崤山石斛. 河南科技—林业论文集:42~43. 1991。

形态特征:附生草本;茎丛生,直立,高 20.0~40.0 cm,圆柱状,径 2~5 mm,节长 2~2.5 cm,表面深褐色或黄褐色,具深槽,有光泽,中部和梢部多分枝,分枝节间长 1~3.5

mm,径 1 mm,黄褐色或淡黄绿色,具光泽,表面光滑,无毛。叶条形,小,长 1.5~2.5 cm,宽 1.5~2 mm,先端 2 圆裂,不对称,表面绿色,主脉凹陷,背面淡绿色,主脉突起,两面微被细短柔毛。单花,稀 2 花,着生于茎近顶端叶腋内,总花序梗长 7~12 mm,黄绿色,具光泽,无毛;花苞片白色,膜质,卵圆形,先端尖,早落;花属中等,黄色;中萼片矩圆形,长 1.2~1.7 cm,宽 5~7 mm,先端钝圆;侧萼片钝圆形,长 1.5~1.9 cm,先端钝圆或微凹;花瓣倒三角形,长 1.2~1.8 cm,宽 5~9 mm,先端钝或微凹,中部以下渐狭呈柄状,唇瓣倒三角形,长 1.3~1.7 cm,宽 1.2~1.6 cm,先端 3 圆裂;中裂片先端又 2 圆裂,裂片长 2~4 mm,宽 3~5 mm,先端微缺;侧裂片小,又 2 圆裂;裂片先端内面被短柔毛,边部波状起伏,唇盘橙黄色,光滑。

产地:河南嵩山。1988 年 6 月 18 日。赵天榜和陈占宽,No.8861。模式标本,存河南农业大学。

3. 河南石斛 图 300

Dendrobium henanense J. L. Lü et L. X. Gao,河南石斛属一新种. 卢炯林等. 植物研究,第 10 卷 第 4 期:29~31. 图 1990;丁宝章等主编. 河南植物志 第四册:535. 图 2929. 1998。

形态特征:附生植物;茎丛生,近圆柱状,回折弯曲,高 3.0~8.0 cm,径 2~4 mm,节间长 6~12 mm,干后棕黄色或污棕色。叶 2~3 枚生于茎上部,近革质,矩圆-披针形,长 1.4~2.6 cm,宽 2~4 mm,先端钝,略钩转,基部具叶鞘;叶鞘筒状,膜质,抱茎,宿存。总状花序侧生于去年生无叶茎端。单花或双花;总花梗长约 mm,基部覆以数枚覆瓦状排列的鞘;苞片膜质,三角-卵圆形,淡色,花开展;萼片与花瓣白色,具脉 5 条;背萼片矩圆-椭圆形,长 1.0~1.6 cm,中部宽 3~4 mm,先端尖;侧萼片略短于背萼片,但稍宽,基部与蕊柱足合生萼囊;萼囊卵球状,长约 6 mm;花瓣矩圆形,长 0.9~1.4 cm,中部宽 3~5

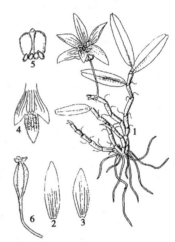

图 300 河南石斛
1. 植株;2. 中萼片;3. 花瓣;
4. 唇瓣;5. 药帽;6. 蒴果。
(引自《河南植物志(第四册)》)。

mm,先端急尖;唇瓣为卵圆-菱形,长约 1.1 cm,近基部具 1 枚谈黄色胼胝体,3 裂;侧裂片较中裂片短,中裂片卵圆-三角形,被短柔毛,唇盘有 1 紫色斑块,并被柔毛;蕊柱粗短,长约 2 mm,基部延伸长约 8 mm 的蕊足;药帽近球状;子房连柄长 1.2~2.5 cm。蒴果倒卵圆-披针状,长约 1.2 cm,径约 5 mm,外具 6 条纵棱饯线,顶端宿存蕊柱,向基部渐窄成果柄,柄长约 3.0 cm。

本种近似细茎石斛 **D. moniliforme**(L.) Sw.,但茎的节间较短;唇瓣轮廓为卵圆-菱形,唇盘紫色,并被柔毛,中裂片有毛,易于识别。

产地:河南灵宝县,小秦岭,海拔 1 240 m。1987 年 5 月 30 日。王玉才,032 号。模式标本,存河南农业大学标本屋。西峡县太平镇、南召县荞麦岭有分布。

参 考 文 献

[1] 赵天榜,李兆镕,陈志秀. 河南科技 —林业论文集[M]. 郑州:河南科技出版社,1991。

[2] 赵天榜,陈志秀,高炳振,等. 中国蜡梅[M]. 郑州:河南科学技术出版社,1993。

[3] 赵天榜,田国行,傅大立,等. 世界玉兰属植物资源与栽培利用[M]. 北京:科学出版社,2013。

[4] 赵天榜,任志峰,田国行. 世界玉兰属植物种质资源志[M]. 郑州:黄河水利出版社,2013.

[5] 赵天榜,宋良红,田国行,等. 河南玉兰栽培[M]. 郑州:黄河水利出版社,2015.

[6] 赵天榜,米建华,田国行,等. 郑州市紫荆山公园木本植物志谱[M]. 郑州:黄河水利出版社,2016.

[7] 赵天榜,宋良红,杨芳绒,等. 郑州植物种子植物名录[M]. 郑州:黄河水利出版社,2018.

[8] 赵天榜,宋良红,杨志恒,等. 中国木瓜族植物资源分类与栽培利用的研究[M]. 郑州:黄河水利出版社,2019.

[9] 赵天榜,宋良红,李小康,等. 中国杨属志[M]. 郑州:黄河水利出版社,2020.

[10] 赵天榜,宋良红,杨志恒,等. 中国木瓜族植物资源分类与栽培利用的研究[M]. 郑州:黄河水利出版社,2019.

[11] 赵天榜. 赵天榜论文选集[M]. 郑州:黄河水利出版社,2021.

[12] 丁宝章,王遂义,高增义. 河南植物志:第一册[M]. 郑州:河南人民出版社,1981.

[13] 丁宝章,王遂义. 河南植物志:第二册[M]. 郑州:河南科学技术出版社,1988.

[14] 范永明. 泡桐科植物种质源志[M]. 郑州:黄河水利出版社,2019.

[15] 中国科学院植物研究所. 中国植物志[M]. 北京:科学出版社.

[16] 中国科学院植物研究所. 中国高等植物图鉴[M]. 北京:科学出版社.

[17] 戴天澍,敬根才,张清华,等. 鸡公山木本植物图鉴[M]. 北京:中国林业出版社,1991.

内 容 提 要

本书收录了河南珍稀濒危植物种。其中,第一编河南省国家级珍稀濒危植物资源,有 28 科、39 属、46 种。第二编河南省国家重点保护植物名录,有 27 科、2 亚科、78 属、139 种、81 变种。第三编河南省重点保护植物名录,有 37 科、61 属、87 种、8 变种。第四编河南省珍稀濒危植物资源,有 52 科、2 亚科、1 族、80 属、3 亚属、5 组、2 杂种组、5 系、77 种、4 无性杂种、34 亚种、348 变种、31 新变种、1 新组合变种,其中有 2 新属、1 新组、1 新亚组、8 新种、1 新组合变种。四编中的各分类单位均有名称、学名及形态特征记述,其中,新分类群均有拉丁文或英文记述,绝大多数物种、变种还附有图片。新种、新亚种、新变种均注明该植物产地、模式标本采集者及存放地点。本书内容非常丰富,资料翔实,是从事植物学、教学、科研的重要参考书和工具书。

图书在版编目(CIP)数据

河南珍稀濒危植物志/赵天榜等主编. —郑州:
黄河水利出版社,2021.12
ISBN 978-7-5509-3206-7

Ⅰ.①河… Ⅱ.①赵… Ⅲ.①珍稀植物-濒危植物-植物志-河南 Ⅳ.①Q948.526.1

中国版本图书馆 CIP 数据核字(2021)第 272072 号

出 版 社:黄河水利出版社   网址:www.yrcp.com
   地址:河南省郑州市顺河路黄委会综合楼 14 层 邮政编码:450003
发行单位:黄河水利出版社
   发行部电话:0371-66026940、66020550、66028024、66022620(传真)
   E-mail:hhslcbs@ 126. com
承印单位:河南瑞之光印刷股份有限公司
开本:787 mm×1 092 mm 1/16
印张:20.5
字数:480 千字   印数:1—1 000
版次:2021 年 12 月第 1 版   印次:2021 年 12 月第 1 次印刷

定价:88.00 元